會計學

李元棟　謝永明　陳佳煇　余奕旻　編著

全華圖書股份有限公司

作者序

會計是一套有用的資訊系統，公司的財務狀況、經營績效須透過依照會計準則所編製的財務報表予債權人、投資者、外部監理機構等，俾利相關人士進行營運、理財及投資決策。因此，在今日的經濟社會中，凡是從事與商業活動有關的個人或團體均須對會計有所了解與認識，即使在日常生活中亦有所助益。

會計學在商管學院各科系均列爲必修或選修課程，可見其重要性。

又金融監督管理委員會餘98年5月14日訂定及公布「我國企業國際會計準則之推動架構」宣布自2013年爲上市、上櫃及金融業，2015年爲非上市、上櫃公開發行公司及信合社採用「國際財務報導準則」（IFRS），以期我國財務會計準則與國際接軌，建構與國際接軌的資訊公開制度。此一政策修訂對大專院校會計教學亦產生重大影響。爲因應此一重大變革，在本書撰寫時，力求反應最新的會計趨勢及國際會計準則的新規定，一則便於教師授課需求，同時又可使同學畢業後有能力承擔新的會計工作。

本書在編著時，特別著重下列各點：

一、爲使初學者易於入門，架構層次分明，內容務求簡潔扼要、以循序漸進的方式介紹會計有關課題。

二、爲使會計學原理、學生學習與實務連結在一起，務求理論與實務兼顧，以實務闡述理論，以理論引導實務，在各適當章節旁，不時穿插了「知識學堂」、「延伸閱讀」、「IFRS專欄」，以擴展學習者視野與應用知識，引發學習者興趣、探索，而免於枯燥。

三、爲配合各項考試命題趨勢，精選作業習題，旨在加強學習者對各章節內容的了解及提升應試能力。

四、精心製作教學投影片，以利教師授課時使用，亦編製各章習題詳解，以供學習者參考。

本書能順利出版，首先須感謝全華圖書公司顧問黃教授廷合熱心催促結合五位老師分工合作得以完稿，其次也要感謝編輯部同仁，因爲他們的專業與用心，讓本書的版面設計及編排更臻完善。最後，作者等雖力求內容正確與完整，付梓前經多次校稿，恐仍有疏漏之處，尚祈碩學先進、讀者不吝賜教，以匡不逮。

作者　李元棟、謝永明、陳佳煇、余奕旻

謹識

2015年11月

目錄

CH 04 調整、結帳與報表編製

CH 05 買賣業會計

CH 06 現金與約當現金

CH 07 放款與應收款

目錄

CH 08 存　貨

CH 09 不動產、廠房及設備

CH 10 流動負債

CH 11 長期負債

CH 12 公司會計(一)

CH 13 公司會計(二)

目錄

會計基本概念

學習目標

研讀本章後，可了解：

一、會計的意義

二、會計資訊的使用者

三、企業的組織型態、目標與活動

四、財務報表編製及表達架構

五、與會計相關之職業

六、與會計相關的組織

七、財務報告與規範職業道德

本章架構

會計基本概念

會計的意義	會計資訊的使用者	企業的組織型態、目標與活動	財務報表編製及表達架構	與會計相關的職業	與會計相關之組織	財務報告與職業道德
• 何謂會計及四項活動過程	• 內部使用者 • 外部使用者	• 組織型態 • 企業目標 • 企業活動	• 財務報表使用人 • 財務報表的目的 • 編製財務報表的基本假設 • 財務報表的品質特性 • 財務報表的五大要素	• 會計師 • 企業會計人員 • 政府會計人員 • 非營利事業會計人員	• 美國相關之組織 • 國際會計相關之組織 • 我國會計相關組織	

前言

在經歷了全球金融海嘯、國際知名金融巨擘雷曼兄弟、美國最大的保險集團 AIG、美國房利美（Fannie Mae）與房地美（Freddie Mac）、國內博達等，不是宣告破產，就是被其他銀行收購或由國家接管，此等弊案的發生，使報表使用者深深體會到財務報表透明化的重要性，以及財務報導不誠信及品質不佳，對投資者、債權人以及資本市場造成嚴重傷害。在商業的世界裡，會計是企業的語言、管理的工具，也是一種資訊系統。它將特定經濟個體所從事的商業活動予以辨認、衡量、記錄、分類、彙總，以及分析、解釋後的各項結果，以財務報表的形式與利害關係人溝通，以協助這些利害關係人作出愼密的決策。在本書裡將會學到如何閱讀、如何編製財務報表，以及如何運用一些基本工具來評估企業之財務結果。

1-1 會計的意義

美國會計學會（American Accounting Association, AAA, 1966）對會計所做的定義如下：「會計是對經濟資料的辨認、衡量與溝通的過程，以協助資訊使用者作審愼的判斷與決策。」

上述定義把會計定義爲某特定經濟個體，有關經濟事項之辨認、衡量、記錄及溝通四項活動的過程。茲分述如下：

1. 辨認

辨認（identification）意即認定某一經濟活動或交易歸屬於哪一特定經濟個體，及其對資產、負債或權益有何影響。例如，百事可樂公司以現金 $100,000 購買電腦設備，則首先要確定，這是百事可樂公司的經濟活動，導致公司設備資產增加 $100,000，而另一項現金資產減少 $100,000。這是會計活動的第一步。

2. 衡量

衡量（measurement）意謂應以多少金額記錄認定之經濟活動，以上述例子，很容易了解這項交易對百事可樂公司在財務狀況或財務績效之影響爲 $100,000。

3. 記錄

如同百事可樂公司，一旦確定爲公司之經濟活動後，應以貨幣單位加以衡量，並對所發生的經濟活動，以有系統的、序時的方式予以記錄（recording），並進一步做適當的分類與彙總。

4. 溝通

溝通（communication）指的是藉由會計報告之編製，報導公司之財務資訊，以提供利害關係人使用。而會計人員分析與解釋會計報告資訊之能力，在溝通的活動中亦扮演重要的角色。

也有人將會計定義爲企業的語言，企業藉由財務報表之傳遞與利害關係人溝通，以協助這些利害關係人做出判斷與決策。亦可將會計定義爲資訊系統。會計人員將企業日常所發生之經濟活動，透過會計這套資訊系統，產生利害關係人所需要及時且可靠的財務資訊，以利財務決策。

1-2 會計資訊的使用者

利害關係人需求哪些相關資訊，須視使用者之決策種類而定。會計資訊使用者可略分爲內部使用者及外部使用者兩大類。

1. 內部使用者

會計資訊的內部使用者（internal users），是指企業的經營管理階層。規模較小之企業，其經營管理階層通常是指業主；規模較大之企業，其經營管理階層則通常是由一群專業經理人所組成，包括行銷經理、生產經理、財務經理，以及公司高級主管等。主要爲負責規劃、組織及企業的營運。經營一個企業，內部使用者需要及時且有效的資訊，而管理會計（managerial accounting）可提供各種內部報告來協助使用者做出正確的決策。例如，各種不同方案財務結果的比較、下年度現金需求之預測等。

2. 外部使用者

會計資訊的外部使用者（external users）是指公司以外的債權人、投資人及主管機構與稅務機關等。投資人依據會計資訊來決定買進、持續持有及出售股票之決策；債權人（如銀行）則依據相關會計資訊評估授信或放款等決策，而此等決策資訊均可由企業所提供的資產負債表及綜合損益表中擷取參考，以利投資者及債權人在了解狀況後，作成適當的決策。

又主管機構爲了制定經濟及財政政策的參考，對外報告亦須視企業的型態對某些特定的機構作特殊的報告。政府推動政務需要經費，而經費的來源之一是稅收，所以企業也要提供損益資訊，以利稅務機關核定課稅的金額。

知識學堂

依證券交易法第卅六條規定，公開發行有價證券之公司應依下列規定公告並向主管機關申報：

一、於每會計年度終了後三個月內，公告並申報經會計師查核簽證，董事會通過及監察人承認之年度財務報告。

二、於每會計年度第一季、第二季及第三季終了後45日內，公告並申報經會計師核閱及提報董事會之財務報告。

三、於每月十日以前，公告並申報上月份營運情形。資訊使用者可透過證券交易所的公開資訊觀測站，輸入該公司代號後，點選電子書，選取欲閱讀的報表時間，即可取得上市（櫃）公司財務報告資料。

1-3 企業的組織型態、目標與活動

一、企業的組織型態

在會計上通常假設企業是一個獨立的經濟個體，與業主分開且獨立，稱之為會計個體或企業個體。例如，百事可樂業主個人的支出與企業的支出必須分辨清楚。企業個體依照業主人數及法律責任的不同，可分為獨資、合夥及公司，分別說明如下：

（一）獨資

獨資（sole proprietorship）是指企業僅有一人出資，通常稱為業主或資本主。業主本身就是該企業的管理者或經營者，他獨享經營利益，亦承擔經營損失。並且對於債務清償負無限清償責任。許多小型服務業、農場及小型零售業通常屬於獨資企業型態。在法律上，獨資企業與業主是同一個個體，但在會計上，獨資企業與業主各為獨立個體，經濟活動必須分開記載明確區分。

（二）合夥

合夥（partnership）是指由兩人或二人以上出資共同經營的企業。出資者通稱為合夥人，各合夥人按照事前共同擬定合夥契約所定之分配方式，共同分享經營利益，亦共同分擔經營損失。在法律上，獨資與合夥都不具法人的資格，與業主是同一個個體。各合

夥人對合夥的債務，通常負有連帶無限清償責任。如同獨資，在會計處理上，合夥企業也是一個獨立個體。合夥的經濟活動必須與合夥個人事務明確的劃分。有許多的零售業、服務業，包括專業執業者如律師、醫生等，多採用合夥的型態成立企業組織。

（三）公司

公司（corporation）是以營利爲目的，依公司法之規定設立登記而成立之社團法人。公司爲法人，具有獨立的人格，在法律上爲權利義務的主體，故爲法律個體（legal entity）。公司依其組織型態與股東責任可分爲下列四種：

1. 無限公司：指二人以上股東所組織，對公司債務負連帶無限清償責任之公司。
2. 有限公司：指由一人以上股東所組織，就其出資額爲限，對公司負其責任之公司。
3. 兩合公司：指由一人以上無限責任股東，與一人以上有限責任股東之組成，其無限責任股東對公司債務負連帶無限清償責任；有限責任股東就其出資額爲限，對公司負其責任之公司。
4. 股份有限公司：指由二人以上股東或政府、法人股東一人所組成，全部資本分爲股份，股東就其所認股份，對公司負其責任之公司。

二、企業目標（business goals）

所謂企業是指按照足以產生適當報酬給業主的價格，出售商品和勞務給顧客的經濟個體。下列爲知名企業的名稱及其出售的主要商品和勞務：

表 1-1　企業之主要商品與勞務

企業	主要商品與勞務
best buy co.	個人電腦、計算機、電子產品
starbucks corp.	咖啡、飲料、咖啡用具
上緯企業股份有限公司	環保耐蝕樹脂材料

雖然各公司出售商品或勞務不同，但他們均有類似的目標及從事類似的業務活動。企業的主要目標爲：

1. 獲利或盈餘能力（profitability）：企業的經營能力強，其投入之資源將可創造較高之收入與利潤，其未來的發展潛力亦較大。
2. 償債能力（liquidity）：指企業面對到期債務之因應能力。亦可衡量企業有無發生迫切性財務危機之風險，以及分析企業可否永續經營的基礎。

三、企業活動（business activities）

企業在會計期間內所從事活動，可大致分爲營業活動、投資活動及理財活動，其目的爲達成企業的上述目標。

1. 營業活動

營業活動（operating activities）是指企業從事與產生利潤有關的各項行爲，包括出售商品和勞務給顧客、雇用經理人及工人、購買及生產產品及勞務，以及支付各項稅捐等。

2. 投資活動

投資活動（investing activities）是指企業融資或處分非現金資產所取得之資金，用於創造收入的營業活動，以達成企業的目標。投資活動包括購買土地、建築物、設備及其他經營業務所需之資源，及該等資源不再需要時出售之相關作業活動。

3. 籌資活動

籌資活動（financing activities）是指導致企業之資本及債務之規模和組成項目發生變動之活動。籌資活動包括增減借款金額、或增減資本額之方式調度資金。籌資活動獲得之資金可用於償還債務及支付股息（籌資活動）、支付營業活動之各項欠款（營業活動），以及購買土地、廠房及設備（投資活動）等。

績效衡量是會計的一個最重要的功能。該績效衡量可以顯示管理階層是否達成企業目標，以及企業活動是否有效管理。爲了使財務分析有用，各項績效衡量指標必須與企業兩個主要目標連接，通常會以收益或盈餘來衡量獲利或盈餘能力，以現金流量衡量償債能力。

1-4 財務報表編製及架構

國際會計準則理事會於 2001 年發布了「財務報表編製及表達架構」，而本「架構」係說明外部使用者編製及表達財務報表所依據之觀念，包括：財務報表使用人、財務報表的目的、編製財務報表的基本假設、財務報表的品質特性、財務報表的要素等。茲分列說明如下：

一、財務報表使用人

財務報表可視爲一種資訊商品，其服務的對象爲企業外部的使用人，包括股東、員工、投資人、分析師、債權人、供應商、顧客、主管機關、會計師等。不同的使用者，有其不同資訊需求，會計人員須編整一套符合所有外部使用者使用的一般目的財務報表，使用者可從此財務報表中擷取其所需要的資訊，來幫助制定經濟決策。

IFRS專欄

國際會計準則理事會（IASB）所發布之公報稱爲國際財務報導準則（International Financial Reporting Standards, IFRS），我國金管會宣布自 2014 年採用國際財務報導準則，而不再採用過去仿效美國及國際會計準則制定的那個混合的財務會計準則。國際會計準則較偏向以原則爲基礎（principle-based），不以明確的規定制定會計準則，需要多些專業的判斷。而美國會計準則則以規則爲基礎（rule-based）來制定會計準則，其規定較爲詳細、有條理，不會有模糊地帶。

爲了企業能順利將我國自訂的會計準則轉換國際會計準則（IFRS），金管會宣布按企業性質分爲二階段時程採用國際會計準則。

1. 2013 年爲上市、上櫃公司及金融業首次採用。
2. 2015 年爲非上市、上櫃之公開發行公司及信用合作社首次採用。

二、財務報表的目的

財務報表應忠實報導企業的財務狀況、績效及財務狀況變動之相關資訊，以達成下列之目的：

1. 提供幫助使用者制定經濟決策之企業財務狀況、績效及財務狀況變動之資訊。例如，企業有多少資產、負債、股本？某特定期間的經營績效？產生現金及支付現金的能力？
2. 可顯示及評估企業管理階層託管責任之結果及會計責任，以利制定決策。例如，這些決策包括是否買進、持有或賣出對企業的投資，或是否重新委託或更換管理階層。台灣有很多企業，例如，2008 年力霸集團破產就是管理階層未能善盡受託及經營責任，而使投資力霸之股東、債權人、供應商等血本無歸。

三、編製財務報表的基本假設

傳統的會計基本假設包括：企業個體假設、繼續經營假設、會計期間假設、貨幣單位假設。而我國財務會計準則公報修訂後，基本假設僅保有應計基礎及繼續經營兩項。

（一）應計基礎假設

應計基礎（accrual basis）是指交易及其他事項發生之影響於發生時認列，而非於現金或約當現金收付時予以認列。換言之，收益或費損於賺得或發生時認列。例如，百事可樂公司於 2015 年 7 月 1 日將辦公室出租給天天公司，言明每年 7 月 1 日支付租金 $300,000。百事可樂公司雖於 2015 年收到 $300,000 之租金，但按應計基礎，只能認列半年的租金收入。

採用應計基礎編製財務報表，不但可讓使用者獲知過去涉及收付現金之交易，亦可使其了解未來支付現金之義務，以及得知未來收取現金之權利。

（二）繼續經營假設

第二個假設是繼續經營假設（going-concern assumption），在會計上，依此假設企業在可預見之未來將持續經營下去，不會有被清算而結束業務的情形。有此前提的存在，才能使我們所遵循的會計程序與原則顯得合理。由於繼續經營假設對資產及負債的分類與衡量非常重要，所謂繼續經營是指資產將可按原定計畫使用，負債亦可至到期再償還，故資產及負債可區分爲流動及非流動項目。如有證據顯示企業在可預見之未來無法繼續經營，則該假設即不再適用。此時的資產或負債，就要按清算價值來衡量列帳，並揭露評價之基礎。會計師在查核公司財務報表時，如發現公司有繼續經營問題，會計師要出具保留意見的查核報告書。

四、財務報表的品質特性

品質特性（qualitative characteristics）是指財務報表所提供的資訊對使用者有用的特性。依據國際會計準則委員會認爲財務報表有四個主要的特性，包括：可瞭解性、攸關性、可靠性及可比較性，茲分述如下：

1. 可瞭解性

財務報表所提供資訊之必要特質之一爲讓使用者易於瞭解，資訊再好，如果無法讓使用者瞭解，就是無用的資訊。爲達成此目的，資訊使用者須對企業、經濟活動及會計具有合理認知。同時，對使用者制定經濟決策攸關資訊亦應包含於財務報表中。

2. 攸關性

攸關性（relevance）係指該等資訊影響使用者制定經濟決策時，則該資訊係具有攸關性特質。在決定資訊對於使用者的需求是否攸關時，須考量資訊的性質及重要性。假設資訊的遺漏或錯誤表達可能會影響使用者基於財務報表所做出的經濟決策，則該資訊視爲具有重要性。重要性取決於該項目的大小，或其遺漏、錯誤表達之情況下所作錯誤判斷。

3. 可靠性

資訊要有用，必須具備可靠性。所謂可靠性（reliability），是指資訊必須沒有錯誤及偏見，且能忠實地表達該資訊意圖表現的現象或狀況。

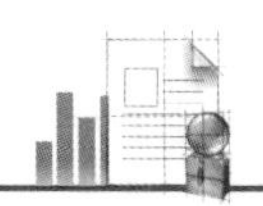

延伸閱讀

會計資訊不但要具有攸關性而且亦應有可靠性，如果資訊不具可靠性，對於決策者，不但沒有幫助，反而造成錯誤決策，造成公司不可挽回之損失。

一項資訊是否具有可靠性，可由五個要素加以衡量：

1. 忠實表達。
2. 可確認性。
3. 中立性。
4. 可比較性。
5. 審慎性。
6. 完整性。

4. 可比較性

財務報表使用者爲了評估比較同一企業不同期間財務狀況、經營績效及評估不同企業間相對的財務狀況、財務績效和財務狀況的變動。財務報表的編製，必須具可比較性（comparability），所以同一企業不同期間對於類似交易及其他事件，應採用一貫的會計政策處理，否則前後期的財務報表，就不具可比較性。評估不同的企業，如採用相同的會計原則處理類似的交易事項，則不同企業財務報表就具可比較性，對報表使用人才具有意義。

五、財務報表的五大要素

財務報表中所要表達內容的大項目，稱之爲財務報表的要素（elements of financial statements）。資產負債表是報導企業在某特定日期財務狀況的報表，其相關要素爲資產、負債和權益；綜合損益表報導財務績效，其相關要素爲收益及費損，分別說明如下：

1. 資產

資產（assets）是指企業所取得或控制的資源（resource），該資源係由過去交易事項所產生，且預期未來可產生經濟效益的流入。例如，現金、存貨、廠房、設備等。

2. 負債

負債（liabilities）是指企業目前承擔的義務，該義務係由過去交易事項所產生，且預期未來履行該義務時將有經濟資源的流出。例如，應付帳款、應付票據等。

3. 權益

權益（equity）是指企業的資產扣除所有負債後的剩餘權益。權益有時又稱爲淨值，在資產負債表上可以再分為資本（股本）、資本公債及保留盈餘。

4. 收益

收益（income）是企業於會計期間內，經濟效益以資產流入、資產增值或負債減少等方式所增加之權益，而不包括業主所投入者。依國際會計準則收益包括：一為收入（revenue），另一為利益（gains），兩者不同，應明確區分。收入是指企業日常營運所產生之資產流入，包括出售商品收入、提供勞務收入、利息收入、租金收入等。利益是指非日常營運所產生的資產流入，例如出售固定資產的利益、未實現外幣兌換利益等。

5. 費損

費損（expenses and losses）是指企業於會計期間內，經濟效益以資產流出、資產耗用或負債增加等方式而減少權益，惟不包括分配予業主而減少的權益。依國際會計準則費損包括：一為費用（expenses），一為損失（losses），兩者不同。費用是指公司日常營運所發生的資產流出，包括銷貨成本、薪資支出等。損失是指非日常營運所發生的資產流出，例如出售固定資產的損失、未實現外幣兌換損失、廠房火災損失等。

1-5 與會計相關之職業

會計人員與其他專門職業人員相同，均有其特定專業領域。一般而言，會計人員所從事的會計專業工作，大致可分為會計師、企業會計、政府會計及非營利事業四類，分別說明如下：

（一）會計師

會計師是一超然獨立的專門職業，與律師、建築師相同，向當事人提供服務收取報酬為業。其資格的取得必須通過政府舉辦的會計師考試，取得執業執照方可開業。其執行的業務有下列三種：

1. 審計（audit）：審計俗稱查帳，為會計師的主要業務。凡規模較大的企業，每年均須聘請會計師，依照會計師查核簽證財務報表規則及一般公認審計準則規劃，並對企業所提出的財務報表進行查核、驗證，說明其報表是否具備公允性及可信賴性，並提供其專業性意見。
2. 稅務服務（tax service）：稅務法令規定繁細，有關稅務業務一般企業均聘請會計師協助，以達合法節稅目的。其服務內容為所得稅查核簽證申報及租稅規劃等。

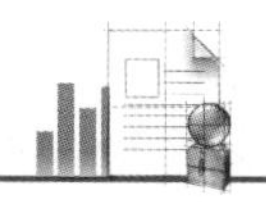

延伸閱讀

會計師是財務專家，以公正的第三者立場對財務報表加以查核。因此，會計師的查核報告，是專業性意見，一般而言，會計師的查核報告依其所提供意見不同而有下列五類：

1. 無保留意見
2. 修正式無保留意見
3. 保留意見
4. 無法表示意見
5. 否定意見

會計師扮演著編製報表公司與報表使用者的橋樑，依據會計師查核簽證財務報表規則及一般公認審計準則表達財務報表是否忠實表達，各項報導是否依循會計原則，而出具上述五種表達意見。因此，使用者必須詳讀查核報告，將有助於決策判斷。

3. 管理諮詢服務（management advising services）：會計是一種資訊制度，又是管理的工具。會計師透過會計資訊即可瞭解整個公司之業務活動。因此許多企業缺乏專業管理人員，往往尋求會計師提供管理諮詢服務，以協助企業如何改善或建議有效之經營管理策略，如何利用電腦之資訊管理等顧問的工作。例如，會計資訊制度之建立、簡化作業流程等。

（二）企業會計人員

企業無論大小，大部分均會配置會計人員，從事財務會計、成本與管理會計、稅務及預算等工作。許多規模較大的企業則設有會計長（controller），是企業會計職能之最高主管，負責與監督整個企業的規劃與控制工作。

（三）政府會計人員

在各級政府均配置會計人員從事會計工作，稱爲主計人員，該等人員均須通過國家考試，才能在政府單位從事各項公務會計工作。其工作包括編製預算、會計帳務處理及辦理決算等工作。

（四）非營利組織人員

非營利組織，例如教會、學校、醫院、慈善團體及其他財團法人，亦均配置會計人員從事會計工作。會計人員就像企業的醫生，對整個企業的狀況有非常透徹的了解，因此，會計人員除了從事會計工作外，亦可從事與會計有密切相關之工作，例如，稅務、金融、財務等工作。

1-6 與會計相關的組織

就民間團體而言，某些專業機構之重要研究公報或意見書，對於財務會計理論與實務之發展、改進及修訂，均有重大的貢獻。茲分別介紹美國、國際及我國的主要組織如下：

（一）美國相關組織

1. 美國會計師協會

美國會計師協會（American Institute of Certified Public Accountant, AICPA）是由執業會計師所組成的專業團體。該協會的會計程序委員會（Committee on Accounting Procedures, CAP），自 1938 年成立到 1959 年間，共發布 51 號會計研究公報（Accounting Research Bulletins, ARB），對會計理論與實務處理提出建議。在 1959 年成立會計原則委員會（Accounting Principles Board, APB）取代了會計程序委員會的任務，共發布了 31 號意見書（opinions）。這些意見書與公報都成為當時具有權威性的一般公認會計原則。

2. 財務會計準則理事會

成立於 1973 年的財務會計準則理事會（Financial Accounting Standard Board, FASB），由 7 位專職委員所組成，委員來自產、官、學各界，成立後負責發布財務會計準則公報（Statements of Financial Accounting Standard, SFAS）及公報的「解釋」，FASB 所規定的會計處理方法，廣為企業界所採用，也是美國目前發布一般公認會計原則的主要來源。

3. 美國證券交易委員會

美國證券交易委員會（U.S. Securities and Exchange Commission, SEC），是依照 1934 年所頒布的證券交易法（Securities and Exchange Act）而成立的政府機構，SEC 負責證券發行與流通之監管工作。委員會有權規定上市公司所應遵循的會計原則、財務報表的種類與內容，同時對企業應該報導的財務資料亦有規定。

4. 美國會計學會

美國會計學會（American Accounting Association, AAA）的主要委員為大學會計學教師，其宗旨在鼓勵與支持會計理論的研究，促進會計實務合理化及改進會計教育。學會不定期發布有關會計理論的研究報告，並按季發行會計評論（accounting review）與會計地平線（accounting horizons），對會計理論的發展有重大貢獻。

（二）國際會計相關組織

1. 國際會計準則理事會

為調和各國的會計準則，提升各國企業財務報表的可比較性，1973年由9個國家會計專業團體成立國際會計準則理事會（International Accounting Standards Board, IASB），該委員會包括12個全職委員及2個兼職委員。近年來所發布的國際財務報告準則（International Financial Reporting Standard, IFRS），已成為各國制定會計準則的主要依據。目前我國修正或新訂的會計原則，亦均與國際財務報告準則接軌。

2. 國際會計團體聯合會

國際會計團體聯合會（International Federation of Accountants, IFAC）成立於1977年，其宗旨為凝聚各國對會計有關問題的共識，主要目的包括：

(1) 協助發展有關審計、職業道德、會計教育及管理會計的國際性指引。

(2) 提升會計人員之研究與聯絡。

3. 公開公司會計監督委員會

美國國會於2002年7月通過沙賓法案（Sarbanes-Oxley Act），該法案第一條明定設立公開公司會計監督委員會（Public Company Accounting Oversight Board, PCAOB），並授予該委員會定期檢查、調查及懲處會計師事務所的權力，同時亦授權該會制定用以查核公開公司財務報表的審計準則。沙賓法案第一百零二條規定，會計師事務所未向該委員會完成註冊，不得出具公開發行公司之審計報告。

（三）我國會計相關組織

1. 證券期貨局

證券期貨局（Securities and Futures Bureau）為負責管理資本市場的機關，主管證券發行及交易事項，該局及其前身發布的證券發行人財務報告編製準則、證券商財務報告編製準則及公司制證券交易所財務報告編製準則」，對於證券公開發行及上市、上櫃公司，受委託買賣證券之證券商以及台灣證券交易所與櫃檯買賣中心的財務報告編製方法等，均有詳細規定並具有約束力。此外，發行公司增資、共同資金募集、會計師懲戒、投顧及投信設立等，均需得到證期局的核可。

2. 會計研究發展基金會

為加強會計學術研究，提升會計實務水準，國內會計界人士於1984年4月成立財團法人中華民國會計研究發展基金會（Accounting Research and Development Foundation），該基金會至今設有五個委員會，其中之一為財務會計準則委員會。其成員來自政府單位、學術機構、會計師界及工商團體等，負責會計準則的訂定及實務問題的研究。該會自成立以來，陸續發布財務會計準則公報及公報解釋，已爲證券期貨局認同，同時亦爲企業界所遵循，也是目前我國一般公認會計原則的主要來源。到 2013 年我國將採用國際會計準則（IFRS），屆時基金會將不再對公開上市、上櫃公司訂定台灣會計準則。

3. 中華會計教育學會

在國內各大專院校任教的會計教師，於 1985 年成立中華會計教育基金會（Taiwan Accounting Association），以促進會計學術與實務界的知識創造與分享。爲積極推廣各項工作，設有教育、學術研究、學術交流及會計實務等委員會，除了定期舉辦學術及實務研討會外，並發行中華會計學刊，對會計學術及實務的發展均有相當的貢獻。

4. 會計師公會聯合會

本會以聯合台灣省、台北市、高雄市及台中市等公會共同闡揚會計審計學術，促進會計師制度，增進國際間會計審計學術交流，共謀會計師專業爲宗旨。

1-7 財務報告與職業道德

近幾年的財務新聞中，有越來越多醜聞事件曝光，例如，安隆（Enron）、世界通訊（World Com）、博達等事件的報導，大家對於企業所揭露的財務報表不信任感愈來愈強。不道德的財務報表不斷地揭露，將導致經濟市場機能無法正常運作。爲了降低不道德的財務報表與減少未來企業爆發財務弊案之機率，務應重視職業道德規範，嚴加約束會計人員，正視財務報表的正確性，並加強監督者的角色。

所謂道德是用來評論一個人的行爲是對或錯、誠實或不誠實、公平或不公平的行爲準則，它是日積月累的資產，其重要性絕對超過專業素養。企業在編製財務報表時，會計人員堅守職業道德是非常重要的。有鑑於此，會計或審計專業團體如美國管理會計人員協會（Institute of Management Accountants）及美國會計師協會（American Institute of Certified Public Accountants , AICPA），均訂有一套需要遵守的職業道德規範，這些規範揭示會計人員在面臨公與私及企業與社會等衝突時所應遵守的準則，會計人員不應違反這些準則：

1. 能力：會計人員有責任持續發展知識與技術，以維持其專業能力，除了配合相關法規及技術準則，以落實其專業責任，並適切分析攸關及可信賴的資訊下，編製完整且清晰的會計報告與建議書。
2. 保密：會計人員除非得到授權或法律要求，否則不得揭露工作上的資訊。
3. 正直：會計人員有責任避免實質或明顯的利益衝突，並知會任何有潛在利益衝突的團體；並避免參與任何會損及其道德的活動或事件。
4. 客觀：會計人員應公允且客觀地表達資訊，並充分揭露所有在合理預期下將影響使用者對報告及建議書理解的攸關資訊。

中華民國會計師職業道德規範於 2003 年 3 月亦參照國際會計團體聯合會之資料及新修訂會計師法之立法精神，作局部之修訂，制定並公布第十號規範公報，要求會計師應以正直、公正客觀之立場，保持超然獨立的精神，秉持其專業知識與技能，超然的立場提供專業服務，以贏得使用者對財務報告之信心。

總之，在快速變遷的社會中，會計人員責任加重了，卻存有趕不上報表使用者期待的盲點。今後會計人員務應隨時吸取新知、精進會計工作品質，保有高尚品格，廉潔自持，不受及不為任何關說與干涉，產出一套客觀、公正、忠實的財務報表，以提升報表使用者信心。

學·後·評·量

一、選擇題

( ) 1. 會計的功能是 (A) 提供財務資訊，以利有關人員制定決策 (B) 記錄收益與費損 (C) 記錄現金收付 (D) 以上皆是。

( ) 2. 會計資訊的使用者是 (A) 投資者 (B) 債權人 (C) 管理人員 (D) 稅捐機關 (E) 以上皆是。

( ) 3. 下列何者具有法人資格？ (A) 公司 (B) 合夥 (C) 獨資 (D) 全具法人資格。

( ) 4. 下列何者提供外界決策參考的會計？ (A) 管理會計 (B) 財務會計 (C) 政府會計 (D) 稅務會計。

( ) 5. 企業組織的型態可分爲： (A) 獨資、合夥及公司 (B) 股份有限公司、兩合公司及無限公司 (C) 股份有限公司與兩合公司 (D) 以上皆非。

( ) 6. 會計師所執行的業務通常有： (A) 審計 (B) 稅務服務 (C) 管理諮詢服務 (D) 以上皆是。

( ) 7. 我國現行財務會計準則公報由何單位制定發布？ (A) 財務會計準則委員會 (B) 財政部 (C) 證期局 (D) 會計師公會。

( ) 8. 依據我國現行財務觀念公報，下列哪一項同時與攸關性及可靠性有關？ (A) 時效性 (B) 中立性 (C) 一致性 (D) 回饋價值。

( ) 9. 會計資訊認定及報導的門檻乃指 (A) 時效性 (B) 中立性 (C) 比較性 (D) 重要性。

( ) 10. 表達企業經營績效之報表爲 (A) 資產負債表 (B) 綜合損益表 (C) 權益變動表 (D) 現金流量表。

( ) 11. 下列哪一種報表是報導企業某特定日期之財務狀況？ (A) 資產負債表 (B) 綜合損益表 (C) 現金流量表 (D) 權益變動表。

( ) 12. 下列哪一類型組織在會計上不認爲是一個獨立經濟個體？ (A) 獨資 (B) 合夥 (C) 公司 (D) 委員會。

( ) 13. 在會計上資產不以清算價值計價是基於 (A) 繼續經營假設 (B) 充分揭露原則 (C) 穩定原則 (D) 以上皆是。

( ) 14. 會計活動過程中不包括哪一項？ (A) 認定 (B) 記錄 (C) 溝通 (D) 驗證。

( ) 15. 下列哪一個單位不是會計資訊外部使用者？ (A) 投資人 (B) 稅務機關 (C) 銀行 (D) 部門經理。

(　　) 16. 下列有關會計基本假設之敘述，何者正確？ (A) 基本假設即為會計原則 (B) 企業個體假設是認定某一經濟活動或交易須歸屬至某特定經濟個體 (C) 合夥企業並非經濟個體 (D) 貨幣單位假設可以用來衡量員工生氣。

(　　) 17. 下列有關應計基礎之說明，何者有誤？ (A) 影響財務報表之事項應於事項發生的當期予以記錄 (B) 收入應於其賺到的時期認列 (C) 收入只有在收現時認列，費用只有在付現時認列 (D) 這個會計基礎符合公認會計原則

(　　) 18. 繼續經營假設何時不適用？ (A) 企業開始經營時 (B) 企業清算時 (C) 企業公平市價高於成本時 (D) 企業業績成長時。【94 年五等會審】

(　　) 19. 財務報表通常不以清算價值評價基礎係基於 (A) 會年期間假設 (B) 繼續經營假設 (C) 客觀性原則 (D) 充分揭露原則。【93 年普考】

二、問答題

1. 會計資訊是公司治理與經營最重要的管理工具，如果沒有會計資訊，管理者等於是在黑暗中摸索前進，成功將只是偶然，事倍功半。你同意嗎？請說明之。
2. 試述會計的定義為何？
3. 何謂辨認？
4. 何謂衡量？
5. 何謂記錄？
6. 何謂溝通？
7. 會計資訊之外部使用者有哪些？
8. 企業組織有哪三種基本型態？
9. 企業在會計期間從事的活動有哪些？
10. 財務報表是忠實報導公司財務狀況、績效及財務狀況變動的資訊，請說明欲達成的目的是什麼？
11. 何謂應計基礎？
12. 何謂繼續經營假設？
13. 簡述財務報表的品質特性有哪些？
14. 財務報表的五大要素是什麼？
15. 會計師是一超然獨立的專門職業，其執行的業務有哪三類？
16. 上市上櫃公司要從哪一年起，全面採用「國際財務報導準則（IFRS）」？

筆記頁

交易分析與借貸法則

學習目標

研讀本章後，可了解：

一、何謂交易

二、雙式簿記與會計基本方程式

三、帳戶的意義及如何協助記錄交易

四、何謂借方及貸方，以及如何利用借貸法則記錄交易

五、交易對會計基本方程式的影響

六、如何編製財務報表

本章架構

交易分析與借貸法則

交易的意義	雙式簿記及會計基本方程式	會計科目與借貸法則	財務報表
● 外部交易 ● 內部交易	● 雙式簿記 ● 會計基本方程式	● 帳戶的意義 ● 借貸法則 ● 交易釋例	● 綜合損益表 ● 權益變動表 ● 資產負債表 ● 現金流量表

前言

在會計領域裡，交易是會計資訊系統的基本經濟資料或投入，其結果將改變一個企業的資產、負債及權益。如何將企業繁多的交易，以簡便的記錄交易程序轉爲有用的資訊，有助於企業財務決策爲一重要課題。爲避免初學者在學習過程中產生挫折感，本文以循序漸近的方式，先介紹何謂交易；其次，如何依據交易分析、借貸法則，將交易記入 T 帳戶及交易分析對會計方程式及一般目的財務報表的影響。讓你在研讀過程中，有漸入佳境之感覺。

2-1 交易的意義

企業每日發生無數經濟事件（economic event），有些經濟事件影響公司的財務狀況（資產、負債或權益），有些經濟事件並不會影響公司財務狀況。前者影響公司財務狀況者，就必須在帳上加以記錄，也就是會計上所稱的會計事項，又稱爲交易（transaction）。交易是指會使企業的資產、負債、權益、收益、費損發生增減變動的事項，例如，進貨、銷貨、投資、借款、支付費用等；後者對公司財務狀況並無任何影響，這些事件不需要在帳上記錄，也不是會計上所稱的交易，例如，訂購辦公設備、員工請假、A 君邀 B 君共同出資、籌備設立公司等皆非交易。

交易可區分爲外部交易與內部交易兩類：

1. 外部交易（external transaction）：是指企業與其他外部企業間往來的經濟事件。例如，股票發行、借款、現購設備、按月支付租金給房東等均屬外部交易。
2. 內部交易（internal transaction）：是指完全發生於企業內部之經濟事件。例如，工廠向倉庫領取原料、預付費用的過期等。茲以圖 2-1 說明經濟事件認定交易的程序：

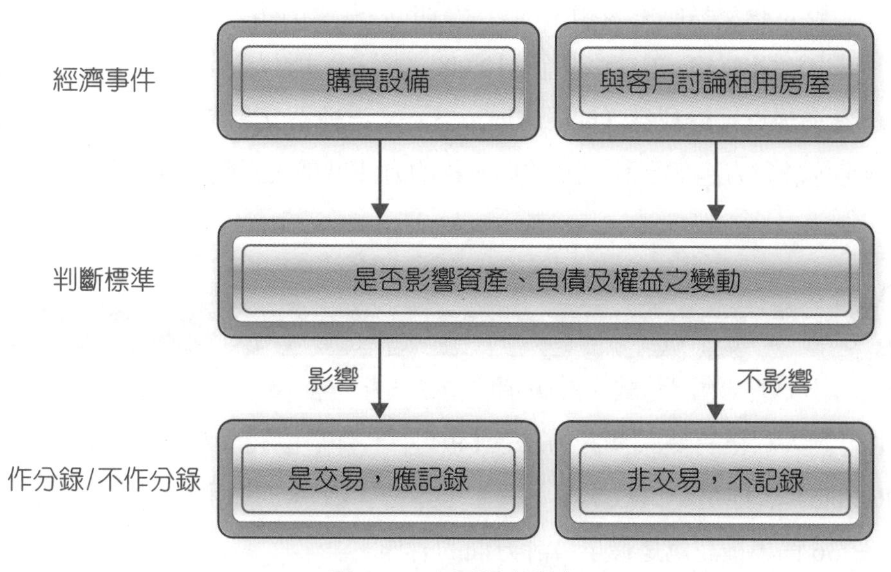

圖 2-1　交易認定程序

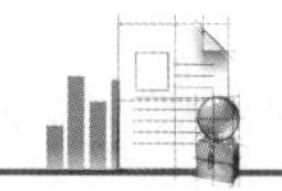

延伸閱讀

何謂內線交易，是指公司董事、監察人、經理人或持有公司股份超過 10% 的股東等相關人士，實際知悉發行股票公司有重大影響其股價的消息時，在該消息明確後，未公開前或公開後 18 小時內，利用該資訊進行該公司權益相關證券之買賣，以圖利自己的行爲。例如於 91 年 4 月間，丙公司某內部人，得知同月 30 日該公司將公布當年度將虧損一億八千萬元之財務預測，而於該重大消息公開前，連續出脫該公司股票。在丙公司發布營運出現虧損消息後，丙公司即依規定進行查核，發現公司某內部人事先連續出脫該公司股票，隨即製作交易分析意見書，送請法務部調查局進一步偵辦，後經台北地方法院檢察署偵結起訴，該內部人後經法院判決有罪在案，處有期徒刑十個月。此一行爲即屬內線交易，違反證券交易法第 157-1 條。

2-2 雙式簿記及會計基本方程式

一、雙式簿記

是會計的骨幹，係基於二元之原則（principle of duality），即每一交易發生均有彼此相等的二方，有努力即有酬勞，有付出即有利益的因果關係。雙式簿記（double-entry system）就是將交易發生因和果加以記錄的制度。例如，企業支付房東半年度房租 $10,000，企業因付出（sacrifice）現金 $10,000（因），所以企業可以繼續使用房屋做為營業場所經營業務以獲得利益（benefit）（果）。這種把交易區分為借方與貸方，借方金額合計一定等於貸方金額合計，並加以記錄的方法就稱之為雙式簿記制度。

知識學堂

本章介紹以雙式簿記記載會計事項的方法，根據記載，古代巴比倫人已有記帳的事，14 世紀義大利已有雙式簿記方法。1494 年，有一位義大利傳教士路加．柏西羅（Luca Paciolo），他是一位數學家，寫了一本書「數學、幾何及比例」，其中有關簿記方面共有 36 節，被認為是最早會計方面的著作。

二、會計基本方程式

經營企業所擁有的各項資源稱為資產，購買資產所需要的資金可能來自於企業所有人，也可能是來自借款。因此，企業所有人及債權人對企業的這些資產仍保有權利或求償權，稱之為權益。如果企業擁有資產金額為 $200,000，則這些資產總權益金額亦為 $200,000。資產和權益兩者之間的關係可以方程式表示如下：

資產＝權益

權益可以分為兩類：債權人權益及業主權益。債權人權益是指對企業之資產擁有求償權，企業有償還的義務，稱之為負債；而業主對企業剩餘價值之求償權稱之為業主權益，則上述方程式可擴充為：

資產＝負債＋權益

在會計方程式中，習慣在業主權益前先列負債，因為債權人對企業之資產有優先求償。業主剩餘價值請求權可經由下列將負債移至方程式的另一邊，當更能強調所謂之業主剩餘權益的眞意，其方程式如下：

資產－負債＝權益

企業交易均能由會計方程式中三種基本要素所造成的變動來表示。會計方程式變動影響可由下列各交易中得到證明。

（一）業主投資

A 君邀集好友成立三星遊戲軟體公司，共募得現金 $1,000,000 發行 $1,000,000 的普通股。在 2016 年 10 月 1 日開始營業。本項交易導致公司資產與權益之等額增加，即資產中現金增加 $1,000,000，權益中股本亦增加 $1,000,000，會計方程式可列示如下：

	資　產	=	負　債	+	權益
	現　金	=			股　本
（一）	＋$1,000,000	=			＋$1,000,000
餘額	$1,000,000	=			$1,000,000

由上述分析得知，會計方程式之兩邊維持恆等；權益的增加乃在於股東的投資所致。

（二）以現金購買辦公設備

公司以現金 $500,000 購買電腦設備。本交易改變資產組成要素，其總額不變。但資產中之項目已發生改變，現金減少 $500,000，而另一項資產設備增加 $500,000。本交易發生前交易的影響及交易發生後會計方程式之變化如下：

	資　產			=	負　債	+	權益
	現　金	+	設　備	=			股　本
餘額	$1,000,000			=			$1,000,000
（二）	－ 500,000	+	$500,000				
餘額	$500,000	+	$500,000	=			$1,000,000

從上表得知，會計方程式左邊資產總額仍爲 $1,000,000，右邊之權益亦爲 $1,000,000，兩邊是相等的。

（三）賒購各項用品

本月公司向供應商購買預期未來數月使用之影印紙及其他電腦用品 $8,000，將於未來期間付款。本項交易爲賒帳購買，所發生的欠款，導致負債增加，購入各項用品之耗用，預期會產生未來經濟利益，而導致資產之增加。換言之，資產中「辦公用品」增加 $8,000，而負債中「應付帳款」亦增加 $8,000，其對會計方程式之影響如下：

	資產					=	負債	+	權益
	現金	+	辦公用品	+	設備	=	應付帳款	+	股本
餘額	$500,000				$500,000	=			$1,000,000
(三)		+	$8,000				+ $8,000		
餘額	$500,000	+	$8,000	+	$500,000	=	$8,000	+	$1,000,000

上述會計方程式之左邊資產總額為 $1,008,000，亦等於右邊債權人對資產請求權 $8,000 與權益 $1,000,000 之和。

（四）償還應付帳款

公司清償部分欠款 $4,000，因而使資產中「現金」減少 $4,000，同時負債中「應付帳款」亦作同額減少，其對會計方程式影響如下：

	資產					=	負債	+	權益
	現金	+	辦公用品	+	設備	=	應付帳款	+	股本
餘額	$500,000		$8,000		$500,000	=	$8,000	+	$1,000,000
(四)	− $4,000						− $4,000		
餘額	$496,000	+	$8,000	+	$500,000	=	$4,000	+	$1,000,000

上述會計方程式中，左邊現金減少 $4,000，右邊負債亦減少 $4,000，會計方程式仍然維持相等。

（五）提供服務或出售商品

一般而言，因提供服務或出售商品予顧客而收取之金額通常稱為收入。本公司提供之軟體設計服務而收取之金額稱為服務收入。本月公司軟體設計服務收入為 $110,000，並如期收到現金。收入使權益增加，故資產與權益同時等額增加。資產中「現金」增加 $110,000，權益同時增加 $110,000。收入增加會使淨利（盈餘）增加，而盈餘就是股東的權益，因此現金增加了 $110,000，應屬於公司股東的。為了與股東投資而增加之權益區分，而以保留盈餘項目代替。其會計方程式影響如下：

	資產					=	負債	+	權益			
	現金	+	辦公用品	+	設備	=	應付帳款	+	股本	+	保留盈餘	
餘額	$496,000		$8,000		$500,000	=	$4,000	+	$1,000,000			
（五）	＋ $110,000									+	$110,000	服務收入
餘額	$606,000	+	$8,000	+	$500,000	=	$4,000	+	$1,000,000	+	$110,000	

上述會計方程式左右二邊相加其餘額均 $1,114,000。惟收入使權益增加，爲便於計算淨利，特註名「服務收入」。

（六）支付各項費用

以現金支付當月份各項費用：薪資 $12,000；租金 $19,000；什項費用 $7,000。收入增加盈餘，使權益增加。那麼公司提供服務所發生之各項費用，使盈餘減少，則權益減少，記錄「保留盈餘」減少。這些交易足以影響現金及權益之變動，以下列會計方程式表示：

	資產					=	負債	+	權益			
	現金	+	辦公用品	+	設備	=	應付帳款	+	股本	+	保留盈餘	
餘額	$606,000		$8,000		$500,000	=	$4,000	+	$1,000,000	+	$110,000	
（六）	－ $38,000									－	12,000	薪資費用
										－	19,000	租金費用
										－	7,000	什項費用
餘額	$568,000	+	$8,000	+	$500,000	=	$4,000	+	$1,000,000	+	$72,000	

會計方程式左右兩邊仍是相等的。惟在權益欄內宜分別註明所發生之三項費用，以利淨利之計算。

茲將上列各交易彙總如下：

	資產					=	負債	+	權益		
	現金	+	辦公用品	+	設備	=	應付帳款	+	股本	+	保留盈餘
(一)	$1,000,000								$1,000,000		
(二)	− 500,000			+	$500,000						
	$500,000			+	$500,000	=		+	$1,000,000		
(三)			+ $8,000				+ $8,000				
	$500,000	+	$8,000	+	$500,000	=	$8,000	+	$1,000,000		
(四)	− 4,000						− 4,000				
	$496,000	+	$8,000	+	$500,000	=	$4,000	+	$1,000,000		
(五)	+ 110,000									+	$110,000
	$606,000	+	$8,000	+	$500,000	=	$4,000	+	$1,000,000	+	$110,000
(六)	− 38,000									−	12,000
										−	19,000
										−	7,000
	$568,000	+	$8,000	+	$500,000	=	$4,000	+	$1,000,000	+	$72,000
	= $1,076,000						= $1,076,000				

從上表可得出下列重點：

1. 會計基本方程式的左邊與右邊相等永遠不變。
2. 每項交易之影響均能用會計方程式一項或一項以上之增加或減少來表示。

2-3 會計項目與借貸法則

一、帳戶的意義

前節以三星遊戲軟體設計公司的交易爲例，說明如何以會計方程式記錄交易事項，以瞭解公司財務狀況及經營績效。如企業規模大，經營業務繁多，此種處理方式即不適用。因此須將性質相同的交易彙集到一個儲存的單位，這個單位即稱爲帳戶（account），而每一個帳戶給予一個名稱，稱爲會計項目。在例子中牽涉資產類的項目有現金、辦公用品、設備等；負債類的項目有應付帳款；權益類項目有股本及保留盈餘。公司爲顧客提供服務也產生了收益，其項目為服務收入。在經營業務過程中也會發生費用，例如，薪資費用、租金費用、什項費用等。這些費用均屬於費損類之項目。

帳戶是用來記錄、累積特定資產、負債、權益、收益與費損項目增減變動的基本儲存單位。例如，上例所使用之「現金」、「辦公用品」、「服務收入」、「應付帳款」等帳戶。每個帳戶包括三部分：

1. 帳戶名稱。
2. 左方，又稱為借方。
3. 右方，又稱為貸方。

帳戶的格式如同英文字母的「T」或中文的「丁」，因此俗稱 T 字帳（T account），其格式如下：

會計項目名稱	
左方或借方	右方或貸方

所謂借方（debit）與貸方（credit）是表示 T 字帳記錄的方向，意即帳戶的左方與右方，並無表示增加或減少的意思。將交易的金額記入帳戶的左方，稱為借記（debiting）該帳戶；將交易的金額記入帳戶的右方，稱為貸記（crediting）該帳戶。

所有帳戶，一律以左方為借方，以右方為貸方，是一種會計法則或會計慣例。

上節三星遊戲軟體公司交易中，有關現金增減列在表 2-1 左邊，其中二項交易使現金增加 $1,110,000，三項交易使現金減少 $542,000，該公司現金餘款為 $568,000。

表 2-1　表列格式與帳戶格式之現金帳戶

彙總表列格式

現金		
(一)	+	1,000,000
(二)	−	500,000
(四)	−	4,000
(五)	+	110,000
(六)	−	38,000
餘額		568,000

帳戶格式

借方	現	金	貸方
(一)	1,000,000	(二)	500,000
(五)	110,000	(四)	4,000
		(六)	38,000
餘額	568,000		

在會計方程式表列格式中，「＋」項代表現金收入，在T帳戶中借記現金帳戶；在表列格式中，「－」項表示現金支出，在T帳戶中，則貸記現金帳戶。如此，增加完全記在一邊，減少則記在另一邊，有助於計算帳戶之餘額。在表2-1中，現金帳戶借方總額為$1,110,000，貸方總額為$542,000，則現金帳戶餘額為借餘$568,000，此乃表示三星公司現金增加的金額比減少的金額多$568,000。

上述帳戶格式的記錄方式與會計方程式格式所得結果相同。但帳戶格式優於會計方程式格式：

1. 可避免加減彙集在一起計算，不易生錯。
2. 加減程序更具效率。
3. 現金增加借記左方，減少貸記右方，易於瞭解公司現金收入、支出及餘額。

將帳戶之借方總額與貸方總額比較，如借方總額大於貸方總額，則該帳戶為借餘（debit balance），反之，若貸方總額大於借方總額，則該帳戶為貸餘（credit balance）。

茲將企業交易活動與五大會計要素的關聯列出常用之會計項目，如表2-2所示。

表2-2　常用之會計項目

企業活動	會計要素	會計項目
營業活動	收　益	銷貨收入、服務收入、租金收入、利息收入、處分非流動資產利益。
	費　損	銷貨成本、薪資費用、文具用品費用、租金費用、水電費用、利息費用、折舊費用、處分非流動資產損失、未實現外幣兌換損失。
投資活動	資　產	現金、應收帳款、應收票據、文具用品、存貨、預付費用、辦公設備、累計折舊－辦公設備。
籌資活動	負　債	應付帳款、應付票據、應付費用、應付公司債、預收收入。
	權益	股本、資本公債、保留盈餘、股利。

常用之會計項目說明如下：

（一）資產類會計項目

1. 現金：交易做媒介及支付的工具，未指定用途，隨時可支配運用，包括庫存現金、旅行支票、銀行存款、銀行本票、郵政匯票等。
2. 應收票據：在賒帳交易時，由發票人同意在未來特定時間支付一定金額的書面承諾。包括遠期支票、承兌匯票。此類票據可於約定日期向債務人請求現金的給付。

3. 應收帳款：係指賒銷商品或提供勞務而發生的貨幣請求權。
4. 應收收益（accrued revenue）：係指本期已賺得而尚未收到現金的收益均屬之。例如，應收利息、應收佣金等。
5. 文具用品：係購買尚未耗用之文具、紙張及辦公用品等。
6. 存貨（inventories）：係指購入供正常營業出售之貨品。
7. 預付費用：係指未享用勞務前，先行支付的款項，例如，預付房租。
8. 辦公設備：係指供辦公或營業上所使用之各項設備，例如，桌、椅、電腦等皆屬之。
9. 累計折舊：凡營業上所使用之各項設備均有一定的耐用年限，在耐用年限屆滿時，該等資產即無使用價值。因此，必須將資產消耗掉的價值分配於各使用期間爲費用，稱爲「折舊費用」。累計折舊是歷年折舊的累計金額，是相關資產的抵銷項目，資產的成本減去累計折舊，即該資產的帳面價值。

（二）負債類會計項目

1. 應付帳款：係指因賒購商品或勞務等而發生的債務。
2. 應付票據：係指因進貨或借款而發生於約定日支付一定金額之書面承諾，例如遠期支票、商業本票等。
3. 應付費用：係指本期已發生而尚未支付現金之各項費用。例如，應付利息、應付薪資等。
4. 預收收益：係指在未提供勞務或貨物前先收到現金者，例如，預收租金。

（三）權益類會計項目

1. 股本：係指公司依公司法辦理登記，向股東實收並發行在外的資本。
2. 資本公積：係指發行股票的溢價，庫藏股票交易所產生的利益等。
3. 保留盈餘：係指公司營業所賺得之盈餘，未以股利方式分配給股東，而仍保留於公司的盈餘。
4. 股利：係指股東的投資報酬，即將保留盈餘按股東會的決議發放給股東之股息。

（四）收益類會計項目

1. 銷貨收入：係指銷售商品所產生之收入。
2. 服務收入：係指主要業務爲勞務的提供所賺得的收入。
3. 租金收入：係指部份房屋、土地出租所賺取的收入。
4. 利息收入：係指銀行存款或債券投資所賺取之利息。
5. 處分非流動資產利得：係指資產出售、交換等行爲，其付款超過帳面價值部分。

（五）費損類會計項目

1. 銷貨成本：係指出售商品之成本。
2. 薪資費用：係指員工薪水、加班費、獎金、退休金及各種定期支付給員工之津貼等。
3. 文具用品費用：係指營業用文具用品已耗用之部分。
4. 租金費用：係指因營業而租用之房屋、土地或設備等而支付的費用。
5. 利息費用：係指借款或延遲付款所支付之利息。
6. 水電費用：係指營業場所使用的水費、照明及空調等電費。
7. 折舊費用：係指將房屋設備的成本或其他價值在耐用年限內，每年消耗掉的價值屬之。
8. 處分非流動資產損失：係指資產出售、交換等行爲，其付款低於帳面價值部分。

二、借貸法則

雙式簿記制度（double entry system）的兩個原則：

1. 每項交易必會影響二個或二個以上之帳戶。
2. 借記帳戶的總金額必須等於貸記帳戶的總金額。

在此制度下，每項交易對會計方程式借方與貸方之影響，均記錄至適當的項目，至於交易所使用的項目，應記載在左方或右方則視交易內容而定。

（一）資產與負債

爲使會計方程式資產＝負債＋權益之左右兩邊維持恆等，則資產的增加和減少記錄之方向必須相反。如表 2-2 屬於資產類之現金帳戶，現金增加時記入帳戶左方（借方），現金減少時記入帳戶右方（貸方），所有的資產都和現金帳戶一樣增加記入借方，減少記入貸方。負債與資產相反，若欲使會計方程式恆等，則負債的增加應記錄於帳戶的右方（貸方），減少記錄於帳戶的左方（借方）。

茲將資產及負債之借貸法則列示如下：

（二）權益

爲使會計方程式恆等，權益的記錄與負債一樣，權益爲廣義的負債，增加應記錄於帳戶的右方（貸方），而權益減少須記錄於帳戶之左方（借方）。

茲將權益之借貸法則列示如下：

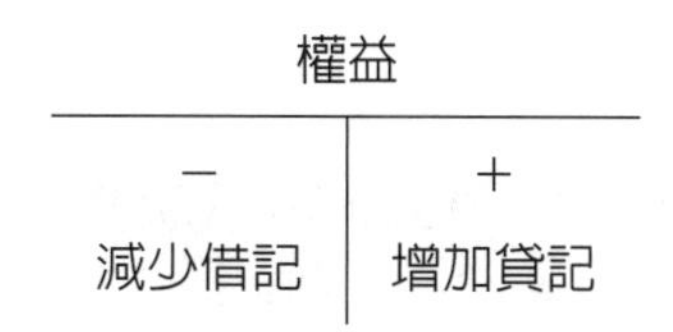

（三）收益與費損

收益（收入及利益）之發生使權益增加，收益屬於權益的細目，是權益增加之來源之一，故收益項目之借貸法則與權益項目之借貸法則相同，即收益增加應記錄於帳戶右方（貸方），減少應記錄於帳戶左方（借方）。

費損（費用與損失）之發生使權益減少，計算淨利時，收益使淨利增加，費損使淨利減少。因此費損項目的借貸法則與收益的借貸法則相反。費損增加應記錄於帳戶之左方（借方），減少應記錄於帳戶的右方（貸方）。

茲將收益及費損之借貸法則列示如下：

茲將上列會計五大要素之借貸原則，彙總如圖 2-2：

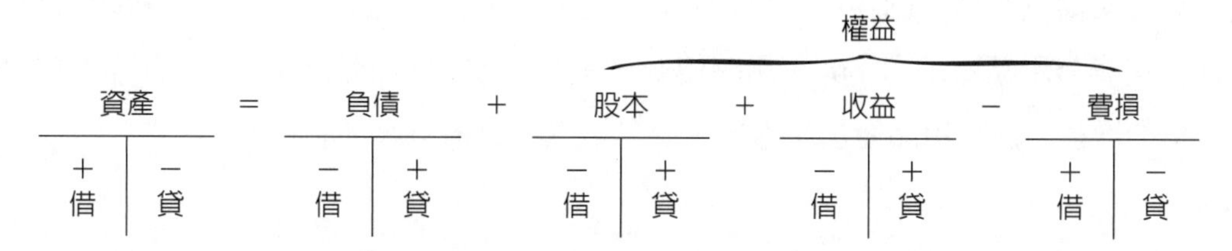

圖 2-2　會計五大要素之借貸法則及所受之影響

三、交易分析釋例

範例2-1

以前節三星遊戲軟體設計公司 2015 年 10 月所發生之交易，以帳戶格式列示各交易的借貸法則如下：

1. 業主出資 $1,000,000，成立三星公司，開始營業。本交易使三星公司現金增加了 $1,000,000，權益也增加 $1,000,000，屬於資產增加，權益增加之例子。現金增加記入現金帳之借方，股本增加記入股本帳之貸方。

現　金

1.　1,000,000	

股　本

	1.　1,000,000

2. 公司以現金 $500,000 購買電腦設備。本交易使公司辦公設備增加 $500,000，相對的，現金也減少 $500,000，屬於資產的增加與資產減少的例子。辦公設備增加記借方，現金減少記貸方。

現　金

1.　1,000,000	2.　500,000

辦公設備

2.　500,000	

3. 三星公司向供應商賒購預期未來數月使用之影印紙及其他電腦用品 $8,000。本交易使公司辦公用品增加 $8,000，用時使應付帳款也增加 $8,000，是屬於資產的增加與負債的增加。辦公用品增加記借方，應付帳款（負債）增加記貸方。

辦公用品	
3.　8,000	

應付帳款	
	3.　8,000

4. 公司清債部分欠款 $4,000，這項交易使公司應付帳款減少 $4,000，同時也使現金減少 $4,000，為一項負債減少與資產減少之例子，應付帳戶減少記借方，現金減少記貸方。

現金	
1.　1,000,000	2.　500,000
	4.　4,000

應付帳款	
4.　4,000	3.　8,000

5. 公司本月完成軟體設計服務收入 $110,000，並如數收到現金。本交易使公司收益增加$110,000，現金也增加$110,000，是資產增加，收益增加的例子。現金增加記借方，收益增加記貸方。

現　　金	
1.　1,000,000	2.　500,000
5.　110,000	4.　4,000

服務收入	
	5.　110,000

6. 公司以現金支付各項費用：薪資 $12,000，租金 $19,000，什項費用 $7,000。本項交易使公司費用增加 $38,000，現金減少 $38,000，屬於費損增加，資產減少之例子。費用增加記借方，現金減少記貸方。

現金

借	貸
1. 1,000,000	2. 500,000
5. 110,000	4. 4,000
	6. 38,000

薪資費用

借	貸
6. 12,000	

租金費用

借	貸
6. 19,000	

什項費用

借	貸
6. 7,000	

2-4 財務報表

企業財務報表是揭露公司營運資訊的重要管道。使用者可針對財務報表進行分析與比較，期能瞭解公司營運管理的財務狀況與財務績效，俾利制定理財、投資決策或公司經營決策。當交易經認定、記錄及分類彙總後，公司即可依照彙集之會計資訊編製財務報表。

一、綜合損益表

大多數企業，均從事持續不斷的改善業務，藉以達到預期之財務績效。綜合損益表（statement of comprehensive income）就是表達企業在某一特定期間之經營成果與盈虧損益的報表。企業經營成功與否，須視其獲利能力來判斷。若企業本期淨利比上期多，或企業與競爭者比較時，其獲利亦比競爭者多時，即可判斷該企業是績效優良的企業。綜合損益表的表首包括企業名稱、報表名稱及涵蓋期間三部分。至於損益表之內涵部分，首先列示收益，次列費損，最後列示淨利或淨損。當收益超過費損產生淨利。反之，費損超過收益，則產生淨損。

茲依據三星公司 2015 年 10 月交易分析 T 帳戶之資料編製損益表如下：

表 2-3　綜合損益表

三星遊戲軟體設計公司
綜合損益表
2015 年 10 月份　　單位：新台幣元

收　益：		
服務收入		$110,000
費　損：		
薪資費用	$12,000	
租金費用	19,000	
什項費用	7,000	38,000
本期淨利		$ 72,000

IFRS專欄

IAS 1 號規定企業得以下列方式之一表達某一期間所認列所有收益及費損項目：

1. 一張報表法：將當期損益及其他綜合損益全部列在一張綜合損益表上。
2. 二張報表法：將當期損益項目單獨列在第一張損益表上，另外將其他綜合損益項目列在第二張綜合損益表上。

二、權益變動表

權益變動表（statement of changes in equity）是揭露企業在兩期資產負債表日之間「權益」的變化內容。權益可因股東再投入資金，或因營業損益等而造成權益之增減。在兩期資產負債表日之間任何有關權益細目的變動均應反應在該報表內。權益變動表也是連接綜合損益表與資產負債表的橋樑。茲列示三星公司權益變動表如下：

表 2-4　權益變動表

三星遊戲軟體設計公司
權益變動表
2015 年 10 月 1 日至 10 月 31 日　　單位：新台幣元

	股　本	保留盈餘	權益合計
期初餘額	$ 0	$ 0	$ 0
本期投資	1,000,000		1,000,000
本期淨利（收入 > 費用）		72,000	72,000
期末餘額	$ 1,000,000	$ 72,000	$ 1,072,000

本例僅為說明權益變動表的內容格式。因此，期初保留盈餘為零，無盈利分配及調整項目。本表是業主欲瞭解在報導期間權益變動相當重要的報表。

三、資產負債表

資產負債表又稱為平衡表或財務狀況表。其主要目的是表達企業在某一特定日期之財務狀況，為企業四大報表中最主要的報表。該表之表首與其他報表相同，須註明企業名稱、報表名稱及某特定日期。資產負債表是向投資人或債權人報導資產、負債及權益在某一特定日期的餘額還有多少。資產列於左方，負債及權益列於右方，資產總額必須等於負債及權益總額。

本例依照前節交易分析釋例各帳戶餘額彙編而成。

表 2-5　資產負債表

三星遊戲軟體設計公司
資產負債表
2015 年 10 月 31 日　　單位：新台幣元

資　產		負　債	
現　金	$ 568,000	應付帳款	$ 4,000
辦公用品	8,000	權　益	
辦公設備	500,000	股　本	1,000,000
		保留盈餘	72,000
資產合計	$ 1,076,000	負債及權益合計	$ 1,076,000

四、現金流量表

現金流量表（statement of cash flows）的主要目的是提供企業某一會計期間現金收入與現金支出的資訊。其次，提供關於企業營業活動、投資活動與籌資活動對現金的影響，及該期間現金增減變動情況之有關資訊。

現金流量表所提供之資訊，可幫助管理人員評估企業的流動性，以利決定股利政策及評估投資、融資重大決策的影響。投資者及債權人亦可使用該表評估企業管理現金流量及能否產生現金用以清償負債、支付股利的能力，以及向外界融資的需要。

編製現金流量表首先計算本期現金的增減變動，其次找出影響現金收入與現金支出的原因，並分別按營業活動、投資活動及籌資活動列示。現金流量表的編製須按三種資訊來源：(1) 兩期資產負債表；(2) 綜合損益表；(3) 其他補充資訊。

茲以前節三星遊戲軟體設計公司之有關資訊編製現金流量表如下：

表 2-6　現金流量表

三星遊戲軟體設計公司
現金流量表
2015 年 10 月份　　單位：新台幣元

營業活動之現金流量：		
本期淨利		$ 72,000
調整項目：		
應付帳款增加		4,000
營業活動淨現金流入		$ 76,000
投資活動之現金流量：		
支付購買辦公設備	$(500,000)	
支付購買辦公用品	(8,000)	
投資活動淨現金流出		(508,000)
融資活動之現金流量：		
業主投資		1,000,000
本期現金增加額		$568,000
期初現金餘額		0
期末現金餘額		$568,000

現金流量表記錄了所有產生現金的交易活動，並且依照現金流量發生原因的不同，區分為營業、投資及籌資等三方面。如此可藉由分析現金流量表組成的因素，進一步了解公司如何取得資金、如何運用資金及財務體質是否良好。一般而言，產業特性、產業環境及經營策略等因素皆會影響公司的現金流量，使得不同產業的公司在資金運用上有極大差異；即使相同產業的公司現金的來源與用途也未必相同。

學·後·評·量

一、選擇題

(　　) 1. 有關會計的借與貸，以下何者正確？ (A) 會計稱帳戶的左方爲貸方；帳戶的右方爲借方 (B) 資產增加記爲貸方 (C) 收入的增加記爲借方 (D) 負債的增加記爲貸方。

(　　) 2. 下列哪一項交易使資產增加與資產減少？ (A) 以現金購入運輸設備 (B) 出售存貨 (C) 償還債務 (D) 應收帳款收現。

(　　) 3. 以現金購買設備，使資產總額： (A) 增加 (B) 減少 (C) 不變 (D) 不一定。

(　　) 4. 權益是指： (A) 資產總額－負債總額 (B) 收益減費損 (C) 銷貨總額減銷貨退回 (D) 進貨總額減進貨退回。

(　　) 5. 企業經營發生虧損，會計基本方程式： (A) 仍然平衡 (B) 左方較大 (C) 右方較大 (D) 不一定。

(　　) 6. 借方的意義是代表： (A) 資產及負債的增加 (B) 資產及負債的減少 (C) 資產增加，負債減少 (D) 資產減少，負債增加。

(　　) 7. 下列哪一個項目的正常餘額在貸方？ (A) 辦公用品 (B) 設備 (C) 租金費用 (D) 應付帳款。

(　　) 8. 下列哪一個項目的正常餘額在借方？ (A) 股本 (B) 現金 (C) 應付帳款 (D) 服務收入。

(　　) 9. 下列哪個是會計基本方程式的擴充？ (A) 資產＝負債＋權益＋收益－費損 (B) 資產＋費用＝負債＋業主權益＋收益 (C) 資產－負債＝業主收益＋收益＋費損 (D) 資產＝收益＋費損－負債。

(　　) 10. 報導資產、負債及權益之財務報表是： (A) 損益表 (B) 資產負債表 (C) 現金流量表 (D) 權益變動表。

(　　) 11. 公司於會計期間終了日，賒購一台機器 $100,000，請問此項交易將會影響： (A) 損益表 (B) 資產負債表 (C) 損益表及資產負債表 (D) 權益變動表。

(　　) 12. 公司在某一特定期間將會產生淨利，則 (A) 收益大於費損 (B) 資產大於負債 (C) 資產大於收益 (D) 費損大於收益。

(　　) 13. 雙式簿記制度是指： (A) 交易的借方總金額必等於貸方總金額 (B) 借方及貸方必須只能各有一個會計項目 (C) 借方項目數目必須和貸方項目數目相等 (D) 以上皆對。

(　　) 14. 下列有關帳戶之說明，何者正確？ (A) 帳戶的格式包括兩部分 (B) 帳戶是用來記錄特定資產、負債或權益項目增減變動的會計記錄 (C) 帳戶之左方爲貸方或減少之一方 (D) 以上皆不正確。

(　　) 15. 帳戶可以借記的有： (A) 資產增加及負債增加 (B) 資產減少及負債減少 (C) 資產增加及負債減少 (D) 資產減少及負債增加。

(　　) 16. 正常餘額爲借餘的帳戶有 (A) 資產、費損及收入 (B) 資產、費損及股本 (C) 資產、負債及股利 (D) 資產、股利及費損。

(　　) 17. 任何一個交易均會： (A) 影響二個或只影響一個會計項目 (B) 影響二個或二個以上會計項目 (C) 影響借方項目數與貸方項目數相同 (D) 只影響二個會計項目。

(　　) 18. 下列哪一項不屬於損益表之內容？ (A) 資產 (B) 水電費 (C) 所得稅 (D) 薪資費用。

(　　) 19. 爲表達企業某特定時日之財務狀況，則應編製 (A) 權益變動表 (B) 損益表 (C) 資產負債表 (D) 現金流量表。

(　　) 20. 針對損益表、權益變動表、資產負債表及現金流量表之陳述，請問下列敘述何者正確？ (A) 除損益表外，餘皆爲期間報表 (B) 除資產負債表外，餘皆爲期間報表 (C) 除權益變動表外，餘皆爲期間報表 (D) 除現金流量表外，餘皆爲期間報表。

(　　) 21. 下列何者的正常餘額爲借方餘額？ (A) 應付租金 (B) 預收租金 (C) 租金收入 (D) 預付租金。 【98年公務人員初等考試】

(　　) 22. 向銀行借款將使： (A) 資產增加，負債減少 (B) 資產增加，負債增加 (C) 資產減少，負債減少 (D) 資產增加，權益增加。【98年公務人員初等考試】

(　　) 23. 會計恆等式，係指： (A) 毛利＝期初存貨＋進貨成本－期末存貨 (B) 淨利＝收入－毛利－營業費用 (C) 淨利＝收入－費損 (D) 資產＝負債＋權益

二、計算題

1. 【交易分析】試依借貸法則，就下列情況各舉一交易實例，並記入T帳戶。

(1) 資產增加，權益增加。　　(4) 資產增加，負債增加。
(2) 資產增加，資產減少。　　(5) 資產增加，收入增加。
(3) 費損增加，資產減少。　　(6) 費損增加，負債增加。

2. 【會計基本方程式、交易分析】大仁會計師事務所有關八月份所發生之交易，利用會計基本方式列示各筆交易的編號及各筆交易對資產、負債及權益之影響如下：

				=	負　債	+	權益			
	現　金	+	辦公設備	=	應付帳款	+	股　本	+	保留盈餘	
(1)	＋$500,000					+	＋$500,000			
(2)		+	$80,000		＋$80,000					
(3)	＋120,000								＋$120,000	服務收入
(4)	－50,000								－50,000	薪資費用

試從上述資料中，敘述每一筆交易的情況。

3. 【交易彙總表、財務報表】玉成公司 2015 年 1 月 1 日，其第一個月發生交易事項如下：
   ① 股東投資現金 $500,000 成立公司，並發行股票。
   ② 以現金 $40,000 支付本月份房租。
   ③ 賒購辦公設備 $150,000。
   ④ 完成本月份軟體服務，收到現金 $100,000。
   ⑤ 向銀行貸款現金 $35,000，開立票據乙紙。
   ⑥ 支付當月份費用：薪資 $25,000；水電費 $15,000。

   編製：
   (1) 交易彙總表。
   (2) 綜合損益表、權益變動表及資產負債表。

4. 【交易分析、綜合損益表】大愛維修公司於 2015 年 7 月 1 日成立，有關 7 月份交易如下：
   ① 股東投資現金 $100,000，成立公司並開始營業。
   ② 以現金購買電腦設備 $50,000。
   ③ 支付本月份房租 $4,000。
   ④ 現購文具用品 $5,000。
   ⑤ 完成顧客維修服務收利現金 $51,000。
   ⑥ 支付員工薪資 $20,000。
   ⑦ 支付水電費 $1400。
   ⑧ 完成顧客維修服務計 $7500，同意顧客欠帳。

試作：

(1) 以 T 帳戶記錄上述各項交易。

(2) 編製 7 月份綜合損益表。

5. 【淨利】仁愛公司各年底的總資產及總負債如下：

12 月 31 日	總資產	總負債
2015 年	$800,000	$500,000
2016 年	920,000	600,000
2017 年	1,180,000	800,000

仁愛公司於 2015 年 1 月 1 日成立時共出資 $200,000，並即開始營業。

(1) 假設仁愛公司在 2015 年支付現金股利 $30,000，2015 年淨利為多少？

(2) 假設仁愛公司在 2016 年現金增資 $100,000，未支付股利，2016 年淨利為多少？

(3) 假設仁愛公司在 2017 年增資 $30,000，支付現金股利 $50,000，則 2017 年的淨利為多少？

試分析權益變動中，計算各年之淨利或淨損。

6. 【交易分析】試分析下列事項記入 T 帳戶的借方或貸方。

(1) 負債增加。　(6) 應付帳款增加。

(2) 費損減少。　(7) 資產減少。

(3) 收入減少。　(8) 費損增加。

(4) 股本增加。　(9) 收入增加。

(5) 現金增加。　(10) 應收帳款增加。

7. 【交易分析】大道公司八月份發生下列交易：

① 依面額發行股票 10,000 股，每股面額 $10，如數收到現金 $100,000。

② 賒購設備 $9,000。

③ 支付本月份房租 $2,000。

④ 提供諮詢服務 $50,000，同意客戶欠款。

⑤ 支付本月份水電費 $800。

試指出每筆交易應借記與貸記的會計項目。

8. 【交易分析】參通公司發生下列交易：

① 投資現金 $50,000 成立參通公司，並開始營業。

② 以現金支付廣告費 $1,000。

③ 賒購文具用品 $700。

④ 完成諮詢服務，向顧客寄出帳單 $3,000。

⑤ 償還債權人欠款 $300。

試作：

(1) 借記與貸記項目之基本型態（資產、負債、權益）。

(2) 借記與貸記之會計項目。

(3) 影響之會計項目是增加或減少。

(4) 會計項目為借餘或貸餘。

以題號 (1) 交易為例，如下：

	借記項目				貸記項目			
題號	基本型態	會計項目	影響	餘額	基本型態	會計項目	影響	餘額
(1)	資產	現金	增加	借餘	權益	股本	增加	貸餘
(2)								
(3)								
(4)								

9. 【淨利、資產負債表】仁德公司 2015 年 1 月份有關財務資訊資料如下：

服務收入	$21,000	應付票據	$5,000
應付帳款	1,200	薪資費用	100
現　　金	2,100	文具用品	350
電腦設備	9,900	保留盈餘	?
股　　本	4,000	租金費用	4,500

試作：

(1) 計算 2015 年 1 月份公司之淨利。

(2) 編製資產負債表。

筆記頁

CHAPTER 03

交易記錄與試算

學習目標

研讀本章後，可了解：

一、會計循環的意義及其步驟

二、何謂分錄？及有關釋例

三、會計憑證的意義及種類

四、日記簿的意義及其如何協助記錄交易

五、分類帳的意義及其功能

六、過帳的意義、過帳的步驟及過帳釋例

七、試算表的意義及其編製方法

本章架構

交易記錄與試算

會計循環	作分錄	會計憑證	帳簿種類	過帳	試算表
• 何謂會計循環及其九大步驟	• 分錄的意義及會計方程式與分錄的關連性	• 原始憑證 • 記帳憑證	• 日記簿 • 分類帳簿	• 過帳的意義 • 過帳的步驟 • 過帳釋例	• 試算表的意義與功能 • 試算表的編製步驟 • 試算表的限制 • 試算表所能發現的錯誤 • 金額符號的使用

前言

在第二章中，介紹何謂交易及利用會計方程式作各類交易分析，並以彙總表方式表達這些交易對會計五大要素：資產、負債、權益、收益及費損的累積影響，以此編製財務報表。但這種方式隨著企業規模逐漸擴大、交易數量增多時，雖然仍可使用交易分析及其對會計方程式之影響記錄每筆交易，不過按照這種形式分析及記載並不合乎實務上需要。

在會計上，為編製及時定期財務報表，須有逐日的財務資料可加以利用，以利決策之擬定，乃發展出一套更簡易記錄交易之程序，包括：分錄、過帳、試算等平日會計工作及調整、結帳及編表等期末會計工作。本章先從交易記錄的基本程序：分錄、過帳、試算等逐項循序說明。

3-1 會計循環

企業之會計工作在每一會計期間內，始於交易之分析，歷經許多步驟，方能產生企業之財務報表。完成會計編製的步驟包括：

步驟①：交易分析：確定交易對資產負債及權益的影響。

步驟②：分錄將交易在帳簿上，作序時記錄。

步驟③：過帳將日記簿的分錄登入分類帳。

步驟④：編製調整前試算表：驗證分錄及過帳是否正確。

步驟⑤：編製調整分錄並過帳：使每一會計項目正確表達編表時的眞實情況。

步驟⑥：編製調整後試算表：驗證分類帳其借方與貸方是否相等，並將各會計項目彙集成一表，以利編製財務報表之需。

步驟⑦：編製財務報表：包括綜合損益表、權益變動表、資產負債表及現金流量表。

步驟⑧：編製結帳分錄及過帳。

步驟⑨：編製結帳後試算表。

當公司採用工作底稿時，在步驟④完成後，步驟⑤改為工作底稿之編製。俟工作底稿編製完成後，則財務報表可直接依據工作底稿編製。依序再作調整、結帳分錄並過帳及結帳後試算表。

交易發生後始自分錄、過帳，再經試算、調整、編表及結帳共計九大步驟。每個會計期間會計工作均經由相同的步驟，一再重複，週而復始，故稱爲會計循環（accounting cycle）。上述步驟①至步驟④爲平時的工作，調整、結帳及編表則屬期末的工作。當交易發生，只要影響資產、負債及權益發生變動者，就應記入日記簿、過入分類帳及編製試算表。

爲使每一會計項目能正確表達編表時的實際情況，而有步驟④至步驟⑥之期末調整工作。在編製財務報表前必須經過六個步驟，經試算並確定平衡才可進入步驟⑦編製財務報表，步驟⑧及步驟⑨是結帳程序，只有在會計期間結束時才會執行的工作。結帳分錄過帳後「實帳戶」——資產、負債及權益，其帳戶餘額結轉下期，爲下一會計期間的期初餘額；「虛帳戶」——收益與費損，其帳戶餘額均爲零，劃記雙線。以利下一會計期間重新記錄收益與費損資料。新的會計期間又從步驟①到步驟⑨，如此不斷地周而復始。

3-2 會計分錄

一、分錄的意義

交易發生時，提供商品或勞務的一方，會提供書面憑證，例如，發票、收據、支票或合約以證明交易發生的細節，這些書面憑證謂之原始憑證（source documents）。會計則依照原始憑證分析交易的本質，交易日期，應用雙式簿記制度（double-entry system），區分借方項目、金額及貸方項目、金額，記錄在日記簿之程序稱之爲作分錄（journalizing），記錄的每筆交易稱之爲分錄。用來記載這些分錄的帳簿，稱爲分錄簿。分錄簿是依交易發生之先後順序記錄的帳簿，也稱爲日記簿或序時帳簿。

二、會計方程式與分錄的關聯性

茲以第二章三星遊戲軟體設計公司 2015 年 10 月份所發生的交易爲例，說明會計方程式與分錄的關聯性。

（一）業主投資

A 君共募得現金 $1,000,000，以發行 $1,000,000 的普通股。在 2015 年 10 月 1 日開始營業。

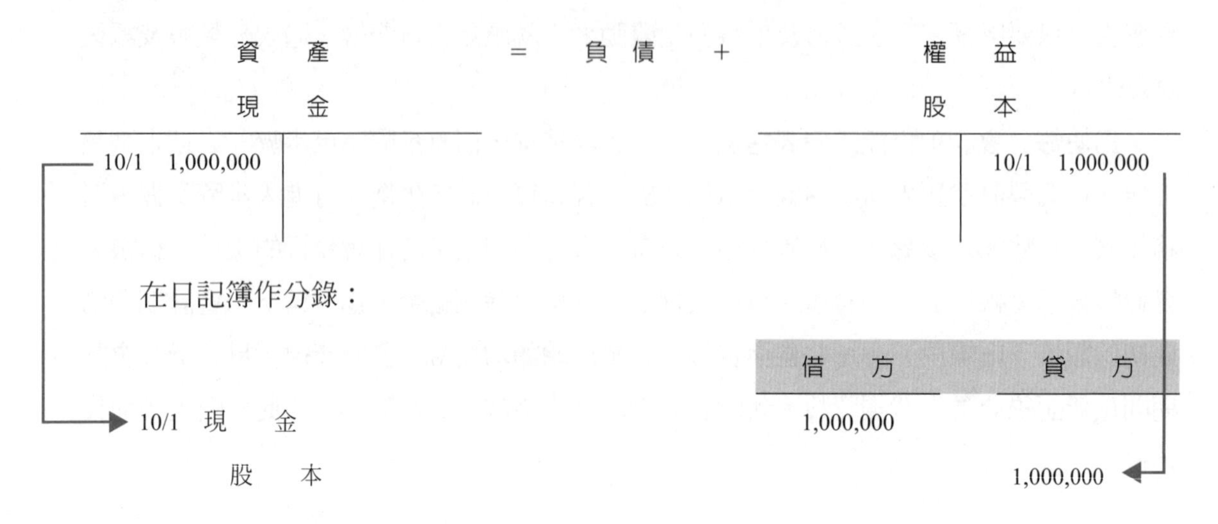

（二）以現金購置辦公設備

10 月 5 日公司以現金 $500,000 購買電腦設備。

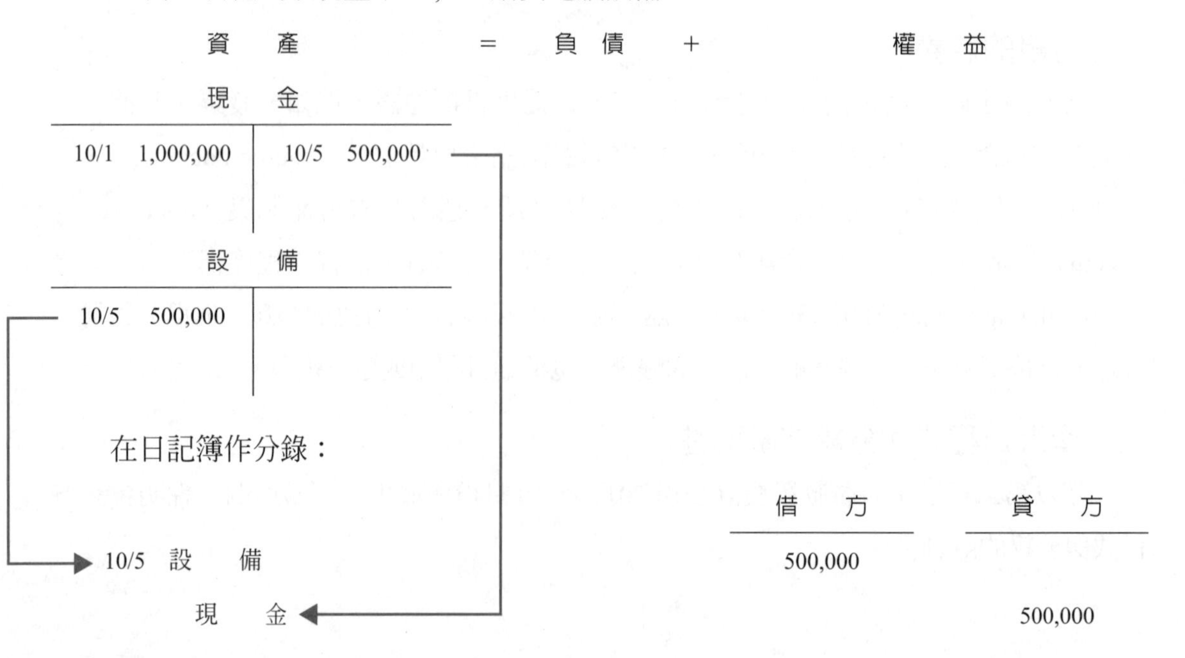

（三）賒購各項用品

10 月 10 日本月公司向供應商賒購未來數月使用之影印紙及其他電腦用品 $8,000。

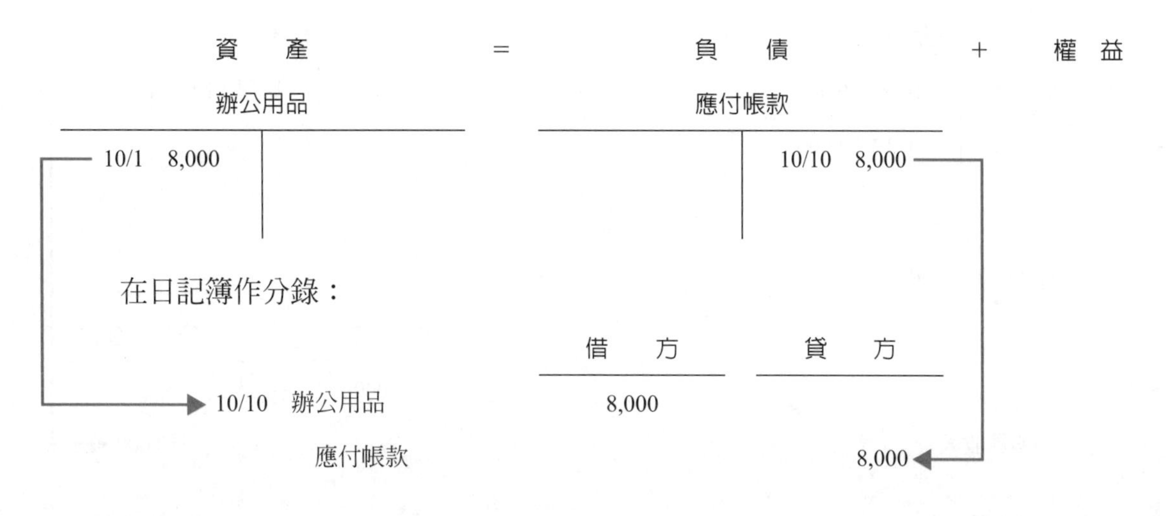

（四）償還欠款

10 月 12 日公司清償部分欠款 $4,000。

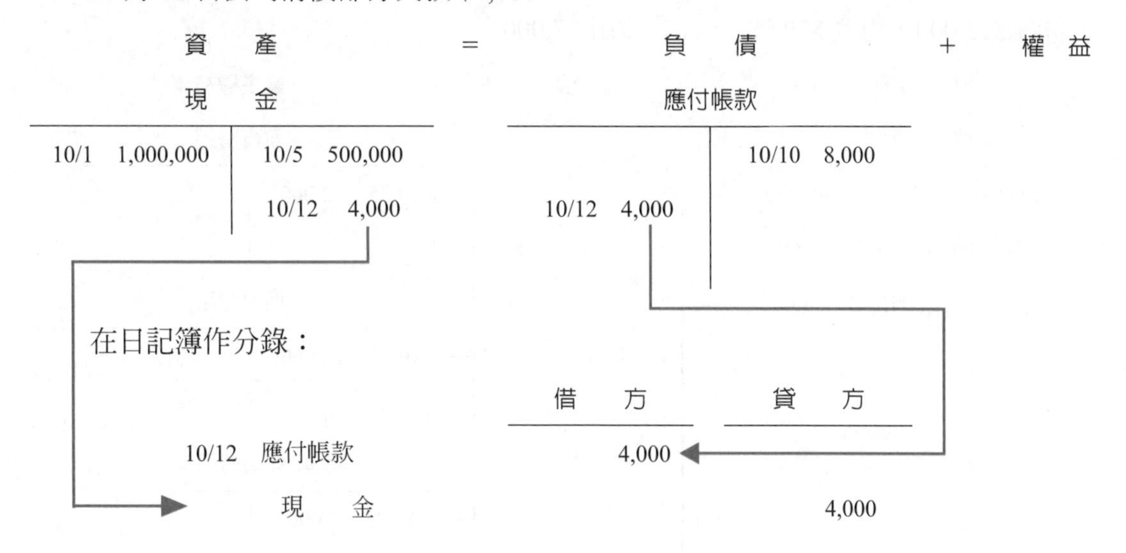

（五）提供服務及出售商品

10 月 20 日收到軟體設計服務收入計 $110,000 之現金。

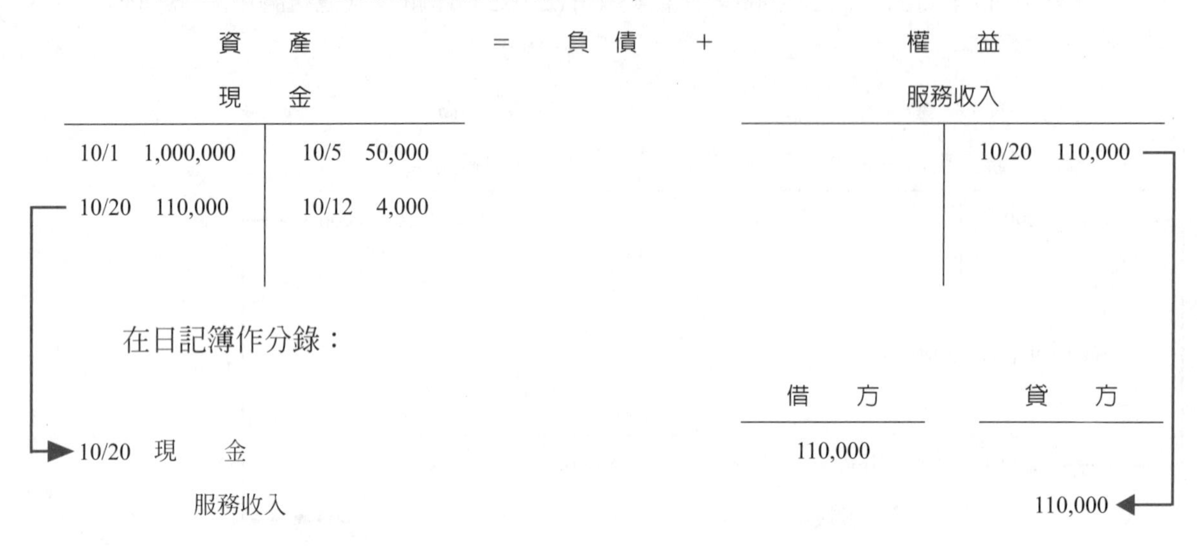

（六）支付各項費用

10 月 25 日公司以現金支付當月份各項費用：

薪資 $12,000，租金 $19,000，什費費用 $7,000。

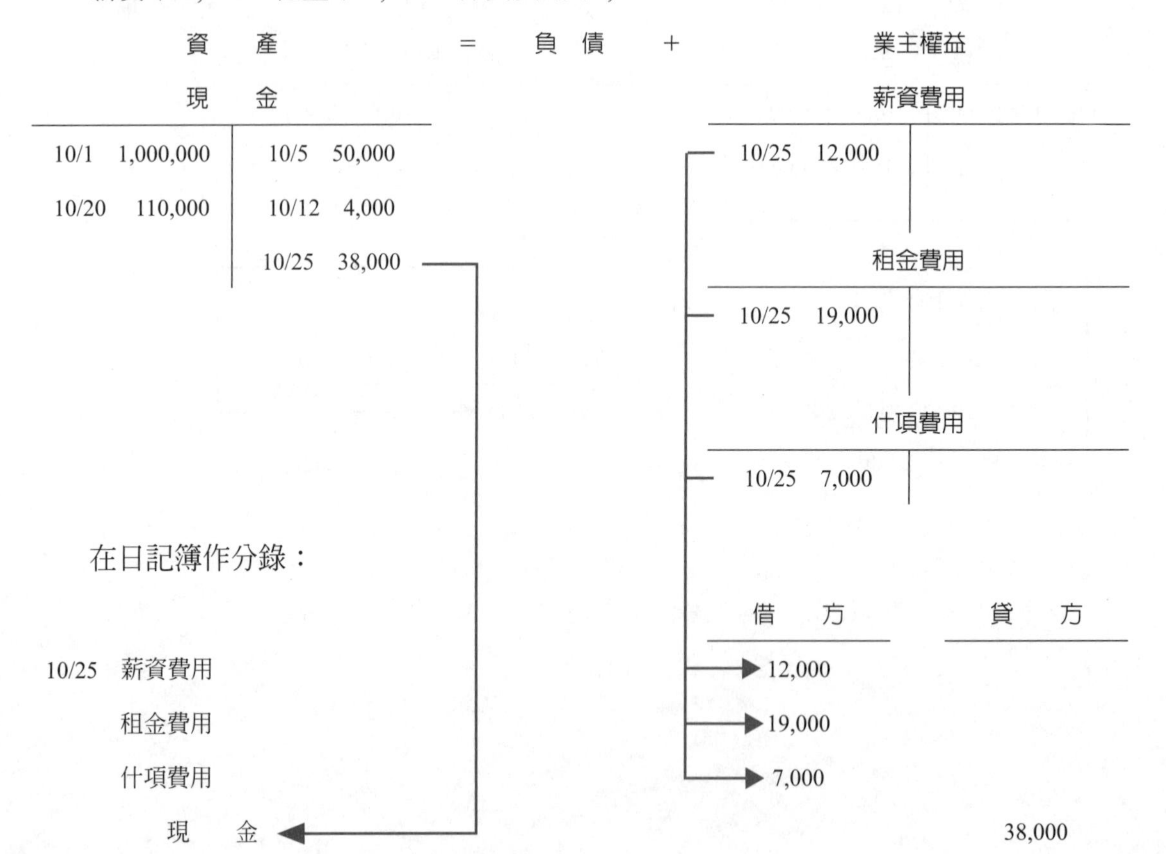

在前章介紹以 T 帳戶按照雙式簿記會計，說明交易對會計方程式之影響，交易發生雖然可以直接記入各個帳戶，但在實務上，為瞭解交易的全貌，保存記錄的完整，仍應將每筆交易記載於日記簿上。

茲再將三星公司交易彙整說明，如圖 3-1。

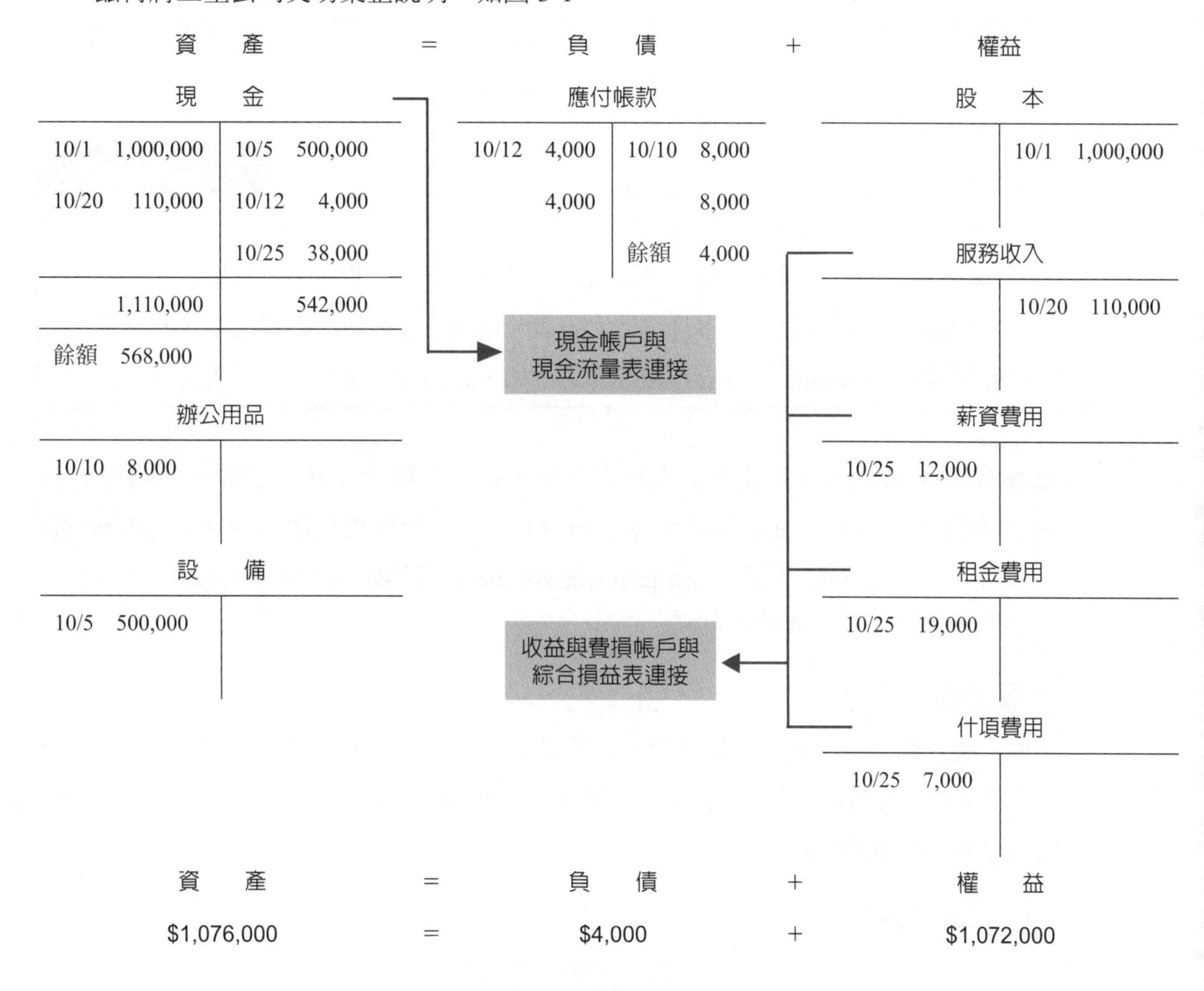

圖 3-1　以 T 帳戶彙總 10 月份交易

3-3 會計憑證

商業會計法第十四條規定：「會計事項（交易）之發生，均應取得或給與足以證明之會計憑證」。會計憑證（accounting documents）分爲二種：

1. 原始憑證：證明交易事項發生之經過，而爲記帳所根據的憑證，例如，發票、收據等。

延伸閱讀

原始憑證，其種類規定如下：

一、外來憑證：係自商業本身以外之人所取得者。例如，進貨發票、收據等。

二、對外憑證：係給與其商業本身以外之人者。例如，報價單、銷貨發票、收據等。

三、內部憑證：係由商業本身自行製存者。例如，請購單、驗收單、工資表等。

2. 記帳憑證：證明處理會計事項人員之責任，而爲記帳所根據之憑證。記帳憑證在會計實務上之名稱，俗稱爲傳票（voucher），又可分爲現金收入傳票（cash receipt voucher）、現金支出傳票（cash payment voucher）及轉帳傳票（general voucher）。各種傳票的功用及格式說明如下：

一、現金收入傳票

現金收入傳票專供會計事項（交易）產生現金收入者，傳票本身代表借現金，現金收入傳票僅記貸方項目及金額。例如，三星公司於2015年10月1日發行股票$1,000,000，並收到現金。其傳票編製如下：

表 3-1　現金收入傳票

三星遊戲軟體設計公司
現金收入傳票

2015年10月1日　　　　傳票編號：C101

會計項目或編號	摘　　要	金　　額
股　本	發行股票100,000股份，收到現金	1,000,000
合　　計		1,000,000

核准　　會計　　覆核　　出納　　登帳　　製單

二、現金支出傳票

現金支出傳票專供會計事項產生現金支出者編製。現金支出傳票本身代表貸現金，傳票本身僅記借方項目與金額。例如，三星公司於 2015 年 10 月 5 日以現金 $500,000 購買辦公設備，其傳票編製如下：

表 3-2　現金支出傳票

三星遊戲軟體設計公司
現金支出傳票

2015 年 10 月 5 日　　　　傳票編號：P201

會計項目或編號	摘　　要	金　　額
辦公設備	以現金購置辦公設備	5000,000
進項稅額：		
合　　計		5000,000

核准　　會計　　覆核　　出納　　登帳　　製單

三、轉帳傳票

轉帳傳票所應記錄者，係指與現金無關之會計事項。例如，三星公司於 2015 年 10 月 10 日賒購辦公用品 $8,000，未涉及現金，故應於轉帳傳票列出交易分錄借記「辦公用品」，貸記「應付帳款」。其傳票編製如下：

表 3-3　轉帳傳票

三星遊戲軟體設計公司
轉帳傳票

2015 年 10 月 10 日　　　　傳票編號：G301

會計項目或編號	摘　　要	借方金額	貸方金額
辦公用品		8,000	
應付帳款			8,000
合　　計		8,000	8,000

核准　　會計　　覆核　　出納　　登帳　　製單

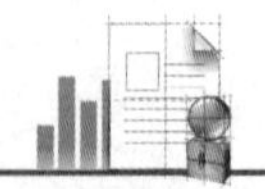

。延伸閱讀

依據商業會計法第五章第36條規定：會計憑證應按日或按月裝訂成冊，有原始憑證者，應附於記帳憑證之後。會計憑證為權責存在之憑證或應予永久保存或另行裝訂較便者，得另行保管。但須互註日期及編號。

第39條規定：會計事項應取得並可取得之會計憑證，如因經辦或主管該項人員之故意或過失，致該項會計憑證毀損、缺少或滅失而致商業遭受損害時，該經辦或主管人員應負賠償之責。

3-4 帳簿的種類

交易發生時，除了編製記帳憑證外，還需要在帳簿上記載。一般而言，帳簿可分為二種，一為日記簿，另一種即為分類帳等。依商業會計法之規定，日記簿及分類帳簿，得就事實上的需求採用活頁及設置專欄，但應有一種為訂本式。

一、日記簿

所謂「日記簿」，是指企業交易發生，先按交易發生之先後順序，依序登入的帳簿，又稱為序時帳簿或原始分錄簿，如表3-4所示。

表3-4 日記簿

日記簿　　　　第1頁

2015年		傳票編號	會計項目與摘要	類　頁	借方金額	貸方金額
月	日					
10	1		現　　金		1,000,000	
			股　　本			1,000,000
			股東出資、成立三星公司			

茲將日記簿之項目及作分錄應依循的程序說明如下：

1. 年、月、日欄記錄交易發生日期。在每一頁第1個交易之記錄須將年、月、日予以記載，而司後交易發生，除非年、月不同，否則只記錄交易日即可。
2. 傳票編號：記錄登入日記簿之記帳憑證編號，俾利查閱。
3. 會計項目與摘要：按照記帳憑證（傳票）記錄影響交易的借方項目、貸方項目及交易內容的簡要說明。借方項目寫在左上方，貸方項目寫在右下方，且貸方項目應向右退後兩格，俾利區分借貸。

4. 類頁欄：記入分類帳的頁數或帳號，於過帳時填寫，代表已過入分類帳。
5. 借方金額：記錄交易所影響借方項目之金額。
6. 貸方金額：記錄交易所影響貸方項目之金額。

知識學堂

依據商業會計法第一章第 7 條規定：商業應以國幣爲記帳本位，至因業務實際需要，而以外國貨幣記帳者，仍應在其決算報表中，將外國貨幣折合國幣。

茲以大仁遊戲軟體設計公司 2015 年 12 月份交易事項爲例，說明如何在日記簿上作分錄。

範例 3-1

假定會計期間一個月。其交易事項如下：

12 月 1 日　大仁公司正式成立，股東繳入股款共計 $1,000,000，存入公司帳戶。
12 月 1 日　公司租用辦公大樓爲營業場所，支付一年之租金 $144,000 予房東。
12 月 1 日　公司向仁德公司借款 $30,000，開出票據一張，年利率 6% 的附息票據乙紙。
12 月 3 日　購買電腦設備一套，支付現金 $360,000，估計可使用 3 年。
12 月 4 日　賒購辦公用品 $15,000。
12 月 15 日　完成仁和公司軟體設計服務，計收到本月份服務收入 $150,000 之現金。
12 月 16 日　本日與仁德公司完成簽約，預收三個月軟體設計服務費計 $420,000。
12 月 31 日　以現金支付員工本月份薪資計 $30,000，什項費用 $8,000。

將上述十二月份交易記入日記簿如表 3-5。

表 3-5　大仁遊戲軟體設計公司十二月份之交易分錄

日記簿　　第 1 頁

2015 年		會計項目及摘要	類頁	借方金額	貸方金額
月	日				
12	1	現　　金	101	1,000,000	
		股　　本	311		1,000,000
		股東繳入股款成立大仁公司			
	1	預付租金	130	144,000	
		現　　金	101		144,000
		預付一年之租金			
	1	現　　金	101	30,000	
		應付票據	201		30,000
		向仁德公司借款，開出附息年利率 6% 票據乙張			
	3	電腦設備	155	360,000	
		現　　金	101		360,000
		以現金購入設備			
	4	辦公用品	125	15,000	
		應付帳款	210		15,000
		以賒購方式購入辦公用品			
	15	現　　金	101	150,000	
		服務收入	400		150,000
		完成顧客服務並收到現金			
	16	現　　金	101	420,000	
		預收服務收入	230		420,000
		預收仁德公司三個月之服務收入			
	31	薪資費用	540	30,000	
		什項費用	560	8,000	
		現　　金	101		38,000
		支付本月份薪資及什項支出			

二、分類帳（ledger）

會計帳簿可分爲序時帳簿及分類帳簿。所謂分類帳（簿）係指彙總記載企業所有會計項目（帳戶）在會計期間內增減變動及變動結果之帳冊。任何企業均須設置一本分類帳，彙集所有資產、負債及權益的項目，每一會計項目均設有獨立的帳戶。

企業究竟應設置多少帳戶，係受其業務性質、業務量、管理需求等方面所須資料的詳細程度而定。分類帳內各會計項目之編排順序應該與這些會計項目（帳戶）列在資產負債表與綜合損益表的順序一致，其順序首爲資產，次爲負債，而後依序爲權益、收益及費損項目。每一帳戶（會計項目）均應予以編號，以利索引及供過帳之用。

任何企業均應設有會計項目表（chart of accounts）用以列示所有會計項目的名稱及編號。本章及次章爲說明會計循環程序，大仁遊戲軟體設計公司之會計項目及編號如下：

100　代表資產類項目

200　代表負債類項目

300　代表權益類項目

400　代表收益類項目

500　代表費損類項目

大仁公司所使用的會計項目表例示如下：

表 3-6　大仁遊戲軟體設計公司所使用的會計項目

帳　號	帳戶名稱	編　號	帳戶名稱
	資產類		權益類
101	現金	311	股本
112	應收帳款	320	保留盈餘
125	辦公用品	340	本期損益
130	預付租金		收益類
155	電腦設備	400	服務收入
	負債類		費損類
201	應付票據	530	折舊費用
210	應付帳款	540	薪資費用
220	應付利息	545	租費費用
230	預收服務收入	550	利息費用
		560	什項費用

（一）分類帳的格式

用 T 字帳格式來分析及說明交易對會計方程式之影響，確實是很有幫助。但在實務上，通常使用餘額式帳戶又稱爲三欄式帳戶。每次交易過帳後可立即算出該帳戶之餘額。其格式如表 3-7 所示。

表 3-7　帳戶的格式

帳戶名稱　　　　　　　　帳號：

年		摘　要	頁　數	借方金額	貸方金額	餘　額
月	日					

茲將有關分類帳之項目及過帳有關程序說明如下：

1. 年、月、日欄：塡寫交易發生的日期。
2. 摘要欄：塡入交易之概要。
3. 頁數欄：塡入日記簿頁數，此乃表示這個數字是由日記簿哪一頁過帳而來的。
4. 借方金額欄：將日記簿借方會計項目的借方金額塡入，並計算餘額欄金額。
5. 貸方金額欄：將日記簿貸方項目的貸方金額塡入，並計算餘額欄金額。
6. 帳號：每一帳戶（會計項目）均應編號，以利索引之用。將帳號塡入日記簿類頁欄，代表此項目已過入分類帳。

3-5 過帳

過帳（posting）是將日記簿所記載之借貸分錄轉登入分類帳簿各個帳戶之程序，稱爲過帳。過帳時，日記簿之借方及貸方可依其交易發生先後過帳，先過帳借方記錄，然後過貸方記錄，其步驟如圖 3-2 所示。

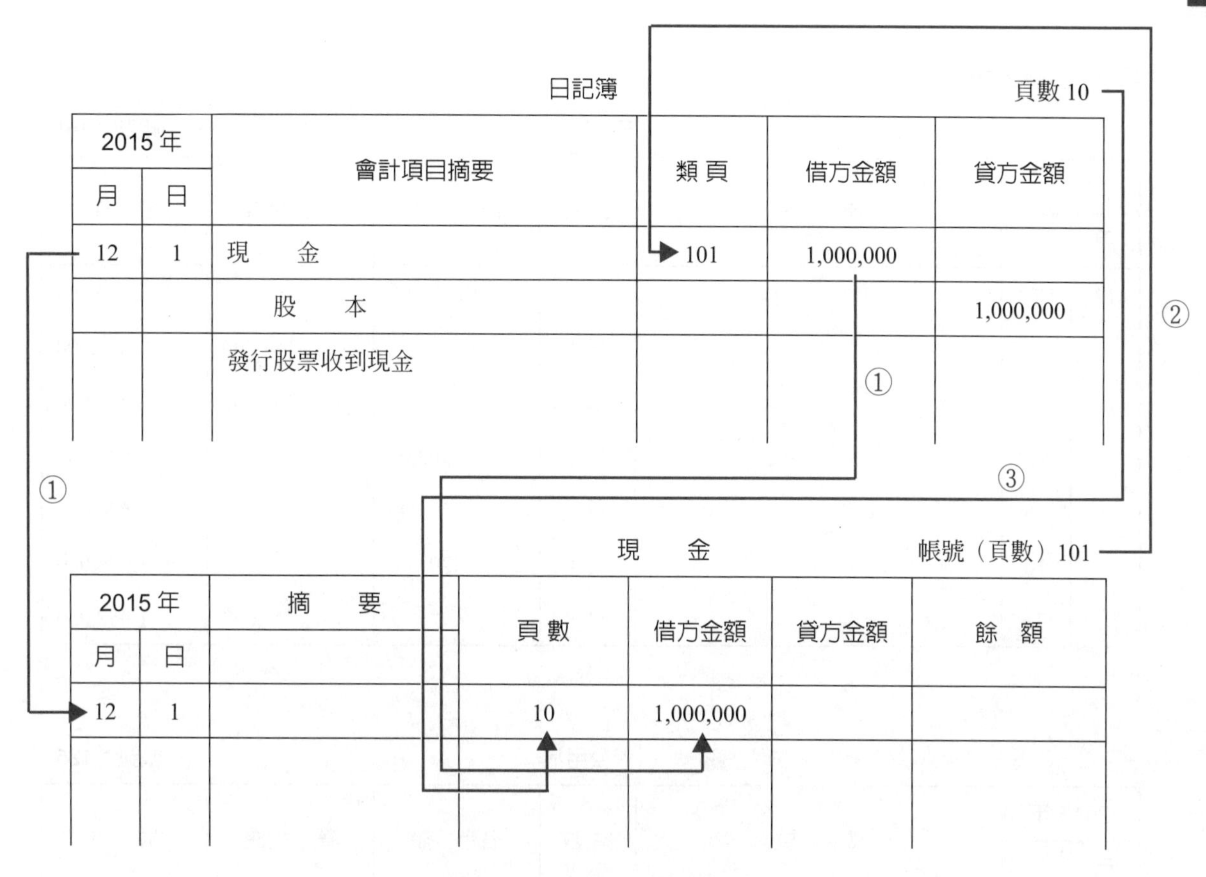

圖 3-2　分錄過帳的步驟

步驟①：在各帳戶中記載各該項分錄的日期與金額。

步驟②：在現金帳戶帳號（頁數）欄中填寫日記簿頁數。

步驟③：在日記簿類頁欄填寫現金帳號或頁數。

上述三個步驟是日記簿借方分錄過入現金帳戶之過帳步驟。至於貸方分錄過入股本帳戶時，其步驟與借方分錄過帳之步驟相同。

茲以上列大仁公司在日記簿的交易事項爲例（如表 3-5），過入分類帳後如表 3-8 所示：

表 3-8　總分類帳

現　金　　帳號：101

2015年 月	日	摘　要	頁數	借方金額	貸方金額	餘　額
12	1		日1	1,000,000		1,000,000
	1		日1		144,000	856,000
	3		日1		360,000	496,000
	5		日1	30,000		526,000
	15		日1	150,000		676,000
	16		日1	420,000		1,096,000
	31		日1		38,000	1,058,000

辦公用品　　帳號：125

2015年 月	日	摘　要	頁數	借方金額	貸方金額	餘　額
12	4		日1	15,000		15,000

預付租金　　帳號：130

2015年 月	日	摘　要	頁數	借方金額	貸方金額	餘　額
12	4		日1	144,000		144,000

電腦設備　　帳號：155

2015 年		摘　　要	頁 數	借方金額	貸方金額	餘　額
月	日					
12	3		日 1	360,000		360,000

應付票據　　帳號：201

2015 年		摘　　要	頁 數	借方金額	貸方金額	餘　額
月	日					
12	5		日 1		30,000	30,000

應付帳款　　帳號：210

2015 年		摘　　要	頁 數	借方金額	貸方金額	餘　額
月	日					
12	4		日 1		15,000	15,000

股　　本　　帳號：311

2015 年		摘　　要	頁 數	借方金額	貸方金額	餘　額
月	日					
12	1		日 1		1,000,000	1,000,000

服務收入　　帳號：400

2015 年		摘　　要	頁 數	借方金額	貸方金額	餘　額
月	日					
12	15		日 1		150,000	150,000

薪資費用　　帳號：540

2015 年		摘　　要	頁 數	借方金額	貸方金額	餘　額
月	日					
12	31		日 1	30,000		30,000

預收服務收入　　帳號：230

2015 年		摘　　要	頁 數	借方金額	貸方金額	餘　額
月	日					
12	16		日 1		420,000	420,000

什項費用　　帳號：560

2015 年		摘　　要	頁 數	借方金額	貸方金額	餘　額
月	日					
12	31		日 1	8,000		8,000

3-6 試算表

在分錄及過帳的過程中，難免會發生錯誤，影響借貸平衡，例如，帳戶餘額計算錯誤、借方分錄或貸方分錄漏未過帳、重複過帳或加總錯誤等。為了確保會計記錄的正確性或及早發現錯誤，在會計工作中加上一項驗證工作，這項工作稱為試算，因試算而彙編之表，稱為試算表 (trial balance）。

一、試算表的意義及功能

試算表是基於會計的借貸平衡原理，將分類帳簿各帳戶在某特定日之餘額，依帳戶順序彙編於一表，將借餘帳戶列在左方、貸餘帳戶列在右方，再分別加總借餘帳戶之總額及貸餘帳戶之總額，以驗證其借方餘額加總是否等於貸方餘額加總。若借貸加總不相等，表示分錄、過帳會計記錄程序一定有誤，則應從初始的交易登入日記簿、過帳等追查錯誤的所在，而予以更正。

二、試算表之編製

試算表的編製步驟包括：

1. 按照會計項目帳號順序，列示所有會計項目之名稱及金額。
2. 計算借方欄及貸方欄金額合計數。
3. 驗證借方與貸方金額欄是否相符，若相符則可繼續執行會計循環之其他會計工作。若借方金額合計數與貸方金額合計數不符，則須進一步找出錯誤之所在並予以改正。

茲以大仁軟體設計公司如表 3-8 總分類帳之資料，按照上述步驟編製試算表如 3-9。

表 3-9　試算表

大仁軟體設計公司
試算表
2015 年 12 月 31 日

項目編號	會計項目	借　方	貸　方
101	現金	$1,058,000	
125	辦公用品	15,000	
130	預付租金	144,000	
155	電腦設備	360,000	
201	應付票據		$30,000
210	應付帳款		15,000
230	預收服務收入		420,000
311	股本		1,000,000
400	服務收入		150,000
540	薪資費用	30,000	
560	什項費用	8,000	
	合計	$1,615,000	$1,615,000

三、試算表的限制

當試算表編製完成時，借方金額加總也等於貸方金額加總，但並不能保證在會計記錄過程中沒有任何錯誤的發生，因為有些錯誤並不影響借貸平衡。這些錯誤包括：

1. 某項交易漏未分錄，或漏未過帳。
2. 某項交易重複分錄或過帳。
3. 交易已作分錄但漏未過帳。
4. 作分錄或過帳時記入不對的會計項目。
5. 作分錄及過帳皆正確，但金額錯誤。
6. 在記錄交易金額時，發生借貸單方發生相互抵銷的錯誤，即借方餘額放在貸方或貸方餘額放在借方。

由上得知，試算表仍有其侷限，雖然最後借方金額合計數等於貸方金額合計數，試算表並不能證明公司記錄所有交易分錄及分類帳是正確的。

四、試算表能發現的錯誤

試算表借方金額合計數與貸方金額合計數不符，必定有錯誤。其常見的錯誤有：

1. 分錄時借方金額或貸方金額寫錯。
2. 過帳時借方項目或貸方項目過錯，或借方分錄或貸方分錄重複或漏未過帳。
3. 分類帳戶餘額計算錯誤，或各分類帳戶借方及貸方金額合計數不正確。

爲確保會計記錄的正確，以利持續進行其他會計工作，使用人工處理會計工作之公司，一般至少每月編製試算表一次。在使用電腦化系統處理會計工作之公司，則所有過帳、編製試算表與財務報表等都是電腦化作業，電腦會自動驗證借貸是否平衡，不可能發生在人工處理下的一些錯誤，如仍出現錯誤，可能是交易輸入日記簿時發生錯誤。

五、金額符號的使用

對於初學會計者，也要瞭解金額符號之使用。一般而言，在日記簿及分類帳簿上都不會出現「$」符號，但在試算表及財務報表均應使用金額符號。更進而言之，金額符號僅出現在金額欄第一項或該欄合計數左旁須加記金額符號。當金額欄各項數字進行加或減運算時，應於合計數下方劃一單線表示加減結果；在金額欄最後之合計數下方劃一雙線表示終結。

學·後·評·量

一、選擇題

(　　) 1. 下列何者不屬於記錄程序？ (A) 分析交易 (B) 編製試算表 (C) 分錄 (D) 過帳。

(　　) 2. 分類帳是指： (A) 僅包括資產及負債的帳戶 (B) 按字母順序排列設置各帳戶 (C) 由公司所有帳戶組成之帳冊 (D) 爲分錄簿。

(　　) 3. 交易發生是記錄在： (A) 日記簿 (B) 分類帳 (C) 試算表 (D) 財務報表。

(　　) 4. 交易發生的第一步是： (A) 分析交易所影響的會計項目與金額 (B) 過帳 (C) 編製試算表 (D) 編製財務報表。

(　　) 5. 會計循環中有關調整、結帳及編表爲： (A) 期末的工作 (B) 期中工作 (C) 平時的工作 (D) 以上皆是。

(　　) 6. 會計循環程序中屬於平時的工作爲： (A) 分錄、過帳、試算 (B) 分錄、過帳、編表 (C) 調整、結帳、編表 (D) 以上皆非。

(　　) 7. 將交易事項依照借貸法則，記錄在日記簿上，這項工作稱爲： (A) 分錄 (B) 過帳 (C) 調整 (D) 試算。

(　　) 8. 交易發生時，有借必有貸，借貸金額必相等是 (A) 借貸法則 (B) 複式簿記 (C) 會計原則 (D) 會計方程式。

(　　) 9. 日記簿之類頁欄，其功能下列何者爲非？ (A) 每一交易的內容 (B) 避免重複過帳 (C) 便予查閱 (D) 避免漏過帳。 【丙級技能檢定】

(　　) 10. 過帳時，分類帳所記載之日期爲： (A) 交易發生日期 (B) 記入日記簿日期 (C) 過帳日期 (D) 傳票核准日期。 【丙級技術檢定】

(　　) 11. 分類帳簿中每一會計項目是用來： (A) 彙總同項目的金額 (B) 彙總所有項目名稱與餘額列表 (C) 彙總資產交易的金額 (D) 彙總實帳戶交易的金額。

(　　) 12. 分類帳之格式，在實務上通常採用： (A)T 字帳戶 (B) 餘額式 (C) 標準式 (D) 報告式。

(　　) 13. 日記簿中每一筆分錄應： (A) 借、貸方項目數相等 (B) 借貸方金額相等 (C) 借貸方項目性相同 (D) 以上皆是。

(　　) 14. 財務報表的編製是根據： (A) 日記簿 (B) 分類帳簿 (C) 修查簿 (D) 傳票。

(　　) 15. 對試算表功能之陳述，下列何者不正確？ (A) 試算表可以證明公司所有分類帳之記錄是正確的 (B) 試算表的基本目的是證明會計分錄過帳後借貸方相等 (C) 會計分錄正確，但沒有過帳，試算表依然可以借貸方平衡 (D) 會計分錄所使用之會計項目錯誤，試算表依然可以借貸方平衡。

(　　) 16. 下列何者並不影響試算表的借貸平衡？ (A) 會計項目不對 (B) 借貸一方金額記載錯誤 (C) 試算時漏列一項目 (D) 帳戶餘額計算錯誤。

(　　) 17. 試算表上之借貸平衡是表示： (A) 沒有發生錯誤 (B) 交易皆記載正確 (C) 所有項目餘額皆正確 (D) 會計方程式維持平衡。【94 年五等會審】

(　　) 18. 下列何種錯誤可以藉由編製試算表加以查出： (A) 將某一帳戶餘額計算錯誤 (B) 分錄重複過帳 (C) 漏將某一交易記入日記簿 (D) 將應貸記服務收入誤記入貸應付帳款。【94 年四等特考】

二、計算題

1.【借貸法則】完成下列問題，僅填借或貸即可。

(1) 資產減少記________方　　(4) 收益減少記________方

(2) 負債增加記________方　　(5) 股利增加記________方

(3) 費損增加記________方　　(6) 股本增加記________方

2.【借貸法則與分錄】請依據下列 T 帳戶，作有關分錄，並扼要說明。

現　金	
(1)　50,000	(3)　1,000

設　備	
(2)　20,000	

應付帳款	
	(2)　20,000

股　本	
	(1)　50,000

薪資費用	
(3)　1,000	

3.【借貸分析】仁愛公司六月份之交易如下，請列出每筆交易應借記或貸記的會計項目。

6/1　依面額發行股票 10,000 股份，每股面額 $10，收到現金 $100,000。

6/2　賒購設備 $2,000。

6/5　支付六月份房租 $1,600 予房東。

6/15 完成對顧客服務並如數收到現金 $600。

提示：

	借記項目	貸記項目
6/1	××	××

4. 【會計方程式】仁愛公司七月份發生下列交易，請完成下列對會計方程式的影響。

7/1 投資現金 $10,000，成立服務顧問工作室，並發行股票

7/5 支付本月份保險費 $2,000

7/16 提供客戶服務收到現金 $1,600

7/20 支付本月份薪資 $1,500

提示：

	對會計方程式的影響	
7/1	現金資產增加	權益股本增加
	：	：

5. 【借貸分析及分類帳】下列是日記簿上交易的分錄，請使用 T 帳戶過帳，並計算每一 T 帳戶的餘額。

日記簿　　日 1

2015 年		會計項目及摘要	類頁	借方金額	貸方金額
月	日				
7	5	應收帳款		7,000	
		服務收入			7,000
		提供服務，寄出帳款單			
	14	現　　金		3,500	
		應收帳款			3,500
		收到客戶部分欠款			
	16	現　　金		2,400	
		服務收入			2,400
		提供服務收到現金			

6. 【借貸分析及分錄】下列是台南房屋仲介公司八月份相關交易：

    8/1　投資現金 $80,000，成立房屋仲介公司，並開始營業

    8/3　僱用助理，以協助行政業務

    8/5　賒購辦公設備 $2,000

    8/8　替客戶賣出房屋，寄出帳單向其收取佣金 $4,000

    8/10 支付現金 $1,000，清債八月五日部分欠款

    8/30 支付助理半月份薪資 $2,500

    試作：

    將八月份各項交易作分錄。

    提示：收取佣金可以服務收入項目記帳。

7. 【會計方程式分析】全華公司發生下列交易：

    ① 向五權公司借款 $10,000，開立票據乙紙。

    ② 以現金購買電腦設備 $5,000。

    ③ 支付本月份房租 $1,000。

    ④ 完成客戶服務，向客戶寄出帳單 $6,000。

    試作：

    (1) 列出各項交易對會計方程式的影響。

    (2) 作每筆交易的分錄。

    提示：

	資產	＝	負債	＋	權益
(1)	＋		＋		＋
(2)					
(3)					
(4)					

8.【日記簿及試算】大愛公司於 2015 年 8 月營業結束時，彙整分類之帳戶，列示如下：

現　金

日期	金額	日期	金額
8/1	20,000	8/15	900
8/12	2,000	8/25	1,500
8/29	1,000		
8/30	1,600		

預收服務收入

日期	金額	日期	金額
		8/30	1,600

應收帳款

日期	金額	日期	金額
8/7	3,000	8/29	1,000

股　本

日期	金額	日期	金額
		8/1	20,000

文具用品

日期	金額	日期	金額
8/4	2,000		

服務收入

日期	金額	日期	金額
		8/7	3,000
		8/12	2,000

應付帳款

日期	金額	日期	金額
8/25	1,500	8/4	2,000

薪資費用

日期	金額	日期	金額
8/15	900		

試作：

(1) 根據上述各帳戶的資料於日記簿上作每筆交易的分錄。

(2) 編製 2015 年 8 月 31 日之試算表。

9.【日記簿、分類帳及試算】大傳公司於 2015 年 8 月份發生下列各項交易：

8/1　股東投資現金 $50,000，成立公司並開始營業

8/1　支付本月份辦公室租金 $1,000

8/3　向供應商賒購文具用品 $2,000

8/10　完成客戶服務，並寄出帳單 $1,800

8/11　預收 A 君服務款項，現金 $2,500

8/20　完成顧客服務，收到現金 $2,500

8/30　支付本月份薪資 $3,000

8/30　償還 8/3 積欠的款項 $1,000

試作：

(1) 編製上述交易的分錄。

(2) 將分錄過帳至分類帳中。

(3) 編製 2015 年 8 月 31 日之試算表。

調整、結帳與報表編製

學習目標

研讀本章後，可了解：

一、獲利能力衡量應重視的課題

二、何謂調整？為何要調整？及調整分錄的類型

三、如何編製工作底稿

四、財務報表之編製

五、結帳的程序

六、結帳後試算表之內容與目的

本章架構

調整、結帳與報表編製

獲利能力的衡量	調整	工作底稿	財務報表編製	調整與結帳
● 會計期間假設收益認列原則配合原則	● 調整的意義調整分錄的類型 (1)遞延項目 (2)應計項目	● 工作底稿的意義 ● 工作底稿的實例	● 根據工作底稿編製損益表 ● 股東權益變動表 ● 資產負債表	● 做調整分錄與過帳 ● 做結帳分錄與過帳 ● 結帳後試算表

前言

會計循環程序按時間區分爲平時工作與期末工作。在第三章裡曾介紹平時工作包括：交易發生時，依據記帳憑證在日記簿作分錄；其次，爲了解各會計項目在某個時間的總額，將日記簿所記錄的會計項目分類彙總，這項工作稱爲過帳；最後，爲避免交易記入日記簿過入分類帳的過程發生錯誤，須驗證分錄、過帳是否正確，此項工作稱爲試算。

企業爲永續經營，將企業財務生命分割成許多個特定的會計期間，定期衡量收益與費損，以決定正確的損益。因此，本章首先討論與獲利能力衡量攸關的幾個問題，再依序討論會計循環之期末工作。會計期間結束時，爲使各會計項目的餘額正確無誤，確保資產負債表及綜合損益表眞實表達，調整是會計循環不可缺的部分。接著討論工作底稿的編製，它雖然不屬於正式簿冊的一部分，但工作底稿卻是會計人員結算的一個有效工作的工具。俟工作底稿完成後，即可根據工作底稿編製財務報表、調整分錄並過帳、結帳分錄並將其過入分類帳，最後一步爲編製結帳後試算表。

由上得知，會計循環始於交易分析，終了於結帳後試算表。這些工作在會計循環內連續運作，並在每一會計期間內重複進行。

4-1 獲利能力的衡量

經營企業若等到結束營業清算才編製財務報表，則調整就沒有必要了。因爲營業結束，很容易算出企業存續期間的損益。果眞如此，那就太不切實際了。任何企業爲永續經營都必須定期有效的報告其財務狀況，財務狀況變動及經營成果。因此，對收益衡量攸關的幾個問題如會計期間、收益認列原則及配合原則依序提出討論。

一、會計期間假設

任何企業均須定期地編製財務報表，用以評估公司經營成果。因此，會計人員以人爲的方式，將企業的經濟生命劃分成許多的時間段落，以利分期計算損益，即所謂的會計期間假設（time period assumption）。會計期間可定爲一個月、一季或一年。一個月或一季的會計期間，稱爲期中期間（interim periods）。若會計期間涵蓋一年則稱爲會計年度（fiscal year）。會計年度並不一定從 1 月 1 日至 12 月 31 日，公司可以選擇自己的會計年度。在台灣，所有上市櫃公司及其他未上市櫃的絕大數公司均採用 1 月 1 日至 12 月 31 日爲止的會計年度，因爲與日曆相同，所以又稱爲曆年制（calendar year）。

二、收益認列原則

收益認列原則（income recognition principle）是用來決定收益應於何時認列。一般而言，收益認列標準有下列二項：

1. 因銷售商品、提供勞務及將企業資產提供他人使用所產生的經濟利益很有可能流入企業。
2. 此項經濟利益及相關成本能夠可靠衡量。

任何收益項目如能符合此二項標準，即能在綜合損益表上認列收益。例如，銷售商品就是在移轉所有權時認列收入，同時亦認列資產。關於提供勞務，則勞務收入通常按提供勞務比例或是否已完全提供來決定何時認列收入。例如，大哥大電信公司提供寬頻上網的服務，2014 年已提供客戶網路服務。於 2015 年收到現金，在收益認列原則下，該網路服務之收益仍屬於 2014 年之收益，而非 2015 年之收益。

三、配合原則

配合原則（matching principle）是指收益與費損要互相配合。換言之，收益在某個會計期間認列，與此收益有關所發生的費損也應該在同一會計期間認列，此種「費損跟隨收益」之認列方法稱爲配合原則。

4-2 調整

一、調整的意義

會計上對於收益與費損的認列是採用應計基礎，以此基礎決定淨利，乃表示收益是在賺得時認列，而不是收到現金時認列；費損則是在發生認列而非付現時認列。舉例而言，全華公司向大仁遊戲軟體設計公司租用辦公室一間，言明每半年付租金一次，對全華公司而言，租金費用是在租用大樓的每一天發生，並非等到支付租金時才認列租金費用。又如，全華公司向大仁遊戲軟體設計公司預收三個月現金之服務收入，對全華公司而言，服務收入是每天都在實現，而非在收到現金的會計期間即全部認列收入。

在應計基礎下，企業每天都會有收益實現或費損發生，但會計不可能針對這些項目，例如，公司每天都有文具用品的耗用、員工每天的薪資、隨著時間而到期的租金、及使用設備而負擔的費用等每日作分錄，以上述全華公司的例子而言，全華公司一次付出半年租金時記入預付租金或預收三個月之服務收入記入預收服務收入，這些項目都會隨著時間的流逝而發生變化。所以，企業在某一特定會計期間結束時，都會有一些收益或費損沒有核實記錄。因此，在會計期間結束時，必須將收益或費損加以分析、整理、補記，使所有收益皆能於賺得期間認列，而且使所有相關的費損配合在同期間認列，如此，方可正確的計算損益，謂之調整。調整所作的分錄即稱爲調整分錄（adjusting entries），透過調整分錄可以使資產負債表、綜合損益表及權益變動表內之各項目以正確金額表達。

二、調整分錄之類型

本節仍以大仁軟體設計公司交易資料爲釋例，平時的會計工作：分錄、過帳、試算皆如第三章所述之帳務處理。本章接續討論會計期間結束時，如何作調整分錄直至最後編製正確的財務報表及結帳後試算表。

接下來將分別就每一種類型之調整分錄舉例說明，每一釋例均係依據該公司 12 月 31 日之試算表資料。該試算表如表 4-1：

表 4-1　試算表

大仁軟體設計公司
試算表
2015 年 12 月 31 日

	借　方	貸　方
現　金	$1,058,000	
辦公用品	15,000	
預付租金	144,000	
電腦設備	360,000	
應付票據		$30,000
應付帳款		15,000
預收服務收入		420,000
股　本		1,000,000
服務收入		15,000
薪資費用	30,000	
什項費用	8,000	
合　計	$1,615,000	$1,615,000

假設該公司以一個月為會計期間，則每個月月底都要做調整，調整之日期為 12 月 31 日。

（一）遞延項目（deferred items）

1. 辦公用品（supplies）

公司 12 月 4 日購入辦公用品 $15,000，期末經實地盤點仍有價值 $10,000 之辦公用品尚未使用，換言之，已使用部分為 $5,000。

調整分錄分析：

原有辦公用品 $15,000 減少 $5,000，同時認列辦公用品費用 $5,000。

以 T 帳戶記錄調整分錄如下：

辦公用品

借	貸
12/4　15,000	12/31 調整　5,000

辦公用品費用

借	貸
12/31 調整　5,000	

在日記簿作調整分錄如下：

日期	科目	借方	貸方
12/31	辦公用品費用	5,000	
	辦公用品		5,000

上述例子之資產負債表得知，此類型之調整，均借記費用項目，貸記資產項目。調整分錄過帳後，在損益表認列辦公用品費用 $5,000，在資產負債表上辦公用品剩下 $10,000。

上述舉例，在購入文具用品時記入資產負債表項目—辦公用品，已耗用部分轉為損益表項目—辦公用品費用，這種記帳方法稱為記實轉虛。

另一種記帳方法稱為記虛轉實，在購入時先記入虛帳戶—辦公用品費用，於會計期間結束時再轉為實帳戶—辦公用品。

以 T 帳戶記錄調整分錄如下：

辦公用品費用

借	貸
12/4　15,000	12/31 調整　10,000

辦公用品

借	貸
12/31 調整　10,000	

在日記簿作調整分錄如下：

12/31　辦公用品　　　10,000
　　　　辦公用品費用　　　10,000

2. 預付租金（prepaid rent）

公司租用辦公大樓，於 12 月 1 日以現金 $144,000 預付一年之租金。當初支付時以資產項目「預付租金」入帳，代表可使用房屋的權利有 12 個月，到了 12 月 31 日使用房屋的權利已耗了 1 個月，而這已消耗 1 個月的權利價值應認列爲費用。

調整分錄分析：

預付租金資產減少 $12,000，其餘額爲 $132,000。預付租金已消耗部分應認列費用，房租費用增加 $12,000。

以 T 帳戶記錄調整分錄如下：

預付租金	
12/1　144,000	調整 12/31　12,000

租金費用	
12/31 調整　12,000	

在日記簿作調整分錄如下：

12/31　租金費用　　　12,000
　　　　預付租金　　　12,000

上述舉例，在支付租金時先記入資產負債表項目——預付租金，再將已消耗部分轉爲損益表項目—租金費用。資產負債表的項目稱爲實帳戶，損益表的項目稱爲虛帳戶，上述記帳方法稱爲記實轉虛。

另外一種記帳方法稱爲記虛轉實，也就是於 12 月 1 日支付租金時先記入虛帳戶—租金費用，再轉入實帳戶——預付租金。

以 T 帳戶記錄調整分錄如下：

租金費用	
12/1　144,000	12/31 調整　132,000

預付租金	
12/31 調整　132,000	

在日記簿作調整分錄如下：

12/31　預付租金　　　132,000
　　　　租金費用　　　132,000

3. 預收收入

預收收益（unearned revenue）係指公司尚未提供財貨或勞務前收到現金，應以負債項目列帳稱爲預收收入。預收收入與預付費用是相對的兩面，例如，當承租人預付租金時，以預付租金項目列帳，則出租人應以預收租金項目列帳。

公司於 12 月 16 日預收仁德公司三個月之軟體維護服務收入 $420,000，並收到現金。當收到現金時，以負債項目「預收服務收入」入帳，代表公司未來有提供維修服務之義務。到了 12 月 31 日已完成維修服務半個月，應將已賺得部分認列爲收入。

調整分錄分析：

預收服務收入負債減少 $70,000，其餘額爲 $350,000。預收服務收入中屬已賺得部分應認列服務收入增加 $70,000。

T 帳戶記錄調整分錄：

預收服務收入	
12/31 調整　70,000	12/16　420,000

服務收入	
	12/31 調整　70,000

在日記簿作調整分錄如下：

		借	貸
12/31	預收服務收入	70,000	
	服務收入		70,000

上述舉例，在收到現金時先記入資產負債表項目——預收服務收入，再將已賺得部分轉爲損益表項目——服務收入。列在資產負債表的項目稱爲實帳戶，損益表的項目稱爲虛帳戶，故上述記帳方法稱爲記實轉虛。

上述記帳方法亦可以先虛後實的方法記帳，也就是 12 月 16 日收到現金時先記入虛帳戶——服務收入，之後再轉入實帳戶——預收服務收入。

T 帳戶記錄調整分錄如下：

服務收入	
12/31 調整　350,000	12/16　420,000

預收服務收入	
	12/31 調整　350,000

在日記簿作調整分錄如下：

		借	貸
12/31	服務收入	350,000	
	預收服務收入		350,000

4. 折舊

折舊（depreciation）是指不動產、廠房及設備等，這些長久性資產可以為企業提供一年以上的服務或經濟效益。因此購入時按其成本入帳，其所提供的服務期間通常稱為耐用年限（useful life）。依照配合原則，除土地外，其他長久性資產的成本在資產估計耐用年限內以合理且有系統的方法逐期將其成本攤銷為費用，這種分攤成本的程序，在會計上稱為折舊，每一會計期間所分攤的成本稱為折舊費用（depreciation expense）。

從會計的觀點，購得長久性資產如同預付費用調整的理由相似，資產設備須逐期調整折舊，其調整的用意是認列當期已耗成本為費用，並將會計期間結束未耗用成本仍列為資產。以前述辦公用品調整的例子說明，其已耗用辦公用品為多少，計算非常容易，只要請工作人員去實地盤點剩下多少，就知道已耗用多少。另外，預付租金使用期間是雙方約定的，所以一個月須調整已耗成本（租金費用）之計算也非常簡單。但大仁遊戲軟體設計公司於 12 月 3 日所購買之電腦設備，其耐用年限不如前述辦公用品、預付費用兩項資產那麼簡單明確。企業在購買不動產、廠房及設備時，由於受各種不同因素之影響，其耐用年限都必須用估計，因此，折舊費用是個估計數，而非已耗成本之實際衡量。12 月 3 日大仁遊戲軟體設計公司購買之電腦設備成本為 $360,000，耐用年限為 3 年，使用 3 年後無任何價值，則一個月的折舊費用為 $10,000（$360,000÷3÷12）。

調整分錄分析：

電腦設備已消耗成本 $10,000，是為了產生收入所分攤的費用稱為折舊費用，未消耗成本 $350,000。由於折舊費用是估計數字，為能在帳上顯示資產的原始成本、已消耗成本及未消耗成本之資料，資產之已消耗成本不直接將資產減少，而另設一個資產之抵減帳戶，稱為累計折舊，為資產之減項。

T 帳戶調整分錄如下：

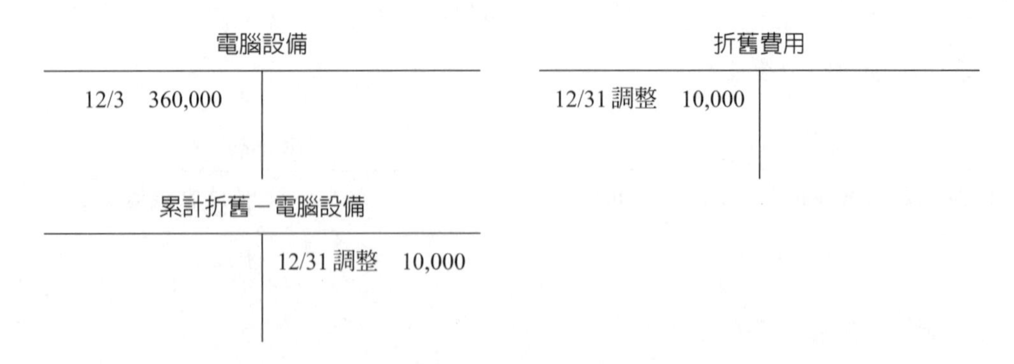

在日記簿作調整分錄如下：

12/31　折舊費用　　　　　　10,000

　　　　累計折舊－電腦設備　　　　10,000

累計折舊這個會計項目屬資產類，在資產負債表上列爲電腦設備之減項。折舊費用列在損益表內。

（二）應計項目

應計費用（accrued expenses）是指費損已經發生，但在會計期間結束時尚未支付現金或入帳的費損，例如，利息、租金、稅捐及薪資等，就應作應付費用之調整。反之，對方收益已經賺得，但在會計期間結束時尚未收到現金或入帳的收益，即應作應收收益項目之調整。大仁遊戲軟體設計公司於 12 月 1 日開立附息票據借入現金 $30,000，年利率 6%，雙方言明次年 10 月 15 日本息一併清償。

從 12 月 1 日到 12 月 31 日，已發生 1 個月的利息費用，如等到票據到期再行記帳，則 12 月份之利息費用將列在次年度的損益表中，有違配合原則。所以調整就是對本會計期間已經發生但於未來會計期間才須支付的費用，在本會計期間予以認列，稱爲應付費用。

調整分錄分析：

12 月 1 日至 12 月 31 日已發生 1 個月借款之利息費用 $150，應於本期認列。公司積欠仁德公司之金額 $150 應列爲負債項目—應付利息。

T 帳戶調整分錄如下：

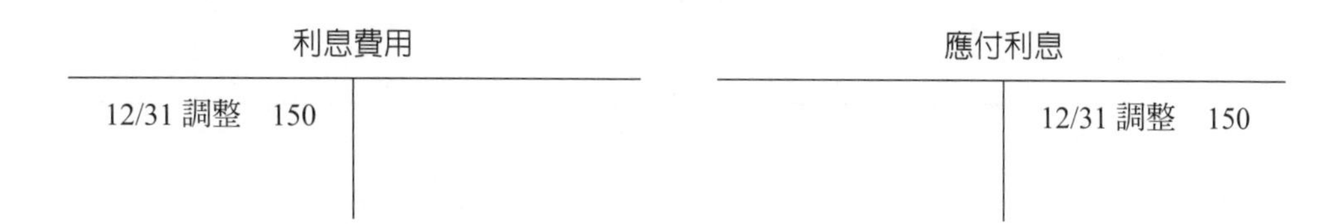

日記簿作調整記錄如下：

12/31　利息費用　　150

　　　　應付利息　　150

12 月份利息計算公式：

票面金額	×	年利率	×	期間	=	利息
$30,000	×	6%	×	1/12	=	$150

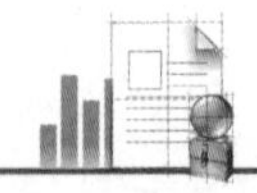

延伸閱讀

應計費用是指費損已經發生，但在會計期間結束時尚未支付或入帳的費損。例如，利息、房租、或已獲得提供服務但尚未付款等，如上例應計費用的調整應借費用貸應付利息。

應計收入則與應計費用剛好相反，是指收益已經賺到但在會計期間結束時尚未收到或入帳的收益。應計收入的調整分錄：借記資產應收利息，貸記利息收入。

仍以上例說明，明德公司收到大仁遊戲軟體設計公司於 2015 年 12 月 1 日所開立附息票據借現金 $30,000，年利率 6%，雙方言明次年 10 月 15 日本息一併清償。

收到大仁遊戲軟體設計公司票據時，其分錄如下：

		借	貸
12/1	應收票據	30,000	
	現　金		30,000

調整分錄如下：

		借	貸
12/31	應收利息	150	
	利息收入		150

2016 年 10 月 15 日大仁遊戲軟體設計公司償還本金 $30,000 及利息 $1,800，其中屬於前一年 $150 應予沖銷，另外 $1,650 屬於 2016 年的利息收入。其分錄如下：

		借	貸
10/15	現　金	31,800	
	應收票據		30,000
	應收利息		150
	利息收入		1,650

4-3 工作底稿

一、工作底稿的目的

會計循環之期末工作包括調整、結帳及財務報表編製。如公司規模大、會計項目多、需要調整項目亦繁多時，如果不是採用電腦作業，為避免遺漏或錯誤，通常會計期間結束時可先將所有資料彙總列示於一草稿中，此草稿稱為工作底稿（work sheet）。俟工作底稿編妥無誤後，即可依照工作底稿有關欄位先行編製財務報表及其他期末會計工作，所以工作底稿是從事結算工作之草稿。當然，編製工作底稿不是會計循環中必要工作，而是一種選擇性工作，也不是正式帳簿表單。

二、工作底稿編製實例

工作底稿為一多欄式的表單，可視需要分設若干欄位，通常包括會計項目、試算表、調整、調整後試算表、損益表及資產負債表等欄位。除會計項目一欄外，每個欄位皆分借方與貸方。它是用來彙總期末調整及所有帳戶餘額的草稿，通常先編製工作底稿，再依據工作底稿，在日記簿上作調整分錄。編製工作底稿所遵循的步驟如下：

1. 將調整前試算表各帳戶餘額（如表 4-1）填入工作底稿試算表欄位內。
2. 於調整欄位內，將下列五筆調整事項列入此欄內，並於每筆數字前冠以一、二、三、四、五、以利查閱借貸是否平衡，亦可作為記錄調整分錄於日記簿之依據。經查公司有下列項目需要調整：
   (1) 辦公用品經實地盤點，在 12 月 31 日仍有 $10,000 之辦公用品未使用。
   (2) 於 12 月 1 日預付租金 $144,000，租期為 1 年。
   (3) 於 12 月 3 日購入電腦設備 $360,000，估計可使用 3 年，到期時無任何使用價值。
   (4) 預收服務收入中 $70,000，已完成維修服務工作。
   (5) 於 12 月 1 日開出年利率 6% 附息票據 $30,000 乙紙，雙方言明次年 10 月 15 日本息一併付清。
3. 將試算表及調整欄位所列金額或必要時彙總移至調整後試算表欄位內，視其是否平衡。若借、貸方合計金額平衡，則劃雙線代表結束。
4. 調整後試算表所列各帳戶餘額中有關收益與費損移至損益表相關之借、貸方欄位，如表 4-2 損益表欄位。資產、負債及股東產權有關帳戶移至資產負債表相關之借、貸方欄位，如表 4-2 資產負債表欄位。

表 4-2　大仁遊戲軟體設計公司工作底稿

工作底稿 2015 年 12 月 1 日至 12 月 31 日										
會計項目	試算表		調整		調整後試算表		綜合損益表		資產負債表	
	借方	貸方	借方	貸方	借方	貸方	借方	貸方	借方	貸方
現　　金	1,058,000				1,058,000				1,058,000	
辦公用品	15,000			(1) 5,000	10,000				10,000	
預付租金	144,000			(2) 12,000	132,000				132,000	
電腦設備	360,000				360,000				360,000	
應付票據		30,000				30,000				30,000
應付帳款		15,000				15,000				15,000
預收服務收入		420,000	(4) 70,000			350,000				350,000
股　　本		1,000,000				1,000,000				1,000,000
服務收入		150,000		(4) 70,000		220,000		220,000		
薪資費用	30,000				30,000		30,000			
什項費用	8,000				8,000		8,000			
辦公用品費用			(1) 5,000		5,000		5,000			
租金費用			(2) 12,000		12,000		12,000			
折舊費用			(3) 10,000		10,000		10,000			
累計折舊				(3) 10,000		10,000				10,000
利息費用			(5) 150		150		150			
應付利息				(5) 150		150				150
							65,150	220,000		
本期淨利							154,850			154,850
合計	1,615,000	1,615,000	97,150	97,150	1,625,150	1,625,150	220,000	220,000	1,560,000	1,560,000

5. 將損益表借貸二欄加總，如貸方總額大於借方總額爲當期淨利；反之，借方總額大於貸方總額產生虧損。本例貸方總額大於借方總額 $154,850，即爲本期淨利。
6. 將當期淨利 $154,850 移至資產負債表貸方欄，如虧損列入借方欄，作爲平衡數字。然後將資產負債表兩欄加總，借貸兩欄合計數均爲 $1,560,000。大仁遊戲軟體設計公司完成工作底稿如表 4-2，若不等，則表示工作底稿有錯誤存在。

4-4 財務報表的編製

工作底稿編製完成後，即可按照工作底稿各欄位之資料，編製報表、調整分錄、結帳分錄等期末工作。

一、損益表

綜合損益表（statement of comprehensive income）是國際會計準則於 2009 年 1 月 1 日規定的主要財務報表，以表達企業在一期間內認列之所有收益和費損項目。綜合損益表包括當期損益的組成要素及其他綜合損益的組成要素兩部分。本例子並無其他綜合損益的要素，因此，可以損益表取代綜合損益表。

損益表（income statement）是報導企業某一會計期間之經營成果，爲一動態的表達，故屬於某一期間的動態報表，如表 4-3 所示。

表 4-3　大仁遊戲軟體設計公司損益表

大仁遊戲軟體設計公司
綜合損益表
2015 年 12 月 1 日至 12 月 31 日

收　入：		
服務收入		$220,000
費　用：		
薪資費用	$30,000	
什項費用	8,000	
辦公用品費用	5,000	
租金費用	12,000	
折舊費用	10,000	
利息費用	150	（65,150）
本期淨利（損）		$154,850

知識學堂

所謂的股息殖利率，就是一家公司配發的股息，除以股價計算之比率。若殖利率高於銀行定存利率的三、四倍，可稱爲高股息殖利率概念股。

台積電（2330）於2011年2月15日召開董事會，決定每股配發現金股利3元，以台積電之收盤價格$73.1，股息殖利率約4.1%，符合一般稱之謂高股息殖利率概念股。惟該概念股，其股價必須建立在塡息之基礎上，公司不僅要營運穩健，而且逐年宜維持相當不錯的獲利水準，才可稱之謂高股息殖利率概念股。

二、權益變動表

權益變動表（statement of changes in equity）是用來表達權益項目當期之變動情形，如表4-4所示。

表4-4　大仁遊戲軟體設計公司權益變動表

大仁遊戲軟體設計公司
權益變動表
2015年12月1日至12月31日

	股　本	保留盈餘	權益合計
期初餘額	$　0	$　0	$　0
本期股東投資	1,000,000		1,000,000
本期淨利		154,850	154,850
本期期末餘額	$1,000,000	$154,850	$1,154,850

三、資產負債表

於2007年修訂之IAS 1中，以財務狀況表的名稱取代資產負債表，但非強迫性，企業仍可繼續延用資產負債表這個名稱。

資產負債表是表達企業某特定時日的資產、負債及權益的財務狀況。因爲它報導的是某特定時日擁有的經濟資源，擔負的債務與淨值的狀況，爲靜態的報導，因此屬於靜態報表。依照表4-2，編製資產負債表如表4-5。

表 4-5　大仁遊戲軟體設計公司資產負債表

大仁遊戲軟體設計公司
資產負債表
2015 年 12 月 31 日

資　產：			負　債：	
現　　金		$ 1,058,000	應付票據	$ 30,000
辦公用品		10,000	應付帳款	15,000
預付租金		132,000	預收服務收入	350,000
電腦設備	$ 360,000		應付利息	150
累計折舊－電設	10,000	350,000	負債合計	$ 395,150
			權益	
			股　　本	$ 1,000,000
			保留盈餘	154,850
				$ 1,154,850
資產合計		$ 1,550,000	負債及權益合計	$ 1,550,000

知識學堂

到目前為止，你應該了解如何編製資產負債表，讓我們檢視一下，個人的資產負債表。

1. 你個人的資產有哪些？個人資產是你所擁有有價值的東西。例如現金、銀行存款，其他如車子、房地產。有些資產會隨時間而增值，如房屋。有些資產會隨時間而貶值，如車子。
2. 個人有哪些負債呢？個人負債就是欠別人的款項，例如學費貸款、信用卡欠帳及向朋友的借貸等。個人的負債包括一年內須償還的短期負債及長期負債。
3. 以會計方程式來說，個人的資產與負債的差額就是權益。從個人財務立場來說，就是你個人的資產淨值。每個人都要時時檢視個人的資產負債表，就可掌握個人未來的人生。

4-5 調整及結帳後試算表

工作底稿之編製，並非必要的程序，也可以直接將調整事項記入日記簿，過帳後編製調整後試算表，再依照調整後試算表編製公司的財務報表。

但當公司採用工作底稿時，則財務報表的編製是根據工作底稿完成。俟報表編製完成後，再從工作底稿中編製調整分錄、結帳分錄、結帳後試算表等，即完成一個會計期間之會計循環工作。

一、調整分錄

工作底稿完成後，可依據調整欄位之資料（如表 4-2）於日記簿作調整分錄如下：

日記簿　　第 2 頁

2015 年		會計項目及摘要	類頁	借方金額	貸方金額
月	日				
12	31	辦公用品費用	550	5,000	
		辦公用品	125		5,000
		記錄已耗用用品			
	31	租金費用	545	12,000	
		預付租金	130		12,000
		記錄已過期之租金			
	31	折舊費用	520	10,000	
		累計折舊－電腦設備	156		10,000
		記錄每月之折舊費			
	31	預收服務收入	230	70,000	
		服務收入	400		70,000
		記錄已賺得之收入			
	31	利息費用	650	150	
		應付利息	220		150
		記錄已發生未支付之利息			

將調整分錄過帳至分類帳簿如下：

現　金　　第 101 頁

2015 年 月	日	摘　要	頁 數	借方金額	貸方金額	餘　額
12	1		日 1	1,000,000		1,000,000
	1		日 1		144,000	856,000
	3		日 1		360,000	496,000
	5		日 1	30,000		526,000
	15		日 1	150,000		676,000
	16		日 1	420,000		1,096,000
	31		日 1		38,000	1,058,000

辦公用品　　第 125 頁

2015 年 月	日	摘　要	頁 數	借方金額	貸方金額	餘　額
12	4		日 1	15,000		15,000
	31	調整	日 2		5,000	10,000

預付租金　　第 130 頁

2015 年 月	日	摘　要	頁 數	借方金額	貸方金額	餘　額
12	1		日 1	144,000		144,000
	31	調整	日 2		12,000	132,000

電腦設備 第 155 頁

2015 年		摘　　要	頁 數	借方金額	貸方金額	餘　　額
月	日					
12	3		日 1	360,000		360,000

累計折舊－電腦設備 第 156 頁

2015 年		摘　　要	頁 數	借方金額	貸方金額	餘　　額
月	日					
12	31	調整	日 2		10,000	10,000

應付票據 第 201 頁

2015 年		摘　　要	頁 數	借方金額	貸方金額	餘　　額
月	日					
12	5		日 1		30,000	30,000

應付帳款 第 210 頁

2015 年		摘　　要	頁 數	借方金額	貸方金額	餘　　額
月	日					
12	4		日 1		15,000	15,000

應付利息　　第 220 頁

2015 年 月	日	摘　要	頁數	借方金額	貸方金額	餘　額
12	31	調整	日 2		150	150

預收服務收入　　第 230 頁

2015 年 月	日	摘　要	頁數	借方金額	貸方金額	餘　額
12	16		日 1		420,000	420,000
	31	調整	日 2	70,000		350,000

股　本　　第 311 頁

2015 年 月	日	摘　要	頁數	借方金額	貸方金額	餘　額
12	1		日 1		1,000,000	1,000,000

保留盈餘　　第 320 頁

2015 年 月	日	摘　要	頁數	借方金額	貸方金額	餘　額
12	1					0
	31	結帳	日 3		154,850	154,850

本損益差　　第 340 頁

2015 年		摘　　要	頁數	借方金額	貸方金額	餘　　額
月	日					
12	31	結帳	日 3		220,000	220,000
	31	結帳	日 3	65,150		154,850
	31	保留盈餘	日 3	154,850		0

服務收入　　第 400 頁

2015 年		摘　　要	頁數	借方金額	貸方金額	餘　　額
月	日					
12	15		日 1		150,000	150,000
	31	調整	日 2		70,000	220,000
	31	本期損益	日 3	220,000		0

折舊費用　　第 520 頁

2015 年		摘　　要	頁數	借方金額	貸方金額	餘　　額
月	日					
12	31		日 2	10,000		10,000
	31	本期損益	日 3		10,000	0

薪資費用　　第 540 頁

2015 年		摘　　要	頁數	借方金額	貸方金額	餘　　額
月	日					
12	31		日 2	30,000		30,000
	31	本期損益	日 3		30,000	0

租金費用　第 545 頁

2015 年		摘　要	頁數	借方金額	貸方金額	餘　額
月	日					
12	31	調整	日 2	12,000		12,000
	31	本期損益	日 3		12,000	0

辦公用品費用　第 550 頁

2015 年		摘　要	頁數	借方金額	貸方金額	餘　額
月	日					
12	31	調整	日 2	5,000		5,000
	31	本期損益	日 3		5,000	0

什項費用　第 560 頁

2015 年		摘　要	頁數	借方金額	貸方金額	餘　額
月	日					
12	31		日 1	8,000		8,000
	31	本期損益	日 3		8,000	0

利息費用　第 650 頁

2015 年		摘　要	頁數	借方金額	貸方金額	餘　額
月	日					
12	31	調整	日 2	150		150
	31	本期損益	日 3		150	0

二、結帳分錄

（一）結帳的意義

企業爲達永續經營，因此必須定期計算在某特定期間公司是賺？是賠？由於損益是逐期計算的，所以須將所有收益與費損帳戶一一結束歸零，以利下一個會計期間從零開始重新累計所有收益與費損資料。至於資產、負債及業主權益等項目在會計期間結束日，仍爲公司所擁有之資產、欠款及業主的權益，應結轉下期，繼續使用該等帳戶。這種將所有收益與費損帳戶歸零，作爲收集下一會計期間計算損益所需的資料，及將資產負債及權益等帳戶結轉下期的程序稱爲結帳。結帳所作的分錄即稱爲結帳分錄（closing entries）。

（二）虛帳戶與實帳戶

1. 虛帳戶

虛帳戶（temporary accounts）又稱爲臨時性帳戶，是指僅與一個特定會計期間有關的項目，包括所有收益與費損帳戶，即損益表中的會計項目。在會計期間結束時，均須結轉到本期損益帳戶，以利計算本期之損益，並使所有臨時性帳戶結清歸零。

2. 實帳戶

實帳戶（permanent accounts）又稱爲永久性帳戶，是指與一個以上之會計期間有關之項目，包括所有資產負債表中的項目。該等項目每一會計期間終了時並不結清，而是結轉到下一期會計期間繼續記載。

（三）虛帳戶的結清

在編妥財務報表後，即依據工作底稿之調整欄，在日記簿作調整分錄並過帳，緊接著就可依照工作底稿損益表欄作結帳分錄，使所有收益與費損項目歸零。在結帳時通常會設置一過渡性項目稱爲本期損益，其結帳程序分爲：

1. 結清所有收益帳戶，借記每一個收益帳戶，貸記本期損益。
2. 結清所有費損帳戶，借記本期損益帳戶，貸記費損帳戶。
3. 結清淨利（損），借記本期損益帳戶，貸記保留盈餘帳戶。
4. 將股利帳戶借記保留盈餘帳戶，貸記股利帳戶。

茲依據工作底稿中損益表欄位之資料在日記簿上作結帳分錄如下：

日記簿　　　　　　　　　　　　　　　　　　　　第 3 頁

2015 年		會計項目及摘要	類 頁	借方金額	貸方金額
月	日				
		結帳分錄			
12	31	服務收入	400	220,000	
		本期損益	340		220,000
		結清收益項目			
	31	本期損益	340	65,150	
		薪資費用	540		30,000
		什項費用	560		8,000
		辦公用品費用	550		5,000
		租金費用	545		12,000
		折舊費用	520		10,000
		利息費用	650		150
		結清費損項目			
	31	本期損益	340	154,850	
		保留盈餘	320		154,850
		結清本期損益項目			

結帳分錄過帳後，所有臨時性帳戶餘額均爲零，如 20 頁至 21 頁分類帳所示，臨時性帳戶均劃記雙線，完成結帳程序。保留盈餘項目列在資產負債表權益項內。

（四）實帳戶的結轉

實帳戶的結轉可以作正式分錄，亦可不作任何分錄，直接將各帳戶餘額結轉下期，作爲下一個新會計期間的期初餘額。如果作結帳分錄，則借記所有貸方餘額之項目，貸記所有借方項目之餘額，過帳後各項目即結清，於下一個新會計期間，再作開帳分錄。

大仁遊戲軟體設計公司實帳戶 12 月 31 日之結帳分錄列示如下：

日記簿　　　　第 4 頁

2015 年 月	日	會計項目	摘　　要	類 頁	借方金額	貸方金額
12	31	累計折舊－電腦設備		156	10,000	
		應付票據		201	30,000	
		應付帳款		210	15,000	
		應付利息		220	150	
		預收服務收入		230	350,000	
		股　　本		311	1,000,000	
		保留盈餘		320	154,850	
		現　　金		101		1,058,000
		辦公用品		125		10,000
		預付租金		130		132,000
		電腦設備		155		360,000

經上述結帳分錄過帳後，各帳戶餘額爲 0。如第 25 頁至第 28 頁各分類帳戶所示。

下一會計期間開始，再將上述分錄作借貸相反的記錄，即借記所有資產有關項目，貸記所有負債及權益有關項目之分錄，謂之開帳分錄。

日記簿　　　　第 5 頁

2016 年 月	日	會計項目	摘　　要	類 頁	借方金額	貸方金額
1	1	現　　金		101	1,058,000	
		辦公用品		125	10,000	
		預付租金		130	132,000	
		電腦設備		155	360,000	
		累計折舊－電腦設備		156		10,000
		應付票據		201		30,000
		應付帳款		210		15,000
		應付利息		220		150
		預收服務收入		230		350,000
		股　　本		311		1,000,000
		保留盈餘		320		154,850

將上述分錄過帳後，各會計項目又恢復原來的餘額，繼續登載（如第 25 頁至第 28 頁所示）。

大仁遊戲軟體設計公司 2015 年 12 月 31 日之結帳分錄及次年一月一日之開帳分錄過帳後，各會計項目之餘額如下所示。

現　　金　　　　第 101 頁

2015 年		摘　　要	頁 數	借方金額	貸方金額	餘　　額
月	日					
12	1		日 1	1,000,000		1,000,000
	1		日 1		144,000	856,000
	3		日 1		360,000	496,000
	5		日 1	30,000		526,000
	15		日 1	150,000		676,000
	16		日 1	420,000		1,096,000
	31		日 1		38,000	1,058,000
	31	結轉下期	日 4		1,058,000	0
2016 年						
1	1	上期結轉	日 5	1,058,000		1,058,000

辦公用品　　　　第 125 頁

2015 年		摘　　要	頁 數	借方金額	貸方金額	餘　　額
月	日					
12	4		日 1	15,000		15,000
	31	調整	日 2		5,000	10,000
	31	結轉下期	日 4		10,000	0
2016 年						
1	1	上期結轉	日 5	10,000		10,000

預付租金　　第 130 頁

2015 年 月	日	摘　要	頁 數	借方金額	貸方金額	餘　額
12	1		日 1	14,400		144,000
	31	調整	日 2		12,000	132,000
	31	結轉下期	日 4		132,000	0
2016 年						
1	1	上期結轉	日 5	132,000		132,000

電腦設備　　第 155 頁

2015 年 月	日	摘　要	頁 數	借方金額	貸方金額	餘　額
12	3		日 1	360,000		360,000
	31	結轉下期	日 4		360,000	0
2016 年						
1	1	上期結轉	日 5	360,000		360,000

累計折舊－電腦設備　　第 156 頁

2015 年 月	日	摘　要	頁 數	借方金額	貸方金額	餘　額
12	1	調整	日 2		10,000	10,000
	31	結轉下期	日 4	10,000		0
2016 年						
1	1	上期結轉	日 5		10,000	10,000

應付票據　　第 201 頁

2015 年 月	日	摘　要	頁 數	借方金額	貸方金額	餘　額
12	5		日 1		30,000	30,000
	31	結轉下期	日 4	30,000		0
2016 年						
1	1	上期結轉	日 5		30,000	30,000

應付帳款　　第 210 頁

2015 年		摘　要	頁 數	借方金額	貸方金額	餘　額
月	日					
12	4		日 2		15,000	15,000
	31	結轉下期	日 4	15,000		0
2016 年						
1	1	上期結轉	日 5		15,000	15,000

應付利息　　第 220 頁

2015 年		摘　要	頁 數	借方金額	貸方金額	餘　額
月	日					
12	31	調整	日 2		150	150
	31	結轉下期	日 4	150		0
2016 年						
1	1	上期結轉	日 5		150	150

預收服務收入　　第 230 頁

2015 年		摘　要	頁 數	借方金額	貸方金額	餘　額
月	日					
12	6		日 1		420,000	420,000
	31	調整	日 2	70,000		350,000
	31	結轉下期	日 4	350,000		0
2016 年						
1	1	上期結轉	日 5		350,000	350,000

股　本　　第 311 頁

2015 年		摘　要	頁 數	借方金額	貸方金額	餘　額
月	日					
12	1		日 1		1,000,000	1,000,000
	31	結轉下期	日 4	1,000,000		0
2016 年						
1	1	上期結轉	日 5		1,000,000	1,000,000

保留盈餘　　　　第 320 頁

2015 年 月	日	摘　要	頁數	借方金額	貸方金額	餘　額
12	1					0
	31		日 3		154,850	154,850
	31	結轉下期	日 4	154,850		0
2016 年						
1	1	上期結轉	日 5		154,850	154,850

（五）結帳後試算表

大仁遊戲軟體設計公司作完所有結帳分錄及過帳後，再依分類帳編製另一份試算表，稱之結帳後試算表（post-closing trial balance）。它的作用在驗證所有永久性帳戶在結帳及過帳後，其帳戶之借、貸餘額是否平衡。結帳後由於所有臨時性帳戶之餘額皆已結清歸零，所以結帳後試算表只包括永久性項目。

表 4-6　結帳後試算表

大仁軟體設計公司
結帳後試算表
2015 年 12 月 31 日

	借方	貸方
現　　金	$1,058,000	
辦公用品	10,000	
預付租金	132,000	
電腦設備	360,000	
累計折舊－電腦設備		$10,000
應付票據		30,000
應付帳款		15,000
應付利息		150
預收服務收入		350,000
股　　本		1,000,000
保留盈餘		154,850
合計	$1,560,000	$1,560,000

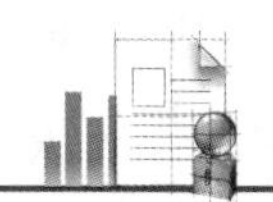

延伸閱讀

爲簡化帳務處理，就是把期末所作某些調整分錄於次期期初作個迴轉，原調整分錄記借方者改記貸方，原記貸方者改記借方，此種分錄稱爲迴轉分錄（reversing entry）。在會計循環中，並非所有調整分錄均可作迴轉分錄，僅有應計項目及預收、預付項目以記虛轉實入帳者可以作迴轉分錄，當然，若不作迴轉分錄，對會計處理亦不會有任何影響。

一般公司常作之迴轉分錄有：應計收益、應計費用、預付項目以費用項目入帳及預收項目以收益入帳者。茲以應計收益爲例，說明如下。

仁愛公司於 2015 年 11 月 1 日向銀行借款 $50,000，爲期一年，年利利 12%，利息到期一次償還，則其有關分錄如下：

不作迴轉分錄

日期	科目	借方	貸方
12/31	利息費用	1,000	
	應付利息		1,000
31	本期損益	1,000	
	利息費用		1,000
1/1	未作迴轉分錄		
10/31	下期付息之分錄		
	應付利息	1,000	
	利息費用	5,000	
	現　金		6,000

作迴轉分錄

日期	科目	借方	貸方
12/31	利息費用	1,000	
	應付利息		1,000
31	本期損益	1,000	
	利息費用		1,000
1/1	作迴轉分錄		
	應付利息	1,000	
	利息費用		1,000
10/31	下期付息分錄		
	利息費用	6,000	
	現　金		6,000

由上述二種方法，所得到的結果完全相同，如果採用迴轉分錄，付息時可以直接借記利息費用項目，不必查閱有多少屬於上期之應付利息。由於每次均作相同之分錄，所以作迴轉分錄能夠簡化會計記錄之程序。

由前文得知，在會計期間內，一個公司的會計循環包括九個步驟：

① 分析交易　　④ 編製試算表　　⑦ 作調整分錄並過帳
② 作交易分錄　　⑤ 編製工作底稿　　⑧ 作結帳分錄並過帳
③ 過入分類帳　　⑥ 編製財務報表　　⑨ 編製結帳後試算表

步驟①至④在前章已闡明，在會計期間內，當公司一有交易發生就應記入日記簿及過帳至分類帳，並編製試算表，為會計之例行日常工作。步驟⑤及步驟⑥公司應定期於每月、每季或每年完成。步驟⑦至⑨通常只會在會計期間結束時才會執行的工作，俟調整及結帳完成後，公司分類帳上所有虛帳戶餘額皆為零，實帳戶餘額結轉下期為次一期的期初餘額，次一會計期間開始又從步驟①至步驟⑨，如此周而復始。如公司不採用工作底稿則步驟稍有變更，即在編製財務報表前必須先在日記簿上作調整分錄，並編製調整後試算表，再按照調整後試算表編製財務報表，其餘各步驟仍照舊。

學．後．評．量

一、選擇題

(　　) 1. 收入實現原則與配合原則係基於：(A) 經濟個體假設 (B) 繼續經營假設 (C) 會計期間假設 (D) 貨幣單位假設。【98 年公務員普考】

(　　) 2. 作調整分錄是爲了確保：(A) 費損在其發生之期間認列 (B) 收益在其賺得之期間認列 (C) 會計期間終了時，財務報表內各項目餘額均屬正確 (D) 以上皆是。

(　　) 3. 若預付費用於付現時以資產入帳，則其期末調整分錄須：(A) 借記費用 (B) 借記資產 (C) 貸記負債 (D) 貸記費用。【94 記帳士考試】

(　　) 4. 下列哪一個帳戶在調整後試算表上之金額較調整前試算表上之金額小？(A) 股本 (B) 累計折舊 (C) 薪資費用 (D) 預收貨款。【94 普考】

(　　) 5. 下列何者與調整最爲相關？(A) 會計個體，成本原則 (B) 繼續經營，一般原則 (C) 會計期間，配合原則 (D) 貨幣單位，客觀原則。【94 普考】

(　　) 6. 費用業已發生，但未登帳，則期末應調整：(A) 借費用，貸負債 (B) 借收益，貸資產 (C) 借負債，貸費用 (D) 借費用，貸資產。

(　　) 7. 臨時性帳戶是指：(A) 收益與費損帳戶 (B) 資產與收益 (C) 負債與費損 (D) 負債與業主權益。

(　　) 8. 期末結帳分錄過帳後，費損帳戶產生：(A) 借方餘額 (B) 貸方餘額 (C) 借方或貸方餘額 (D) 餘額爲 0。

(　　) 9. 資產負債表的日期應填寫爲：(A) 編表當天 (B) 營業終了日期 (C) 某特定時日 (D) 會計期間的起迄日期。

(　　) 10. 會計期間終了，漏列應收利息之調整分錄，其影響爲：(A) 資產高列，業主權益低列 (B) 資產低列，業主權益高列 (C) 資產與權益等額低列 (D) 資產與業主權益等額高列。

(　　) 11. 試算表上文具用品餘額爲 $2,000，期末盤點僅剩下 $600，則調整分錄爲：(A) 借記文具用品費用 1,400，貸記文具用品 1,400 (B) 借記文具用品 600，貸記文具用品費用 600 (C) 借記文具用品 1,400，貸記文具用品費用 1,400 (D) 借記文具用品費用 600，貸記文具用品 600。

( ) 12. 關於工作底稿之敘述下列何者不對？ (A) 工作底稿是會計人員之基本工具 (B) 工作底稿是管理階層所使用 (C) 工作底稿不能作爲過帳之依據 (D) 可以依據工作底稿編製報表。

( ) 13. 在工作底稿上，淨利是一個平衡數字，應移至哪一欄？ (A) 損益表借方及資產負債表借方 (B) 損益表貸方及資產負債表借方 (C) 損益表借方及資產負債表貸方 (D) 損益表貸方及資產負債表貸方。

( ) 14. 哪一類會計項目會出現在結帳試算表上？ (A) 永久性帳戶 (B) 臨時性帳戶 (C) 所有會計項目 (D) 以上皆非。

( ) 15. 下列何者不是會計循環中的必要步驟？ (A) 作交易分析 (B) 編製工作底稿 (C) 作結帳分錄並過帳 (D) 編製報表。

( ) 16. 下列哪一個帳戶在結帳分錄結清其餘時需要借記本期損益帳戶？ (A) 服務收入 (B) 應付帳款 (C) 股利 (D) 房租費用。

( ) 17. 下列何者屬記虛轉實？ (A) 借費用貸資產 (B) 借資產貸收益 (C) 借費用貸負債 (D) 借資產貸費用。 【97 年特考交通人員考試】

( ) 18. 假設沒有編製工作底稿，①編製試算表；②作交易分錄；③作結帳分錄並過帳；④編製財務報表；⑤作調整分錄並過帳；⑥編製結帳後試算表；⑦編製調整後試算表；⑧交易分析；⑨過帳。下列何者爲適當之順序？ (A) ⑧②⑨①③⑦④⑥⑤ (B) ⑧②⑨①③⑥④⑦⑤ (C) ⑧②⑨①⑤⑦④⑥③ (D) ⑧②⑨①⑥⑦④⑤③。

二、計算題

1. 【收益認列、配合原則】大仁遊戲軟體設計公司在 2016 年從顧客處收到現金 $180,000，其中有 $40,000 是在 2015 年賺到的收入。其次，有 $50,000 已於 2016 年賺到的收入，但須到 2017 年收到現金。

   大仁遊戲軟體設計公司在 2016 年費用部分也付出現金 $120,000，其中有 $40,000 是屬於 2015 年發生的費用。其次，有 2016 年所發生 $50,000 的費用，須待 2017 年才付出現金。

   試計算在應計基礎下 2016 年之淨利爲若干？

2. 【調整類型與帳戶關係】大仁遊戲軟體設計公司彙集了 12 月 31 日之調整資料如下：
   ① 已完成服務並賺得服務收入 $1,500，但尚未入帳。
   ② 已耗用掉文具用品 $500。
   ③ 當期水電費 $500 尚未支付。
   ④ 預收服務收入 $1,200 業已賺得。
   ⑤ 當期薪資 $900，尚未支付。
   試作：
   (1) 就以上每一項目分別指出：
   (2) 調整的類別（預付費用、預收收入、應計收入、應計費用）
   (3) 若未調整，各帳戶的餘額爲高估或低估。
3. 【調整分錄】大華公司 2016 年 1 月 31 日之調整資料如下：
   ① 設備每個月之折舊費用爲 $4,000。
   ② 預收租金 $12,000，本月已經賺得 $1,000。
   ③ 應付票據已發生了 $800 的應計利息。
   ④ 文具用品 $3,000，本月盤點總計 $1,000。
   試編製 1 月 31 日之調整分錄。假設調整分錄於每月月底調整。
4. 【調整分錄】大來公司爲一廣告代理商，1 月 31 日之調整資料如下：
   ① 1 月 10 日購入廣告用品爲 $5,000，至 1 月 31 日的廣告用品盤存爲 $1,500。
   ② 本月份已到期保險費爲 $750。
   ③ 本月份辦公設備折舊爲 $1,000。
   ④ 預收服務收入中已賺得部分爲 $5,000。
   ⑤ 至 1 月 31 日已完成服務計 $6,000，但尚未入帳。
   ⑥ 員工薪資 $800，1 月 31 日尚未支付。
   ⑦ 1 月 1 日簽發票據面額 $100,000，年利息 6%，本月份利息尚未支付。
   試編製一月份之各項調整分錄。

5. 大仁遊戲軟體設計公司調整後試算表如下：

大仁遊戲軟體設計公司
工作底稿
2016 年 1 月份

會計項目	調整後試算表		損益表		資產負債表	
	借方	貸方	借方	貸方	借方	貸方
現　　金	2,000					
應收帳款	1,775					
辦公用品	890					
預付租金	1,600					
辦公設備	17,500					
應付帳款		2,369				
股　　本		19,150				
服務收入		5,125				
薪資費用	825					
什項費用	369					
辦公用品費用	960					
租金費用	800					
折舊費用	175					
累計折舊		175				
應付薪資		75				
合　　計	26,894	26,894				

試作：

完成大仁遊戲軟體設計公司之工作底稿。

6. 【調整分錄】普安公司工作底稿之調整欄列示如下：

會計項目	調整 借方	調整 貸方
應收收入	7,000	
預付租金		5,000
累計折舊－設備		3,000
應付薪資		1,800
服務收入		7,000
薪資費用	1,800	
租金費用	5,000	
折舊費用	3,000	
	16,800	16,800

試編製調整分錄。

7.【結帳與試算】普進公司工作底稿上調整後試算表如下：

普進公司
調整後試算表
2016 年 10 月份

會計項目	調整後試算表	
	借　方	貸　方
現　　金	$11,650	
應收帳款	12,000	
辦公用品	18,000	
預付租金	4,800	
運輸設備	4,000	
應付帳款		$15,000
預收服務收入		2,000
股　　本		25,000
保留盈餘		1,000
服務收入		91,000
薪資費用	75,150	
什項費用	5,300	
折舊費用	900	
累計折舊－運輸設備		900
應付薪資		1,700
租金費用	4,800	
應收利息	200	
利息收入		200
	$136,800	$136,800

試編製：

(1) 2016 年 10 月 31 日之結帳分錄。

(2) 2016 年 10 月 31 日之結帳後試算表。

8. 【會計循環之期末工作】2016 年 1 月 1 日大立公司開始從事電器維修的行業。1 月 31 日工作底稿試算表欄如下：

大立公司
工作底稿
2016 年 1 月 31 日

會計項目	試算表 借　方	試算表 貸　方
現　　金	17,020	
辦公用品	1,950	
預付保險費	2,400	
電腦設備	30,000	
應付票據		10,000
應付帳款		13,250
股　　本		20,000
股　　利	600	
維修服務收入		13,620
薪資費用	2,200	
租金費用	1,200	
什項費用	1,500	
	56,870	56,870

調整資料如下：

① 1 月 31 日辦公用品盤點尚有 $1,000。

② 本月電腦設備折舊應攤提 $1,500。

③ 1 月 1 日開立一年期之應付票據，本月之應計利息為 $200。

④ 本月到期的保險費為 $200。

⑤ 至 1 月 31 日止已完成維修服務收入計 $1,000，尚未收到現金。

試作：

(1) 完成工作底稿。

(2) 編製損益表及資產負債表。

(3) 從工作底稿之調整欄作調整分錄。

(4) 編製結帳分錄。

(5) 編製結帳後試算表。

筆記頁

CHAPTER 05

買賣業會計

學習目標

研讀本章後，可了解：

一、買賣業之營業週期

二、購進商品之會計處理

三、銷售商品之會計處理

四、信用卡銷貨之記錄

五、買賣業之結帳程序

六、買賣業財務報表之編製

本章架構

買賣業會計

買賣業會計之基本概念	購進商品之會計處理	銷售商品之會計處理	買賣業之期末結帳與財務報表
• 買賣業之營業週期 • 買賣業損益之決定 • 存貨之盤存制度	• 在永續盤存制下 • 在定期盤存制下	• 在永續盤存制下 • 在定期盤存制下 • 信用卡銷貨	• 期末結帳過程 • 財務報表之編製

前言

買賣業（merchandisers）是指專門從事商品或貨品之零售或批發買賣的企業，例如：流通業批發商、百貨公司、大賣場、量販店或超商等均屬於經營買賣業的企業。本書前幾章所介紹的會計處理，主要以服務業爲例，本章則討論買賣業之會計處理問題，但是前面章節所介紹之內容，有關服務業的基本會計處理方式，大部分亦適用於買賣業。

5-1 買賣業會計之基本概念

一、買賣業之營業週期

一般商品的買賣流向，大致是先從農林畜牧業或礦業生產出原料，再交由製造商將原料加工生產，產製完成後賣給批發商（wholesalers），再將商品重新包裝或分裝後售予零售商（retailers），最後賣予最終消費者顧客。因此，批發商及零售商的商品買賣業務，即爲買賣業的主要業務範圍。

服務業係運用資金或現金雇請員工提供客戶服務，亦即支付員工薪資，爲企業創造服務收入，產生應收帳款，而後再收取現金回來。此一經營型態周而復始，即爲服務業之營業週期（operating cycle）。而買賣業之營業週期（如圖 5-1 所示）則始於運用現金買進商品，再將商品售予顧客，產生應收帳款，最後再向顧客收款而收回現金，如此周而復始。

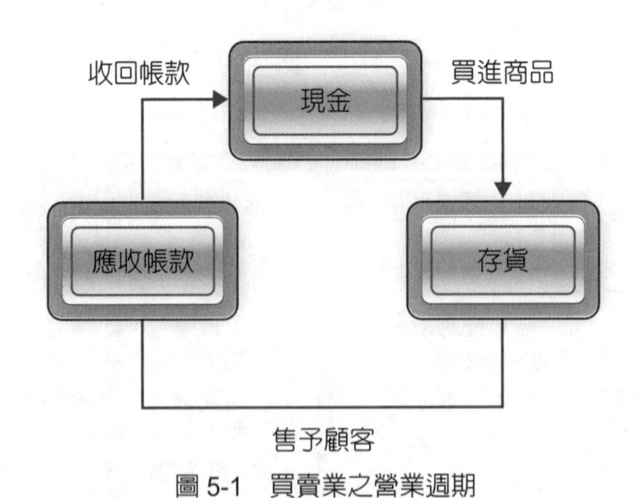

圖 5-1　買賣業之營業週期

二、買賣業之綜合損益表

買賣業決定淨利的方式不同於服務業，由表 5-1 所列示的買賣業與服務業之簡式綜合損益表可比較其差異。服務業之淨利或淨損的衡量方式，係以服務（或勞務）收入減去所有營業費用決定之。但買賣業由於必須先計算已出售商品的總成本，稱爲銷貨成本（cost of goods sold），故其決定淨利之方式略爲複雜一些。買賣業之主要收入，來自出售商品所產生之收入，稱爲銷貨收入（sales / sales revenue）。故必須先累計所有銷貨收入，再減去銷貨成本而得到銷貨毛利（gross profit / gross margin），最後再以銷貨毛利減去所有營業費用而決定公司之淨利或淨損。綜合損益表中之銷貨毛利，即爲全部已出售商品的實際售價與商品成本的差額，亦即商品買進與賣出之間的價差。

表 5-1　買賣業與服務業簡式綜合損益表之比較

全華顧問公司 綜合損益表 2015 年度		全華百貨公司 綜合損益表 2015 年度	
收入	$600,000	銷貨收入	$980,000
		減：銷貨成本	620,000
		銷貨毛利	$360,000
減：營業費用	485,000	減：營業費用	210,000
淨　　利	$115,000	淨　　利	$150,000

因此，爲編製買賣業之綜合損益表必須先決定三個部分的數據：

1. 銷貨收入
2. 銷貨成本
3. 營業費用

銷貨收入是根據公司出售商品並開立發票金額之會計記錄累計而來，銷貨成本則係已出售商品的成本總額。銷貨成本之計算，尚須按照商品存貨盤存制度（inventory systems）及一定的存貨成本流程假設方能決定之，故將於存貨專章介紹。至於營業費用的部分，則大致與服務業的會計處理方式類似。

三、商品存貨之盤存制度

爲決定銷貨成本及存貨成本，首先必須取得商品的進貨、銷售及庫存的數量資訊。通常有兩種商品的存貨管理制度可用以蒐集這些資訊：永續盤存制（perpetual inventory system）與定期盤存制（periodic inventory system）。其次，再按一定的存貨成本流程假設，核算進、銷、存之商品成本，便可得知銷貨成本及期末商品存貨成本。

（一）永續盤存制

永續盤存制是依商品存貨進出情況，隨時更新記錄，即時提供商品之存貨數量與成本資訊，對銷售個別單價較高商品的公司特別適用，像是汽車、電器的經銷商等。因爲銷售這類商品的公司，相對上較容易維持每項商品的進、銷、存數量與成本紀錄。另一方面，拜電腦科技與條碼技術進步之賜，採行永續盤存制的代價也越來越低，爲健全存貨管理與內部控制，多數買賣業公司已逐漸採用。

（二）定期盤存制

在定期盤存制下，公司平時則由會計部門僅於進貨時記錄進貨成本（含進貨、進貨折扣、進貨退出與折讓及進貨運費等）；於商品銷售時則僅記錄銷貨收入，並未將已出售商品成本記入銷貨成本中。由於並未隨時更新商品存貨的記錄，故無法即時得知庫存或已出售商品的數量與成本。如欲得知庫存或已出售商品的數量與成本資訊，則必須進行全部商品存貨的實地盤點，方能取得期末存貨成本資訊。由於全面盤點存貨的代價太高，通常只在期末（年底）爲了編製定期財務報表時才進行盤點。其過程包括先點算每一存貨項目之庫存數量，其次，再按一定的存貨成本流程假設，應用每項存貨之單位成本乘以其庫存數量，得出每項庫存存貨之成本，最後將每項存貨成本予以加總，即可算出期末庫存存貨之總成本，並據以推算銷貨成本。定期盤存制較常見於銷售大量低價商品的買賣業公司，例如文具用品業等。

5-2 購進商品之會計處理

在買賣業的營業週期中，不斷地發生購進商品及銷售商品，產生應付帳款及應收帳款，以及執行付款與收取帳款等交易事項。這些交易大致可分爲兩類，一爲決定銷貨成本與存貨成本有關的購進商品之交易，二爲決定銷貨收入有關的銷售商品之交易。其會計處理方式，因不同商品存貨盤存制度而異，茲分別說明於下。

一、永續盤存制

（一）購入商品

在永續盤存制下，如以現金購進商品，應借記商品存貨項目，貸記現金項目。商品存貨是屬於資產類的會計項目，因爲商品通常在未來一年內可轉變成現金，故列爲一項流動資產。

範例 5-1

假設全華公司在 1 月 3 日以現金 $38,000 購進一批商品。

解

以現金買進商品，一方面資產增加，借記商品存貨，另一方面資產減少，貸記現金。

其分錄如下：

日期	科目	借	貸
1 月 3 日	商品存貨	38,000	
	現　金		38,000

上述交易若是以賒購方式進行，則應貸記應付帳款，其分錄如下：

日期	科目	借	貸
1 月 3 日	商品存貨	38,000	
	應付帳款		38,000

根據國際財務報導準則（IAS2）之規定，商品之成本應包含所有購買成本及爲使該商品達到目前之地點及狀態所發生之其他成本。存貨之購買成本包含購買價格、進口稅捐與其他稅賦（企業續後可自稅捐主管機關回收之部分除外），以及運輸、處理與直接可歸屬於取得該商品之其他成本。交易折扣、回饋金及其他類似項目應於決定購買成本時減除。因此，爲決定購進商品的成本淨額，必須再考慮下列因素之影響：

1. 賣方所提供的折扣優惠
2. 可歸因於賣方貨品缺陷所導致的退貨或價格折讓
3. 應由買方負擔的進貨運費。

以下分別說明這三類因素對購進商品成本的影響。

（二）商業折扣與現金折扣

1. 商業折扣

一般製造商或批發商在銷售商品時，若爲了促銷而將商品打折出售，此時商品實際售價會低於其原有之標價或型錄價格，其差額通常等於標價的一定百分比，會計上稱爲商業折扣（trade discounts）。企業常運用商業折扣來調整實際售價，如此便不需經常修改標價或型錄價格。因爲標價與商業折扣只是用以決定實際售價，買方的會計帳上並不記錄標價與商業折扣資料。以上述全華公司 1 月 3 日的進貨交易爲例，假設全華公司取得 20% 商業折扣（即以八折購買該批商品），實際買進價款即爲標價 $47,500 的八折，故會計帳上只記錄購入商品成本 $38,000【$47,500×(1 − 20%) = $38,000】。

2. 現金折扣

當買方以賒購方式買進商品時，買賣雙方會約定付款條件（credit terms/ payment terms），例如最常見的付款條件爲「2/10, n/30」，這表示買方必須在 30 天內付清帳款否則便會違約，不過若買方能在 10 天的折扣期間（discount period）內付清帳款便可取得 2% 的折扣，亦即只要在 10 天內還清帳款，則實際只需支付全部實際價款的 98%。此項折扣（2% 的部分）是賣方爲了鼓勵買方（客戶）及早還款所提供的一項誘因，會計上稱爲現金折扣（cash discounts），對買方而言爲進貨折扣（purchase discounts），對賣方而言則爲銷貨折扣（sales discounts）。

其他付款條件例如「2/eom, n/60」表示買方必須在 60 天內付清帳款，不過若買方能在交易當月的月底前付清帳款則可取得 2% 的折扣。「1.5/10, n/eom」表示買方必須在當月月底前付清帳款，不過若買方能在十日內付清帳款則可取得 1.5% 的折扣。而「2/10/eom, n/60」則表示若買方能在下個月的 10 日之前付清帳款，便可取得 2% 的折扣，否則應在 60 天內付清帳款。

（三）進貨折扣的會計處理

買方若能及早付款，除可取得進貨折扣優惠外，亦可降低購入商品之成本，故在永續盤存制下，應將進貨折扣直接列爲商品成本的減項，發生進貨折扣時，應貸記商品存貨。對於進貨折扣的會計處理，因公司是否願意積極爭取折扣的態度不同，而有兩種不同的記錄方式：總額法（gross amount method）與淨額法（net amount method），茲分述於下。

1. 總額法

所謂總額法係指記錄賒購交易的方式，先以不扣除進貨折扣的全部價款，分別借記商品存貨與貸記應付帳款，俟付款時再貸記商品存貨以沖減進貨折扣。茲舉範例 5-2 說明買方採用總額法之記錄方式。

範例5-2

假設上述1月3日進貨交易的付款條件為「2/10, n/30」，且全華公司於1月13日支付該筆帳款。

解

此例因於折扣期間（即10日）內付款，故可取得2%的現金折扣，只須支付98%的現金。這筆交易其差額2%的現金折扣可視為進貨成本的節省，應貸記商品存貨。故1月13日帳上應有分錄如下：

1月13日	應付帳款	38,000	
	商品存貨		760
	現　　金		37,240

此一分錄將進貨折扣記為商品存貨之減項，使其帳戶內顯示進貨成本淨額，而應付帳款的債務已被還清，其結果可以T帳戶說明如下：

商品存貨

1/3	38,000	1/13	760
餘額	37,240		

應付帳款

1/13	38,000	1/3	38,000

2. 淨額法

有時公司的政策規定務必要取得進貨折扣，如未能及時付款爭取進貨折扣則相當於發生損失，稱為進貨折扣損失（discount lost）。為執行此一政策並做好現金管理，公司應採用淨額法來記錄進貨折扣。所謂淨額法係指在記錄賒購交易時，以全部價款扣除進貨折扣後的淨額，分別借記商品存貨與貸記應付帳款。若確實在折扣期間內付款，則只須沖轉淨額即可，即借記應付帳款，貸記現金。若採淨額法記錄上述的賒購及付款交易，則分錄應為：

1月3日	商品存貨	37,240	
	應付帳款		37,240
1月13日	應付帳款	37,240	
	現　　金		37,240

若該公司未能於折扣期間內付款，而是遲至 2 月 2 日才付款，則將產生進貨折扣損失，其付款時之分錄如下：

2 月 2 日	應付帳款	37,240	
	進貨折扣損失	760	
	現　　金		38,000

（四）進貨退出與折讓

所謂進貨退出與折讓（purchase returns and allowances）係指在進貨交易中發生任何可歸因於賣方貨品缺陷所導致的退貨或價格折讓，此時應貸記商品存貨與借記相關的應付帳款，以反映退貨對買方資產（減少）與負債（減少）的影響。茲以範例 5-3 說明發生進貨退出時應有之分錄。

範例 5-3

假設全華公司於 1 月 10 日退回價值 $5,000 的部分瑕疵商品予供應商。

解

此一退貨交易減少應付帳款，應借記應付帳款，同時減少商品，應貸記商品存貨。故 1 月 10 日帳上應記錄進貨退出之分錄如下：

1 月 10 日	應付帳款	5,000	
	商品存貨		5,000

買方退貨時應發出借項通知單（debit memorandum; debit memo），讓供應商瞭解買方已減少其應付債務款項。借項通知單係一種正式憑證，用以通知對方債權或債務的異動。買方發出借項通知單，即用以告知對方（賣方），買方已經借記應付帳款（減少對賣方之債務）。

此項退貨如果已經完成付款程序，則全華公司可要求供應商退款，其收到退款時之會計分錄則爲借記現金與貸記商品存貨。若有取得現金折扣，則亦應根據扣除現金折扣後之金額入帳。假設上述退貨發生於 1 月 14 日，亦即全華公司已經支付帳款後才退貨，則供應商應退還 $4,900【$5,000×(1 − 0.02) = $4,900】，故其分錄爲：

1 月 14 日	現　　金	4,900	
	商品存貨		4,900

有時因賣方提供合理折讓（減價），且商品仍然可用，買方可能選擇留下瑕疵品而不退貨，此時買方所應記的分錄仍如同退貨的處理方式，只是存貨明細紀錄中的數量不變，但單位成本較低。例如在 1 月 11 日全華公司因部分商品瑕疵，獲得賣方同意給予 $1,200 的折讓。故 1 月 11 日應記錄進貨折讓之分錄如下：

1 月 11 日	應付帳款（或現金）	1,200	
	商品存貨		1,200

（五）進貨運費

商品交付過程所發生的運費，應視其交易條件以判斷運送途中商品所有權的歸屬，決定運費該由買方或賣方負擔。如運費由買方負擔，則稱爲進貨運費（freight-in/ transportation-in），若由賣方負擔，則爲銷貨運費（freight-out/ transportation-out/ delivery expense），簡稱運費。一般交易條件中會註明商品之交付係採 F.O.B. 起運點交貨（shipping point）或 F.O.B. 目的地交貨（destination），F.O.B. 是 Free On Board 的縮寫，代表商品所有權轉移的時點。若商品之交付條件爲起運點交貨，則運費應由買方負擔；若爲目的地交貨，則運費應由賣方負擔。任何應由買方負擔的運費，會使購進商品之成本增加，故應借記商品存貨，貸記應付帳款或現金。

假設全華公司於 1 月 4 日發生 $1,800 的進貨運費，則其分錄爲：

1 月 4 日	商品存貨	1,800	
	現　　金		1,800

二、定期盤存制

在定期盤存制下，如以現金買進商品，應借記進貨（purchases） 項目，貸記現金，若以賒購方式進貨，則應貸記應付帳款。「進貨」是屬於綜合損益表中成本類的會計項目，其正常餘額爲借方餘額。所謂成本類項目通常列爲暫時性帳戶或虛帳戶，在會計期間結束時，將視其是否已經出售或耗用而結轉至綜合損益表的銷貨成本之內，或資產負債表上的商品存貨中。

當買方賒購貨品並取得現金折扣之優惠時，在定期盤存制下，應將此一現金折扣記入進貨折扣。若進貨後發現任何可歸因於賣方貨品規格不符，或是貨品有缺陷，所導致的退貨或讓價，應貸記進貨退出與折讓，借記相關的應付帳款或現金，以反映退貨對進貨成本（減少）與負債（減少）的影響，或收回已支付的現金。進貨折扣及進貨退出與折讓雖爲成本類項目，但正常餘額爲貸方餘額，故在綜合損益表上，進貨折扣及進貨退出與折讓應列為本期進貨成本之減項。任何應由買方負擔的運費，會增加進貨成本，故應借記進貨運費，貸記應付帳款或現金。進貨運費項目通常有借方餘額，在綜合損益表上應列為本期進貨成本的加項。為了便於瞭解在兩種不同存貨盤存制度下，購進商品會計處理之差異，茲將其相關會計分錄作法彙整如下：

表 5-2　兩種存貨盤存制度購進商品會計分錄作法之比較

交　易	定期盤存制			永續盤存制		
進　貨	進　貨	38,000		商品存貨	38,000	
	應付帳款（或現金）		38,000	應付帳款（或現金）		38,000
取得進貨折扣	應付帳款	38,000		應付帳款	38,000	
	進貨折扣		760	商品存貨		760
	現　金		37,240	現　金		37,240
發生進貨退回或折讓	應付帳款	5,000		應付帳款	5,000	
	進貨退出與折讓		5,000	商品存貨		5,000
支付進貨運費	進貨運費	1,800		商品存貨	1,800	
	現　金		1,800	現　金		1,800

5-3 銷售商品之會計處理

一、永續盤存制

（一）出售商品

根據國際財務報導準則（IAS#18）之規定，銷售商品應於下列條件完全滿足時認列收入：

1. 企業已將商品所有權之重大風險及報酬移轉予買方
2. 企業對於已經出售之商品既不持續參與管理，亦未維持有效控制
3. 收入金額能可靠衡量
4. 與交易有關之經濟效益很有可能流入企業
5. 與交易相關之已發生或將發生之成本能可靠衡量。

在評估企業何時將所有權之重大風險及報酬移轉予買方時，須檢視交易之實質情況。多數情況下，一般零售銷貨時，所有權之重大風險及報酬之移轉，與法定所有權之移轉或將商品交付予買方佔有，通常同時發生。故在一般零售銷貨的出售商品交易過程中，

當商品運達指定地點，即商品所有權由賣方移轉至買方後，銷售交易即算完成。賣方便可根據已開立發票之金額，認列銷售交易所賺得之收入。此時應根據發票所載之商品實際售價，貸記收入類項目銷貨收入，且所有銷貨收入均須有銷貨發票及相關的出貨或送貨文件做為佐證。

此外，根據收入認列原則（revenue recognition principle），收入係於未來經濟效益很有可能流入企業（已賺得）且該效益能可靠衡量時認列，故買賣業的銷貨收入必須是已賺得且能可靠衡量之收入才能認列為當期收入。

買賣業之銷貨交易，若於銷售商品後同時收取現金，則會計上稱為現銷（cash sales）。若未在銷售當時立即收現，而是於交易日後一段期限再行收款，則稱為賒銷（credit sales）。不論是現銷或賒銷，在多數情況下，銷貨收入應在商品運達客戶指定之交貨地點後認列。再者，根據配合原則，產生該項銷貨收入的相關成本與費用亦應在同一會計期間認列，且在永續盤存制下，銷貨交易發生時也會一併記錄商品存貨的減少，而增加銷貨成本。茲以範例 5-4 說明買賣業公司發生銷貨交易時應有之分錄。

範例 5-4

全華公司於 1 月 4 日出售一批商品給客戶，總售價為 $60,000 且成本為 $38,000，貨品已於當天運達，客戶暫時賒欠該筆貨款，付款條件為「2/10, n/30」。

解

此筆銷貨交易使應收帳款增加，應借記應收帳款，且因貨品已交運給客戶，可承認已賺取 $60,000 的收入，故應貸記銷貨收入。

由於是採用永續盤存制，在記錄賒銷交易的同時，已知公司商品存貨因出售而減少 $38,000，應將 $38,000 的商品存貨成本轉至銷貨成本，故應借記銷貨成本，貸記商品存貨。其會計分錄如下：

日期	科目	借	貸
1 月 4 日	應收帳款	60,000	
	銷貨收入		60,000
1 月 4 日	銷貨成本	38,000	
	商品存貨		38,000

（二）銷貨折扣

如同先前介紹進貨折扣時所述，賣方爲了鼓勵客戶儘早還款所提供的現金折扣，若客戶能及時在折扣期間內付款，則賣方便會發生銷貨折扣。在記錄賒銷交易時通常不會記錄現金折扣，而是等到客戶付款後才記錄。針對此類現金折扣，公司管理者爲了監控其金額，以評估折扣政策的有效性與代價，故將所有現金折扣記錄於一個收入抵銷項目（contra-revenue account），稱爲銷貨折扣（sales discounts）。IAS#18 規定，收入金額係於考量企業允諾之商業折扣及數量折扣後，按已收或應收對價之公允價值衡量。因此，銷貨折扣應是一種銷貨收入的抵銷項目，在綜合損益表中，銷貨折扣應列爲銷貨收入毛額（gross sales）的減項。假設全華公司之客戶於 1 月 14 日付清所欠款項，因在十日內付款，故可取得銷貨折扣。其會計分錄應爲：

1 月 14 日	現　　金	58,800	
	銷貨折扣	1,200	
	應收帳款		60,000

若客戶未於折扣期間內付款，而是於付款期限最後一天才還款，因此客戶未能取得銷貨折扣，故其分錄爲：

2 月 3 日	現　　金	60,000	
	應收帳款		60,000

（三）銷貨退回與折讓

當客戶退貨時，公司應認列銷貨退回。若商品只有極小瑕疵，客戶同意在給予價格折讓（減價）後不退貨，此時公司會記錄一項銷貨折讓。會計上有時將銷貨退回與銷貨折讓均記入同一會計項目，稱爲銷貨退回與折讓（sales returns and allowances），但國內實務上，常將銷貨退回（sales returns）與銷貨折讓（sales allowances）分爲兩個會計項目記錄。銷貨退回與折讓亦是收入的抵銷項目，雖屬收入類項目，卻有借方餘額的正常餘額。在綜合損益表中，銷貨退回與折讓應列爲銷貨收入毛額的減項。當發生銷貨退回或折讓時，賣方公司會發出貸項通知單（credit memorandum; credit memo）給客戶，表示賣方已經同意客戶退貨，並貸記該部分應收帳款債權，亦即客戶可以少付部分帳款。

在永續盤存制之下，發生銷貨退回，除應借記銷貨退回與折讓，貸記應收帳款之外，同時應借記商品存貨與貸記銷貨成本，以顯示商品退回存貨之中，並減少部分銷貨成本，茲以範例 5-5 說明銷貨退回之記錄方式。

範例 5-5

假設全華公司之客戶於 1 月 9 日退回售價 $10,000 的商品，其成本爲 $6,200。

解

其應記之兩筆分錄列示如下：

日期	科目	借方	貸方
1 月 9 日	銷貨退回與折讓	10,000	
	應收帳款		10,000
1 月 9 日	商品存貨	6,200	
	銷貨成本		6,200

若因貨品有瑕疵，且在公司給予 $1,500 折價（讓）後客戶同意接受該批貨品，則此時應借記銷貨退回與折讓，貸記應收帳款，但不必將商品存貨自銷貨成本中轉回。故此類銷貨折讓之分錄應爲：

日期	科目	借方	貸方
1 月 11 日	銷貨退回與折讓	1,500	
	應收帳款		1,500

二、定期盤存制

在定期盤存制下，出售商品時對銷貨收入的記錄方式，與永續盤存制相同，但並不同時借記銷貨成本與貸記商品存貨，因爲此時不知已出售商品的個別成本資料，故無法借記銷貨成本與貸記商品存貨。必須等到期末盤點後，根據盤點的期末商品存貨成本資料，併同期初商品存貨成本與本期進貨成本資料，反推當期的銷貨成本數額，再予結算。茲將兩種不同存貨盤存制度下，銷售商品存貨之相關會計分錄作法，分別彙整如下：

表 5-3　兩種存貨盤存制度銷售商品存貨會計分錄作法之比較

交　易	定期盤存制			永續盤存制		
銷　貨	應收帳款	60,000		應收帳款	60,000	
	銷貨收入		60,000	銷貨收入		60,000
	（不作分錄）			銷貨成本	38,000	
				商品存貨		38,000
發生銷貨折扣	現　金	58,800		現　金	58,800	
	銷貨折扣	1,200		銷貨折扣	1,200	
	應收帳款		60,000	應收帳款		60,000

交　　易	定期盤存制	永續盤存制
發生銷貨退回	銷貨退回與折讓 10,000 　　應收帳款 10,000 （不作分錄）	銷貨退回與折讓 10,000 　　應收帳款 10,000 商品存貨 6,200 　　銷貨成本 6,200
發生銷貨折讓	銷貨退回與折讓 1,500 　　應收帳款 1,500	銷貨退回與折讓 1,500 　　應收帳款 1,500
支付出貨運費	運　　費 1,200 　　現　　金 1,200	運　　費 1,200 　　現　　金 1,200

三、信用卡銷貨

近年來由於信用卡的普及，買賣業公司大多願意接受顧客使用信用卡購物，特別是百貨公司、購物中心、大型賣場及量販店等零售商。此類信用卡交易通常涉及四方的關係，即信用卡公司、發卡機構、顧客及零售商之間的權利義務關係。首先是負責提供授權使用國際通用信用卡的公司，諸如威士（VISA）、萬事達（MasterCard）、美國運通（American Express）、Discover 及 Diners Club 等；其次是發卡機構，國內通常是由金融機構取得國際信用卡公司授權後發行信用卡，但少數情況（如美國運通）則由其公司直接發卡。顧客以信用卡簽帳，向零售商購貨，日後收到信用卡帳單再付款給發卡機構。而零售商接受顧客信用卡消費後，可直接向發卡機構請款，立即收取現金或定期收款，不須承擔收款風險。

因爲零售商於接受信用卡付款後，相當於將帳款的風險完全轉嫁給發卡機構，只是必須負擔些許手續費（service charge expense），付給發卡機構，通常是刷卡金額的 2% 至 6% 不等。發卡機構必須負責審核持卡人之信用情況，支付國際信用卡公司授權手續費，墊付刷卡帳款，定期發出帳單予持卡人，處理收款及催款，並應承受壞帳損失。

信用卡銷貨對買賣業公司具有許多優點，例如：可迅速收現、毋庸負責調查客戶信用狀況、無須維持顧客帳戶紀錄、免於處理收款工作、以及不必承擔壞帳損失風險等。因爲一旦採行信用卡銷貨，這些責任概由發卡機構承受。

因此，信用卡銷貨的會計處理，可依發卡機構將刷卡交易帳款（扣除手續費）付給零售商的時間，區分爲立即付款與定期結帳兩種方式。

立即付款方式相當於現銷，因爲此類信用卡（如 VISA 或 MasterCard）的發卡機構爲銀行，零售商可於接受顧客信用卡消費後，以刷卡的簽帳帳單向發卡機構請款，發卡銀行就必須立即將刷卡交易帳款，支付扣除手續費後之淨額給零售商，或存入零售商在該銀行的帳戶。故此類信用卡刷卡的簽帳帳單，如同支票一般，在零售商提示給發卡銀行時，銀行必須立即付現。

定期結帳方式則相當於賒銷，因爲此類信用卡（如美國運通卡及 Diners Club 卡）的發卡機構係採定期結帳方式償付零售商刷卡帳款，故較正確的說法，此類信用卡可視爲簽帳卡。零售商必須定期彙整顧客的刷卡簽帳單，於指定期限向發卡機構請款，發卡機構審核無誤後再將該批刷卡交易帳款總額（扣除手續費）付給零售商。範例 5-6 說明兩種信用卡銷貨的會計處理。

範例 5-6

假設全華公司於 1 月 15 日接受顧客以 MasterCard 信用卡購物，刷卡交易金額爲 $5,000，即以簽帳帳單向發卡銀行請款，銀行收取 3% 的手續費。另於 1 月 25 日彙整顧客以美國運通卡購物的簽帳帳單一疊，金額總計爲 $28,000，向美國運通公司請款，其手續費爲 5%，並於 2 月 5 日收回帳款。

解

此例在 1 月 15 日的交易，應借記現金與手續費兩項目，貸記銷貨收入。1 月 25 日則應先借記應收帳款與手續費兩項目，貸記銷貨收入。等到 2 月 5 日收回美國運通公司的帳款時，則借記現金，貸記應收帳款。其相關分錄分別如下：

日期	科目	借方	貸方
1 月 15 日	現　　金	4,850	
	手 續 費	150	
	銷貨收入		5,000
1 月 25 日	應收帳款－美國運通公司	26,600	
	手 續 費	1,400	
	銷貨收入		28,000
2 月 5 日	現　　金	26,600	
	應收帳款－美國運通公司		26,600

5-4 買賣業之期末結帳與財務報表

一、期末結帳過程

（一）永續盤存制

買賣業的期末結帳過程與服務業類似，主要不同在於買賣活動的相關虛帳戶，必須在期末結帳過程予以結清。當買賣業公司採用永續盤存制時，特有的會計帳戶包括商品存貨、銷貨收入、銷貨折扣、銷貨退回與折讓、以及銷貨成本等，除了商品存貨屬於資產類帳戶（實帳戶）不須結清之外，其餘帳戶如同服務業的勞務收入及各項費用等暫時性帳戶均須於期末予以結清。故買賣業之期末結帳過程，亦可參考服務業的結帳方式，分為四個步驟（分錄），茲以範例 5-7 說明之。

範例 5-7

假設全華公司欲進行 2015 年 12 月 31 日的期末結帳工作，表 5-4 列示 12 月 31 日的調整後試算表，公司採用永續盤存制記錄存貨，期末盤點得知期末商品存貨成本亦為 $40,000。

在期末結帳過程中，首先應將銷貨收入等虛帳戶中有貸方餘額者結清轉入本期損益（income summary）。其次，將虛帳戶中有借方餘額者結清，轉入本期損益。若銷貨收入淨額（net sales）減去銷貨成本與各項費用後產生淨利，即此時的本期損益帳戶有貸方餘額，故應借記本期損益以結清此帳戶。反之，若銷貨收入淨額減去銷貨成本與各項費用後發生淨損，此時的本期損益帳戶有借方餘額，則應借記保留盈餘，並貸記本期損益以結清此帳戶。最後，將股利帳戶的餘額（通常有借方餘額）結清，亦即貸記股利帳戶，借記保留盈餘。

表 5-4　永續盤存制之調整後試算表

全華公司
調整後試算表
2015 年 12 月 31 日

項目編號	會計項目	借方金額	貸方金額
11100	現　　金	$ 38,000	
11500	商品存貨	40,000	
11540	文具用品	2,000	
12300	設　　備	89,500	
12309	累計折舊－設備		$ 33,000
21300	應付帳款		16,000
21580	應付薪資		2,000
31110	普通股股本		80,000
32000	保留盈餘		26,500
32310	股　　利	15,000	
41100	銷貨收入		620,000
41159	銷貨折扣	9,000	
41209	銷貨退回與折讓	13,000	
50000	銷貨成本	296,000	
61110	薪資費用	120,000	
61150	運　　費	42,000	
62120	租金費用	48,000	
62130	文具用品費用	12,000	
62250	折舊費用－設備	35,000	
90000	所得稅	18,000	
	合　　計	$777,500	$777,500

此一期末結帳過程可分為下列四個步驟，並記錄如下：

1. 結清綜合損益表貸方餘額帳戶至「本期損益」帳戶
2. 結清綜合損益表借方餘額帳戶至「本期損益」帳戶
3. 結清「本期損益」帳戶至「保留盈餘」帳戶
4. 結清「股利」帳戶至「保留盈餘」帳戶

日期	科目	借方	貸方
12月31日	銷貨收入	620,000	
	本期損益		620,000
12月31日	本期損益	593,000	
	銷貨成本		296,000
	銷貨折扣		9,000
	銷貨退回與折讓		13,000
	薪資費用		120,000
	運　費		42,000
	租金費用		48,000
	文具用品費用		12,000
	折舊費用－設備		35,000
	所得稅		18,000
12月31日	本期損益	27,000	
	保留盈餘		27,000
12月31日	保留盈餘	15,000	
	股　利		15,000

（二）定期盤存制

當買賣業公司採用定期盤存制時，由於銷貨成本的內容較為複雜，除了買賣活動的相關虛帳戶，例如銷貨收入、銷貨折扣、銷貨退回與折讓、進貨、進貨折扣、進貨退出與折讓及進貨運費等，必須在期末結帳過程予以結清外，尚須處理期初存貨與期末存貨帳戶餘額的問題。茲以範例 5-8 說明之。

範例 5-8

假設全華公司欲進行 12 月 31 日的期末結帳工作，表 5-5 列示 12 月 31 日的調整後試算表。試算表中包括商品存貨（期初）、銷貨收入、銷貨折扣、銷貨退回與折讓、進貨、進貨折扣、進貨退出與折讓及進貨運費等帳戶，公司採用定期盤存制記錄商品存貨，12 月 31 日進行期末盤點得知期末商品存貨成本爲 $40,000。

表 5-5　全華公司 2015 年 12 月 31 日定期盤存制下之調整後試算表

全華公司
調整後試算表
2015 年 12 月 31 日

項目編號	會計項目	借方金額	貸方金額
11100	現　　金	$ 38,000	
11500	商品存貨	34,000	
11540	文具用品	2,000	
12300	設　　備	89,500	
12309	累計折舊－設備		$ 33,000
21300	應付帳款		16,000
21580	應付薪資		2,000
31110	普通股股本		80,000
32000	保留盈餘		26,500
32310	股　　利	15,000	
41100	銷貨收入		620,000
41200	銷貨折扣	9,000	
41300	銷貨退回與折讓	13,000	
51100	進　　貨	305,000	
51110	進貨折扣		7,000
51120	進貨退出與折讓		11,000
51130	進貨運費	15,000	
61110	薪資費用	120,000	
61150	運　　費	42,000	
62120	租金費用	48,000	
62130	文具用品費	12,000	
62250	折舊費用－設備	35,000	
90000	所得稅	18,000	
	合　　計	$795,500	$795,500

定期盤存制之期末結帳過程，亦可分爲四個步驟記錄。詳細分錄如下：

1. 借記期末商品存貨餘額，並結清綜合損益表貸方餘額帳戶至「本期損益」帳戶
2. 結清期初商品存貨及綜合損益表借方餘額帳戶至「本期損益」帳戶
3. 結清「本期損益」帳戶至「保留盈餘」帳戶
4. 結清股利帳戶至「保留盈餘」帳戶

日期	科目	借方	貸方
3月31日	銷貨收入	620,000	
	商品存貨（期末）	40,000	
	進貨折扣	7,000	
	進貨退出與折讓	11,000	
	本期損益		678,000
3月31日	本期損益	651,000	
	商品存貨（期初）		34,000
	銷貨折扣		9,000
	銷貨退回與折讓		13,000
	進　貨		305,000
	進貨運費		15,000
	薪資費用		120,000
	運　費		42,000
	租金費用		48,000
	文具用品費用		12,000
	折舊費用—設備		35,000
	所得稅		18,000
3月31日	本期損益	27,000	
	保留盈餘		27,000
3月31日	保留盈餘	15,000	
	股　利		15,000

二、綜合損益表與資產負債表

（一）多階式綜合損益表

綜合損益表的格式，一般可分爲單階式損益表（single-step income statement）與多階式損益表（multiple-step income statement）兩類。買賣業因涉及商品買賣交易，而產生諸如銷貨折扣、銷貨退回與折讓、以及存貨成本與銷貨成本之決定等較複雜問題，故一般買賣業的綜合損益表均以多階式編製。茲以表 5-4 調整後試算表之相關資訊爲例，說明買賣業綜合損益表之內容。

表 5-6　全華公司 2015 年度之多階式綜合損益表

全華公司 綜合損益表 2015 年度			
銷貨收入毛額			$ 620,000
減：銷貨退回與折讓		$ 13,000	
銷貨折扣		9,000	22,000
銷貨收入淨額			$ 598,000
銷貨成本			296,000
銷貨毛利			$ 302,000
營業費用			
推銷費用			
薪資費用	$120,000		
運　　費	42,000		
推銷費用合計		$162,000	
管理費用			
租金費用	$48,000		
文具用品費用	12,000		
折舊費用－設備	35,000		
管理費用合計		95,000	
營業費用合計			257,000
稅前淨利			$ 45,000
減：所得稅			18,000
稅後淨利			$ 27,000

表 5-6 所列示的綜合損益表即爲多階式綜合損益表，它分別顯示銷貨收入淨額、銷貨成本、銷貨毛利、營業費用、稅前淨利（或淨損）、以及所得稅和稅後淨利（或淨損）等各類項目的決定過程，有些公司甚至還包括營業外收益或費損、其他綜合損益（other comprehensive income）等項目，故多階式綜合損益表又稱爲分類式損益表（classified income statement）。

由表 5-6 可瞭解銷貨收入及營業費用的詳細內容，銷貨收入的決定，係以銷貨收入毛額減去銷貨退回與折讓與銷貨折扣而得出銷貨收入淨額。營業費用可再細分成推銷費用與管理費用兩類，此處假設各項費用中只有運費及薪資費用屬於推銷費用，其餘則爲管理費用。至於銷貨成本的部分，因係採用永續盤存制，故多階式綜合損益表中只須列示一個銷貨成本的金額即可。

在定期盤存制下，買賣業的綜合損益表內容，與永續盤存制的主要不同，在於銷貨成本的部分必須再加以細分，以表達銷貨成本的計算過程。根據表 5-5 的資料，即可據以編製買賣業採用定期盤存制下的多階式綜合損益表（如表 5-7 所示）。

表 5-7　定期盤存制之多階式綜合損益表

全華公司
綜合損益表
2015 年度

銷貨收入毛額				$620,000
減：銷貨退回與折讓			$ 13,000	
銷貨折扣			9,000	22,000
銷貨收入淨額				$598,000
銷貨成本				
期初商品存貨			$ 34,000	
進　貨		$305,000		
減：進貨折扣	$ 7,000			
進貨退出與折讓	11,000	18,000		
進貨淨額		$287,000		
加：進貨運費		15,000		
本期進貨成本淨額			302,000	
可供銷售商品成本			336,000	
減：期末商品存貨			40,000	
銷貨成本				296,000
銷貨毛利				$302,000

營業費用			
推銷費用			
運費	42,000		
薪資費用	120,000		
推銷費用合計		162,000	
管理費用：			
折舊費用－設備	$ 35,000		
租金費用	48,000		
文具用品費	12,000		
管理費用合計		95,000	
營業費用合計			257,000
稅前淨利			$ 45,000
減：所得稅			18,000
淨　　利			$ 27,000

在買賣業的多階式損益表中，各組成項目間有許多重要關係，茲以計算公式彙整如下：

銷貨收入淨額 ＝ 銷貨收入毛額－（銷貨折扣＋銷貨退回與折讓）
銷貨成本 ＝ 期初存貨成本＋本期進貨成本淨額－期末存貨成本
銷貨毛利 ＝ 銷貨收入淨額－銷貨成本
營業費用 ＝ 推銷費用＋管理費用
營業利益（或損失） ＝ 銷貨毛利－營業費用
淨利 ＝ 銷貨毛利－營業費用＋營業外收益－營業外費損

若僅在綜合損益表中列示收入及費用兩大類，銷貨成本及各項費用均列爲費用類，收入合計數減去費用合計數即可得出淨利（或淨損），如表 5-8 所示，此即爲單階式損益表。前幾章因以服務業爲例，其損益的決定過程較爲簡單，故所列示的綜合損益表多以單階式損益表爲主。

表 5-8　全華公司 2015 年度之單階式損益表

全華公司 綜合損益表 2015 年度		
收　入		
銷貨收入淨額		$598,000
費　用		
銷貨成本	$296,000	
薪資費用	120,000	
運　費	42,000	
租金費用	48,000	
文具用品費用	12,000	
折舊費用－設備	35,000	
所得稅	18,000	
營業費用合計		571,000
淨　利		$ 27,000

（二）資產負債表

買賣業的分類資產負債表（報告式）則如表 5-9 所示，其內容大致與服務業的資產負債表相似，所不同者爲買賣業的流動資產中通常會有商品存貨（merchandise inventory）。由於資產負債表的目的在表達公司的財務狀況，而非決定銷貨成本與最後的損益，故買賣業的資產負債表並不因存貨盤存制度而有不同。由買賣業的營業週期可知，商品存貨必須等到出售及收款後才能轉換成現金，其流動性次於現金及應收帳款等資產項目，但商品存貨的流動性則較預付費用（如預付保險費及文具用品等）爲快。故在資產負債表中的表達順序，商品存貨應列在現金及應收款項之後，文具用品等預付費用項目之前。

表 5-9 中保留盈餘帳戶的餘額，原則上應該是來自保留盈餘表，但亦可根據表 5-4 調整後試算表中的結帳前保留盈餘數據（通常等於期初保留盈餘）及結帳分錄自行推算，以結帳前保留盈餘加本期淨利，再減去股利，而得出期末保留盈餘爲 $38,500（$26,500 ＋ $27,000 － $15,000 ＝ $38,500）。至於買賣業的保留盈餘表，因其內容與服務業的保留盈餘表類似，故不再贅述。

表 5-9　全華公司 2015 年 12 月 31 日之報告式分類資產負債表

全華公司
資產負債表
2015 年 12 月 31 日

資　　產		
流動資產		
現金	$ 38,000	
商品存貨	40,000	
文具用品	2,000	
流動資產合計		$ 80,000
非流動資產		
設備	$ 89,500	
減：累計折舊	(33,000)	56,500
資產總額		$136,500
負　　債		
流動負債		
應付帳款	$ 16,000	
應付薪資	2,000	
流動負債合計		$ 18,000
非流動負債		-0-
負債總額		$18,000
權益		
權益		
普通股股本	$ 80,000	
保留盈餘	38,500	
權益總額		118,500
負債及權益總額		$136,500

學·後·評·量

一、選擇題

(　　) 1. 天津公司之存貨處理採用定期盤存制，該公司於 X9 年 5 月 15 日賒購商品一批價值 $35,000，付款條件為 2/10, n/30。天津公司並於現金折扣期間支付一半之貨款，其餘貨款於下個月 10 號付清。試問下列針對該交易活動在綜合損益表中列示情況之敘述，何者為真？ (A) 總額法下將列示「進貨折扣」$350，作為進貨之減項 (B) 淨額法下將列示「進貨折扣損失」$350，作為進貨之減項 (C) 總額法下將列示「進貨折扣」$700，作為進貨之減項 (D) 淨額法下將列示「進貨折扣損失」$700，作為營業外費用之加項

【99 年公務人員高等考試 (三級) 會計學試題】

(　　) 2. 下列有關存貨之敘述，何者有誤？ (A) 永續盤存制須於期末盤點存貨方知存貨庫存盈虧 (B) 定期盤存制須於期末盤點存貨方知當期之銷貨額 (C) 永續盤存制於銷貨時借記「銷貨成本」項目 (D) 定期盤存制於進貨時借記「進貨」項目　【97 年地方特考會計學概要試題】

(　　) 3. 在買賣業期末結帳程序所作的工作底稿中，期末商品存貨列於： (A) 損益表欄的借方與資產負債表欄的貸方 (B) 僅損益表欄的借方 (C) 僅資產負債表欄的貸方 (D) 損益表欄的貸方與資產負債表欄的借方

【99 年公務人員初等考試會計學大意試題】

(　　) 4. 海口公司 20x1 年度之綜合損益表上顯示銷貨收入為 $250,000，銷貨成本為 $180,000，營業費用為 $40,000，則銷貨毛利為多少？ (A)$30,000 (B)$70,000 (C)$210,000 (D)$250,000

(　　) 5. 當買賣業公司採用永續盤存制時，下列那一項目會出現於其分類帳中？ (A)「進貨」 (B)「進貨折扣」 (C)「進貨運費」 (D)「銷貨成本」

(　　) 6. 在定期盤存制下，當公司賒購商品以供銷售之用時，應貸記應付帳款，並借記下列那一項目？ (A)「進貨」 (B)「進貨運費」 (C)「進貨退出與折讓」 (D)「商品存貨」

(　　) 7. 企業將商品存貨之成本轉為銷貨成本，主要是根據下列那一項原則？ (A) 穩健（保守）原則 (B) 重要性原則 (C) 配合原則 (D) 成本原則

【96 年會計乙技術士試題】

(　　) 8. 進貨運費誤記為銷貨運費，會使綜合損益表上：(A) 銷貨成本不變 (B) 銷貨成本多計 (C) 銷貨成本少計 (D) 銷貨毛利少計

(　　) 9. 以永續盤存制記錄商品存貨之相關交易時，下列那一敘述有誤？ (A) 使用永續盤存制的代價通常較定期盤存制高 (B) 公司可以隨時得知銷貨成本的金額 (C) 期末不需要實地盤點存貨 (D) 需設立存貨明細帳

(　　) 10. 若賒購商品一批，標價為 $50,000，商業折扣 20%，現金折扣 2%，在現金折扣期間內付一半帳款，應付現金為： (A)$49,000 (B)$39,200 (C)$24,500 (D)$19,600

(　　) 11. 付款條件「2/10, n/30」意指？ (A) 若未能在 10 天內付款，則必須額外支付 2% 發票價格的金額，且帳款在 30 天內未付清即視為逾期 (B) 若在發票日起算的 10 天內付款，則可取得 2% 的現金折扣，否則全部金額仍應在 30 天內付清（到期） (C) 若立即付清帳款則可取得 10% 的現金折扣，若在 30 天內付清則可取得 2% 的現金折扣 (D) 若在發票日起算的 10 天內付款，則可取得 2% 的現金折扣，否則全部金額仍應在當月月底付清（到期）

(　　) 12. 九江公司於 5 月 10 日賒銷 $15,000 商品予某顧客，付款條件為「2/10, n/30」。5 月 12 日同意該顧客退貨 $1,000，若該顧客於 5 月 20 日付清此筆欠款，則公司收到多少現金？ (A)$13,720 (B)$14,000 (C)$14,700 (D)$15,000

(　　) 13. 在買賣業綜合損益表中，若有進貨 $90,000，進貨折扣 $1,600，進貨退出與折讓 $800，進貨運費 $2,000，銷貨成本 $83,600，及期初商品存貨 $18,000，則期末商品存貨金額應為多少？ (A)$24,400 (B)$24,000 (C)$12,200 (D)$12,000

(　　) 14. 買賣業多階式綜合損益表中不包括下列那一項？ (A)「保留盈餘」 (B)「銷貨毛利」 (C)「銷貨成本」 (D)「銷貨收入淨額」

(　　) 15. 下列有關單階式綜合損益表之敘述，何者正確？ (A) 綜合損益表中不列報「銷貨成本」 (B) 綜合損益表中列報「銷貨毛利」 (C) 綜合損益表中列報「營業費用」 (D)「銷貨收入」與「營業外收入及利益」列示於「收入」項下

(　　) 16. 假設銷貨收入維持不變，下列那一項會使毛利率改變？ (A) 廣告費增加 (B) 辦公設備的折舊費用減少 (C) 銷貨成本增加 (D) 保險費減少

(　　) 17. 以下何種情況會產生淨利？ (A) 銷貨毛利大於營業費用與營業外費用之和 (B) 銷貨收入淨額大於銷貨成本 (C) 銷貨收入淨額大於營業費用 (D) 營業費用大於銷貨毛利

(　　) 18. 武漢公司20x1年期初存貨爲$35,000，購貨運費爲$4,300，購貨退回爲$2,700，銷貨運費爲$4,300，期末存貨爲$52,200，銷貨成本爲$1,316,800，則本期購貨爲何？ (A)$1,328,100 (B)$1,332,400 (C)$1,334,000 (D)$1,336,700

二、計算題

1. 【進貨交易之記錄】精華百貨公司於今年7月間發生下列進貨交易：
   (1) 在7月2日購進一批商品存貨，並以現金$34,000支付貨款。
   (2) 於7月5日支付$2,400的進貨運費。
   (3) 另於7月12日又以賒購方式進貨$25,000，付款條件爲「2/10, n/30」，且精華百貨公司於7月22日支付該筆帳款。
   (4) 在7月20日發現部分瑕疵商品，故退回價值$5,000的商品予供應商。

   試作：分別以定期盤存制及永續盤存制作上述進貨交易之分錄。
2. 【銷貨交易之記錄】大通百貨公司於今年7月間發生下列銷貨交易：
   (1) 在7月2日出售一批商品給客戶，總售價爲$36,000且成本爲$24,000，貨品已於當天運達，客戶暫時賒欠該筆貨款，付款條件爲「2/10, n/30」。
   (2) 客戶於7月8日退回售價$9,000的商品，其成本爲$6,000。
   (3) 7月10日因客戶發現部分貨品有瑕疵，且在公司給予$2,000折價(讓)後，客戶同意接受該批貨品。
   (4) 客戶於7月12日付清所欠款項，因在十日內付款，故可取得銷貨折扣。

   試作：分別以定期盤存制及永續盤存制，作上述與銷貨相關交易之分錄。
3. 【進貨交易分錄】蘇州公司六月份發生下列與進貨有關的交易：

   6/5　向杭州公司購進$34,000貨品，付款條件爲「2/10, n/30」，F.O.B.起運點交貨。

   6/6　支付$1,800運費給貨運公司。

   6/8　由於部分貨品於運送途中受損，杭州公司同意給予蘇州公司折讓$6,000。

   6/15　支付全部欠款給杭州公司。

   試作：
   (1) 請按永續盤存制下之會計處理方式，記錄蘇州公司上述六月份的交易；
   (2) 假設蘇州公司7月4日才支付全部欠款給杭州公司，而非6月15日。試作7月4日的付款分錄。

4. 【銷貨交易分錄】廈門公司九月份發生下列與銷貨有關的交易：

   9/1　銷售 $240,000 貨品予福州公司，付款條件為「2/10, n/30」，F.O.B. 起運點交貨。根據廈門公司存貨成本資料，該批貨品的成本為 $160,000。

   9/6　因部分貨品有瑕疵，廈門公司同意給予福州公司折讓 $12,500。

   9/11　收到福州公司所支付的全部欠款餘額。

   試作：

   (1) 請按永續盤存制下之會計處理方式，記錄廈門公司上述九月份的交易；

   (2) 假設廈門公司於 10 月 1 日才收到福州公司的全部欠款，而非 9 月 11 日。試作 10 月 1 日的收款分錄。

5. 【進貨、銷貨及退貨之記錄】上海公司 2015 年 10 月 1 日帳上有存貨餘額 $3,200，10 月份發生下列與存貨相關的交易事項：

   10/5　賒購 $20,000 貨品。

   10/11　將 $4,000 貨品退回供應商。

   10/15　賒銷 $24,000 貨品，此批貨品成本為 $14,400。

   10/22　發生銷貨退回 $8,000，成本為 $4,800。

   試作：試分別以定期盤存制及永續盤存制記錄上述交易之分錄。

6. 【綜合損益表中銷貨收入之計算】南京公司在 2015 年 12 月 31 日會計年度終了的調整後試算表上有下列資料：銷貨收入 $400,000，銷貨運費 $8,000，銷貨折扣 $7,500，銷貨退回與折讓 $12,500。

   試作：

   (1) 編製銷貨收入之部分綜合損益表；

   (2) 試作有關銷貨收入與銷貨收入之抵銷項目的結帳分錄。

7. 【信用卡銷貨交易之記錄】大西洋百貨公司於 3 月 18 日接受顧客以 MasterCard 信用卡購物，刷卡交易金額為 $2,000，即以簽帳帳單向發卡銀行請款，銀行收取 3% 的手續費。另於 3 月 25 日彙整顧客以美國運通卡購物的簽帳帳單一疊，金額總計為 $45,000，向美國運通公司請款，其手續費為 5%，並於 4 月 5 日收回帳款。

   試作：大西洋百貨公司上述信用卡銷貨之相關分錄。

8. 【現銷與信用卡銷貨】淘寶精品店在 2015 年 2 月 14 日營業時間結束時，收銀機的記錄顯示當當天營業額包括現銷收入 $40,500 及信用卡銷貨收入 $49,500。信用卡銷貨中 $27,000 為顧客使用 VISA 信用卡刷卡的收入，其餘 $22,500 為美國運通卡顧客簽單的收入。VISA 卡的手續費為 3%，而美國運通卡則為 5%。

試作：

(1) 記錄淘寶精品店在 2015 年 2 月 14 日的應有分錄；

(2) 若淘寶精品店 2015 年 2 月 14 日的美國運通卡顧客簽帳單，經請款後，美國運通公司於 3 月 10 日付清扣除手續費的帳款。試記錄淘寶精品店在 2015 年 3 月 10 日的應有分錄。

9. 【永續盤存制下購進與銷售商品之會計處理】深圳公司與東莞公司之間於 2015 年 4 月份發生下列交易：

4/8 深圳公司向東莞公司購進 $60,000 貨品，付款條件為「2/10/EOM, n/60」，F.O.B. 目的地交貨。根據東莞公司存貨成本資料，該批貨品的成本為 $42,000。

4/9 東莞公司支付 $900 運費給貨運公司。

4/12 由於部分貨品於運送途中受損，東莞公司同意給予深圳公司折讓 $3,000。

4/18 因部分貨品品質不符規定，深圳公司將 $6,000 貨品退貨給東莞公司。

4/30 深圳公司支付東莞公司全部欠款。

試作：請按永續盤存制下買賣業之會計處理方式記錄

(1) 深圳公司上述 4 月份的交易；

(2) 東莞公司上述 4 月份的交易。

10. 【定期盤存制下購進與銷售商品之會計處理】續上題，深圳公司與東莞公司之間於 2015 年 4 月份發生之交易。假設兩公司均採用定期盤存制。

試作：請按定期盤存制下買賣業之會計處理方式記錄：

(1) 深圳公司上述 4 月份的交易；

(2) 東莞公司上述 4 月份的交易。

11. 【定期盤存制度下銷貨成本計算與結帳分錄】金門公司採用定期盤存制，其 2015 年 12 月 31 日調整後試算表損益相關項目餘額如下：

進　　貨	$132,000	利息費用	$　4,200
進貨退出與折讓	12,000	所得稅	7,500
期初商品存貨	50,400	銷貨收入	246,000
推銷費用	63,000	利息收入	33,000
管理費用	45,000		

經由盤點得知期末商品存貨為 $57,000。

試作：

(1) 試根據上列資料作成金門公司 2015 年 12 月 31 日的結帳分錄。

(2) 編製金門公司 2015 年度的綜合損益表。

12. 【多階式綜合損益表之編製】西安公司在 2015 年 12 月 31 日期末的調整後試算表列示如下：

西安公司
調整後試算表
2015 年 12 月 31 日

會計項目	借方金額	貸方金額
現　　金	$ 14,500	
應收帳款	11,100	
商品存貨	29,000	
預付保險費	2,500	
商店設備	95,000	
累計折舊—商店設備		$ 18,000
應付票據		25,000
應付帳款		10,600
普通股股本		100,000
保留盈餘		18,000
股　　利	12,000	
銷貨收入		536,800
銷貨退回與折讓	6,700	
銷貨折扣	5,000	
銷貨成本	400,400	
運　　費	7,600	
廣 告 費	12,000	
薪資費用	56,000	
水 電 費	18,000	
租金費用	24,000	
折舊費用—商店設備	9,000	
保險費用	4,500	
利息費用	3,600	
利息收入		2,500
合　　計	$710,900	$710,900

試作：編製西安公司 2015 年度的多階式綜合損益表。

筆記頁

現金與約當現金

學習目標

研讀本章後，可了解：

一、瞭解現金的定義及構成項目

二、瞭解約當現金的定義及學習判斷那些項目應歸屬於約當現金

三、瞭解零用金制度及其會計處理

四、認識銀行調節表之用途及學習如何編製銀行調解表

五、建立對現金與約當現金管理與控制之基本觀念

本章架構

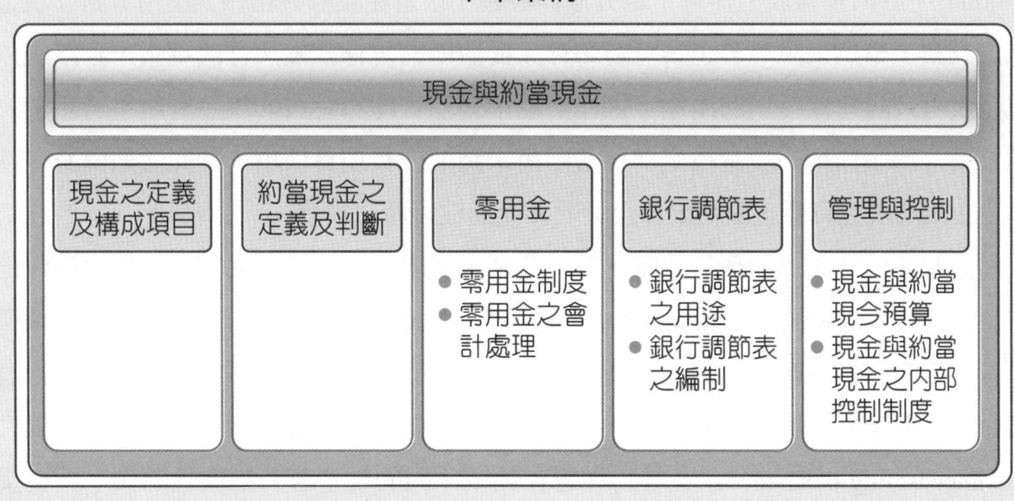

前言

「現金與約當現金」是欲永續經營企業不可或缺的生命泉源，若企業能創造足以償還債務、回饋股東報酬、及擴充產能的現金與約當現金，則企業能掌握成長機會且永續經營，若企業無法創造足夠的現金與約當現金來支應營運活動與投資活動所需，則企業即會面臨財務困難的危機，甚至倒閉的風險，所以，經營企業除了重視營運績效與投資報酬外，更要謹慎管理好現金與約當現金，以避免資金短缺、週轉不靈的風險。然而，那些項目係屬於現金與約當現金？擁有此資產時，企業該如何地忠實認列與表達關於此資產的訊息，以便管理者與其他資訊的使用者能隨時清楚地瞭解此資產的狀況？又，管理者該如何有效地管理與控制現金與約當現金，以防止此資產被不當使用？本章即針對這些議題作一觀念性且詳細地說明與解析。

6-1 現金之定義及構成項目

現金係指具流通性的法定貨幣，用以作爲收款及付款的工具，且可供自由支配運用。從實務慣例來看，現金包含庫存現金、週轉金、零用金、備找金、即期支票、銀行商業本票、銀行匯票、郵政匯票、及銀行存款（包括支票存款、活期存款、及活期儲蓄存款），然而，就財務報導的角度而言，現金必須依其本質及管理者之意圖（management intention），於財務報表上作適當地分類與表達，以避免誤導財務報表使用者對「現金」資訊之判讀，舉例來說：若企業可隨時存、提活期儲蓄存款帳戶裡的現金，且該帳戶裡的現金沒有被設定作任何的用途，則此活期儲蓄存款即爲企業的現金資產；若企業將此活期儲蓄存款帳戶裡的現金指定作爲贖回尚未到期之長期負債用，則此活期儲蓄存款即不再是企業的現金資產，而應屬於企業的非流動性資產－投資。

當企業向外商銀行辦理貸款時，銀行通常會要求企業在其活期儲蓄存款帳戶內一定要維持最低的存款金額（a minimum amount of cash on deposit），以保障銀行之債權與報酬，若企業的儲蓄存款帳戶內的餘額小於貸款銀行的最低存款金額之要求，則銀行有權利向企業收取帳戶管理費，此筆貸款銀行對企業所要求的最低存款金額稱之爲補償性餘額（compensating balance）。企業的儲蓄存款帳戶內的現金若有補償性餘額，則企業必須將補償性餘額與儲蓄存款帳戶內的其他現金分別依其本質表達在資產負債表上，舉例而言，若補償性餘額的存在係因向銀行舉借 10 年期的貸款，則在這 10 年期間企業必須在其儲蓄存款帳戶內一直保有著補償性餘額，所以，企業自銀行撥款至其儲蓄存款帳戶起之第一年度至第八年度期間，每年年底皆須將此筆補償性餘額表達在資產負債表中的「非流動性資產」項下，該儲蓄存款帳戶內的其他現金若無其他受限定之用途，則應屬於企業的「現金」，表達在資產負債表的「現金與約當現金」資產中；在第 9 年年底時，因該筆貸款將於一年內償還，所以，此筆銀行貸款則從原先的「非流動性負債」轉列為「流動負債」，此時相關的補償性餘額亦應從原先的「非流動性資產」轉列為「流動資產」，而儲蓄存款帳戶內的其他現金若無其他受限定之用途，仍是屬於企業的「現金」，列入在資產負債表的「現金與約當現金」資產中；在第 10 年度時，若企業已如數償還向銀行貸款之本息，則其儲蓄存款帳戶不再受維持最低存款金額的限制，此時，補償性餘額即應轉為企業的「現金」資產，表達在資產負債表的「現金與約當現金」資產中。

定期存款（time deposits）和定期儲蓄存款（certificates of deposit）最大的特性是：兩者皆約定在未到到期日時，存款的所有權人不得提領亦不得自由支配運用此等帳戶裡的現金，因此，定期存款和定期儲蓄存款本質上不屬於「現金」。若定期存款或定期儲蓄存款的到期日係在三個月以後、但在一年或一個營業週期以內，則此等定期存款或定期儲蓄存款屬於短期投資的性質，應表達在資產負債表的流動資產－短期投資項下；若定期存款或定期儲蓄存款的到期日係超過一年或一個營業週期以上，則此等定期存款或定期儲蓄存款本質上屬於長期性的投資，應表達在資產負債表的非流動性資產－投資項下。

常見的郵票、暫付差旅費收條、借條、及遠期支票本質上皆不屬於「現金」，所以不得列入資產負債表的現金與約當現金資產中。郵票係企業預先向郵局購買，以便供日後企業郵寄文件、信件或包裹時所用，所以對企業而言，尚未使用的郵票是企業的資產，屬於預付費用的性質，應表達在資產負債表的流動性資產－預付費用項下。暫付差旅費收條係指企業先將差旅費付給要出差的員工，用以支付員工出差時的住宿費用與車資等，因此，當企業先將差旅費付給要出差的員工時，本質上暫付差旅費收條亦屬於預付費用的性質，應表達在資產負債表的流動性資產－預付費用項下。借條係為企業提供資金與他人使用所簽定的借款憑證，所以，借條係屬於應收款性質，應表達在資產負債表的流動性資產－應收款項下。遠期支票係指未到發票日的支票，例如：企業於 9 月 21 日收一張發票日為 11 月 30 日的支票，此時企業必須等到 11 月 30 日這一天才能送存銀行，提示付款，所以，此種支票即為遠期支票，對企業而言，9 月 21 日收到此支票時，應將對此支票的權利，以應收票據表達在資產負債表的流動資產項中。

6-2 約當現金之定義及判斷

約當現金係指短期性且具高度流動性之投資，此類型之投資可以隨時轉讓以換取既定數量的現金，且其價值之變動對企業而言不具有重大風險。通常，企業持有約當現金的目的係為了能隨時在即短的時間內換得既定數量的現金以便能履行日常營運上對現金的不確定需求。依據國際會計準則公報第1號「財務報表之表達」及第7號「現金流量表」對短期性之判斷係以三個月為限，換言之，若投資自取得日起算將於三個月內（含滿三個月）到期並轉換為既定數量之現金者，則此投資即屬於約當現金，若投資自取得日起算將於三個月以後始到期者，則此投資不得列為約當現金。

常見的約當現金包括持有自存款日起算一個月到期的定期儲蓄存款單、持有自存款日起算三個月到期的定期儲蓄存款單、持有自投資日起算三個月內到期之可轉讓定期存款單、持有自開票日起算三個月內到期之商業本票、持有自開票日起算三個月內到期之銀行商業本票、及當期發生且可隨時動用與償還的銀行透支（bank overdraft）等。權益型投資（如股權投資）、自取得日起算三個月以後始到期的債券型投資、及因向銀行貸款而取得的現金皆不屬於約當現金。

知識學堂

現行商業會計處理準則第15條對現金與約當現金之定義如下：現金與約當現金指庫存現金、銀行存款、週轉金、零用金、及隨時可轉換成定額現金且即將到期而利率變動對其價值影響甚少之短期且具高度流動性之投資，不包括已指定用途或依法律或契約受有限制者；其項目性質及應加註釋事項如下：

（一）非活期之銀行存款到期日在一年以後者，應加註明。

（二）定期存款提供債務作質者，如所擔保之債務為長期負債，應改列為其他資產，如所擔保之債務為流動負債，則改列為其他流動資產，並附註說明擔保之事實；作為存出保證金者，應依其長短期之性質，分別列為流動資產或其他資產，並於附註中說明。

（三）補償性存款如因短期借款而發生者，應列為流動資產；如係因長期負債而發生者，則應改列為其他資產或長期投資。

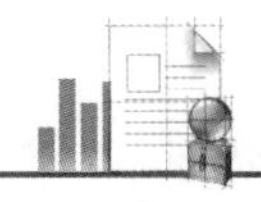

延伸閱讀

自 2005 年 1 月 1 日起歐盟要求所有會員國境內之公開發行企業全面採用國際財務報導準則編製財務報告書，而公開發行企業自 2004 年起即需轉換採用國際財務報導準則編製 2004 年財務報告書，以開立 2005 年 1 月 1 日的帳面餘額。某一汽車製造公司擁有三年期的有價證券，因該有價證券之流動性很強，隨時可以變賣換取現金，依據其所設籍國家的一般公認會計準則，該汽車製造公司一直以來將此三年期的有價證券認列爲「現金與約當現金」；但自 2005 年 1 月 1 日起在國際財務報導準則之規範下，此三年期的有價證券不再符合現金與約當現金的定義，而應改認列在公司的流動資產項之有價證券中。

資料來源：國際會計準則理事會，www.iasb.org.uk.

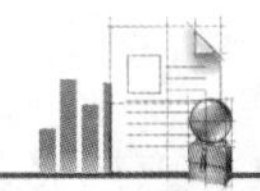

延伸閱讀

隸屬歐盟會員國之某一公開發行商業銀行依循國際財務報導準則編製財務報表時，考量現金流量表之報導目的，將庫存現金及活期儲蓄存款歸入現金資產，而將具有高度流動性、價值變動不具有重大風險、且將於三個月內到期之投資歸入約當現金資產中。

資料來源：國際會計準則理事會，www.iasb.org.uk.

6-3 零用金

零用金（petty cash）係屬於現金的一部分，與其他現金不同之處在於零用金主要用於支應企業日常營運時所發生的繁瑣且小額零星支出。企業對外交易大都是以支票作爲付款工具，然而對於零星的小額費用如支付計程車車資、購買郵票、支付加油費用、購買少量文具用品、支付訂閱報紙與雜誌費用等大都在發生交易當下，即直接以現金支付，因此，企業通常會設立一套零用金制度（petty cash funds），用以管理與應付日常營運上不可避免且又無法預測的繁瑣且零星的支出。

一、零用金制度

零用金制度主要分三階段：設立時、動用時、與撥補時。設立零用金制度時，企業通常會設立零用金專戶並要求零用金專戶必須維持一定額度的現金，所以一開始會開立支票提撥固定額度的現金金額作爲零用金，並會安排專人管理零用金專戶；當需要動用零用金時，請款的人員必須檢具統一發票、收據或相關的憑證予零用金的保管人，向其請款；企業通常會對零用金設定一安全存量水準，以應付在等待撥補零用金的期間所發生的零星支出，所以，當零用金的使用已到達所設定的安全存量的水準時，保管人就會將所有的交易憑證交予會計人員並向會計人員申請撥補零用金，已使零用金專戶回復到原先開立時的固定額度，此時會計人員會先認列以零用金專戶支付的所有費用，並盤點零用金專戶剩餘的現金，調整帳上零用金餘額與零用金專戶實際餘額間之差異數，並決定應撥補多少現金至零用金專戶；最後，會計人員通知出納人員應撥補的金額，再由出納人員開立支票撥補現金至零用金專戶，以使零用金專戶回復到原先開立時的既定額度。

二、零用金之會計處理

零用金之會計處理係配合零用金制度，在零用金制度下，只有設置零用金專戶及撥補零用金時，會計人員才須認列和衡量與零用金有關之交易，茲以範例 6-1 說明零用金之會計處理。

範例 6-1

4 月 1 日　開具支票從支票存款帳戶內撥補 $5,000 設置零用金。

4 月 5 日　購買文具用品費用 $900。

4 月 10 日　支付計程車資 $1,000。

4 月 15 日　支付修理費 $600。

4 月 18 日　支付書報費 $400。

4 月 22 日　支付誤餐費 $300。

4 月 27 日　零用金保管人提出上列交易之憑證單據請求撥補歸墊。

4 月 28 日　會計人員盤點後，發現剩餘零用金餘額 $800。

4 月 30 日　出納人員開立支票金額 $4,200 以補充零用金。

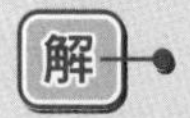

有關上列零用金交易之必要分錄如下：

日　期	交易事項	借　方	貸　方
4/1	零用金	5,000	
	銀行存款－支票存款		5,000
4/5 － 4/28	不做分錄	－	－
4/30	文具用品費用	900	
	車馬費	1,000	
	修理費用	600	
	書報費	400	
	誤餐費	300	
	現金短溢	1,000	
	銀行存款－支票存款		4,200

盤點零用金時，若盤點後實際剩餘的零用金金額大於會計人員帳上應有的零用金餘額，代表零用金專戶內實際剩餘的金額比帳上所記錄的餘額多，此時則產生現金溢出的情況，對企業而言，多剩下的現金是一筆利益，所以，會計人員會將此多剩下的現金以現金短溢這個項目來記帳，並將此項目記錄在貸方，亦即在帳上作如下分錄：

各項費用	×××	
銀行存款		×××
現金短溢		×××

若盤點後實際剩餘的零用金金額小於會計人員帳上應有的零用金餘額，代表零用金專戶內實際剩餘的金額比帳上所記錄的餘額少，此時則產生現金短絀的情況，對企業而言，現金短少是一種損失，所以，會計人員會將此短少的現金以現金短溢這個項目來記帳，並將此項目記錄在借方，亦即在帳上作如下分錄：

各項費用	×××	
現金短溢	×××	
銀行存款		×××

由上可知，現金短溢這個項目係屬於發生當期之損益項目，應表達在綜合淨利表上。

6-4 銀行調節表

一、銀行調節表之用途

銀行調節表（bank reconciliation）係用以調節 (1) 屬於企業之現金的支票存款明細分類帳戶餘額與 (2) 往來銀行所寄發的有關支票存款帳戶之銀行對帳單（bank statement）上餘額兩者間之差異，已將企業之支票存款明細分類帳戶餘額與銀行對帳單上餘額皆調節至應有的正確金額。企業對外往來交易大多以支票作爲收付款的工具，所以支票存款帳戶存提款交易相當頻繁，但因支票存款帳戶係無存摺的，所以銀行通常會在每月月底寄發銀行對帳單予企業，以便企業檢查其銀行記錄的交易是否與其支票存款明細分類帳上之記錄相一致。

企業會將所收到銀行對帳單與其支票存款明細分類帳作交叉核對，核對時會發現下列幾種情況：

1. 在途存款（deposit in transit）

某些支票在月底前即已存入支票存款帳戶，所以在企業的明細分類帳上已將這些交易記錄在支票存款帳戶的增加（現金增加－借方），但在銀行對帳單上卻未有這些金額存入的記錄，此筆已送存銀行但銀行尚未收到的企業存款即爲在途存款。

一般而言，在正常情況下，當期發生的在途存款，銀行一定會於下一個期間收到並會在企業支票存款帳戶中記錄此筆現金收入。

2. 未兌現支票（outstanding checks）

企業已開立數張支票支付應付款項，並已將支票交付受款人，所以在明細分類帳上已記錄爲支票存款帳戶的減少（現金減少－貸方），但在銀行對帳單上卻未有支付這些支票金額的記錄。一般而言，在正常情況下，當期發生的未兌現支票，銀行一定會於下一個期間付清並會在企業支票存款帳戶中記錄此等現金支出。

3. 存款不足退票（Not Sufficient Funds, NSF）

企業收到顧客付款的支票後，會將顧客開立的支票直接送存銀行，並在支票存款明細分類帳上記錄支票存款帳戶的增加（現金增加－借方）；銀行收到企業送存的支票後，將支票送到票據交換所進行兌換，通常票據交換所需要三天的時間進行支票的兌換處理作業（包括徵信、通知付款、轉帳），當票據交換所徵信顧客支票存款帳戶之信用狀況時發現顧客根本沒有足夠的現金兌付所開立的支票金額時，票據交換所會將此支票交還與銀行，並通知銀行此支票無法兌付（又稱跳票），此時在銀行的支票存款帳戶就無任何存入顧客支票的記錄，然而企業的支票存款明細分類帳上卻仍保有因送存顧客支票而使支票存款帳戶增加的記錄；企業必須待收到銀行發出借項通知單時，才會獲知原送存的顧客支票因顧客存款不足發生退票。

4. 銀行代收或代付款項

企業大都委由銀行自動自其支票存款帳戶扣繳水電費、電話通訊費、或手續費等，亦常委託銀行代收顧客貨款，當銀行爲企業代收顧客貨款時，銀行會自動將代收的顧客貨款存入企業之支票存款帳戶內，當銀行爲企業代付費用時，銀行會自動自企業支票存款帳戶內扣減其所代付的費用，然而，企業在當下尚未知道有銀行代收及代付款的交易發生，所以其支票存款明細分類帳上沒有這些交易之記錄，企業必須等收到銀行所寄發的銀行對帳單時始能得知委由銀行代收與代付的交易事項。

5. 錯誤與遺漏（error and omission）

有時企業的會計人員在記錄處理繁瑣的支票存款帳戶之收、付款交易時，可能有輸入錯誤的金額、遺漏應登錄的交易、或借貸方登錄錯誤的情形發生；往來銀行的經手人員在爲企業處理繁瑣的支票存款帳戶存、提款交易時，亦有可能發生登錄錯誤的金額、遺漏應登錄的交易、或借貸方記錄錯誤。

一旦找出並確認導致銀行對帳單與企業支票存款明細分類帳上之記錄不一致的原因（如上所述）後，企業即會編製一份調節表，將當月份月底支票存款明細分類帳上的餘額調整在途存款、銀行代收或代付的款項、及錯誤與遺漏的款項，以將支票存款明細分類帳上的餘額調整至應有的正確金額；同時將當月份月底銀行對帳單上的餘額調整未兌現支票和錯誤與遺漏的款項，以將銀行對帳單上的餘額調整至應有的正確金額；此份調節表即爲銀行調節表，而企業在編製完成銀行調節表後，可檢查已調整至正確的支票存款明細分類帳的餘額是否等於已調整至正確的銀行對帳單餘額，若兩者相等，即表示此份銀行調節表是正確無誤的。

二、銀行調節表之編製

編製銀行調節表時，可依循下列步驟：

步驟①：企業須先備妥前後兩個期間（通常爲當月份與上一個月）支票存款明細分類帳冊、前後兩個期間（亦即當月份與上一個月）銀行對帳單、與上一期間之銀行調節表。

步驟②：將企業之支票存款明細分類帳冊及銀行對帳單的內容相互勾稽，以辨識出兩者間之差異處。

步驟③：然後判斷這些差異處應用以調整企業支票存款明細分類帳餘額、或是應用以調節銀行對帳單上的餘額。

步驟④：將步驟③所作的判斷套入銀行調節表格式中（參見表 6-1），以編製銀行調節表，並求算調節後企業支票存款明細分類帳餘額與調節後銀行對帳單餘額。

步驟⑤：最後，檢查步驟④中所求得的調節後企業支票存款明細分類帳餘額是否等於調節後銀行對帳單餘額，若兩者相等，即代表銀行調節表之編製正確無誤，此時，企業管理者可清楚知悉其在銀行的支票存款帳戶內擁有多少現金資產，並作調整分錄，以將支票存款明細分類帳戶餘額調整至正確的金額。

茲以範例 6-2 說明企業如何編製銀行調節表。

表 6-1　銀行調節表

三星科技股份有限公司
銀行調節表
2015 年 11 月 30 日

公司支票存款明細分類帳 11 月 30 日餘額（調節前）		×××
加：銀行代收票據	×××	
11 月份存款利息	×××	
錯誤 / 遺漏的調整	×××	×××
小　計		×××
減：顧客存款不足退票	×××	
銀行代扣費用	×××	
錯誤 / 遺漏的調整	×××	×××
公司支票存款明細分類帳 11 月 30 日調節後餘額		×××
銀行對帳單 11 月 30 日餘額（調節前）		
加：在途存款	×××	
錯誤 / 遺漏的調整	×××	×××
小　計		×××
減：未兌現支票	×××	
錯誤 / 遺漏的調整	×××	×××
銀行對帳單 11 月 30 日調節後餘額		×××

範例 6-2

三星科技股份有限公司收到其往來銀行於 2015 年 12 月份之對帳單，相關資料如下：

12 月份往來銀行之對帳單資料	
12 月 1 日餘額	$80,000
12 月份存入現金	66,850
代收票據	3,000
支票兌現	59,900
12 月份存款利息	150
保管箱租金	100
12 月 31 日餘額	90,000

12 月份支票存款明細分類帳	
12 月 1 日餘額	$79,500
收入（收現存入銀行）	70,650
支出（開出支票）	65,240
12 月 31 日餘額	84,910

三星科技股份有限公司 11 月份銀行存款調節表中列有在途存款 $4,500 及未兌現支票 $5,000，經查 12 月尚有在途存款 $8,300 及未兌現支票若干。此外，三星科技股份有限公司發現 12 月份有下列兩筆錯誤：

① 三星科技股份有限公司付給供應商支票 $270，公司誤記爲 $720。

② 付給員工薪資之支票 $540，銀行誤記爲 $450。

比較三星科技股份有限公司 11 月份銀行調節表、12 月份之銀行對帳單、12 月份公司之支票存款明細分類帳戶、及其他資料後，確認幾個須作調節的項目，如下所示：

1. 12 月份在途存款

12 月份在途存款金額＝ $70,650 － ($66,850 － $4,500) ＝ $8,300

因 11 月份的在途存款 $4,500 在 12 月份時即已存入了在往來銀行的支票存款帳內，所以 12 月份銀行對帳單中列示 12 月份存入現金金額有 $66,850，其中包含了 11 月份的在途存款 $4,500，將 12 月份存入現金金額 $66,850 扣減 11 月份的在途存款 $4,500，即可得知 12 月份送存銀行的支票在當月份即已存入帳戶內的金額共計有 $62,350，然而，在公司支票存款明細分類帳戶 12 月份的記錄中列示 12 月份收現存入銀行的現金金額共計 $70,650，比銀行所記錄的金額多了 $8,300，換言之，公司已將收到的 $8,300 現金送存銀行，但銀行至 12 月底仍未收到此筆款項，由此可知，12 月份有在途存款 $8,300，12 月 31 日銀行對帳單餘額應加入此筆在途存款。

2. 12 月份未兌現支票

12 月份公司正確的支出總金額＝ \$65,240 － \$720 ＋ \$270 ＝ \$64,790

12 月份銀行對帳單上正確的支票兌現金額＝ \$59,900 － \$450 ＋ \$540 ＝ \$59,990

12 月份未兌現支票金額＝ \$64,790 －(\$59,990 － \$5,000)＝ \$9,800

因公司付給供應商支票 \$270，公司誤記爲 \$720，所以支票存款明細分類帳上的支出金額 \$65,240 是錯誤的，公司必須從支出金額 \$65,240 中扣減誤記的 \$720、再加上實際支付給供應商的 \$270，即可求得公司的支票存款明細分類帳戶在 12 月份實際支出的總金額爲 \$64,790。

就銀行對帳單而言，公司爲付給員工薪資開立支票 \$540，但銀行卻誤記爲 \$450，所以銀行對帳單上的支票兌現金額 \$59,900 是錯誤的，銀行對帳單上的支票兌現金額 \$59,900 應先扣減銀行原先誤記的 \$450、再加回支票實際兌現支出的金額 \$540，即可求得銀行對帳單在 12 月份實際支票兌現的總金額爲 \$59,990。

因 11 月份有未兌現支票 \$5,000 在 12 月份即已兌付，所以 12 月份銀行對帳單中列示 12 月份支票兌現的正確總金額爲有 \$59,990，這其中包含了 11 月份的未兌現支票 \$5,000 之兌付，將 12 月份支票兌現正確金額 \$59,990 扣減 11 月份的未兌現支票 \$5,000，即可得知 12 月份所開立的支票在當月份即已兌現支付的金額共計有 \$54,990，然而，在公司支票存款明細分類帳戶 12 月份的記錄中列示 12 月份已開立支票支出的正確金額共計 \$64,790，比銀行對帳單上所記錄的正確金額多了 \$9,800，換言之，公司已開出支票支付 \$9,800 的款項，但銀行至 12 月底仍未兌現此筆支出，由此可知，12 月份有未兌現支票 \$9,800，12 月 31 日銀行對帳單餘額應扣減此筆未兌現支票。

3. 銀行代收票據與代收存款利息

12 月份銀行對帳單中列示：12 月份銀行幫公司代收票據金額 \$3,000 及代收存款利息 \$150，然而，公司 12 月份支票存款明細分類帳戶內並無此兩筆代收交易的記錄，所以，12 月 31 日公司支票存款明細分類帳餘額應加入代收票據 \$3,000 及代收存款利息 \$150。

4. 銀行代扣保管箱租金

12 月份銀行對帳單中列示：12 月份銀行從公司的支票存款帳戶內扣減 \$100 幫公司繳交保管箱租金，然而，公司 12 月份支票存款明細分類帳戶內並無此筆代扣交易的記錄，所以，12 月 31 日公司支票存款明細分類帳餘額應扣減代扣保管箱租金 \$100。

5. 公司支票存款明細分類帳上錯誤更正

公司付給供應商支票的正確金額爲 $270，但公司誤記爲 $720，所以，12 月 31 日公司支票存款明細分類帳餘額應加回原先多扣的 $450（= $720 − $270）。

6. 銀行對帳單上錯誤更正

公司付給員工薪資之支票共計 $540，但銀行卻誤記爲 $450，所以，12 月 31 日銀行對帳單餘額應再扣減 $90（= $540 − $450）。

將上述之分析結果套入銀行調節表格式中，以編製銀行調節表，並求算調節後企業支票存款明細分類帳戶餘額與調節後銀行對帳單餘額，如表 6-2 所示。

表 6-2　三星科技股份有限公司銀行調節表

三星科技股份有限公司
銀行調節表
2015 年 12 月 31 日

公司支票存款明細分類帳 12 月 31 日餘額（調節前）		$84,910
加：銀行代收票據 [a]	$ 3,000	
12 月份存款利息 [a]	150	
公司付給供應商支票誤扣 $450 [b]	450	3,600
減：銀行代扣保管箱租金 [c]		(100)
公司支票存款明細分類帳 12 月 31 日調節後餘額		$88,410
銀行對帳單 12 月 31 日餘額（調節前）		$90,000
加：12 月份在途存款		8,300
減：12 月份未兌現支票	($9,800)	
公司支付員工薪資支票銀行少扣減 $90	(90)	(9,890)
銀行對帳單 12 月 31 日調節後餘額		$88,410

檢視表 6-1 發現，三星科技股份有限公司之支票存款明細分類帳 12 月 31 日調節後餘額等於該公司銀行對帳單 12 月 31 日調節後餘額，此即表示該公司銀行調節表之編製正確無誤，此時，管理者可清楚知悉公司在銀行的支票存款帳戶內擁有 $88,410 現金資產。

此時，會計人員依據銀行調節表中對公司支票存款明細分類帳帳戶所作的調節，依序在日記簿上作成調整分錄，如下所示：

(a)

銀行存款	3,150	
應收票據		3,000
利息收入		150

(b)

銀行存款	450	
應付帳款		450

(c)

保管箱租金費用	100	
銀行存款		100

完成調整分錄後，會計人員逐一將上列的調整分錄過帳至支票存款明細分類帳上，以調整支票存款明細分類帳帳戶餘額至正確餘額 $88,410。

6-5 現金與約當現金之管理與控制

建立與落實預算制度和內部控制制度是有效地管理與控制現金與約當現金不可或缺的工具，茲詳述如下。

一、現金與約當現金預算

企業通常以現金與約當現金預算作爲管理現金與約當現金的工具。企業通常在上一會計年度年中或年底時即會編製「現金與約當現金預算」，依據過去的經驗、各部門/事業單位提出的部門別/事業單位別現金預算、及考慮通貨膨脹等因素下，預測下一會計年度對現金與約當現金的需求及可供使用的現金與約當現金。在執行預算的年度，企業以「現金與約當現金預算」爲標竿，隨時檢測動支現金與約當現金的情形；待執行預算的年度結束時，企業會決算全年度現金與約當現金的收支結果，然後將現金與約當現金的實際收支金額與預算數作比較，分析與檢討發生不利差異的原因，以改善現金與約當現金的管理工作及作爲規劃下一會計年度現金與約當現金預算之參考。

二、現金與約當現金之內部控制

除了以「現金與約當現金預算」作爲管理現金之工具外，控制好收款作業流程與付款作業流程亦是管理上不容忽視的環節。欲控制好收款作業流程，企業應訂定標準的收款作業程序，並在整個收款作業流程上設置控制點，每一個控制點皆須有經授權的主管負責控制，並製作有連續編號的二聯式收款收據，作爲控制收款作業流程之憑證。當收到現金或約當現金時，由負責收款的出納人員記錄在有連續編號的二聯式收款收據上，並在經手人員處簽章，然後將此二聯式收款收據與收到現金款或即期支票交予已經授權的出納部門主管審核簽章，審核後，將其中一聯收據交與顧客，另一聯收據及其他相關憑證則轉送至會計部門，會計部門依收到的憑證記錄在有連續編號的現金收入傳票上，並將憑證連同傳票一併留存供查證用，同時依據傳票登錄在日記簿及過帳至分類帳（總分類帳與明細分類帳）上；出納部門收到現金或約當現金後，即應於收款當日下午 15:30 以前或次一日將收到的現金馬上送存銀行。

欲控制好付款作業流程，企業應訂定標準的付款作業程序，並在整個付款作業流程上設置控制點，每一個控制點皆須有經授權的主管負責控制，因企業對外付款大都以支票作爲付款工具，因此應申請使用有連續編號的支票及製作有連續編號的現金支出傳票；付款時，開立有連續編號的支票，並將支票、請款單及相關的憑證交予已經授權的出納部門主管審核簽章，待已經授權的出納部門主管簽名核准此支票後，再將此付款支票連同相關的憑證轉交予會計部門，會計部門經手人員審核相關憑證無誤後，即編製現金支出傳票，再將現金支出傳票、付款支票及其他相關憑證呈與會計部門主管核准，待會計部門主管核准簽章後，會計部門經手人員即將此付款記錄在日記簿與過帳至分類帳（總分類帳與明細分類帳）上，並將付款支票呈交與總經理及董事長核示，待總經理與董事長核准簽章後，會計部門再將業經核准簽章的支票副本、現金支出傳票及其他相關的付款憑證一併留存供查證用，然後將業經核准簽章的支票正本交與出納部門，最後出納部門再將此業經核准簽章的支票正本交與受款人，並檢查其在銀行的支票存款帳戶內是否有足夠的現金支應已開立的支票。最後須提醒注意的是，爲避免員工盜用企業之現金與約當金資產，企業必須將收款、付款與記帳的工作分別指派不同的員工負責，以收相互勾稽與監督之效。

學·後·評·量

一、選擇題

( ) 1. 甲公司始於 94 年 12 月 1 日設置零用金，額度爲 $10,000，每三個月撥補乙次。12 月份，零用金共支出 $2,500。年底分錄應爲： (A) 借記費用 2,500；貸記零用金 2,500 (B) 借記費用 2,500；貸記銀行存款 2,500 (C) 借記零用金 2,500；貸記銀行存款 2,500 (D) 不必作分錄 【零用金；95 年高考】

( ) 2. 在定額零用金制度下，零用金之撥補應如何處理？ (A) 貸記現金 (B) 貸記零用金 (C) 借記零用金 (D) 不必做分錄 【零用金；95 年初考】

( ) 3. 某公司 7 月底帳列銀行存款餘額 $236,500，銀行對帳單餘額 $252,000，經查 7/30 在途存款 $2,500，7/25 銀行代收票據 $10,000 及利息 $500，以及 7/16 簽發支票 $7,500 尚未兌現，則銀行存款之正確餘額爲： (A) $239,500 (B)$242,000 (C)$247,000 (D)$257,500 【銀行調節表；96 年普考】

( ) 4. 當企業採用零用金制度時，於下列何種情況之會計分錄中將影響「零用金」項目？（即借記（或貸記）「零用金」） (A) 設立帳戶時及餘額增減時 (B) 實際動支時及補充基金時 (C) 補充基金時及餘額增減時 (D) 餘額增減時及實際動支時 【零用金；96 年普考】

( ) 5. 採用零用金制度時，那種情況下不需要做分錄？ (A) 設立帳戶時 (B) 補充時 (C) 實際動支時 (D) 帳戶餘額增減時 【零用金；96 年初考】

( ) 6. 在公司設有定額零用金制度下，若以零用金支付計程車費時，應作何種會計處理？ (A) 貸記零用金 (B) 借記交通費 (C) 借記零用金 (D) 不作分錄，作備忘錄即可 【零用金；97 年初考】

( ) 7. 甲公司在編製完成銀行往來調節表後，下列何者須於公司帳上作調整分錄？(A) 銀行手續費 (B) 銀行誤將兌付他公司支票誤記爲該公司帳戶 (C) 在途存款 (D) 未兌現支票 【銀行調節表；97 年初考】

( ) 8. 某公司銀行調節表列示的項目及金額有：帳面餘額 $6,150、銀行結單餘額 $5,940、銀行代收票據 $900、銀行扣收手續費 $30 及在途存款 $2,820，另有未兌現支票未列示金額，則其金額應爲： (A)$1,350 (B)$1,380 (C)$1,740 (D)$3,600 【銀行調節表；97 年高考】

(　　) 9. 下列銀行調節表中的調節項目，何者不須於公司的帳上作分錄？ (A) 在途存款 (B) 銀行手續費 (C) 銀行誤登存款金額 (D) 銀行代收票據
【銀行調節表；97 年普考】

(　　) 10. 公司月底帳列現金餘額 $10,000；當月份銀行代收票據款及其附息共 $2,500，且公司於帳上將所開出面額 $2,300 之支票誤記爲 $3,200，銀行本月份手續費 $100。則月底正確之現金餘額爲： (A)$7,500 (B)$13,300 (C)$15,500 (D)$17,300
【銀行調節表；97 年普考】

(　　) 11. 公司在點數零用金時發現剩餘 $380，共計發生各項費用 $1,600，公司設置的定額零用金是 $2,000，則撥補零用金的分錄中，會出現的項目及金額爲：(A) 貸記現金短溢 $20 (B) 借記零用金 $1,600 (C) 借記現金短溢 $20 (D) 貸記零用金 $1,600
【零用金；98 年初考】

(　　) 12. 向銀行借款將使： (A) 資產增加，負債減少 (B) 資產增加，負債增加 (C) 資產減少，負債減少 (D) 資產增加，業主權益增加
【約當現金之定義與判斷；98 年初考】

(　　) 13. 甲公司 8 月 31 日帳上銀行存款餘額 $75,000，銀行對帳單餘額 $80,900，經查證得知銀行誤將兌付其他公司之支票 $2,000 誤記入甲公司帳戶，銀行代收票據 $8,000，銀行手續費 $100，則甲公司 8 月 31 日銀行存款正確金額應爲多少？(A)$80,900 (B)$90,800 (C)$84,900 (D)$82,900
【銀行調節表；98 年初考】

(　　) 14. 採用零用金制度，若支用零用金應 (A) 貸記銀行存款 (B) 貸記零用金 (C) 貸記現金 (D) 只作備忘記錄
【零用金；94 年乙級檢定】

(　　) 15. 甲公司年底盤點現金時，計有郵票 $500、印花稅票 $100、員工借條 $2,000、即期匯票 $12,000、庫存現金 $8,000、銀行存款 $5,000、存入保證金 $5,000，則「現金與約當現金」應爲 (A)44,600 (B)$28,000 (C)$27,000 (D)$25,000
【約當現金之定義與判斷；94 年乙級檢定】

(　　) 16. 現金帳面餘額爲 $ 412,232，第 138 號支票之面額爲 $8,500，帳上誤記爲 $ 5,800，銀行代收之票據 $50,000，本公司尚未入帳。正確之現金餘額應爲 (A)$364,392 (B)$459,532 (C)$464,932 (D)$476,532
【銀行調節表；95 年乙級檢定】

(　　) 17. 公司於編製八月份正確餘額式銀行調節表時，發現有已入帳而尚未存入銀行之顧客支票，應： (A) 作爲庫存現金 (B) 作爲公司帳面餘額減項 (C) 作爲銀行對帳單餘額加項 (D) 借記銀行存款

【銀行調節表；95 年乙級檢定】

(　　) 18. 大明公司於本年 3 月 1 日設置定額零用金 $8,000，月底零用金保管員提出下列單據請求撥補：郵票 $1,000、文具用品 $ 800、書報費 $1,000、差旅費 $2,160、交際費 $1,500、零用金短少了 $20，則撥補後的零用金餘額爲多少 (A)$1,540 (B)$ 1,520 (C)$8,000 (D)$6,460 【零用金；95 年乙級檢定】

(　　) 19. 甲公司年底盤點現金時，計有郵票 $500、印花稅票 $100、員工借條 $2,000、即期匯票 $12,000、庫存現金 $8,000、銀行存款 $5,000、存入保證金 $5,000，則「現金及約當現金」應爲 (A)$44,600 (B)$28,000 (C)$27,000 (D)$25,000

【約當現金之定義與判斷；95 年乙級檢定】

(　　) 20. 銀行往來調節表中，有本公司已存入，而銀行未及入帳之在途存款 $10,000，則本公司之調節分錄應 (A) 借記銀行存款 (B) 貸記銀行存款 (C) 借記在途存款 (D) 不必作分錄 【銀行調節表；96 年乙級檢定】

二、計算題

1. 【銀行調節表；99 年初考】甲公司 3 月 31 日帳上銀行存款餘額 $55,000，銀行對帳單餘額 $65,000，經查證得知未兌現支票 $20,600，在途存款 $24,000，銀行代收票據 $20,000，銀行手續費 $300，因進貨開立的支票 $7,000，帳上記爲 $700，則甲公司 3 月 31 日銀行存款正確金額應爲多少？
2. 【銀行調節表；98 年初考】甲公司 8 月 31 日帳上銀行存款餘額 $75,000，銀行對帳單餘額 $80,900，經查證得知銀行誤將兌付其他公司之支票 $2,000 誤記入甲公司帳戶，銀行代收票據 $8,000，銀行手續費 $100，則甲公司 8 月 31 日銀行存款正確金額應爲多少？
3. 【銀行調節表；98 年高考】合心公司 8 月 31 日銀行對帳單上之存款餘額爲 $620,000。8 月底在途存款爲 $70,000，未兌現支票爲 $130,000。8 月份因存款不足而退票 $18,000，其中 $13,000 又於 8 月底前存入。8 月 30 日銀行誤將兌付他公司之支票 $10,000 記入合心公司帳戶，銀行尚未發現此錯誤。8 月份銀行代收票據 $30,000，並扣除代收手續費 $600。則合心公司 8 月 31 日之正確存款餘額爲多少？

4.【銀行調節表;98 年普考】甲公司 8 月份銀行往來調節表上之未兌現支票總額為 $4,000，9 月份所開出支票共計 $40,000，而 9 月份銀行對帳單上顯示銀行在 9 月份所支付支票之款項共 $28,000，則甲公司 9 月份銀行調節表上之未兌現支票總額應為多少？

5.【約當現金之定義與判斷】會計師替三星科技股份有限公司編製 2015 年度的財務報表時，有下列項目：

零 用 金	$7,400
擴充廠房設備基金中之現金	90,000
員工借條	28,000
客戶即期支票	13,000
銀行存款不足退票	5,000
遠期支票	36,500
郵　　票	3,080
銀行本票	19,000
存放在房東之保證金	15,000
旅行支票	30,000

試問：

(1) 會計師在 2015 年 12 月 31 日資產負債表上應將上列那些項目納入在「現金及約當現金」項目內？

(2) 又，「現金及約當現金」項目在 2015 年 12 月 31 日正確餘額應為多少？

6.【零用金】有關三星科技股份有限公司零用金之資料如下：

2015/01/01 簽發支票 $46,000，設置零用金制度。

2015/01/13 購買文具用品 $2,543，訂購報章雜誌 $1,129，支付電話費 $3,740。

2015/01/16 檢查零用金除有 12/13 之各項收據外，另有計程車資 $1,864，清潔用品 $2,655，手存零用金有 $22,946 ，並補足零用金。

2015/01/31 檢察零用金有下列支出收據及餘額，贈送客戶禮品費用 $3,200，員工年終禮品 $9,800，購買郵票 $1,250，手存零用金有 $20,850。因期末而未能補足零用金。

2015/02/01 簽發支票補足零用金。

試依上列資料，作所有必要的分錄。

7.【銀行調節表;97年特考】甲公司現金內控不佳。11月30日帳列現金餘額爲$35,400（包括在途存款$1,245）。11月份銀行對帳單存款餘額爲$20,600。銀行對帳單中另外顯示公司所存入之乙公司開給甲公司之支票$130因存款不足而退票，銀行收取11月支票服務費$15以及銀行代收款$6,255（但此代收款公司尚未入帳）。

未兌現支票有8231號：$400、8263號：$524、8288號：$176、8294號：$5,000。張三爲公司出納，並負責編製每月銀行調節表，其已侵占公司部分現金達數個月，爲掩飾其侵占行爲而編製下列11月份銀行調節表：

銀行存款（11/30）		$ 20,600
加：在途存款	$ 2,145	
銀行代收款	6,255	8,400
小計		$30,000
減：未兌現支票		
8231號	$ 400	
8263號	524	
8288號	176	1,000
調整後銀行存款餘額		$ 29,000

帳列現金餘額（11/30）		$ 35,400
加：銀行代收款		6,255
小計		$ 29,145
減：乙公司退票	$ 15	
銀行服務費	130	145
調整後帳列現金餘額		$ 29,000

試求：張三所侵占甲公司現金之金額。

8. 【銀行調節表；96 年乙級檢定】弘夏公司 2015 年 10 月 31 日部分銀行調節表如下：

銀行調節表
2015 年 10 月 31 日

		$13,705
銀行帳餘額		1,530
加：在途存款		$15,235
減：未兌現支票		
支票號碼		
# 2451	$ 1,260	
# 2470	720	
# 2471	840	
# 2472	420	
# 2474	1,050	(4,290)
正確餘額		$10,945

在 10 月 31 日調整後銀痕帳餘額與調整後公司現金帳餘額相同。11 月份銀行對帳單列示下列支票與存款：

銀行對帳單

支出			收入	
日　期	號　碼	金　額	日　期	金　額
11月1日	# 2470	$ 720	11月1日	$ 1,530
11月2日	# 2471	840	11月4日	1,210
11月5日	# 2474	1,050	11月8日	990
11月4日	# 2475	1,640	11月13日	2,575
11月8日	# 2476	2,830	11月15日	1,520
11月10日	# 2477	600	11月18日	1,470
11月15日	# 2479	1,750	11月21日	2,945
11月15日	S.C.	15	11月25日	2,560
11月18日	# 2480	1,330	11月28日	1,650
11月27日	# 2481	695	11月30日	1,180
11月28日	S.C.	50		
11月30日	# 2483	575		
11月29日	# 2486	900		
	合　計	$12,995	合　計	$17,630

11 月份公司現金帳記錄如下：

現金支出日記簿

日　期	號　碼	金　額
11 月 1 日	# 2475	$ 1,640
11 月 2 日	# 2476	2,830
11 月 2 日	# 2477	600
11 月 4 日	# 2478	538
11 月 8 日	# 2479	1,570
11 月 10 日	# 2480	1,330
11 月 15 日	# 2481	695
11 月 18 日	# 2482	612
11 月 20 日	# 2483	575
11 月 22 日	# 2484	820
11 月 23 日	# 2485	970
11 月 24 日	# 2486	900
11 月 29 日	# 2487	390
11 月 30 日	# 2488	1,200
	合　計	$14,670

現金收入記簿

日　期	金　額
11 月 3 日	$ 1,210
11 月 7 日	990
11 月 12 日	2,575
11 月 17 日	1,470
11 月 20 日	2,954
11 月 24 日	2,560
11 月 27 日	1,650
11 月 29 日	1,180
11 月 30 日	1,225
合　計	15,814

銀行對帳單包含二個通知單：

① 一份貸項通知單 $1,505 爲託收弘夏公司應收票據 $1,400 加上利息 $120 減託收手續費 $15。弘夏公司尚未記錄任何應計利息。

② 一份借項通知單 $50，爲印刷公司額外支票之成本。

11 月 30 日銀行帳餘額爲 $18,340。銀行並未犯錯，而弘夏公司犯了兩個錯誤。

試作：

(1) 爲弘夏公司編製正確餘額銀行調節表。

(2) 作 11 月底應有調節分錄。

9.【銀行調節表；97 年乙級檢定】東方公司 2015 年 7 月份之銀行調節表如下：

7 月 31 日銀行調節表

對帳單餘額	$7,000
加：在途存款	1,540
減：未兌現支票	(2,000)
公司帳餘額	$6,540

相關 8 月份銀行對帳單資訊及公司帳載記錄如下：

	銀　行	公　司
8/31 餘額	$ 8,650	$ 9,250
8 月份的存款	5,000	5,810
8 月份所開的支票	4,000	3,100
8月份的託收票據（沒有包括在8月份的存款內）	1,000	−
8 月份的手續費	15	−
8 月份的退票（已被銀行借記）	335	−

試作：

(1) 編製 2015 年 8 月 31 日銀行調節表。

(2) 作 8 月 31 日之調整分錄。

10.【銀行調節表；96 年乙級檢定】和德股份有限公司在華南銀行有一支票存款帳戶，相關資料如下：

① 2015 年 6 月 30 日銀行往來調節表內列有：

銀行結單餘額	$250,000
加：在途存款（6/30）	40,000
減：未兌現支票	(75,000)
	$215,000

② 7 月份公司現金簿內列有：

本月存入	$2,637,940
本月支出（支票）	2,477,100
銀行支票存款餘額	375,840

③ 7 月 31 日銀行送來對帳單列示：

本月存入	$2,630,000
本月支出	2,448,000
存款餘額	432,000

④ 經查發現下列項目未達帳或發生錯誤：

- 公司 7 月 30 日送存現金 $50,000，至 7 月 31 日銀行尚未入帳。
- 7 月份由公司簽發付款的支票中至 7 月 31 日時尚有三張支票未被兌領：

支票號碼	金　額
# 1102	$55,000
# 1106	$30,000
# 1108	$25,000

- 7 月底，銀行為和德股份有限公司託收 $2,000 之應收票據加計 $80 之利息。銀行收取託收手續費 $20，該票據之前並無記錄應計利息。
- 退回的已兌現支票中發現，原由寶來公司所簽發支付予 A 先生的支票 $4,000，銀行卻錯誤地自和德公司的帳戶內扣取該筆款項。
- 7 月 31 日銀行對帳單顯是有張存款不足支票 $800，由客戶 B 先生簽發償付和德股份有限公司之貨款。
- 銀行扣收手續費 $50，並代付郵電費 $550。
- 償付貨款之支票金額 $15,500，公司帳上卻誤記為 $15,000。

試作：

(1) 編製和德股份有限公司 2015 年 7 月 31 日銀行調節表。

(2) 作 7 月 31 日之調整分錄。

參考文獻

1. Barden, P., V. Poole, N. Hall, K. Rigelsford and A. Spooner (2008), iGAAP 2009: A Guide to IFRS Reporting (2nd ed.): 1803-1836, Reed Elsevier Ltd.: London, UK.
2. Mirza, A. A., M. Orrell and G. J. Holt (2008), IFRS：Practical Implementation Guide and Workbook (2nd ed.): 35-50, John Wiley & Sons, Inc.: NJ, U.S.A.
3. 林有志、黃娟娟，會計學概要：以國際會計準則為基礎（第二版），滄海書局：台中。
4. 鄭丁旺，2007，中級會計學：以國際財務報導準則為藍本（第十版上冊），作者:台北。

放款與應收款

學習目標

研讀本章後，可了解：

一、瞭解何時應認列收入

二、學習如何衡量收入

三、學習放款與應收款之原始認列與衡量

四、瞭解放款與應收款之續後會計處理

五、認識放款與應收款之除列

本章架構

放款與應收款

收入
- 原則
- 交易實質之判斷
- 銷貨收入之認列與衡量
- 服務/勞務收入之認列與衡量
- 將資產提供他人使用而產生收入之認列與衡量

應收款
- 應收帳款
- 應收票據
- 放款

前言

企業從事銷售商品、提供服務、或提供勞務與顧客以賺取收入，顧客可能在收到商品或接受到完整的服務後即以現金付清款項，此時企業獲得現金收入，但有時顧客可能在收到商品或接受到完整的服務後仍未繳付款項，此時企業對賒帳的顧客就產生了應收帳款債權；有時顧客可能先開立未到期之票據來支應貨款，待票據到期時始以現金兌付票據，此時企業對此顧客就產生了應收票據債權。至於放款，係因金融機構提供資金與他人使用以賺取利息收入，因此，應收帳款、應收票據、與放款皆係因收入的產生而存在的，所以，本章先介紹收入之認列與衡量，再討論放款與應收款之認列。

當企業擁有應收款債權資產或金融機構擁有放款債權資產時，卻也承受了可能無法向顧客收回款項的風險，如何評量放款與應收款債權品質亦是本章的討論重點。在擁有放款與應收款債權資產的期間企業可能考慮運用此類型債權資產來獲取資金以支應短期營運上之所需，故本章將介紹放款與應收款債權資產之運用方式及其會計處理；最後，本章將說明放款與應收款於除列日之會計處理。

7-1 收入

依據國際會計準則第 1 號「財務報表編製及表達」之觀念架構對收益之定義，收益係指在特定會計期間因資產增加或負債減少導致經濟效益增加者，但不包含權益參與者之投入。收益包含收入（revenues）與利得（gains）。收入係指在特定會計期間內企業因從事正常活動所產生的經濟效益流入且此等經濟效益會流入企業造成權益增加者，但不包含權益參與者之投入所造成的權益增加。收入包含有多種不同名稱，例如銷貨收入、服務收入、勞務收入、各項收費、利息收入、股利收入及權利金。當企業發生銷售商品交易、提供服務與顧客、或提供資產與他人使用時，企業應在何時認列因這些交易所產生的收入？又該如何衡量收入的金額呢？國際會計準則第 18 號「收入」即針對銷貨收入、服務／勞務收入、及將資產提供他人使用而產生之利息、股利與權利金三大類提供何時認列收入的判斷準則及如何衡量收入的指引，茲詳述如下。

一、原則（principle）

原則上，若企業是主要經營者（principal）[1]，其從事正常活動所產生的經濟效益很有可能流入企業且該效益能可靠衡量、亦完全移轉重大的風險與報酬時，企業即應在當下認列此經濟效益爲收入，並以已收或應收對價（consideration received or receivable）之公允價值（fair value）作爲衡量收入的基礎。若企業有提供商業折扣（例如打 8 折）或數量折扣（例如購買 100 件以上享有 5% 折扣）時，則應以已收或應收對價之公允價值扣減商業折扣或數量折扣後之金額來衡量收入。

當應收對價將於未來數個會計期間分期收取時，則應採用現金流量折現法來估算應收對價之公允價值，至於如何決定折現率，則以下列兩種利率較明確客觀者爲主要的考量：(1) 參考同產業中與企業信用等級相當之其他企業在舉借類似的金融負債時所承擔的市場利率，或 (2) 將應收對價之未來現金流量折現至商品或服務（勞務）當期現金價格時所得之設算利率（imputed rate of interest）。茲以範例 7-1 說明兩種衡量方式之差異。

範例 7-1

假設三星科技股份有限公司於 2015 年度售出 100 單位的商品（單位售價 $100）與顧客，約定於 2016 年 12 月 30 日收取貨款 $1,100。根據調查資料顯示，2015 年度同產業中與三星科技股份有限公司信用等級相當之其他企業在舉借類似的金融負債時所承擔的市場利率爲 8%。此交易之認列與衡量如下：

1. 採用同產業中與公司信用等級相當之其他企業在舉借類似的金融負債時所承擔的市場利率 8%
2. 採用設算利率

1　當有下列任一種情況存在時，企業即扮演主要經營者（Principal）的角色：(1) 企業為協議中主要的義務人；(2) 企業在顧客下單前或退回商品時承擔一般存貨風險；(3) 企業能自由決定銷貨價格；(4) 企業能更換產品或提供部分服務；(5) 企業有選擇供應商之裁量權；(6) 企業能參與產品或服務規格的決定；(7) 企業在顧客下單後或商品運送途中需承擔存貨實體損失的風險；(8) 企業須承擔信用風險；或 (9) 企業必須承擔銷售產品或提供服務之保固風險或品質風險。

(1)

日　期	交易事項	借　方	貸　方
2015年	應收帳款	1,100.00	
	銷貨收入 a		1,018.52
	未實現利息收益 b		81.48
	a. 銷貨收入之衡量：$1,100÷(1 + 8%)1 = $1,018.52		
	b. 未實現利息收益：$1,100 − $1,018.52 = $81.48		
2016年12月30日	現　金	1,100.00	
	應收帳款		1,100.00
	未實現利息收益	81.48	
	利息收益		81.48

(2)

日　期	交易事項	借　方	貸　方
2015年	應收帳款	1,100	
	銷貨收入		1,000
	未實現利息收益 c		100
	求算設算利率：		
	$\$1,000 \times (1+i)^1 = \$1,100$		
	$i = (\frac{\$1,100}{\$1,000} - 1) \times 100\% = 10\%$		
	c. 未實現利息收益：$1,000×10% = $100		
2016年12月30日	現　金	1,100	
	應收帳款		1,100
	未實現利息收益	100	
	利息收益		100

若企業是扮演仲介（agent）[2] 的角色，則企業不應將已收或應收對價認列為收入，因此已收或應收對價之經濟效益係流向主要經營者，在仲介關係中，企業僅替主要經營者代收此對價而已，故此對價不屬於企業之收入，惟有佣金金額才是企業之收入；佣金金額可能以已收或應收對價之公允價值的特定比率衡量，或是以已收或應收對價之公允價值扣減應歸還予主要經營者之對價後的淨額衡量。例如，保險經紀人（仲介）雖代替保險公司（主要經營者）推銷保單，但保費總額之經濟效益係流向保險公司，而不是流向保險經紀人，惟有依照特定比率計算之佣金其經濟效益才會流向保險經紀人，因此保險經紀人不得將全額保費認列為保費收入，僅得認列依照特定比率計算之佣金為其收入。

二、交易實質（substance of the transaction）之判斷

國際會計準則第 18 號要求在交易發生時，應先判斷所從事的交易實質上是否有產生經濟效益流入企業，惟有能產生經濟效益流入企業的交易才有收入的發生，否則，無任何收入的存在。另一方面，針對包含數個可辨認項目之交易，國際會計準則第 18 號第 13 段規範「若交易包含數個可辨認項目（identifiable components）或數個交易有關聯時，宜反映交易之實質。」

當所從事的交易包含數個可辨認項目時，企業應先分析是否可以將數個可辨認項目作拆分，若可以拆分成數個可辨認項目時，企業再依個別可辨認項目之性質判斷其應認列收入的時間點。例如，當產品銷售之交易包括售後服務時，若此售後服務之金額可以辨認且可與產品分拆，則產品之銷售於已符合可認列為銷貨收入之條件時，認列為銷貨收入，而售後服務的部分則遞延至履行服務期間依服務完成之程度認列為服務收入。

當交易包含數個可辨認項目時，若企業可拆分數個可辨認項目，則進行此交易所得到之收入，企業可選擇下列任一種方法將收入分攤至各個可辨認項目：

1. 相對公平價值法。
2. 剩餘價值法。

茲以範例 7-2 解說如何將整批交易所得之收入分攤至各個可辨認項目。

2　當有下列任一種情況存在時，企業即扮演仲介（Agent）的角色：(1) 銷售契約中的主要義務人為供應商，而非企業；(2) 企業賺取固定或可決定之金額；或 (3) 供應商承擔信用風險。

範例 7-2

三星科技股份有限公司於 8 月 1 日與客戶簽訂出售 20 台電腦設備並提供兩年保固服務的合約，合約議定的總價款爲 $1,000,000，電腦設備於 8 月 15 日已運交與客戶，客戶在驗收無誤後即已支付了總價款。在交貨當時，該批電腦設備公允價值爲 $900,000，兩年保固服務價值爲 $300,000。

試作：三星科技股份有限公司應如何認列與衡量此交易？

解

因此契約包含兩項可辨認項目：出售電腦設備與提供兩年保固服務，此兩項可辨認項目各有其公允價值且亦可單獨出售，所以，可將此兩項可辨認項目分拆，出售電腦設備的交易依是否達成銷貨收入之原則以決定是否應認列爲銷貨收入，提供兩年保固服務的交易則依交易結果是否可合理估計以決定應否認列此交易爲服務（勞務）收入。至於，如何將契約總價款分配予出售電腦設備及兩年保固服務？三星科技股份有限公司若選擇以相對公平價值法來衡量此兩項可辨認項目之收入金額，則作法如下所示：

1. 相對公平價值法

日　期	交易事項	借　方	貸　方
8 月 15 日	現　　金	1,000,000	
	銷貨收入		750,000a
	預收服務收入		250,000b

a. $1,000,000×[$900,000÷($900,000 + 300,000)] = $750,000

b. $1,000,000×[$300,000÷($900,000 + 300,000)] = $250,000

若三星科技股份有限公司選擇以剩餘價值法來衡量此兩項可辨認項目之收入金額，則作法如下所示：

2. 剩餘價值法

日　期	交易事項	借　方	貸　方
8 月 15 日	現　　金	1,000,000	
	銷貨收入		700,000
	預收服務收入		300,000

※因兩年保固服務尚未履行，且交易結果未能合理估計，所以不能認列爲收入，但因所收取的總價款中包含了2年保固服務，所以其應依公允價值將總價款先分配予未履行的2年保固服務，並認列此收款爲流動性負債。

※已售出的電腦設備於8月15日即已移轉風險與報酬，且三星科技股份有限公司對此批電腦設備不再持續參與管理亦不再維持控制，所以應將已售出的電腦設備認列爲銷貨收入，並以所收到的總價款扣減已分配予兩年保固服務的金額後之剩餘價值來衡量銷貨收入。

有時，交易雖包含數個可辨認項目，但卻無法分拆時，企業應將此交易視爲單一交易，依此交易之實質來決定應認列爲收入的時間點。例如，銷售PHS手機時，因PHS手機僅能搭配PHS的門號，無法與其他門號相容，所以，銷售PHS手機時亦同時銷售門號與新用戶，代表手機與門號是不可拆分的，此時銷售PHS手機所得之收入不得單獨認列爲銷貨收入，而必須於門號合約的有效期限內，平均認列爲銷貨收入。

然而，對於該如何分析與拆解交易中所包含的可辨認項目，國際會計準則第18號並未提供確切的導引，實務運作上，則由企業管理者負責分析此類型交易之經濟實質，並判斷要如何拆解交易中所包含的可辨認項目，再依各個可辨認項目之實質決定其應認列爲收入的時間點。

三、以物易物交易（barter transaction）下收入之認列與衡量

在以物易物交易下，若所售出的商品與接受到的對價（亦爲商品）性質相似且價值相似時，從國際會計準則的觀點來看，賣方實質上並沒有完全移轉所售出的商品之重大的風險與報酬，且此交易亦沒有帶來新的經濟效益流入企業，所以，對賣方而言，此等售出商品的交易無法被認列爲有收入的發生，而應視爲賣方有出借商品之實。

範例 7-3

假設甲公司無足夠的庫存商品滿足顧客的訂單，所以甲公司向同業的三星科技股份有限公司調度性質（功能）相似且價值相似的商品以支應顧客的需求，此時對三星科技股份有限公司而言，提供商品與甲公司並沒有爲公司帶來經濟效益的流入，待未來甲公司有足夠的庫存量時會返還當初所調度的商品，所以三星科技股份有限公司亦沒有移轉商品的風險和報酬與甲公司，故對三星科技股份有限公司而言銷售交易從未發生，不應認列收入。

反之若所售出的商品與接受到的對價（亦爲商品）在性質與價值上皆不相似時，從國際會計準則的觀點來看，賣方實質上有完全移轉所售出的商品之重大風險與報酬，並接受應收（或已收）之對價所帶來的新風險與新報酬，且此交易亦有產生新的經濟效益流入企業，所以，對賣方而言，此等售出商品的交易有銷售商品之實，應認列收入的發生。

範例 7-4

假設乙公司爲一休閒鞋製造商，乙公司賣給三星科技股份有限公司 100 雙休閒鞋、總價值 $1,050，三星科技股份有限公司則提供一台等價的電腦設備用以支付所購買的休閒鞋貨款。乙公司在交貨與三星科技股份有限公司時即已移轉了這 100 雙休閒鞋的重大風險與報酬與三星科技股份有限公司，且出售 100 雙休閒鞋獲得的經濟效益係直接流入乙公司（乙公司收到一台等值的電腦設備），此時，乙公司有銷售交易發生，並應認列收入，分錄如下所示：

解

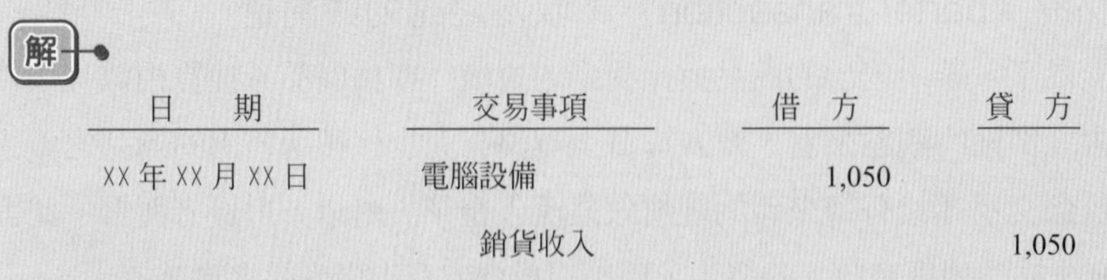

日　期	交易事項	借　方	貸　方
XX 年 XX 月 XX 日	電腦設備	1,050	
	銷貨收入		1,050

例外情況是，若賣方賣的是廣告服務、而已收到（或應收）的對價亦爲廣告服務時，只要賣方所賣出的廣告服務契約與所接受的廣告服務契約（對價）在條件上有所不同時，對賣方而言，有移轉原所售出的廣告服務契約之重大風險和報酬，且有接受新的廣告服務契約之顯著的風險與報酬，並於廣告放送期間有經濟效益流入企業，所以，賣方在此等交易下應認列收入的發生。

依據國際會計準則第 18 號，在以物易物交易下，當確定認列收入時，原則上以所售出的商品之公允價值作爲衡量收入之基礎，若售出商品之公允價值不確定或無法可靠衡量，則以已收到或應收之對價的公允價值來衡量收入。若是提供服務與他人而接受的對價爲一新的服務契約時，因不易衡量已收或應收的新服務（對價）之公允價值，所以，原則上以所提供服務之公允價值作爲衡量收入之基礎。

四、銷貨收入之認列與衡量

（一）銷貨收入之認列時間點

當同時符合下列所有條件（條件 1 至條件 5）時，即應認列銷貨收入：

1. 企業將商品之顯著風險及報酬移轉與買方。

若企業未將商品之顯著風險或報酬移轉與買方，則代表交易尚未完成，不應認列收入。考量的商品之風險與報酬是否移轉，應考慮下列幾個因素：價格風險、存貨呆滯風險、保險風險、履約風險、與交易是否可以無條件被取消。若商品的價格會受到市價波動所影響，而此影響係由賣方承受的話，則代表賣方沒有移轉風險和報酬與買方；若存貨呆滯所產生之損失係由賣方承受，亦代表賣方尚未移轉風險和報酬與買方；另外，賣方若可以無條件地取消交易，代表賣方沒有移轉風險和報酬與買方。

2. 企業對於已經出售之商品既不持續參與管理，亦未維持有效控制。

   企業對已經出售的商品若仍持續參與管理或仍維持有效控制時，則商品之顯著風險與報酬皆未移轉與買方，代表銷售交易未完成或尚未發生。

3. 收入金額能可靠的衡量。

若有回扣或銷貨折讓金額無法可靠地被衡量，即不應認列收入。

4. 與交易有關之經濟利益很有可能流向企業。
5. 與銷貨相關已發生及將發生之成本能可靠的衡量。

茲以範例 7-5 說明如何判斷何時應認列銷貨收入。

範例7-5

1. 產品已運交客戶，但賣方仍保有所有權以保障債權。請問賣方應於何時認列銷貨收入？
2. 產品已運交客戶，但賣方依合約需給付一筆目前尚無法合理估計其金額之重大銷售獎勵金。請問賣方應於何時認列銷貨收入？
3. 在客戶宣布進入由法院保護之債務重整程序時，賣方才剛依其訂單已運交訂購產品與該客戶。請問賣方應於何時認列銷貨收入？

解

1. 當產品已運交客戶時，賣方已移轉了商品之重大風險與報酬，且亦已放棄持續參與管理，所以，當產品已運交客戶時，即應認列銷貨收入。
2. 當產品已運交客戶時，賣方已移轉了商品之重大風險與報酬，且亦已放棄持續參與管理，但因賣方有一筆無法合理估計其金額之重大銷售獎勵金，導致其收入金額無法可靠衡量，所以當產品已運交客戶時，不得認列收入，必須等到當重大銷售獎勵金可以被合理估計時，始能認列銷貨收入。
3. 當產品已運交客戶時，賣方已移轉了商品之重大風險與報酬，且亦已放棄持續參與管理，但因客戶在當下已進入由法院保護之債務重整程序，代表交易之經濟利益流向賣方之可能性很低，所以當產品已運交客戶時，不得認列收入，必須等到收到客戶的貨款時，始能認列銷貨收入。

（二）附有退貨承諾之銷貨

某些銷貨合約可能約定客戶退貨的權利，退貨的權力可以明載或暗示，或是由法律賦予的權利。依據國際會計準則第 18 號，銷貨收入通常在賣方可根據已建立的歷史記錄或是其他相關證據合理地估列銷貨退回的金額時始可認列；若賣方無法取得證據合理估計銷貨退回的金額時，則不可認列相關的銷貨收入，而必須待銷貨退回金額能合理地被估計時，始能認列相關的銷貨收入。

（三）產品保固

產品的保固服務通常分為兩種：正常保固及延長保固。正常保固係與商品之銷售一起提供，賣方需額外支付的一筆成本以維持正常保固服務。延長保固係指賣方在原製造商保證的範圍之外提供額外的保固服務，賣方通常會將此額外的保固服務和產品分開出售。依據國際會計準則第 18 號第 19 段，若提供保固服務所發生的費用無法可靠地被衡量時，則相關的收入不能認列，對已收取的對價則認列爲預收款項，表達在資產負債表之流動負債項下。

五、服務 / 勞務收入之認列與衡量

（一）服務 / 勞務收入之認列時間點

當提供服務（勞務）之交易結果能合理估計時，應以財務報導結束日交易之完成程度認列收入。何謂交易結果能合理估計呢？依據國際會計準則第 18 號指出，當符合下列所有條件時，代表交易結果已能合理估計：

1. 收入金額能可靠衡量。
2. 與所提供的服務（勞務）有關之經濟利益很有可能流向企業。
3. 所提供的服務（勞務）在財務報導結束日的完成程度能可靠的衡量。
4. 與所提供的服務（勞務）有關之已發生及將發生之成本能可靠衡量。

一旦同時符合上述四個條件，交易結果能合理估計時，企業即應認列服務（勞務）收入，並評估截至財務報導結束日服務 / 勞務已完成之程度（稱爲完工百分比法）以衡量服務（勞務）收入金額。若上述條件有部分未符合，則不能認列收入，必須等到所有條件皆符合時，始能認列收入，所以，某些情況下，可能要等到已 100% 完成服務或勞務的提供後，始認列收入。

（二）服務 / 勞務收入之衡量

如何評估交易之完成程度呢？國際會計準則第 18 號指出，服務（勞務）交易之完成程度可能藉由不同方法決定，企業宜依據其性質採用能可靠衡量履行服務（勞務）之方法，可採用之方法包括：

1. 從產出面來看，評估已完成之產出程度。
2. 從投入面來看，衡量已履行服務（勞務）量占全部應履行服務（勞務）量之百分比。
3. 從投入面來看，衡量已發生成本占估計總成本之比例，估計總成本包含已發生成本及未來應投入成本。

茲以範例 7-6 說明如何評估交易之完成程度。

範例 7-6

1. 某鋼琴演奏家之報酬係以其表演的場次決定，依據聘僱契約之約定，該鋼琴演奏家在受聘兩年內須公開演奏 15 場，而在第一年年底已完成 8 場演奏會。因此該鋼琴演奏家在合約的第一年度僅能認列合約中議定的總收入之 8/15 為第一年度賺得的演奏收入。
2. 甲公司今年初承包設計一座高爾夫球場，委任合約議定的設計費為 \$20,000,000。為設計此座高爾夫球場，截至今年年底為止總共已發生且投入了 \$7,850,000 成本，預計還須再投入 \$5,550,000 的成本，始能完成整座高爾夫球場的設計工程。因此，甲公司截至今年年底為止高爾夫球場的設計工程已完成了 58.5821%，故截至今年年底為止應認列的勞務收入（設計費）為 \$11,716,418。

   \$7,850,000÷(\$7,850,000 ＋ \$5,550,000) ＝ 0.585821

   \$20,000,000×0.585821 ＝ \$11,716,418

有些服務（勞務）契約有固定的合約期間但在合約期間內每一個期間會提供多少服務量（勞務量）是不確定的或是無法可靠合理的衡量，此時可採用直線法來認列服務（勞務）收入，換言之，對此等服務（勞務）契約，係假設在固定合約期間內，企業會平均履行完成服務（勞務）之提供，所以應在合約期間內平均認列服務（勞務）收入。例如保全公司與顧客簽訂 5 年期的保全服務合約，受顧客委任負責保護顧客住宅的安全，因保全公司每年提供與顧客的服務量不確定，所以採用直線法於 5 年內平均認列收入。

另外，某些服務（勞務）契約須等待特定重要工作達成始能認列收入，若特定重要工作尚未完成，則不得認列收入，但相關的費用仍須在發生當時認列。例如文學作者委任出版代理商找尋願意幫他（她）出書之出版商；當出版商與文學作者簽立書籍出版合約時，出版代理商於書籍出版後可獲得主要的佣金，然而，出版代理商必須等到出版商與文學作者簽立書籍出版合約時方能認列佣金收入。

六、將資產提供他人使用而產生收入之認列與衡量

企業將資產提供他人使用而產生之收入包括：(1) 因提供現金或債權供他人使用所產生之利息收入，(2) 因權益投資所獲取之股利收入，及 (3) 因提供如商標、特許權、專利權、或電腦軟體等資產與他人使用所產生之權利金收入。當同時符合下列所有條件時，企業始可認列因提供資產供他人使用所產生之利息、股利、或權利金收入。

1. 與交易有關之經濟利益很有可能流向企業。
2. 收入金額能可靠地衡量。

原則上，利息收入應按時間之經過使用有效利率法（effective interest method）認列與衡量。權利金收入應依照相關合約之實質內容，按權責發生基礎認列與衡量。至於股利收入，原則上應以股東有權收取股利之日始認列股利收入。因每家企業情況不同，一般有下列幾個時間點可供企業判斷何時爲股東有權收取股利之日：(1) 除息日、(2) 股東會決議日、或 (3) 若被投資公司之公司章程訂有股利發放最低標準時，則以被投資公司之年度結束日爲考量。企業一旦從此三個時間點擇一作爲股東有權收取股利之日，則一經選定後企業即須維持一致性原則，不得變更。

知識學堂

財務會計準則公報第一號「財務會計觀念架構」規範認列收入的時間點：收入僅有在已實現（或可實現）且已賺得（係指獲利過程已完成）時，始可認列。

商業會計處理準則第 29 條則說明收入的定義與項目分類：營業收入，指本期內因經常營業活動而銷售商品或提供勞務所獲得之收入；其項目分類與評價及應加註釋事項如下：

一、銷貨收入：指因銷售商品所賺得之收入；銷貨退回及折讓，應列爲銷貨收入減項。

二、勞務收入：指因提供勞務所賺得之收入。

三、業務收入：指因居間、代理業務或受委託報酬所得之收入。

四、其他營業收入：指不能歸屬於前三款之其他營業收入。

目前實務上，公開發行公司即是依據財務會計準則公報第一號與商業會計處理準則第 29 條認列與衡量營業收入，而非公開發行公司即是依據商業會計處理準則第 29 條認列與衡量營業收入。

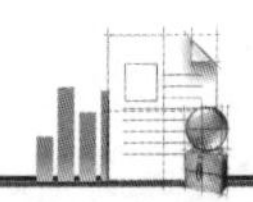

延伸閱讀

【汽車製造公司認列收入之會計政策】

本公司之合併財務報表係遵循國際會計準則理事會所發佈的國際財務報導準則編製，並以歐元為表達貨幣。……附註 7 收入之認列　當製成品移轉給顧客時，代表製成品所有權的重大風險與報酬已移轉給顧客，此時認列銷貨收入。當製成品銷售附帶有買回契約或剩餘價值保證時，因在買回契約或剩餘價值保證下，製成品的重大風險與報酬上留在公司，所以此類交易實質不屬於銷售交易，而是屬於營業租賃，依照 IAS17 租賃表達與揭露此類交易。

資料來源：國際會計準則理事會，www.iasb.org.uk。

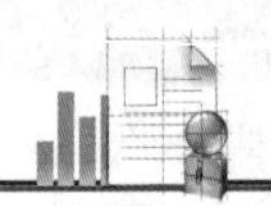

延伸閱讀

【通訊公司認列收入之會計政策】

本公司之合併財務報表係遵循歐盟會員國所採用的國際財務報導準則編製。……收入之認列：(2) 服務合約與顧客簽訂的長期服務合約，其服務收入之認列與衡量係在合約期間內逐期認列收入，並依據個別服務契約的完成比例估算每一會計期間應認列的服務收入金額。完成比例係依據合約已發生成本、合約自目前履行情況至完成合約為止估計尚須投入的成本、服務合約收入總額、與合約可能帶來的風險等因素估算，服務合約完成比例須定期評估，當合約的履約情況或條件有改變時，完工比例的估計亦須調整。

資料來源：國際會計準則理事會，www.iasb.org.uk。

知識學堂

【IFRS 專欄－ IAS 18 收入】

收入係由已收或應收對價之公平價值衡量。若個別交易之交易實質顯示係包含數個可辨認項目時，則收入金額依個別可辨認項目之公平價值分攤，並以這些可辨認項目所適用之收入認列條件分別認列為收入。例如，當一項附有後續勞務的產品出售時，收入應分攤至產品項目及勞務項目，且於產品或勞務各自適用之收入認列條件達成時，分別認列為收入。

銷售商品應於符合下列情況時認列為收入，即企業將商品之顯著風險及報酬移轉予買方，且企業對於已經出售之商品既不持續參與管理，亦未維持其有效控制，假使與交易有關之經濟效益很有可能流向企業，且收入及成本金額能可靠衡量勞務提供之收入應於交易之結果能合理估計時認列，其收入認列條件類似工程合約，須按資產負債表日之完工程度認列。交易之結果能合理估計係指當收入金額能可靠估計，經濟效益很可能流入該企業個體，完工程度、已發生成本及完成該交易尚須投入之成本皆能可靠衡量時。

下列例子說明企業個體之主要風險及報酬尚未移轉，不可認列相關交易收入：

1. 企業個體保有非屬正常保固條件之「滿意保證」。
2. 收入之收取須視買方未來能否再售出而定。
3. 買方可依照銷售合約之約定條件取消交易且企業個體無法確定銷售退回之可能性。
4. 商品已運送但未完成安裝，而商品之安裝係交易之重要部分利息收入依有效利率法認列。權利金收入按合約之實質以應計基礎認列。股利收入於股東收取股利之權利確定時認列。

資料來源：資誠會計師事務所，www.pwc.com/tw/zh/ifrs/ifrs-knowledge-center/02-income-statement-and-related-notes/02-08.jhtml。

七、顧客忠誠度計畫（customer loyalty programs）

顧客忠誠度計畫（customer loyalty programs）係指企業為提升銷售量與維持顧客對企業的忠誠，於提供商品或服務（勞務）的同時亦給與顧客獎勵積點或點數以鼓勵顧客繼續向其購買商品或服務，並以未來累積點數至特定數量時可兌換免費商品或服務（勞務）或可以折扣價格購買的商品或服務（勞務）的方式來回饋顧客。就會計處理而言，企業給予顧客獎勵積點或點數係銷售交易之一部分，所以必須採用 IFRIC 13「顧客忠誠度計畫」之規範來認列與衡量企業給予顧客獎勵積點或點數的交易，茲以圖 7-1 來說明當商品或服務（勞務）之銷售附有顧客忠誠度計畫時企業對此等交易之會計處理。

當企業沒有提供商品或服務（勞務）卻免費給與顧客獎勵積點，在此情況下是不適用 IFRIC 13「顧客忠誠度計畫」之規範。只有當企業在提供商品或服務（勞務）與顧客的同時亦免費給與顧客獎勵積點時，始適用 IFRIC 13「顧客忠誠度計畫」之規範來認列與衡量獎勵積點收入。當企業在提供商品或服務（勞務）與顧客的同時亦免費給與顧客獎勵積點時，企業必須判斷獎勵積點是否有可直接參考之公允價值，若給與顧客之獎勵積點有可直接參考之公允價值時，則以其相對公允價值衡量應分攤至獎勵積點之收入對價，並於提供商品或服務時，認列分攤給獎勵積點之收入對價為遞延收入。

若給與顧客之獎勵積點沒有可直接參考之公允價值時，企業必須估算獎勵積點公允價值。企業得參考可兌換的商品或勞務公允價值，並考量下列因素：

1. 假設顧客無須消費即可獲得獎勵積點時，該獎勵積點之公允價值
2. 預估不會要求兌換之獎勵積點比例，以估計並調整獎勵積點公允價值。

然後，再按估算的獎勵積點公允價值占所提供商品（服務）與獎勵積點公允價值總和之比例決定應分攤給獎勵積點之收入對價，並於提供商品或服務時，認列分攤給獎勵積點之收入對價為遞延收入。

當顧客兌換獎勵積點（或點數），係由企業自行提供獎勵、自行履行兌換義務，此時，企業按已兌換獎勵的點數數量占預期可能兌換獎勵之積點總數的比例，計算獎勵積點遞延收入中應轉認列為收入之金額有多少，並於履行兌換義務時認列此收入。若後續期間企業可能修正「預期可能兌換獎勵之積點總數」之估計數，此修正視為是會計估計變動，於修正當期及以後期間使用修正後的預期可能兌換獎勵之積點總數作為計算獎勵積點收入之基礎。

當顧客兌換獎勵積點（或點數），係由第三人提供獎勵，亦即由第三人履行兌換義務，此時須進一步判斷企業在此交易中所扮演之角色，以決定應認列之獎勵積點收入。

當由第三人提供獎勵積點之兌換而由企業爲第三人收取對價時，企業即扮演仲介的角色，此時企業會以分攤至獎勵積點之收入對價扣減應付給第三人報酬後之淨額衡量應認列之佣金收入，並於顧客選擇向第三人兌換獎勵時即認列此佣金收入。

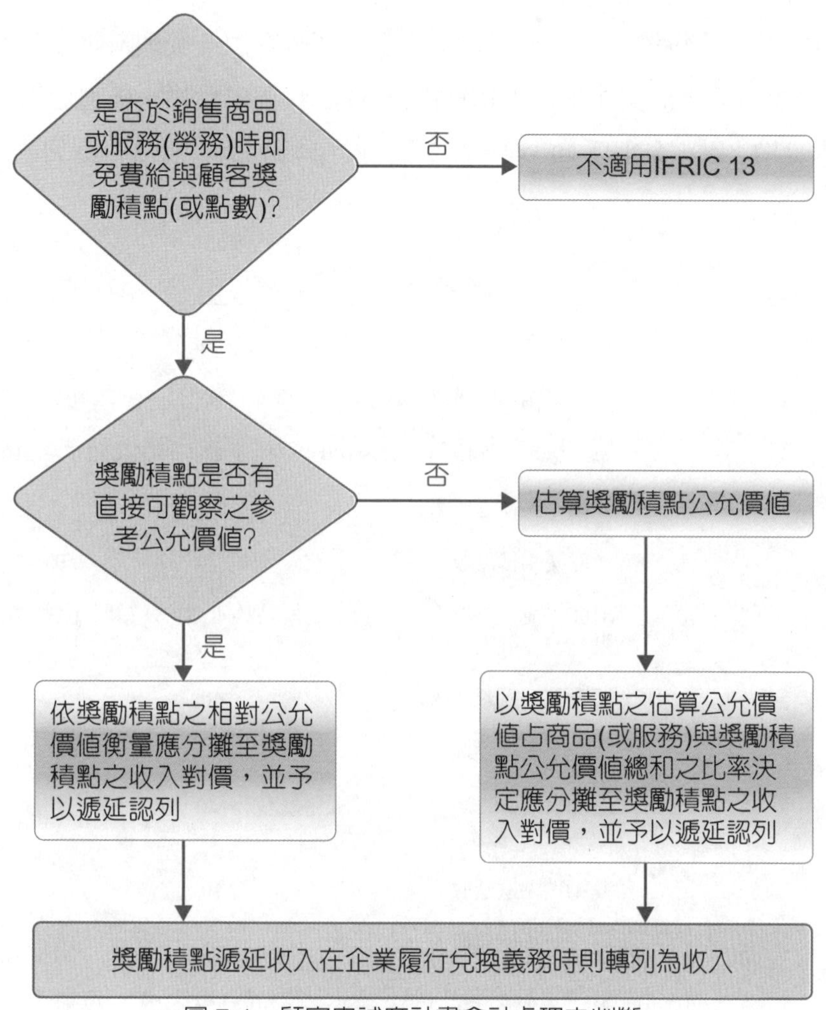

圖 7-1　顧客忠誠度計畫會計處理之判斷

範例 7-7

興農超市在會員顧客消費一定金額時會給與一定點數，會員可用點數兌換其他商品，且點數並無到期日限制。目前興農超市已授予 100 點與顧客，管理階層預期可能有 80 點將會兌換，管理階層估計每一點數的公平價值為 \$1。管理階層於第 2 年修正預期兌換點數為 90 點，於第 3 年依舊認為僅有 90 點將要求兌換。顧客於第 1 年至第 3 年實際要求兌換之點數分別為 40、41、及 9 點。試作：第 1 年至第 3 年認列收入之分錄。

解

日　期	交易事項	借　方	貸　方
第 1 年年初	現　　金	100	
	獎勵積點遞延收入		100
	每一數之公允價值：\$1×100（已授予顧客的總點數）＝ \$100		
第 1 年年底	獎勵積點遞延收入	50	
	獎勵積點收入		50
	\$100× 截至第 1 年底已要求兌換點數 40 點 ÷ 預期兌換之點數 80 點－ \$0 ＝ \$50		
第 2 年年底	獎勵積點遞延收入	40	
	獎勵積點收入		40
	\$100× 截至第 2 年底已要求兌換點數 (40 ＋ 41) 點 ÷ 預期兌換之點數 90 點－截至第 1 年底已認列之收入 \$50 ＝ \$40		
第 3 年年底	獎勵積點遞延收入	10	
	獎勵積點收入		10
	\$100× 截至第 3 年底已要求兌換點數 (40 ＋ 41 ＋ 9) 點 ÷ 預期兌換之點數 90 點－截至第 2 年底已認列之收入＝ \$10		

表 7-1　我國財務會計準則與國際財務報導準則之重大差異比較

收入認列之會計處理準則	顧客忠誠度計畫	我國財務會計準則：無明文規定。
		國際財務報導準則：說明客戶忠誠計劃（銷售時給與客戶點數用以換取未來免費或折扣之商品或服務）係屬包含數個可辨認項目之交易類型，企業係販售兩種項目予客戶，一爲商品或勞務，另一爲點數部分；企業應就點數部分，參考歷史經驗上客戶兌換之機率，予以估計並遞延其相對應之公允價値，俟客戶未來轉換時方予認列爲收入。（IFRIC 13）
	附贈禮券之會計處理	1. 我國財務會計準則： (1) 賣方自願隨銷售附送買方將兌換之贈品或其他對價予買方，且不向買方收取任何費用，則應視爲單一交易，賣方應於認列相關收入之日期認列該隨銷售附送之贈品或其他對價之成本，即預估該可能兌換之商品成本，認列爲負債或遞延收入，俟客戶兌換時，再予以轉列爲費用或成本。 (2) 續上，若於賣方會產生商品銷售或勞務提供之損失時，賣方無須於認列相關收益前，即認列該負債。 2. 國際財務報導準則： (1) 賣方自願隨銷售附送買方將兌換之贈品或其他對價予買方，係屬包含數個可辨認項目之交易類型，企業應就贈品或其他對價部分之公平市價，認列爲遞延收入，俟客戶兌換時，再予以轉列爲收入並認列相關成本。 (2) 續上，若於賣方會產生商品銷售或勞務提供之損失時，賣方須於認列相關收益前，即認列該負債。

資料來源：臺灣證券交易所。

7-2　放款與應收款

認列收入交易時，若顧客尚未付清款項與企業，則企業對顧客就有應收對價（consideration receivable）的權利，此應收對價的權利即爲應收帳款（accounts receivable）；有時顧客會開立未到期票據支付帳款，因企業所收到的票據尚未到期，故企業對此尚未到期兌現的票據擁有請求權利，此請求權利即爲應收票據（notes receivable）。因應收帳款與應收票據（總稱爲應收款，receivables）在可預見之未來會帶給企業經濟利益，且其金額能可靠地被衡量，所以兩者皆係企業的資產。企業通常預期應收款會在一個營業週期或一個會計年度內收到現金對價，此時應收款係屬於企業的流動性資產，但若應收款係於一個營業週期或一個會計年度以上始收到現金對價，此時應收款應屬於企業的非流動性資產。

當金融機構提供資金與他人使用，其所孳生的利息流入機構的可能性很高且金額亦可合理衡量時，金融機構即應在此刻認列此利息收入，並認列因提供資金與他人使用所產生的債權資產 - 放款，若放款在一個營業週期或一個會計年度內即可收回現金，則此放款應歸類爲流動性資產；若放款須在一個營業週期或一個會計年度以上始可收回現金，則此放款應歸類爲非流動性資產。關於放款與應收款之會計處理問題主要包括：

1. 應收帳款、應收票據、與放款原始產生之認列與衡量。
2. 後續期間壞帳之估列及減損測試。
3. 運用與除列。

茲詳述於後。

一、應收帳款

（一）原始認列與衡量

原則上，在認列收入交易時，若顧客尙未付清款項與企業，企業對顧客就有應收對價的權利，此時企業即應認列應收帳款之發生。當企業爲主要義務人時，則應以應收對價之公允價值作爲衡量應收帳款的基礎；若企業有提供商業折扣或數量折扣與顧客，則應以應收對價之公允價值扣減商業折扣或數量折扣後之金額來衡量應收帳款。

有時，企業爲鼓勵顧客儘速付款，會授予顧客現金折扣期間要求顧客若能在現金折扣（cash discount）期間內付清款項，即可享有現金折扣，換言之，若顧客能在現金折扣（cash discount）期間內付清款項，則企業實際向顧客收取的金額必然小於應收對價之公允價值（或應收對價之公允價值扣減商業折扣和數量折扣後之金額），企業少收取的金額代表顧客在現金折扣期間內所獲得的現金支出節省數，此企業少收取的金額或顧客所獲得的現金支出節省數即爲現金折扣。

在認列應收帳款時，企業通常有兩種表達應收帳款的方式：

1. 總額法（gross method）
2. 淨額法（net method）

當應收帳款發生時，企業先以應收對價之公允價值扣減商業折扣（或數量折扣）後之金額來衡量應收帳款，俟等到顧客有把握住現金折扣期間付清款項時，始於帳上認列給與顧客之現金折扣，此等表達方式即爲總額法。若企業假設顧客會把握現金折扣的機會於現金折扣提供的期間內付清款項，所以當應收帳款發生時，企業先以應收對價之公允價值扣減商業折扣（或數量折扣）後再扣減現金折扣金額來衡量應收帳款，俟顧客放棄現金折扣優惠，企業則認列顧客所放棄的現金折扣金額爲當期收益，此種表達方式即爲淨額法。表 7-2 列示與比較應收帳款依總額法與淨額法表達之差異，並以範例 7-8 輔助說明。

表 7-2　應收帳款－總額法與淨額法表達方式之比較

總額法（gross method）

交易事件		借　方	貸　方
認列收入時	應收帳款	應收對價之公允價值－商業折扣－數量折扣	
	銷貨收入		應收對價之公允價值－商業折扣－數量折扣
於現金折扣期間收清款項	現　　金	(應收對價之公允價值－商業折扣－數量折扣)×(1 －現金折扣率)	
	銷貨折扣	(應收對價之公允價值－商業折扣－數量折扣)× 現金折扣率	
	應收帳款		應收對價之公允價值－商業折扣－數量折扣
逾現金折扣期間始收取款項	現　　金	應收對價之公允價值－商業折扣－數量折扣	
	應收帳款		應收對價之公允價值－商業折扣－數量折扣

淨額法（net method）

交易事件		借　方	貸　方
認列收入時	應收帳款	(應收對價之公允價值－商業折扣－數量折扣)×(1 －現金折扣率)	
	銷貨收入		(應收對價之公允價值－商業折扣－數量折扣)×(1 －現金折扣率)
於現金折扣期間收清款項	現　　金	(應收對價之公允價值－商業折扣－數量折扣)×(1 －現金折扣率)	
	應收帳款		(應收對價之公允價值－商業折扣－數量折扣)×(1 －現金折扣率)
逾現金折扣期間始收取款項	現金	應收對價之公允價值－商業折扣－數量折扣	
	應收帳款		(應收對價之公允價值－商業折扣－數量折扣)×(1 －現金折扣率)
	顧客未享折扣		(應收對價之公允價值－商業折扣－數量折扣)× 現金折扣率

範例7-8

2015年5月1日三星科技股份有限公司出售商品$30,000，條件2/10，n/30。同年5月9日收到貨款總額的80%，5月30日收到剩餘全部貨款。試作：以(1)總額法與(2)淨額法記錄5月1日、5月9日與5月30日之交易。

(1) 總額法

日　期	交易事項	借　方	貸　方
5月1日	應收帳款	30,000	
	銷貨收入		30,000
5月9日	現　　金	23,520a	
	銷貨折扣	480b	
	應收帳款		24,000c
	a. $30,000×80%×(1 − 2%) = $23,520		
	b. $30,000×80%×2% = $480		
	c. $30,000×80% = $24,000		
5月30日	現　　金	6,000	
	應收帳款		6,000
	$30,000×20% = $6,000		

(2) 淨額法

日　期	交易事項	借　方	貸　方
5月1日	應收帳款	29,400	
	銷貨收入		29,400
	$30,000×(1 − 2%) = $29,400		
5月9日	現　　金	23,520	
	應收帳款		23,520
	$30,000×80%×(1 − 2%) = $23,520		
5月30日	現　　金	6,000d	
	應收帳款		5,880e
	顧客未享折扣		120f
	d. $30,000×20% = $6,000		
	e. $30,000×20%×(1 − 2%) = $5,880		
	f. $30,000×20%×2% = $120		

（二）續後期間壞帳之估列

應收帳款雖是企業的一項流動性資產，但企業擁有此資產的同時亦須承擔可能收不回顧客所欠款項的風險，若企業對應收帳款收取現金流量的權利已到期、但顧客確實無能力付清款項時，企業應認列壞帳（uncollectible account）的發生、並除列已無法收回款項的應收帳款。然而壞帳何時發生、確實收不回的金額有多少這些是無法預知的，所以為了避免所提供的財務報表高估了應收帳款債權資產之價值及高估了稅後淨利，企業被要求於每一次財務報導結束日時必須評估應收帳款債權總額中可能無法收回的債權有多少，以便允當衡量當期損益及允當表達應收帳款之債權價值與品質狀況。如何評估應收帳款債權總額中可能無法收回的債權金額（亦即壞帳金額）呢？實務上常用以估計「可能無法收回的債權金額」之方法包括：(1) 銷貨收入百分比法（percentage-of-sales method）與 (2) 應收帳款帳齡分析法（aging method）。

1. 銷貨收入百分比法（percentage-of-sales method）

銷貨收入百分比法原則上係基於收入與費用配合的觀念。若採用銷貨收入百分比法估計壞帳，則企業必須觀察與分析歷年來賒銷收入金額與實際收不回的債權資產金額（亦即實際發生的壞帳金額）之間的關聯性，用以估計平均每年賒銷收入中有多少比率是很有可能無法收回的帳款，估算比率的簡易方式如下所示：

$$\text{壞帳比率}=\frac{\sum(\text{實際發生的壞帳})_t}{\sum(\text{賒銷收入})_t}$$

$$t=1,2,3,\cdots\cdots,n$$

在財務報導結束日，企業彙整該會計年度的賒銷收入總額後，依下列方式估算該年度賒銷收入總額中有多少金額很有能是收不回的帳款（亦即壞帳費用）：

當年度壞帳費用＝當年度賒銷收入總額 × 壞帳比率

並作如下的調整分錄已認列估計很有能收不回的帳款：

日　期	交易事項	借　方	貸　方
XX 年 XX 月 XX 日	壞帳費用－應收帳款	×××	
	備抵壞帳		×××

很有能是收不回的帳款對企業而言是一筆營業上的損失，故列為綜合損益表中營業費損項下，而備抵壞帳（allowance for doubtful account or allowance for uncollectible account）係用以將應收帳款債權資產從原始認列金額調整至於財務報導結束日之淨變現價值，故列示資產負債表中，作為應收帳款之減項。有時，某些企業未必清楚地將銷貨收入區分為賒銷收入（credit sales）或現銷收入（cash sales），此種情況下，企業亦可以當年度銷貨收入（sales revenues）總額來估算當年度壞帳費用。以範例 7-9 說明此方法之應用。

範例 7-9

三星科技股份有限公司調整前試算表列示下列餘額：

交易事項	借　　方	貸　　方
應收帳款	300,000	
備抵壞帳	6,800	
賒　　銷		750,000
現　　銷		230,000
銷貨退回與折讓	50,000	

1. 假設估計壞帳佔賒銷淨額的 4%，則三星科技股份有限公司估計壞帳費用並作調整分錄。
2. 假設估計壞帳佔銷貨淨額的 3%，則三星科技股份有限公司估計壞帳費用並試作調整分錄。

1.

當年度壞帳費用＝ (\$750,000 － \$50,000)×4% ＝ \$28,000

日　　期	交易事項	借　　方	貸　　方
XX 年 XX 月 XX 日	壞帳費用－應收帳款	28,000	
	備抵壞帳		28,000

備抵壞帳

（借方）		（貸方）	
調整前	6,800		
		當期調整	2,800
		期末餘額	21,200

三星科技股份有限公司
資產負債表
×× 年 ×× 月 ×× 日

應收帳款	\$300,000	
減：備抵壞帳	21,200	\$278,800

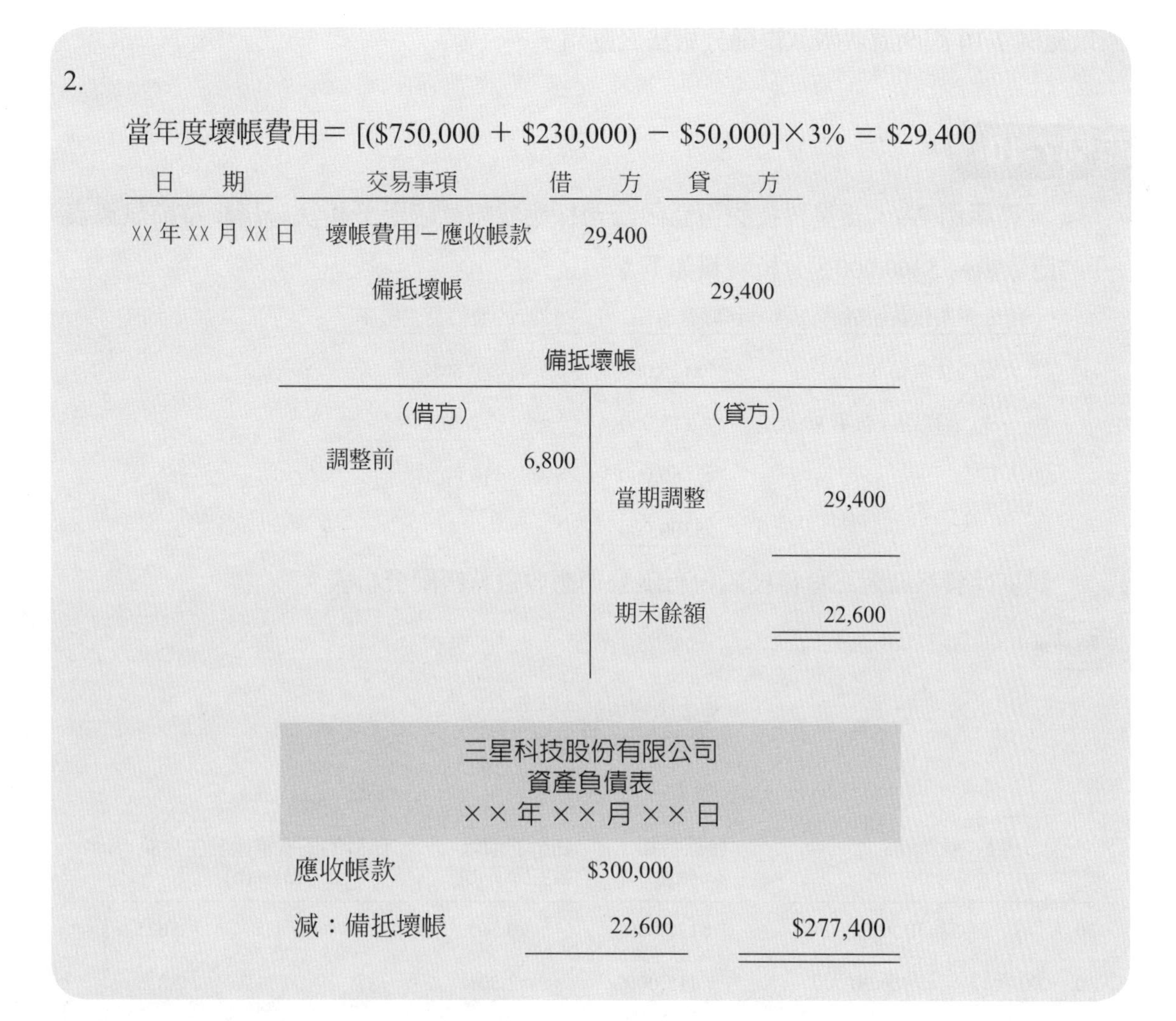

2.

當年度壞帳費用＝[($750,000 ＋ $230,000) － $50,000]×3% ＝ $29,400

日　期	交易事項	借　方	貸　方
XX 年 XX 月 XX 日	壞帳費用－應收帳款	29,400	
	備抵壞帳		29,400

備抵壞帳

（借方）		（貸方）	
調整前	6,800		
		當期調整	29,400
		期末餘額	22,600

三星科技股份有限公司
資產負債表
×× 年 ×× 月 ×× 日

應收帳款	$300,000	
減：備抵壞帳	22,600	$277,400

2. 應收帳款帳齡分析法（aging method）

應收帳款帳齡分析法係 (1) 將當期財務報導結束日之應收帳款依其帳款流通在外的時間（即為帳齡）長短作分類，理論上來說，帳款流通在外時間愈長，收不回來的機率愈高，所以針對流通在外較長的應收帳款企業會估計較高的壞帳發生機率，對流通在外時間較短的應收帳款企業會估計較低的壞帳發生機率，然後 (2) 將各類組的應收帳款金額乘以估計的壞帳發生機率以估算各類組應收帳款中收不回來的帳款金額（即為備抵壞帳），(3) 再將各類組應收帳款中收不回來的帳款金額加總求得財務報導結束日之應收帳款中估計收不回的帳款總額（即當期財務報導結束日之備抵壞帳帳列金額），(4) 最後將所估算的當期財務報導結束日之備抵壞帳帳列金額與上一期財務報導結束日之備抵壞帳金額和當期實際發生之壞帳總和作比較，其差異數即為估計當期可能發生的壞帳金額。

茲以範例 7-10 說明應收帳款帳齡分析法之應用。

範例7-10

延續範例 7-9，三星科技股份有限公司採應收帳款帳齡分析法分析調整前試算表中的應收帳款 \$300,000，分析資料如下：

應數帳款帳齡	帳款金額	估計的壞帳發生機率
30 天以內（含第 30 天）	\$125,000	0.50%
30 ～ 90 天以內（含第 90 天）	115,000	2.50%
90 天以上	60,000	15.00%
	\$300,000	

試依此資料編製三星科技股份有限公司應收帳款帳齡分析表。

應收帳款帳齡分析表
×× 年 ×× 月 ×× 日

	步驟（一）		步驟（二）	
應數帳款帳齡	帳款金額 (a)	估計的壞帳 發生機率 (b)	估計的備抵壞帳發生金額 (a)×(b)	
30 天以內（含第 30 天）	\$125,000	0.50%	\$625	步驟（三）
30 ～ 90 天以內（含第 90 天）	115,000	2.50%	2,875	
90 天以上	60,000	15.00%	9,000	
	\$300,000		\$12,500	

步驟（四）

備抵壞帳

（借方）		（貸方）		
		期初餘額	–	
調整前	6,800	當期調整	19,300	＝ (\$12,500 ＋ \$6,800) － \$0
		期末餘額	12,500	

於財務報導結束日作調整分錄認列估計的壞帳：

日　　期	交易事項	借　方	貸　方
××年××月××日	壞帳費用－應收帳款	19,300	
	備抵壞帳		19,300

於財務報導結束日，在資產負債表上表達揭露此應收帳款資訊，如下所示：

三星科技股份有限公司
資產負債表
××年××月××日

應收帳款	$300,000	
減：備抵壞帳	12,500	$287,500

（三）運用與除列

一般而言，當企業對應收帳款收取現金流量的權利已到期，例如顧客已繳清全部貨款，則企業應除列該筆應收帳款。然而，有時企業會在擁有對應收帳款收取現金流量的權利期間內，提供應收帳款作爲借款的擔保品（pledging of receivables）、或將應收帳款設定抵押給金融機構辦理借款（assignments of receivables）、或出售應收帳款（factoring of receivables），以縮短應收帳款現金流入的時間（亦即提早收取現金）、或改變應收帳款現金流入的金額。

就會計觀點來看，此種運用應收帳款的交易所引發的共同問題是：企業是否該除列應收帳款？依據國際財務報導準則第 9 號「金融工具」（IFRS 9 Financial Instruments）中對除列（derecognition）金融資產之規定，當對應收帳款收取現金流量的權利未到期、而企業即移轉此筆應收帳款時，企業應思考下列四個問題：

1. 是否已移轉對應收帳款收取現金流量的權利？
2. 是否承擔須將收自應收帳款之現金流量支付予第三者的義務？
3. 是否移轉應收帳款幾乎所有風險與報酬？
4. 是否放棄對應收帳款之控制？

若此四個問題的答案皆是肯定的（「是」），則企業應除列該筆應收帳款。對於企業是否應除列「收取現金流量權利尚未到期」的應收帳款，其判斷邏輯繪製於圖 7-2。

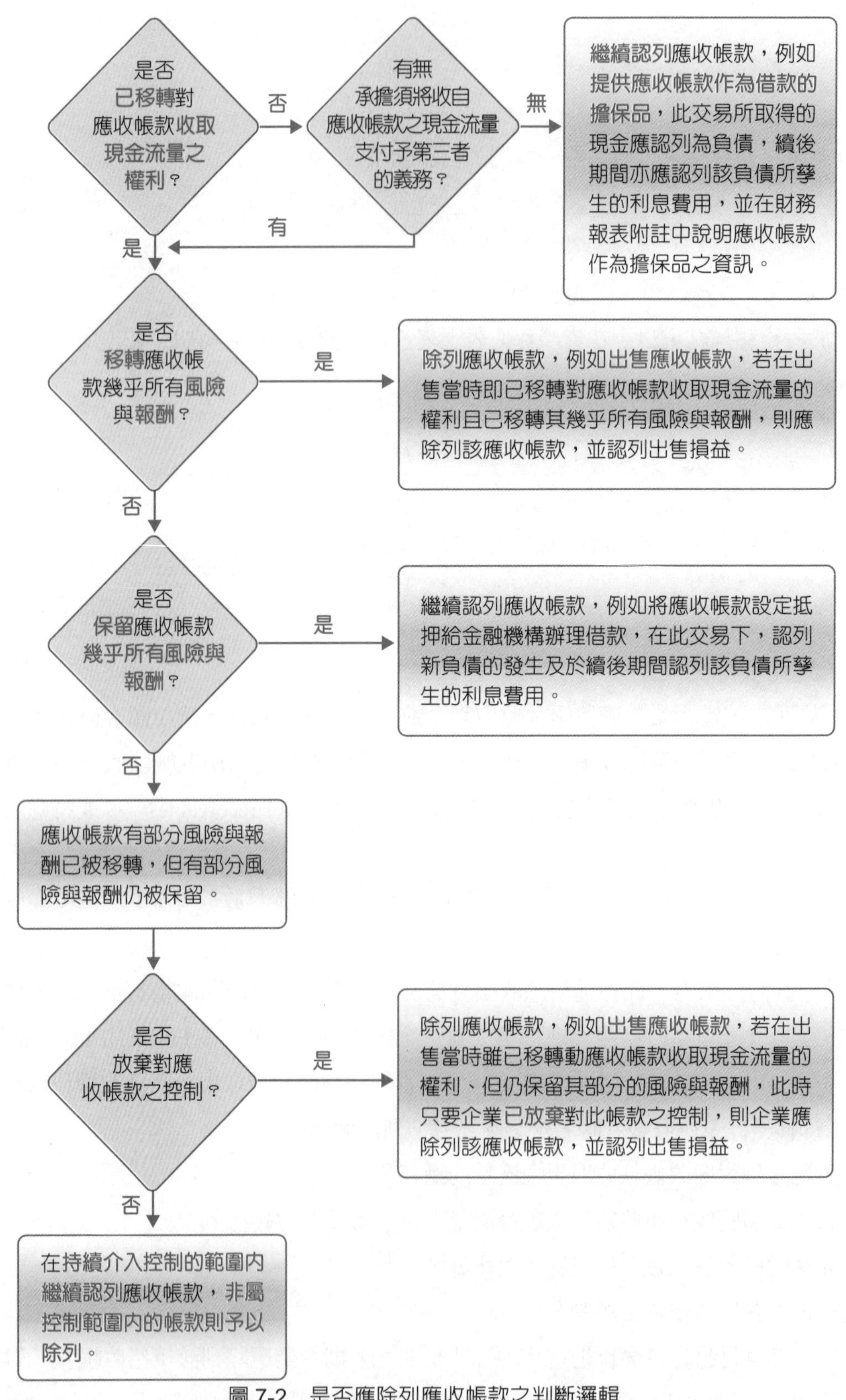

圖 7-2　是否應除列應收帳款之判斷邏輯

在提供應收帳款作爲借款的擔保品（pledging of receivables）之交易下，資金提供者僅有權利調查企業是否眞的擁有該應收帳款，而應收帳款僅作爲借款之擔保品，以提供保障與資金提供者，讓資金提供者知道企業係有足夠的資產可於未來產生現金流入以支應所舉借的資金。當還款期限到時，不論作爲擔保品用途的應收帳款之款項是否已被全數收回，企業還是須定期支付償還所借資金的本息。

提供應收帳款作爲借款的擔保品之交易並沒有移轉對應收帳款收取現金流量的權利，也沒有承擔須將收自應收帳款的現金支付予資金提供者（第三者）的義務，所以企業必須繼續在資產負債表之流動資產項中認列該筆應收帳款，並在財務報表之附註中表達與揭露該筆應收帳款作爲擔保品之事實。至於所舉借的資金則在資產負債表中認列爲流動負債，並在財務報表之附註中表達與揭露此筆負債有應收帳款作爲擔保。

將應收帳款設定抵押給金融機構辦理借款（assignments of receivables）時，金融機構會對此等應收帳款作信用調查並評估其價值後，始決定可以貸放與企業的金額，通常實際貸放予企業的金額爲應收帳款帳面價值之某一成數（介於 70%~90% 之間），另外，金融機構亦會對處理設定抵押的作業向企業酌收手續費。當應收帳款設定抵押給金融機構時，不論顧客是否有付清款項與企業或付與代收的金融機構，企業仍舊對金融機構附有按時償還貸款本息的義務，並仍繼續承擔帳款收不回之風險，因此在此交易下，企業雖有移轉對應收帳款收取現金流量之權利予金融機構，但仍保留應收帳款幾乎全部風險與報酬，所以企業應繼續在資產負債表之流動資產項中認列該應收帳款，並在流動負債中認列向金融機構辦理貸款之債務，及於爾後債務流通在外的期間於綜合損益表中認列該筆貸款所孳生的利息費用。編製財務報表時，亦應在附註中表達與揭露應收帳款已被設定抵押給金融機構辦理貸款的事實。以範例 7-11 說明會計上企業該如何處理應收帳款設定抵押借款之交易。

範例7-11

三星科技股份有限公司於 2015 年 11 月 1 日將應收帳款 $300,000 設定抵押給台北富邦商業銀行，台北富邦商業銀行經過徵信三星科技股份有限公司與評估此應收帳款債權品質後，決定貸予三星科技股份有限公司帳款金額之 80%，另酌收帳款金額之 1% 作爲手續費。貸款部分之年利率爲 6%，帳款收現後則於每月月底連同利息一併用以償付貸款。假設 11 月份發生退貨 $5,000，授與顧客銷貨折扣 $3,000，收到帳款 $150,000。12 月份確認應收帳款中有 $8,000 係收不回來的呆帳，其餘帳款 $137,000 全數收回。12 月 31 日還清剩餘的貸款本息。試作 11 月份與 12 月份之交易分錄。

11 月份及 12 月份之交易分錄如下所示：

日　期	交易事項	借　方	貸　方
2015 年			
11 月 1 日	現　金	237,000	
	財務手續費	3,000a	
	銀行貸款		240,000b
	a. $300,000×1% = $3,000		
	b. $300,000×80% = $240,000		
11 月份	銷貨退回與折讓	5,000	
	應收帳款		5,000
11 月份	現　金	147,000	
	銷貨折扣	3,000	
	應收帳款		150,000
11 月 30 日	銀行貸款	147,000	
	利息費用	1,200c	
	現　金		148,200
	c. $240,000×6%×(1/12) = $1,200		

12 月份	備抵壞帳	8,000	
	應收帳款		8,000
12 月份	現　　金	137,000	
	應收帳款		137,000
12 月 31 日	銀行貸款	93,000d	
	利息費用	465e	
	現　　金		93,465

d. $240,000 － $147,000 ＝ $93,000

e. ($240,000 － $147,000)×6%×(1/12) ＝ $465

出售應收帳款交易係指企業將應收帳款售予金融機構以換取現金流入。當企業出售應收帳款與金融機構時，企業亦會告知顧客帳款已售予某一金融機構，日後直接繳交貨款與該指定金融機構。原則上，企業出售應收帳款與金融機構時即代表日後顧客若無法繳付帳款則由金融機構承擔此損失、企業不須負連帶賠償責任，亦即出售應收帳款交易原則上為不附追索權之出售交易（sales of receivables without recourse），在此交易下，企業已移轉對應收帳款收取現金流量的權利且已將幾乎全部風險與報酬移轉給指定金融機構，亦已放棄對該應收帳款之控制，所以企業應除列該售出的應收帳款並認列出售損益。若企業出售應收帳款與金融機構時，金融機構要求企業須對無法收回的顧客帳款負連帶清償責任，此時出售應收帳款之交易為附有追索權之出售交易（sales of receivables with recourse），在此交易下，企業雖已移轉對應收帳款收取現金流量的權利、但沒有移轉幾乎全部風險和報酬予指定金融機構，倘若交易當下，企業亦已放棄對該應收帳款之控制，則企業應除列該已售出之應收帳款並認列處分損益；倘若交易當下，企業仍尚未放棄對該應收帳款之控制，則該筆應收帳款實質上並未售出，所以企業應繼續在資產負債表之流動資產項中認列與表達其對該應收帳款持續介入控制的部分，並將非屬持續介入控制的帳款予以除列。

在不附追索權之應收帳款出售交易下，係由金融機構承擔顧客可能無法償付帳款之風險，所以金融機構會估計所購買的應收帳款總金額中可能有多少百分比會發生呆帳損失，藉此向企業收取財務手續費以降低所承擔之壞帳風險，因此在會計處理上企業支付與金融機構的財務手續費實爲企業「出售應收帳款損失」；另一方面，在不附追索權之應收帳款出售交易下，因企業已移轉幾乎所有風險與報酬與指定金融機構，所以指定金融機構會自應收帳款帳面價值總額中保留一特定百分比率以應付顧客帳款可能發生退貨、折讓、或銷貨折扣等情況，若指定金融機構所保留的應收帳款在扣減顧客帳款實際發生退貨、折讓、或銷貨折扣等金額後尚有餘額留存，則指定金融機構會將此餘額全數退回予企業，因此在會計處理上企業會將指定金融機構所保留的應收帳款部分認列爲應收款項－指定金融機構。企業將已售出應收帳款帳面價值淨額扣減支付與金融機構的財務手續費與指定金融機構所保留的應收帳款部分後，剩餘的差額即爲企業出售應收帳款所實際換得之現金流入。最後，將出售應收帳款所實際換得之現金流入與指定金融機構所保留的應收帳款部分（應收款項－指定金融機構）加總即求得出售應收帳款價款；將出售應收帳款價款與應收帳款帳面價值淨額作比較則可決定出售帳款損益。以範例 7-12 說明不附追索權出售應收帳款交易之會計處理。

範例 7-12

三星科技股份有限公司於 2015 年 7 月 1 日出售並移轉帳面價值總額 $200,000 應收帳款（其備抵壞帳金額估計爲帳面價值總額之 5%）與臺灣銀行，無追索權，臺灣銀行保留帳款總額之 5% 以備抵可能發生之銷貨折扣、退貨與折讓，另按帳款總額收取 3% 財務手續費以備抵可能發生之壞帳損失。假設該筆應收帳款 7 月份實際發生壞帳 $2,000，銷貨折扣 $4,000，銷貨退回與折讓 $5,000，其餘帳款全數收回。試作：三星科技公司 7 月份之交易分錄。

解

1. 已售出之應收帳款帳面價值淨額
   ＝應收帳款帳面價值總額－估計備抵壞帳
   ＝ $200,000 － $200,000×5%
   ＝ $190,000
2. 付與金融機構的財務手續費＝ $200,000×3% ＝ $6,000
3. 應收款項－臺灣銀行＝臺灣銀行所保留的應收帳款金額
   ＝ $200,000×5% ＝ $10,000

4. 出售應收帳款所實際換得之現金流入＝ \$190,000 － \$6,000 － \$10,000

＝ \$174,000

5. 出售應收帳款價款

＝出售應收帳款所實際換得之現金流入＋應收款項－臺灣銀行

＝ \$174,000 ＋ \$10,000

＝ \$184,000

6. 出售帳款損益＝出售應收帳款價款－已售出之應收帳款帳面價值淨額

＝ \$184,000 － \$190,000

＝ (\$6,000)

7. 作分錄如下：

日　期	交易事項	借　方	貸　方
2015 年			
7 月 1 日	現　　金	174,000	
	備折壞帳	10,000	
	應收款項－臺灣銀行	10,000	
	出售帳款損失	60,000	
	應收帳款		200,000
7 月份	現　　金	1,000	
	銷貨折扣	4,000	
	銷貨退回與折讓	5,000	
	應收款項－台灣銀行		10,000

※ 因企業在出售移轉應收帳款時，已移轉壞帳風險與臺灣銀行，所以企業不可認列實際發生的壞帳 \$2,000，此壞帳爲臺灣銀行所應認列的壞帳。

有關 (1) 附有追索權之應收帳款出售交易和 (2) 保留對已移轉應收帳款之部分風險與報酬且未放棄對該帳款之控制的會計處理問題非屬初級會計學之範疇，故本章節未予敘述，讀者欲進一步了解可參考中級會計學書籍。有關企業對應收帳款收取現金流量的權利已到期時，只要顧客已付清全部的貨款，企業對顧客的應收債權已不復再，此時企業應認列現金之取得與除列應收帳款，分錄如下：

日　　期	交易事項	借　方	貸　方
XX 年 XX 月 XX 日	現　　金	×××	
	應收帳款		×××

二、應收票據

（一）原始認列與衡量

當收入交易發生時，若顧客已開立期限尚未到期的票據作爲支付款項之工具，企業收到顧客的票據當下即對此票據具有請求到期付款的權利，該權利會帶給企業經濟利益之流入，故爲企業的一項資產，稱爲「應收票據」。一般而言票據的形式有兩種：(1) 附息票據（interest-bearing notes）與 (2) 不附息票據（zero-interest-bearing notes）。附息票據係指票據上附有利率、面値、及到期日，票據之開票人於到期日時必須支付面値加計票面利息與指定的受款人，換言之，附息票據之特色是：

票據面値＝本金

票面利息＝票據面値 × 票據上所附利率 × 自開票日至到期日之期間

不附息票據係指票據上僅附有面値及到期日，票據之開票人於到期日時只須支付面値與指定的受款人，換言之，不附息票據之特色是：

票據面値＝到期値＝本利和

本金＝現値＝票據面値 ×p(i, n)

p(i , n) ＝以認列收入交易時之市場有效利率 i，將 n 期後始到期之本利和（即面値）$1 折算至認列收入交易日之現値。

因此，附息應收票據與不附息應收票據於原始認列與衡量時之會計處理如下所示：

1. 附息應收票據

日　　期	交易事項	借　　方	貸　　方
認列收入時	應收票據	面　値	
	銷貨收入（服務收入）		面　値

2. 不附息應收票據

日　　期	交易事項	借　　方	貸　　方
認列收入時	應收票據	面　値	
	應收票據折價		面値－現値
	銷貨收入（服務收入）		現　値

a. 現値＝票據面値 ×p(i, n)，p(i, n) ＝以認列收入交易時之市場有效利率 i，將 n 期後始到期之本利合（即面値）$1 折算至認列收入交易日之現値。

範例 7-13

三星科技股份有限公司於 2015 年 1 月 1 日出售機器一部給欣欣公司，出售當時即已移轉機器全部的風險與報酬與欣欣公司，且三星科技股份有限公司亦不再持續參與控制該機器。三星科技股份有限公司移轉機器予欣欣公司當時即收到現金 $200,000 與一年期、面值 $300,000 的票據乙紙。假設市場公平利率為 10%。

假設該票據附息 10%，則原始認列與衡量為何。

假設該票據為附息票據，則原始認列與衡量如下：

日　期	交易事項	借　方	貸　方
2015 年 1 月 1 日	應收票據	300,000	
	現　金	200,000	
	銷貨收入（服務收入）		500,000

假設該票據為不附息票據，則原始認列與衡量如下：

日　期	交易事項	借　方	貸　方
2015 年 1 月 1 日	應收票據	300,000	
	現　金	200,000	
	應收票據折價		27,273a
	銷貨收入（服務收入）		472,727b

a. $300,000 － $272,727 ＝ $27,273

b. $200,000 ＋ $300,000 × 1/(1 ＋ 10%)^1 ＝ $472,727

（二）續後評價

原則上，應收票據於續後期間應以攤銷後成本衡量，攤銷後成本係指原始認列成本加上已發生的時間成本（即利息）。

範例7-14

承續範例 7-13，三星科技股份有限公司原始應收票據於民國 101 年 12 月 31 日之評價分錄如下：

1. 附息應收票據

日　期	交易事項	借　方	貸　方
2015 年 12 月 31 日	應收票據	30,000	
	利息收入		30,000
	$300,000×10%×12/12 ＝ $30,000		

	101/12/31
應收票據	$330,000

2. 不附息應收票據

日　期	交易事項	借　方	貸　方
2015 年 12 月 31 日	應收票據折價	27,273	
	利息收入		27,273
	($300,000 － 27,273)×10% ＝ $27,273		

	101/12/31	
應收票據	$300,000	
減：應收票據折價	27,273	$272,727

同時，於財務報導結束日時亦必須評估應收票據債權總額中可能無法收回的債權有多少。評估方式係重新衡量應收票據未來現金流量與收款期間，將新估計之未來現金流量按原始有效市場利率折算新的現值，再將財務報導結束日之原始帳面價值調整至新的現值，則此調整數（＝財務報導結束日之原始帳面價值－新估計之未來現金流量按原始有效市場利率折算新的現值）即爲當期間估計無法收回的應收票據債權金額，企業應認列此調整數爲壞帳費用－應收票據

（三）運用與除列

對企業而言，應收票據與應收帳款一樣皆可作爲融資工具。通常企業會拿應收票據

至銀行辦理貼現，即所謂應收票據貼現。辦理應收票據貼現時，企業已移轉應收票據與貼現銀行，但必須承擔貼現期間所應付與銀行的利息成本（即爲貼現率），而銀行在收到企業貼現的票據時，即取得該票據的債權權利，當票據到期時，開票人直接兌付與銀行，若開票人發生跳票，銀行有權利要求企業（貼現人）代票據開票人清償該票據之到期值，換言之，在應收票據貼現交易下，銀行對企業是保有追索權的，因此企業並未移轉幾乎全部應收票據之風險與報酬予貼現銀行，但因企業已放棄對該應收票據債權之控制，所以，就會計處理而言，當企業拿應收票據向銀行辦理貼現時，企業應除列該金融資產。

企業向銀行辦理應收票據貼現時，銀行會先計算該票據之到期值，再依到期值計算企業於貼現期間應承擔的貼現息，銀行將票據到期值扣減企業應承擔的貼現息後求得貼現金額，此貼現金額也就是企業向銀行辦理應收票據貼現後所實際換得的資金。

在應收票據貼現交易下，銀行對企業雖保有追索權，但此追索權負債對企業而言係爲或有負債，若票據開票人無法如期兌付票據的可能性很高且金額可合理估計時，代表銀行會要求企業代爲償付的可能性很高，則此時企業必須認列此追索權負債；若票據開票人無法如期兌付票據的可能性不是很高或金額無法合理估計時，代表銀行會要求企業代爲償付的可能性不高，則此時企業不須認列此追索權負債，僅須作揭露說明即可。

應收票據貼現之會計處理的最後步驟即是企業必須決定貼現損益。在應收票據貼現交易下，企業因貼現所實際獲得之資金（即貼現金額）加上追索權負債價值之總和若大於貼現之應收票據於貼現日之帳面價值，則企業得到貼現利益，反之企業會承擔貼現損失。茲以範例 7-15 說明應收票據貼現之會計處理。

範例7-15

2015/06/30 顧客向三星科技股份有限公司購買商品，簽發一張 $240,000、6%、兩個月期的票據給三星科技股份有限公司。

2015/07/30 三星科技股份有限公司將上述票據持向第一銀行辦理貼現，貼現率爲 10%。應收票據貼現附有追索權，惟三星科技股份有限公司評估此或有負債發生的可能性不是很高。

2015/08/30 情況一：銀行通知三星科技股份有限公司顧客的票據已付款。

情況二：銀行通知三星科技股份有限公司顧客的票據拒付，已將本金與利息計入公司的銀行帳戶。

上述交易之認列與衡量如下所示：

日　期	交易事項	借　方	貸　方
2015 年 6 月 30 日	應收票據	240,000	
	銷貨收入		240,000
2015 年 7 月 30 日	應收利息	1,200	
	銷貨收入		1,200
	$240,000×6%×1/12 = $1,200		
	現　　金	240,380	
	貼現損失	820	
	應收票據		240,000
	應收利息		1,200

票據到期值：$240,000 + $240,000×6%×2/12 = $242,400

貼現息：$240,000×10%×[(2 − 1)/12] = $2,020

貼現金額：$242,400 − $2,020 = $240,380

貼現損失：$240,380 − ($240,000 + $1,200) = ($820)

2015 年 8 月 30 日	情況一 因票據已由顧客付訖了，三星科技股份有限公司的追索權負債即不存在，故公司不必作任何分錄。
2015 年 8 月 30 日	情況二 催收款項　　241,200 　現　金　　　　241,200 因票據遭顧客拒付，第一銀行要求三星科技股份有限公司代爲清償。公司代爲清償後，對原票據開票人（顧客）就有催收所欠貨款之權利，公司認列此權利爲「催收款項」。

三、放款

（一）原始認列與衡量

金融機構提供資金供他人使用以賺取利息收入與產生債權資產，此債權資產在金融機構財務報告書上稱爲放款。金融機構第一次認列「放款」債權資產時係以公允價值衡量，該公允價值係將未來現金流量（包括利息支出與本金償還）依據放款當時之有效利率折現求得。若放款係於次一個營業週期內或次一會計期間內即會償還者，則該放款應列示在金融機構資產負債表之流動資產項下；若放款係於次一個營業週期以後或於次一會計期間以後始會逐期償還者，則該放款應列在金融機構資產負債表之非流動資產項下。

（二）續後評價

原則上，於每一財務報導結束日時，金融機構應以攤銷後成本衡量「放款」之債權資產，並認列與衡量相關的利息收入。同時，銀行亦須考量放款契約約定內容、債務人履約狀況、及擔保品之狀況，評估其未來現金流量與債權存續期間是否可能有重大變動？若放款契約約定內容、債務人履約狀況、及擔保品之狀況有發生異動導致其未來現金流量與債權存續期間有發生重大變動之可能性，則金融機構須重新估計此放款之未來現金流量與債權存續期間，並依原始發生該債權資產時之原始有效利率折算新的現值，若新的現值大於原始攤銷後成本，則仍以攤銷後成本衡量；若新的現值小於原始攤銷後成本，則應將原始攤銷後成本調降至新的現值，並認列此差異數（＝原始攤銷後成本 – 新的現值）爲減損損失。

另一種須考量的情況是：債務人可能發生財務困難而與金融機構進行放款協商，例如訂定新的放款合約或修改條款，對金融機構而言，此爲放款發生減損之客觀證據，金融機構應按條款修改前之原始有效利率重新衡量修改條款後之未來現金流量之折現值，進而評估與認列此類放款發生減損損失金額。

學．後．評．量

一、選擇題

(　　) 1. 下列壞帳估計方法中，何者較符合配合原則？ (A) 賒銷百分比法 (B) 直接沖銷法 (C) 應收帳款帳齡分析法 (D) 市價法。【壞帳之估列；100 年初考】

(　　) 2. 甲公司 X1 年賒銷總額為 $1,000,000，期末應收帳款餘額為 $350,000，期末壞帳費用的計算採應收帳款百分比法，壞帳率為 1%，而期末調整前備抵壞帳有借方餘額 $2,500，則期末應提壞帳：。(A)$12,500 (B)$10,000 (C)$6,000 (D)$1,000。【壞帳之估列；100 年初考】

(　　) 3. 甲公司採用賒銷百分比法估計壞帳，壞帳率 2%。X1 年度賒銷金額 $300,000，期末時應收帳款總額為 $20,000，調整前備抵壞帳餘額為貸餘 $1,000。下列何者為當年度財務報表之正確資訊？ (A) 壞帳費用 $5,000；備抵壞帳 $5,000 (B) 壞帳費用 $6,000；備抵壞帳 $5,000 (C) 壞帳費用 $6,000；備抵壞帳 $6,000 (D) 壞帳費用 $6,000；備抵壞帳 $7,000。【壞帳之估列；100 年初考】

(　　) 4. 甲公司本年度之銷貨淨額為 $2,000,000，壞帳係按銷貨淨額之 1.5% 估列。本年度備抵壞帳之期初餘額為貸餘 $18,000，在本年度內沖銷之壞帳金額為 $45,000，試問本年底備抵壞帳之調整後餘額應為： (A)$3,000 (B)$48,000 (C) $75,000 (D) $93,000。【壞帳之估列；99 年初考】

(　　) 5. 甲公司收到面額為 $80,000，利率 10%，6 個月期之應收票據一紙，該紙票據之到期值為： (A) $80,000 (B) $88,000 (C)$84,000 (D)$4,000。【應收票據；99 年初考】

(　　) 6. 下列對壞帳估計方法的敘述，何者正確？ (A) 採用銷貨餘額百分比法時，財務報表表達之應收帳款淨額較接近淨變現價值 (B) 採用應收帳款餘額百分比法較不符合配合原則 (C) 採用銷貨餘額百分比法時，備抵壞帳不會產生借方餘額 (D) 採用帳齡分析法時，較強調資產負債表觀點。【壞帳之估列；99 年初考】

(　　) 7. 甲公司當年度提列壞帳費用 $200,000，去年已沖銷之壞帳 $10,000 今年又收回，備抵壞帳之期初與期末金額分別為 $120,000 與 $100,000，則該公司本年度實際發生之壞帳金額為何？ (A)$190,000 (B)$180,000 (C)$220,000 (D)$230,000。【壞帳之估列；98 年初考】

(　　) 8. 杜勒公司 12 月 31 日應收帳款及備抵壞帳餘額分別爲 $600,000 及 $13,000。根據應收帳款帳齡分析，該公司估計 12 月 31 日應收帳款之中的 $28,000 將無法收回。將上述事實調整入帳之後，該公司 12 月 31 日的應收帳款淨變現價值爲：(A)$600,000　(B)$587,000　(C)$559,000　(D)$572,000。

【應收帳款；99 年高考】

(　　) 9. 甲公司於 X1 年 5 月 1 日收到客戶一張不附息，6 個月期的本票 $300,000。7 月 1 日將該票據持往銀行貼現，貼現率爲 12%，則甲公司票據貼現可獲得多少現金？　(A)$276,000　(B)$285,000　(C)$288,000　(D) 無法計算。

【應收票據；99 年普考】

(　　) 10. 乙公司採銷貨淨額百分比法估計壞帳，壞帳率爲銷貨淨額 1.5%，若當年度銷貨 $200,000，銷貨折讓 $6,000，銷貨運費 $4,000，年底應收帳款餘額爲 $30,000，而備抵壞帳爲借方餘額 $200，請問乙公司結帳後備抵壞帳餘額爲：(A) $2,710　(B)$2,910　(C)$3,110　(D) $3,050。　【壞帳之估列；99 年普考】

(　　) 11. 顧客忠誠度計畫之會計處理何者錯誤？　(A) 企業應參考獎勵積點可單獨銷售的公平價值衡量分攤至獎勵積點之收入　(B) 銷售交易中已收或應收對價屬於獎勵積點的部分，若由企業本身提供獎勵，在尚未履行義務前，相關收入應予以遞延　(C) 衡量獎勵積點之公平價值時，應考量預期不會兌換之獎勵積點比例　(D) 若獎勵積點的兌換義務係由第三人履行，則應以淨額衡量獎勵積點對價。

(　　) 12. 下列何種交易應依 IFRIC 13 處理？　①航空公司累積里程數計畫　②信用卡公司刷卡紅利積點　③對大眾免費發放之美容體驗券。　(A) ①②③皆不需要　(B) ①　(C) ①②③　(D) ①②。

(　　) 13. 銷售商品收入之認列何者錯誤？　(A) 企業將商品之顯著風險及報酬移轉予買方　(B) 企業對於已經出售之商品既不持續參與管理，亦未維持其有效控制　(C) 收入金額能可靠衡量，但無須考慮交易相關之已發生及將發生之成本是否能可靠衡量　(D) 與交易有關之經濟效益很有可能流向企業。

(　　) 14. 下列何者正確？　①收入僅包括屬於企業之已收及應收經濟效益流入總額　②收入以總額認列者，應依包含商業折扣貨數量折後之金額認列　③若在銷售交易中扮演主要經營者角色，應以總額認列，例如保險經紀人之收入認列　④賣方若爲主要經營者，其除了是交易中主要義務人外，可能亦承擔顧客下單前後之存貨風險　⑤若收入對價收取時間較長，實際上銷售交易係包含融資行爲，應按設算利率將未來收取之款項折現，計算應收對價之公平價值 (A) ①②③④⑤　(B) ①③④⑤　(C) ①④⑤　(D) ①③⑤。

(　　) 15. 下列何者錯誤？ (A) 不同類商品或勞務交換時，除非無法可靠衡量換入商品之公平價值，否則應以換入公平價值並調整買 (賣) 方額外支付之現金，衡量應認列之收入　(B) 賣方無法完成交付銷售協議中的其中一項物品時，應判斷剩餘之義務是否重要，不一定會影響收入立即認列的情形　(C) 但若單一交易包含數個可辨認項目或數個交易有關聯時，應依交易實質認列收入 (D) 汽車銷售合約訂有二年後再買回之協議，因時間過長，應視爲兩項交易，於銷售汽車時認列收。

(　　) 16. 丁公司出售一批商品，定價 $100,000，商業折扣爲 5%，成本 $65,000，則有關此交易事項之分錄，下列敘述何者正確？ (A) 貸記：銷貨收入 $95,000　(B) 借記：存貨 $65,000　(C) 借記：銷貨成本 $95,000　(D) 貸記：銷貨收入 $100,000。

【應收帳款；98 年普考】

(　　) 17. 甲公司按資產負債觀點提列壞帳，X8 年度備抵壞帳借餘 $5,000，該年底應收帳款餘額 $600,000，若估計壞帳爲應收帳款 3%，則 X8 年應提列壞帳爲何？ (A)$13,000　(B)$18,000　(C)$20,000　(D)$23,000。

【壞帳之估列；99 年記帳士】

(　　) 18. 台北公司遵循收入認列原則，公司於 6 月 30 日爲客戶車輛提供維修服務，客戶於 7 月 1 日取車並於 7 月 5 日郵寄支票與公司付清維修費，公司於 7 月 6 日收到此支票，請問公司應於何時認列收入已經賺得？ (A)6 月 30 日　(B)7 月 1 日　(C)7 月 5 日　(D)7 月 6 日。　【收入；98 年記帳士】

(　　) 19. 正德公司應收帳款呆帳提列採應收帳款百分比法，估計呆帳率爲 2%，該公司 2008 年底應收帳款餘額爲 $2,500,000，調整前備抵呆帳有貸方餘額 $10,000，試問公司 2008 年底應提列多少呆帳費用？ (A)$30,000　(B)$40,000 (C)$50,000　(D)$60,000。　【壞帳之估列；98 年記帳士】

(　　) 20. 下列何種情況之銷貨可以在銷貨點認列收入： (A) 出售商品時與買方簽訂再買回合約　(B) 分期付款銷售產品　(C) 買方有權退回商品且未來退貨之金額無法合理估計　(D) 以上均不可在銷貨點認列銷貨收入。

【收入；100 年證券投資分析】

二、計算題

1. 【應收帳款；99 年普考】

甲公司 2015 年發生與應收帳款相關之交易如下：

銷貨（均爲賒銷）	$416,000
銷貨退回與折讓	$6,500
銷貨折扣（採總額法處理）	$11,553
應收帳款收現（包括收回已沖銷數）	$365,300
認列壞帳	$13,130
沖銷壞帳	$11,700
收回已沖銷壞帳	$3,130

試作：

(1) 甲公司認列壞帳之分錄。

(2) 甲公司沖銷壞帳之分錄。

(3) 甲公司收回已沖銷壞帳之分錄。

2. 【應收票據；98 年普考】甲公司 2015 年 12 月 1 日於銷貨時收到客戶開立之年息 2%，2 個月期的票據 $600,000，該公司採曆年制，且不做迴轉分錄。以下爲二項獨立狀況：

狀況一：發票人到期兌現。

狀況二：發票人拒絕承兌，經數次催收後始於 2016 年 2 月 3 日收回 $90,000，其餘確定無法收回。

試作：

(1) 狀況一中，甲公司於到期時應作之分錄。

(2) 狀況二中，甲公司於到期時與收回時應作之分錄。

3. 【收入；98 年證券投資分析】星展公司接受謝君申請加盟，當即收到現金 $70,000 及兩年期票據 $140,000，票面利息爲 8%。假設星展公司：

① 應履行之義務大部分尚未完成。

② 加盟金收現部分之退款期已過。

③ 票據收現之可能性可以合理估計。

則星展公司該如何認列與衡量該交易？

4. 【應收帳款 / 應收票據；99 年證券投資分析】甲公司於 99 年 1 月 1 日因銷貨而收到一張三年期不附息票據，面額 $10,000,000，甲公司的會計分錄為借記：應收票據 $10,000,000，貸記：銷貨收入 $10,000,000。

   試問：該會計處理對甲公司 99 年、100 年及 101 年度之淨利以及 101 年底保留盈餘之影響分別為何？

5. 【壞帳之估列；98 年證券投資分析】生生公司 96 年底及 97 年底備抵壞帳餘分別為 $94,000 及 $106,000（均為貸餘）。該公司 97 年度沖銷壞帳 $45,000，並收回沖銷之壞帳 $5,000，試問生生公司 97 年度損益表應認列多少壞帳費用？

6. 【應收帳款；99 年證券商高級業務】定偉公司本年度銷貨金額為 $30,000，已知期末應收帳款總額比期初增加 $4,000，期末備抵壞帳餘額較期初增加 $300，則該公司本年度銷貨收現的金額為多少？（假設未沖銷任何壞帳）

7. 【應收帳款；98 年證券商高級業務】台灣鋼鐵公司 96 年度進貨 $300,000、期初存貨 $220,000、期末存貨 $210,000、銷貨毛利 $90,000，期初應收帳款 $80,000、96 年度收回之應收帳款為 $260,000、96 年度之現金銷貨 $150,000，則 96 年 12 月 31 日之應收帳款餘額為多少？

8. 【壞帳之估列；98 年證券商高級業務】某公司 96 年底調整前部分帳戶金額如下：應收帳款 $250,000、銷貨 $5,000,000、備抵壞帳 $1,000（貸餘）、銷貨退回 $220,000、銷貨運費 $20,000，若估計壞帳為銷貨淨額的 0.5%，則 96 年之壞帳費用為多少？

9. 【壞帳之估列；98 年證券商高級業務】小美公司 96 年底有關帳戶之餘額如下：

應收帳款	$ 800,000	銷貨退回 $50,000
備抵壞帳（借差）	$ 5,000	銷貨折扣 $20,000
銷貨收入	$ 1,500,000	銷貨運費 $10,000

   若估計壞帳損失為銷貨淨額之 1.5%，則 96 年底提列壞帳損失應為多少？

10. 下列 (1) 及 (2) 為個別獨立的個案，請分別作答：

(1)【應收帳款；99 年 CPA】美崙公司銷售商品一批，訂價 $300,000，因為是老顧客，所以以七五折優惠價成交，依公司授信政策，若於 10 天內還款，給予 2% 現金折扣，至遲 30 天還款。若美崙公司採淨額法認列銷貨，則當天分錄為何？

(2)【收入；99 年高考】甲公司於 X1 年 10 月 25 日按每台 $30,000 價格銷售 1,000 台筆記型電腦予乙公司。於 X1 年 12 月 25 日出貨 500 台，其餘 500 台於 X2 年 1 月 25 日出貨。依銷售合約，乙公司應於 X1 年 10 月 1 日支付 25% 貨款，第一次交貨後 10 日內再支付 50% 貨款，其餘 25% 於第二次交貨後 10 日內支付。試問甲公司 X1 年銷貨收入若干？

參考文獻

1. Barden, P., V. Poole, N. Hall, K. Rigelsford and A. Spooner (2008), iGAAP 2009: A Guide to IFRS Reporting (2nd ed.): 1803-1836, Reed Elsevier Ltd.: London, UK.
2. Mirza, A. A., M. Orrell and G. J. Holt (2008), IFRS：Practical Implementation Guide and Workbook (2nd ed.): 35-50, John Wiley & Sons, Inc.: NJ, U.S.A.
3. 林有志、黃娟娟，會計學概要：以國際會計準則為基礎 (第二版)，滄海書局：台中。
4. 鄭丁旺，2007，中級會計學：以國際財務報導準則為藍本 (第十版下冊)，作者：台北。

CHAPTER 08

存　貨

學習目標

研讀本章後，可了解：

一、存貨成本之決定

二、存貨成本流程

三、永續盤存制下期末存貨與銷貨成本之計算

四、定期盤存制下期末存貨與銷貨成本之計算

五、成本與淨變現價值孰低法之期末存貨評價

六、存貨錯誤之影響

七、存貨之估計

本章架構

存貨

存貨成本之決定	存貨成本流程	存貨之期末評價	存貨評價錯誤的影響	存貨估計方法
• 存貨之意義與取得成本 • 存貨成本之決定過程	• 成本流程 • 永續盤存制 • 定期盤存制 • 不同成本流程對財務報表之影響	• 成本與淨變現價值孰低法之評價原則與釋例	• 對綜合損益表之影響 • 對財務狀況表之影響	• 毛利估計法 • 零售價估計法

前言

一般商業環境，企業或商店通常會準備適量商品存貨供客戶或消費者購買；此外，企業買進及銷售商品的時間也有落差，故必然會產生存貨。因此，買賣業公司經常擁有一定規模的存貨，有時甚至是公司最大且最重要的資產。若存貨之評價有問題，將造成資產負債表上高估或低估存貨資產的價值，也會使綜合損益表上損益的衡量發生錯誤。

存貨的會計問題包括存貨取得成本之認定、不同盤存制度下的會計處理方式、不同成本流程下如何決定期末存貨成本與銷貨成本、成本與淨變現價值孰低法如何應用於存貨評價上、存貨評價錯誤之影響、以及缺乏資料時如何估計存貨價值等。買賣業會計章節業已介紹過不同盤存制度下存貨會計處理方式，故本章將就其餘存貨會計問題加以介紹。

8-1 存貨成本之決定

一、存貨之意義與取得成本

（一）存貨之意義

存貨在買賣業統稱爲商品存貨（merchandise inventory），在製造業（manufacturer）依投入加工與產出的順序，則至少可將存貨細分爲三類：

1. 原材料、物料及零件。
2. 在製品。
3. 製成品。

商品存貨及製成品，皆爲可直接供出售之存貨，而原材料、物料、零件及在製品，則須待其投入生產且加工成製成品後，方可供出售之用。

根據國際會計準則對存貨之定義，存貨係指符合下列任一條件之資產：

1. 備供正常營業出售者。
2. 正在生產中且將於完成後供正常營業出售者。
3. 將於製造過程或勞務提供過程中消耗之原材料或物料。

（二）存貨之取得成本

存貨成本之認定或評價，應以實際取得成本爲準，故存貨之取得成本，應包括取得該貨品，使其達到可供銷售或可供生產之狀態及地點所發生之必要支出。一般而言，存貨成本應包含下列項目：

1. 扣除進貨折扣後的供應商發票價格。
2. 購進貨品在運送過程中的保險費。
3. 進貨運費。
4. 其他各項附屬成本，如報關費，關稅等。

（三）存貨與銷貨成本之關係

存貨是公司在某一特定時點的庫存及可供出售之貨品，公司某一期間的銷貨成本，必須取得存貨之進貨、銷售及庫存的數量資訊，且須按照商品存貨盤存制度及一定的存貨成本流程假設方能決定之。通常有兩種商品存貨的盤存制度可用以蒐集這些資訊，即定期盤存制（periodic inventory system）與永續盤存制（perpetual inventory system）。

永續盤存制按商品存貨實際進出情況，隨時更新並維持每項商品的進、銷、存數量與成本紀錄，即時提供商品存貨之數量與成本資訊，並同時決定銷貨成本之金額。

在定期盤存制下，公司平時僅記錄進貨成本（含進貨、進貨折扣、進貨退出與折讓及進貨運費等），未隨時更新存貨記錄，無法得知庫存或已出售貨品的數量與成本。如欲得知期末庫存或已出售貨品的數量與成本，則必須進行全部存貨的實地盤點。其過程包括先點算每一存貨項目之庫存數量，其次，再按一定的存貨成本流程假設，應用每項存貨之單位成本乘以其庫存數量，得出每項存貨之成本，最後將每項存貨成本加總，即可算出期末存貨之總成本，並據以推算銷貨成本。茲以範例 8-1 說明銷貨成本之計算，同時列示其在綜合損益表上的表達方式。存貨及銷貨成本之詳細計算過程，如下列計算式所示：

本期進貨成本＝進貨－（進貨折扣＋進貨退出與折讓）＋進貨運費

可供銷售商品成本＝期初存貨＋本期進貨成本

銷貨成本＝可供銷售商品成本－期末存貨

範例 8-1

假設三星科技公司採用定期盤存制記錄存貨，其 2016 年 3 月 31 日進行期末盤點得知期末存貨成本為 $100,000，且帳上顯示下列期初存貨與本期進貨的相關資料：

存貨，2016 年 3 月 1 日	$ 94,000	（借餘）
進貨	305,000	（借餘）
進貨折扣	6,000	（貸餘）
進貨退出與折讓	12,000	（貸餘）
進貨運費	15,000	（借餘）

試計算銷貨成本，並列示其在綜合損益表上之表達方式。

解

如表 8-1 所示，根據上述定期盤存制下銷貨成本之計算公式，三星科技公司 3 月份之銷貨成本為 $296,000，其計算步驟如下：

1. 本期進貨成本＝ $305,000 － ($6,000 ＋ $12,000) ＋ $15,000 ＝ $302,000
2. 可供銷售商品成本＝ $94,000 ＋ $302,000 ＝ $396,000
3. 銷貨成本＝ $396,000 － $100,000 ＝ $296,000

表 8-1　在定期盤存制下綜合損益表中銷貨成本之計算

三星科技公司
部分綜合損益表
2016 年 3 月

銷貨成本：			
期初存貨			$94,000
進貨		$305,000	
減：進貨折扣	$6,000		
進貨退出與折讓	12,000	18,000	
進貨淨額		$287,000	
加：進貨運費		15,000	
本期進貨成本			302,000
可供銷售商品成本			$396,000
減：期末存貨			100,000
銷貨成本			$296,000

二、存貨成本之決定過程

不論採行何種存貨盤存制，必須搜集有關進、銷、存的貨品數量與成本資料，方能決定期末存貨成本與銷貨成本。存貨成本之決定過程，首先必須進行全部存貨的實地盤點，並確定貨品所有權是否歸屬公司，方能取得正確的期末存貨數量。其次，應確認貨品之取得成本，包括使存貨達到可供銷售或可供生產之狀態及地點，而發生的所有合理、正常、且必要的支出。最後，再按一定的存貨成本流程，決定期末存貨成本與銷貨成本。

（一）盤點存貨

實地盤點時，必須點算、稱重、丈量或測量每一庫存項目之實際數量。例如成衣商店的衣服可以點算存貨中有多少件（套）衣服，而布行的庫存布料或油料行的油品庫存量則必須仰賴丈量長度或容量，才能得知實際庫存數量。總之，實地盤點應儘量以科學方法正確衡量存貨數量。會計人員通常需要協助規劃盤點工作，並覆核盤點結果，以及設計盤點單，供正確記錄初盤、複盤、甚至抽盤的結果。存貨盤點工作完成且核對無誤後，最後必須將經過確認的盤點單送至會計部門供核計存貨成本（數量 × 單位成本）之用。

（二）確認貨品所有權

盤點存貨時，亦應確認貨品的所有權是否屬於公司，所有權不屬於公司的貨品必須予以排除，不能納入公司的庫存存貨之中。但所有權屬於公司的貨品，即使不在公司內，亦應設法加以盤點並納入公司存貨。當進貨的交貨條件爲起運點交貨（F.O.B. shipping point），雖在報表截止日（例如 12 月 31 日）貨品尚在運送途中，但因其所有權已屬於公司，此類在途存貨（goods in transit）應納入公司的期末存貨。若交貨條件爲目的地交貨（F.O.B. destination），則因此類運送途中之存貨所有權尚不屬於公司，故不可納入公司的期末存貨。若公司將貨品寄放在其他公司託售，此即寄銷貨品（consigned goods），盤點時應將其納入期末存貨的盤點範圍。

此外應特別注意，並非只在定期盤存制才須盤點存貨，其實在兩種制度下均應定期盤點存貨。但採用定期盤存制時，通常應在會計期間的期末進行存貨盤點，方能決定期末存貨成本與銷貨成本。採永續盤存制時，盤點存貨的時點並不限於期末，在期中任何時點皆可進行，只要能確認存貨記錄的存量是否正確即可。實務上常選擇較不干擾業務的時點，或營業的淡季盤點存貨，例如，一般的超商會在午夜盤點存貨，量販店會在非假日才盤點存貨。

（三）存貨盤盈或盤虧

在永續盤存制下，若實際盤存數量與帳列庫存數量不符，即發生存貨盤盈或盤虧。若盤存數量大於帳列數量，即發生存貨盤盈，則應借記商品存貨，貸記銷貨成本。若盤存數量小於帳列數量，即發生存貨盤虧，則應借記銷貨成本，貸記商品存貨。茲以範例8-2說明存貨盤盈或盤虧之記錄方式。在定期盤存制下，則因無帳列庫存記錄，故無從判斷存貨有否盤盈或盤虧。

範例8-2

三星科技公司在 11 月 30 日盤點庫存後，發現實際存貨較帳列存貨短少 $2,500。在 12 月 31 日則發現實際存貨較帳列存貨溢出 $1,200。試作 11 月 30 日及 12 月 31 日盤點庫存後發現存貨差異之分錄。

解

此例在 11 月 30 日因為發生存貨短少，應借記「銷貨成本」，貸記商品存貨。在 12 月 31 日因為發生存貨溢出，應借記商品存貨，貸記「銷貨成本」。故其分錄分別如下：

日　期	會計項目	借　方	貸　方
11/30	銷貨成本	2,500	
	商品存貨		2,500
12/31	商品存貨	1,200	
	銷貨成本		1,200

知識學堂

【適當庫存因應降低停工損失】

凡那比颱風造成水淹高雄大社工業區，針對外傳停工恐長達 1 個月，營業損失達 11 億元，榮化公司澄清表示，大社廠復原工作的進度符合預期，並無延誤情形，停工時間更有機會較先前推估二周短，搭配庫存因應，對營業額影響不大，停工損失維持約 2 千萬元推估值。

2010 年 9 月 19 日凡那比颱風襲台，南部地區大雨成災，榮化處高雄大社工業區最低窪的地區，淹水情況相對嚴重，當日已緊急停車。原先，榮化公司內部推估，復工時間約需二周，亦即 10 月初復工。由於機器設備及存貨之損失均可獲得保險公司理賠，初步估計停工損失約 2 千萬元。

榮化強調，對於停工的影響，由於該公司存貨水準多維持在 20 天到一個月，故可先以庫存來因應訂單，復工後再增加生產回補庫存，9 月營收衝擊影響不大。

新聞來源：2010/09/24，工商時報，彭暄貽 / 台北報導。

8-2 存貨成本流程

原則上存貨應以取得成本評價，但在多次買進貨品且每次均有不同單位成本時，將發生不知如何分配成本至期末存貨與銷貨成本之問題。會計上有三種存貨成本流程（flow of inventory costs），用以解決此類問題。以下分別說明三種方法的意義，而後再按永續盤存制與定期盤存制舉例說明三種方法下，如何計算期末存貨成本與銷貨成本，最後比較不同成本流程對財務報表的影響。

一、成本流程

根據國際會計準則之規定，存貨成本計算方法中，有三種成本流程可用以解答上述問題，包括：(1) 個別認定法（specific identification method）；(2) 先進先出法（first-in, first-out，FIFO method）；(3) 平均法（average method or average cost method）。個別認定法係按貨品實際流動順序（稱為存貨實體流程，physical flow of inventory）決定存貨成本的方法，而其餘兩種方法則是根據假定的成本流程來決定存貨成本。公司可針對相同類型貨品選擇一種適用的存貨成本流程，因此性質或用途不同的存貨類型可使用不同的存貨成本流程，但必須一貫地應用於所有會計期間。

1. 個別認定法

係指個別存貨以其實際成本，作爲售出之成本。此法要能清楚辨認每一單位產品的實際成本，通常每一單位產品均有唯一的序號或識別標籤，例如：汽車、飛機或輪船等大型產品，可根據其引擎號碼或生產序號歸屬實際成本至期末存貨與銷貨成本。

2. 先進先出法

係指同種類或同性質之存貨，依照取得次序，以其最先購進部分之成本，作爲最先售出部分之成本。此法假設售出的商品通常是最先購進的，亦即存放庫存中最久的商品應最先被售出。因此，期末剩餘的存貨則爲最近購入的商品。此法適用於生鮮食品及有使用期限之貨品，因爲這些產品的實際流程與本法假設流程較一致。

3. 平均法

係指以當期可供出售之所有同類種類或同性質產品的平均成本來評定期末存貨與銷貨成本的方法。在永續盤存制下，此法稱爲移動平均法（moving average method），但在定期盤存制下則稱爲加權平均法（weighted average method）。所謂移動平均法係指同種類或同性質之存貨，每次取得之數量及價格，與其前存餘額，合併計算所得之加權平均單價（單位成本），作爲售出部分之平均單位成本。所謂加權平均法係指同種類或同性質之存貨，本期各批取得總價額與期初餘額之和，除以該項存貨本期各批取得數量與期初數量之和，所得之平均單價（單位成本），作爲本期售出部分之成本。

二、永續盤存制

當企業採用永續盤存制，通常會在每一種存貨購入或售出時，將進貨、銷貨或退貨等異動，記錄於存貨明細帳（inventory subsidiary ledger），如表 8-2 所示，以便即時提供存貨數量與成本資訊。範例 8-3 說明在永續盤存制下，如何運用三種成本流程，計算貨品的期末存貨與銷貨成本。

表 8-2　存貨明細帳

存貨編號：　fan-66　　主要供應商：　同同家電公司
品名：　小蘋果涼風電扇　　次要供應商：　寶寶家電公司
存放地點：　東港街倉庫　　存貨水準：min.:　20　max.:　200

日期	進貨			銷貨成本			結存		
	數量	單價	金額	數量	單價	金額	數量	單價	金額
4/1							50	200	10,000
4/3				20	200	4,000	30	200	6,000

範例8-3

假設三星科技公司於2016年4月1日有小蘋果涼風電扇的期初存貨50單位，單位成本為$200，2016年4月份該項商品之進貨與銷貨資料如下：

進貨			銷貨		
日 期	單位數	單位成本	日 期	單位數	單位售價
4/5	50	$220	4/3	20	$350
4/12	100	$240	4/18	80	$350
4/20	50	$260	4/30	90	$350

試按下列各種存貨成本流程下的方法，計算2016年4月30日三星科技公司小蘋果涼風電扇的期末存貨與銷貨成本。

1. 個別認定法 （經過個別認定，4月3日銷售的20單位係來自期初存貨；4月18日銷售的80單位，30單位來自期初存貨，50單位則為4月12日所購入；4月30日銷售的90單位，40單位為4月5日所購入，另50單位為4月12日所購入）；
2. 先進先出法；
3. 移動平均法。

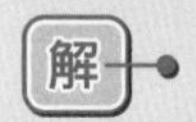

1. 個別認定法

此法根據每項貨品實際流程，將實際成本分配至每次出售的貨品中，餘下的存貨必須分別保留其原始取得成本資料，亦即若存貨中有兩種以上的進貨單價時，應分存貨層次（layer）記錄存貨數量與個別單價。

表 8-3　個別認定法下之存貨明細帳內容

日期	進貨			銷貨成本			結存		
	數量	單價	金額	數量	單價	金額	數量	單價	金額
4/1							50	200	10,000
4/3				20	200	4,000	30	200	6,000
4/5	50	220	11,000				30	200	
							50	220	17,000
4/12	100	240	24,000				30	200	
							50	220	
							100	240	41,000
4/18				30	200		50	220	
				50	240	18,000	50	240	23,000
4/20	50	260	13,000				50	220	
							50	240	
							50	260	36,000
4/30				40	220		10	220	
				50	240	20,800	50	260	15,200

由範例 8-3 的資料，個別認定法下應有的存貨明細帳記錄內容如表 8-3 所示，故 4 月 30 日的期末存貨成本為 $15,200，且經過加總後亦可得知銷貨成本為 $42,800（$4,000 ＋ $18,000 ＋ $20,800 ＝ $42,800）。

2. 先進先出法

此法按先購入貨品應先售出的次序，將實際成本分配至銷貨成本中，存貨中若有兩種以上的進貨單價時，亦應分層次記錄存貨數量與個別單價。由範例 8-3 的資料，FIFO 法下應有的存貨明細帳記錄內容如表 8-4 所示，故 4 月 30 日的期末存貨成本為 $15,400，且經過計算後得知銷貨成本為 $42,600（$4,000 ＋ $17,000 ＋ $21,600 ＝ $42,600）。

表 8-4　先進先出法下之存貨明細帳內容

日期	進貨			銷貨成本			結存		
	數量	單價	金額	數量	單價	金額	數量	單價	金額
4/1							50	200	10,000
4/3				20	200	4,000	30	200	6,000
4/5	50	220	11,000				30 50	200 220	17,000
4/12	100	240	24,000				30 50 100	200 220 240	41,000
4/18				30 50	200 220	17,000	100	240	24,000
4/20	50	260	13,000				100 50	240 260	37,000
4/30				90	240	21,500	10 50	240 260	15,400

3. 移動平均法

此法於每次購入貨品時需按加權平均的方式，重新計算存貨的平均單價，故稱為「移動平均」。銷售時再依最近一次的平均單價乘以銷售數量，將實際成本分配至銷貨成本中。在計算平均單價時，若無法整除，通常取至小數第二位，小數第三位以下則四捨五入，但金額欄通常取至整數位（元），並應注意調節小數計算可能產生的誤差。由範例 8-3 的資料，移動平均法下應有的存貨明細帳記錄內容如表 8-5 所示，故 4 月 30 日的期末存貨成本為 $14,311，且經過計算後得知銷貨成本為 $43,689（$4,000 ＋ $18,222 ＋ $21,467 ＝ $43,689）。

表 8-5　移動平均法下之存貨明細帳內容

日期	進貨			銷貨成本			結存		
	數量	單價	金額	數量	單價	金額	數量	單價	金額
4/1							50	200.00	10,000
4/3				20	200.00	4,000	30	200.00	6,000
4/5	50	220.00	11,000				80	212.50	17,000
4/12	100	240.00	24,000				180	227.78	41,000
4/18				80	227.78	18,222	100	227.78	22,778
4/20	50	260.00	13,000				150	238.52	35,778
4/30				90	238.52	21,467	60	238.52	14,311

三、定期盤存制

在定期盤存制下，期末存貨與銷貨成本之決定，相當於透過期末盤點存貨的結果，將可供銷售商品成本分攤至期末存貨與銷貨成本之中。其過程包括先盤點存貨數量，其次，按一定的存貨成本流程，應用每項存貨之單價乘以其庫存數量，得出期末存貨，並根據下列算式推算銷貨成本：

可供銷售商品成本 ＝ 期初存貨＋本期進貨成本

銷貨成本 ＝ 可供銷售商品成本－期末存貨

範例 8-4

同範例 8-3 的資料，假設 2016 年 4 月 30 日期末盤點得知小蘋果涼風電扇的期末存貨數量爲 60 單位，試按下列方法計算 4 月 30 日小蘋果涼風電扇的期末存貨成本與銷貨成本？

1. 個別認定法（經過個別認定，期末存貨中有 10 單位係 4 月 5 日所購入，其餘則爲 4 月 20 日所購入）；
2. 先進先出法；
3. 加權平均法。

解

小蘋果涼風電扇的期末存貨與銷貨成本之決定可分爲三個步驟：

①計算可供銷售商品成本：

可供銷售商品成本＝期初存貨＋本期進貨成本

＝ $200×50 ＋ ($220×50 ＋ $240×100 ＋ $260×50) ＝ $58,000

②計算期末存貨：視不同成本流程而定，說明於下。

③計算銷貨成本：視不同成本流程而定，說明於下。

1. 個別認定法

步驟①：計算期末存貨：期末存貨＝ $220×10 ＋ $260×50 ＝ $15,200

步驟②：計算銷貨成本：銷貨成本＝可供銷售商品成本－期末存貨

＝ $58,000 － $15,200 ＝ $42,800

2. 先進先出法

步驟①：計算期末存貨：$260×50 ＋ $240×10 ＝ $15,400

步驟②：計算銷貨成本：$58,000 － $15,400 ＝ $42,600

3. 加權平均法

步驟①：計算期末存貨成本

加權平均單位成本＝可供銷售商品成本 ÷ 可供銷售商品數量

＝ $58,000÷(50 ＋ 50 ＋ 100 ＋ 50)

＝ $232　期末存貨＝加權平均單位成本 × 期末存貨數量

＝ $232×60 ＝ $13,920

步驟②：計算銷貨成本

$58,000 － $13,920 ＝ $44,080

或 $232×(20 ＋ 80 ＋ 90) ＝ $44,080

四、不同成本流程對財務報表之影響

（一）對綜合損益表之影響

根據範例 8-3 及 8-4 的資料編製如表 8-6 所示的部分綜合損益表，可比較不同成本流程下綜合損益表中銷貨毛利的差異。將永續盤存制下之銷貨成本細分成可供銷售商品成本減去期末存貨，係爲便於比較目的，實際上此類綜合損益表通常僅列示銷貨成本而已。在物價上漲期間，先進先出法所得之銷貨毛利最大，平均法則較小。故採用先進先出法會產生最小的銷貨成本、最大的銷貨毛利、及最大的淨利。

表 8-6　兩種存貨盤存制在不同成本流程下之部分綜合損益表

	個別認定法	先進先出法	平均法
永續盤存制：			
銷貨收入	$66,500	$66,500	$66,500
銷貨成本：			
可供銷售商品成本	58,000	58,000	58,000
減：期末存貨	15,200	15,400	14,311
銷貨成本	42,800	42,600	43,689
銷貨毛利	$23,700	$23,900	$22,811
定期盤存制：			
銷貨收入	$66,500	$66,500	
銷貨成本：			
期初存貨		10,000	10,000
本期進貨	48,000	48,000	48,000
可供銷售商品成本	58,000	58,000	58,000
減：期末存貨	15,200	15,400	13,920
銷貨成本	42,800	42,600	44,080
銷貨毛利	$23,700	$23,900	$22,420

（二）對資產負債表的影響

由表 8-6 的結果亦可知，在物價上漲期間，先進先出法所得期末存貨最大，平均法較小，故採先進先出法的存貨資產價值較高，同時因先進先出法下銷貨毛利最大，故淨利也最大，保留盈餘因而增加較多，權益亦較高。

知識學堂

【財會準則 10 號公報與國際會計準則接軌】

證交所爲協助上市公司了解正常產能之訂定、如何分類比較、及企業存貨系統的修改等實務應用問題，特舉辦「財務會計準則公報第 10 號宣導會」，證交所表示，10 號公報修訂條文係配合國際會計準則 IAS 2 所修訂，期與國際會計準則接軌。10 號公報修訂重點包括：存貨衡量由「成本與市價孰低法」改爲「成本與淨變現價值孰低法」、「存貨跌價損失」將調整至銷貨成本項下、刪除「總額法」的比較基礎，及刪除「後進先出法」等，且也涉及企業存貨系統修改。10 號公報實務應用面涉及許多判斷因素，包括正常產能訂定、如何分類比較等，爲協助企業財務會計主管了解新公報的相關內容、實務應用及對於財務報告影響，並規劃相關配套措施做爲因應，金管會委託證交所舉辦宣導會，邀請上市公司及未上市櫃的公開發行公司代表參加。

新聞來源：2009/01/19，工商時報，楊玟欣 / 台北報導。

8-3 存貨之期末評價

一般而言，期末存貨成本應按歷史成本評價，但在某些情況下歷史成本可能不適用。例如，當某項存貨由於過於陳舊或無法再以正常貨品出售，使其效用或價值顯然低於其成本時；有時因技術的更新或替代商品的競爭，亦會出現此種情況。例如，VCR 及計算機等，因 DVD、及 PDA 或手機的出現，其市價下跌幅度相當大，此時若再堅持採歷史成本評價，將高估期末存貨的價值。根據國際會計準則規定，存貨之續後衡量及期末評價，應採成本與淨變現價值孰低法衡量，原則上，存貨之成本應逐項與淨變現價值比較，但在某些情況下同一類別之存貨亦得分類比較，其方法一經選定即需各期一致使用。

一、成本與淨變現價值孰低法之評價原則與釋例

所謂成本與淨變現價值孰低法（lower-of-cost-or-net-realizable-value (NRV) method），係指當期末存貨之淨變現價值低於原取得成本時，即以淨變現價值作爲評價基礎，將期末存貨成本調低至淨變現價值，承認跌價損失。反之，當淨變現價值較成本爲高時，仍用原成本評價，不承認漲價利益。基於此，方不致於高估存貨之價值，以及高估當期的淨利，此乃會計評價上應用穩健原則最典型的例子。

在成本與淨變現價值孰低法下，所謂成本是指商品存貨的原始取得成本，至於淨變現價值係指在正常情況下期末存貨之估計售價扣除銷售費用後之餘額。由於比較方式有逐項或分類比較兩種選擇，故成本與淨變現價值孰低法之比較可分爲逐項比較及分類比較兩種方法。

應用成本與淨變現價值孰低法時，若淨變現價值低於成本，則應將原成本調低至淨變現價值。在期末存貨淨變現價值低於原成本時，公司因持有跌價之存貨而發生損失，應借記「銷貨成本」或「存貨跌價損失」項目，貸記「備抵存貨跌價」項目，存貨跌價損失項目應列爲銷貨成本之加項。公司應於各續後期間重新衡量存貨之淨變現價值，若先前導致存貨淨變現價值低於成本之因素已消失，或有證據顯示經濟情況改變而使淨變現價值增加時，公司可於原沖減金額之範圍內，迴轉存貨淨變現價值增加數，並認列爲當期銷貨成本之減少。

而在資產負債表上，原則上應調低期末存貨之價值，但欲調整每一項存貨將有困難，實務上常將應調低之金額貸記備抵存貨跌價項目。因採用分類比較法時，未能明確指出應調低那一項存貨之成本，故設立備抵存貨跌價項目。此外，俟存貨淨變現價值回升時亦可供再予直接沖回之用。備抵存貨跌價係資產抵銷項目，在資產負債表上應列爲期末存貨的減項。茲以範例 8-5 說明成本與淨變現價值孰低法對期末存貨的評價與會計處理方式。

範例8-5

下列資料爲三星科技公司 2016 年 4 月 30 日的期末存貨之成本與淨變現價值：

	成　本	淨變現價值
電扇：		
海寶涼風扇	$15,400	$16,000
多夢涼風扇	80,000	94,000
丸子涼風扇	50,000	40,000
簡易型計算機：		
狀元計算機	$60,000	$48,000
傑優計算機	95,000	92,000

表 8-7 分別列示按逐項比較法及分類比較法，所進行的成本與淨變現價值孰低之比較結果，表 8-8 則彙整兩種比較方法下之會計分錄，以及在綜合損益表和資產負債表上之表達方式。茲將兩種比較結果，分述如下：

1. 逐項比較法：係就每一項商品逐項比較其成本與淨變現價值，取其較低者爲期末成本之基礎，故此法所得期末存貨之新成本應爲 $275,400，較原成本 $300,400，減少 $25,000。
2. 分類比較法：係將商品按相同性質分類，就各類商品之總成本與總淨變現價值比較，取其較低者爲準。由表 8-7 所顯示，經比較後之新成本應爲 $285,400，較原成本 $300,400，減少 $15,000。

表 8-7 成本與淨變現價值孰低法下兩種比較方法之結果

	成 本	淨變現價值	逐項比較法	分類比較法
電扇：				
海寶涼風扇	$ 15,400	$ 16,000	$ 15,400	
多夢涼風扇	80,000	94,000	80,000	
丸子涼風扇	50,000	40,000	40,000	
小計	$ 145,400	$ 150,000	$ 135,400	$ 145,400
簡易型計算機：				
狀元計算機	60,000	48,000	48,000	
傑優計算機	95,000	92,000	92,000	
小計	$ 155,000	$ 140,000	$ 140,000	140,000
總計	$ 300,400	$290,000	$275,400	$285,400

表 8-8　成本與淨變現價值孰低法下三種比較方法之會計分錄與報導方式

	逐項比較法		分類比較法	
(1) 會計分錄				
4/30 存貨跌價損失	25,000		15,000	
備抵存貨跌價		25,000		15,000
(2) 綜合損益表上之表達				
銷貨成本之加項：				
存貨跌價損失		$25,000		$15,000
(3) 資產負債表上之表達				
商品存貨	$300,400		$300,400	
減：備抵存貨跌價	(25,000)	$275,400	(15,000)	$285,400

8-4 存貨評價錯誤的影響

一、對綜合損益表之影響

綜合損益表中之銷貨成本，乃由期初存貨加上本期進貨成本，亦即可供銷售商品成本，再減期末存貨而決定之。銷貨成本之多寡，又會影響銷貨毛利與淨利，進而影響期末之保留盈餘。因此當期淨利與期末保留盈餘，將直接受到期末存貨評價之影響，表 8-10 彙總四種存貨評價錯誤類型，對綜合損益表之影響。

表 8-9　存貨錯誤對綜合損益表之影響

	期初存貨高估	期初存貨低估	期末存貨高估	期末存貨低估
銷貨成本	高　估	低　估	低　估	高　估
銷貨毛利	低　估	高　估	高　估	低　估
淨　利	低　估	高　估	高　估	低估

上述存貨評價錯誤對綜合損益表之影響，顯示兩項重要意義：

1. 因本期期末存貨爲下期期初存貨，若本期期末存貨誤計，除影響當期之銷貨成本、銷貨毛利、淨利、及期末保留盈餘外，是項錯誤亦將延續至下期，亦即下期之銷貨成本、銷貨毛利、及淨利同樣受到影響。
2. 某期期末存貨之錯誤，將導致次期呈現反方向之錯誤，且兩期後對保留盈餘或權益的錯誤影響正好自動互相抵銷，亦即次期期末的保留盈餘或權益餘額將自動更正。

例如，若三星科技公司 2016 年 4 月底的期末存貨高估 $3,000，由表 8-10 及表 8-11 顯示的 2016 年 4 月及 5 月綜合損益表與保留盈餘表可知：(1) 此項錯誤導致 4 月份之銷貨成本低估 $3,000，銷貨毛利、淨利及期末保留盈餘均高估 $3,000，且錯誤延續影響 5 月份之銷貨成本高估 $3,000，銷貨毛利及淨利均低估 $3,000；(2) 兩期後（4 月至 5 月底）對保留盈餘的錯誤影響正好自動互相抵銷，亦即 4 月份淨利高估 $3,000 與 5 月份淨利低估 $3,000，互相抵銷後對 5 月底之保留盈餘的錯誤影響正好爲零，亦即次期期末的保留盈餘餘額自動改正。

表 8-10　期末存貨高估對綜合損益表及保留盈餘表之影響

三星科技公司
2016 年 4 月份

	期末存貨正確		期末存貨高估 $3,000	
綜合損益表				
銷貨收入		$66,500		$66,500
銷貨成本：				
可供銷售商品成本	$58,000		$58,000	
減：期末存貨	15,400		18,400	
銷貨成本		42,600		39,600
銷貨毛利		23,900		26,900
營業費用		15,900		15,900
淨　　利		$ 8,000		$11,000
保留盈餘表				
期初保留盈餘		$40,000		$40,000
加：淨利		8,000		11,000
期末保留盈餘		$48,000		$51,000

淨利高估 $3,000

兩期影響互抵

表 8-11　期初存貨高估對綜合損益表及保留盈餘表之影響

三星科技公司
2016 年 5 月份

	期初存貨正確		期初存貨高估 $3,000	
綜合損益表				
銷貨收入		$70,000		$70,000
銷貨成本：				
期初存貨	$15,400		$18,400	
本期進貨	48,000		48,000	
可供銷售商品成本	63,400		$66,400	
減：期末存貨	17,000		17,000	
銷貨成本		46,400		49,400
銷貨毛利		23,600		$20,600
營業費用		16,000		16,000
淨　　利		$ 7,600		$ 4,600
保留盈餘表				
期初保留盈餘		$48,000		$51,000
加：淨利		7,600		4,600
期末保留盈餘		$55,600		$55,600

五月底餘額自動改正

二、對資產負債表之影響

表 8-12 列示期末存貨錯誤對資產、負債及權益的影響方向，若期末存貨高估，則資產與權益亦高估，對負債則沒有影響。若期末存貨低估，則資產與權益亦低估，對負債同樣沒有影響。若本期之期末存貨高估，使本期淨利高估，轉入保留盈餘後造成本期期末之權益高估。如果此項錯誤一直未被發現，因本期之期末存貨高估轉至下期，導致下期之期初存貨高估，下期淨利將被低估，轉至保留盈餘後，在權益內則因兩期影響正好互抵，下期之期末權益自動改正。

表 8-12　期末存貨錯誤對資產負債表之影響

	期末存貨高估	期末存貨低估
資　產	高估	低估
負　債	無影響	無影響
權益	高估	低估

8-5 存貨估計方法

為確定期末存貨成本，必須進行存貨之實地盤點。但每月盤點存貨將是非常昂貴且耗時，因此若採用定期盤存制時，為編製每月或每季之財務報表，又不希望耗費太大代價，通常會採用特殊估計方法獲得期末存貨及銷貨成本資訊。此外，有時可能無法進行實地盤點，例如在發生火災或水災等意外事故，為得知存貨損失方能向保險公司申請損失的保險給付時，亦不得不尋求特殊方法估計存貨價值。總之，採用存貨估計方法的原因主要有三：

1. 實地盤點存貨代價太高。
2. 實際上無法進行實地盤點。
3. 確認存貨實地盤點結果的合理性。

常用的存貨估計方法包括：毛利法（gross profit method or gross margin method）及零售價法（retail inventory method），以下分別說明之。

一、毛利估計法

毛利法是一種簡單且便利的銷貨成本與存貨估計方法，也是被廣泛使用的存貨估計方法。此法適用於每一期間的毛利率（gross profit ratio or gross margin ratio）大致相同時，因此只要在毛利率已知的條件下，便可由銷貨收入淨額推算估計的銷貨成本，再由銷貨成本與可供銷貨商品成本間之關係，推估期末存貨成本。茲以範例 8-6 說明在毛利法下，期末存貨之估計。

範例8-6

假設三星科技公司的正常毛利率為 40%，元月一日期初存貨為 $75,000，帳上顯示下列元月份的銷貨收入淨額與進貨的相關資料。試以毛利法估計三星科技公司元月底的期末存貨。

銷貨收入淨額	$ 45,000	（貸餘）
進　　貨	32,500	（借餘）
進貨折扣	1,000	（貸餘）
進貨退出與折讓	3,500	（貸餘）
進貨運費	2,000	（借餘）

三星科技公司元月底之期末存貨成本估計數應為 $78,000，詳細計算步驟如下：

1. 估計銷貨成本：　銷貨收入淨額乘以成本率＝ $45,000×(100%–40%) ＝ $27,000。
2. 估計可供銷售商品成本：　可供銷售商品成本＝期初存貨成本＋本期進貨成本　＝期初存貨成本＋ [進貨－ (進貨折扣＋進貨退出與折讓) ＋進貨運費]　＝ $75,000 ＋ [$32,500–($1,000 ＋ $3,500)+$2,000] ＝ $105,000。
3. 估計期末存貨成本：　期末存貨成本＝可供銷售商品成本－銷貨成本估計數　＝ $105,000 – $27,000 ＝ $78,000。

※ 估計期末存貨的詳細計算過程，亦可列表計算如下：

期初存貨			$ 75,000
進貨		$ 32,500	
減：進貨折扣	$ 1,000		
進貨退出與折讓	3,500	4,500	
進貨淨額		$ 28,000	
加：進貨運費		2,000	
本期進貨成本			30,000
可供銷售商品成本			$ 105,000
減：銷貨成本估計數			
銷貨收入淨額		$ 45,000	
成本率（＝100% －毛利率）		×60%	
銷貨成本估計數（$45,000×60%）			27,000
估計期末存貨			$ 78,000

二、零售價估計法

對於零售商而言，盤點存貨過於費時且容易干擾正常營運，爲避免盤點存貨的困擾，又能定時編製期中財務報表，零售商常採用零售價法估計期末存貨及銷貨成本。運用零售價法估計存貨時，公司帳上必須有期初存貨的成本及零售總價資料。所謂零售總價，是指所有存貨項目之零售價格乘上數量之合計數。此外，會計帳上也要有當期累計進貨的成本及零售價資料，以及銷貨收入資料等。茲以範例 8-7 說明如何運用零售價法估計期末存貨。

範例 8-7

假設三星科技公司於元月一日有成本 $33,000 及零售價 $60,000 的期初存貨。帳上顯示元月份進貨（淨額）的成本爲 $273,000，其零售價爲 $450,000，銷貨收入金額爲 $420,000。試以零售價法估計三星科技公司元月的期末存貨。

解

在零售價法下，三星科技公司元月底期末存貨估計數爲 $54,000，而元月份銷貨成本估計數爲 $252,000。詳細計算如下：

1. 計算可供銷售商品的成本及零售總價：　可供銷售商品的成本＝ $33,000 ＋ $273,000 ＝ $306,000　可供銷售商品的零售總價＝ $60,000 ＋ $450,000 ＝ $510,000。
2. 計算成本比率：　零售價法之成本比率（retail method cost ratio）＝ ($306,000÷$510,000)×100% ＝ 60%
3. 計算期末存貨之零售價：　期末存貨之零售價＝可供銷售商品的零售總價－銷貨收入金額　＝ $510,000 － $420,000 ＝ $90,000。
4. 估計期末存貨：　估計期末存貨＝期末存貨之零售價 × 成本比率　＝ $90,000×60% ＝ $54,000。

※ 此一計算過程亦可列表計算如下：

	成　本	零售價
期初存貨	$ 33,000	$ 60,000
本期進貨 (淨額)	273,000	450,000
可供銷售商品	306,000	510,000
成本對零售價比率：		
($306,000÷$510,000)×100% ＝ 60%		
銷貨收入金額		420,000
期末存貨之零售價		$ 90,000
乘以成本比率		×60%
估計期末存貨	$ 54,000	

學·後·評·量

一、選擇題

( ) 1. 在途存貨應計入下列何者公司之期末存貨中？ (A) 買方，當交貨條件為 F.O.B. 起運點交貨 (B) 賣方，當交貨條件為 F.O.B. 起運點交貨 (C) 買方，當交貨條件為 F.O.B. 目的地交貨 (D) 貨運公司，當交貨條件為 F.O.B. 目的地交貨。

( ) 2. 下列何者非為公司之商品存貨？ (A)F.O.B. 起運點交貨之在途商品 (B) 寄銷於其他公司之商品 (C) 其他公司寄銷之商品 (D) 以上皆非。

( ) 3. 台中公司 2016 年底期末存貨金額為 $15,000，且包含下列項目： ①寄銷在外商品 $4,500 ②在途進貨 $5,100，起運點交貨 ③承銷他人商品 $3,750。則該公司 2016 年期末存貨正確金額應為多少？ (A)$9,900 (B)$10,500 (C)$11,250 (D)$15,000。 【存貨成本流程；96 年記帳士試題】

( ) 4. 在商品價格上漲時，下列何種存貨成本流程假設，其淨利最高？ (A) 先進先出法 (B) 個別認定法 (C) 加權平均法 (D) 移動平均法。

( ) 5. 下列那一種成本流程假設與商品實體流程較為一致？ (A) 先進先出法 (B) 個別認定法 (C) 加權平均法 (D) 移動平均法。

( ) 6. 存貨之成本淨變現價值孰低法主要是基於會計上那一項原則？ (A) 穩健（保守）原則 (B) 重要性原則 (C) 客觀原則 (D) 一貫（致）性原則。

( ) 7. 在會計期間的期末以成本與淨變現價值孰低法評價存貨時，所謂淨變現價值通常是指： (A) 售價 (B) 原始成本 (C) 現時重置成本 (D) 原始成本減實際耗損金額。

( ) 8. 上海公司七月份商品存貨之進貨與銷貨情形如下：

	進 貨			銷 貨			結 存		
日期	數量	單價	金額	數量	單價	金額	數量	單價	金額
7/1							200	20	4,000
7/4	100	24							
7/11				160					
7/19	80	28							
7/25	120	30							
7/31				240					

若上海公司採用定期盤存制，在先進先出的成本流程假設下，其七月份之銷貨成本應爲多少？ (A)$4,720 (B)$9,240 (C)$10,560 (D)$10,720。

( ) 9. 在定期盤存制下，以下何者不是進貨成本的加項或減項？ (A) 進貨運費 (B) 進貨折扣 (C) 貨品運送途中的保險費 (D) 匯率變動所導致的成本增減。

【97 年地方特考會計學試題】

( ) 10. 期初存貨少計 $5,000，期末存貨多計 $10,000，將使本期淨利： (A) 多計 $5,000 (B) 少計 $5,000 (C) 多計 $15,000 (D) 少計 $15,000。

( ) 11. 嘉義公司 2016 年 10 月 31 日發生火災，存貨全部燒毀，截至 10 月底爲止的銷貨收入及進貨分別爲 $100,000 及 $30,000，民國 101 年 1 月 1 日的存貨爲 $70,000，估計毛利率爲銷貨收入的 30%，則依毛利率法估計嘉義公司火災中的存貨損失爲何？ (A)$20,000 (B)$30,000 (C)$70,000 (D)$80,000。

【97 年地方特考會計學試題】

( ) 12. 深圳公司採用實地盤存制，2016 年底因倉庫失火存貨全部毀損，但由帳面得知 2016 年度該公司計有銷貨 $350,000，銷貨折扣 $50,000，進貨 $300,000，進貨折扣 $30,000，進貨退出 $20,000，進貨運費 $10,000，期初存貨 $5,000，該公司過去三年的平均毛利率爲 40%，則該公司火災損失的存貨估計數爲：(A)$145,000 (B)$85,000 (C)$65,000 (D)$35,000。

二、計算題

1. 【定期盤存制下期末存貨及銷貨成本之決定】以下爲台東公司甲產品在 2015 年的期初存貨及進貨資料：

商品存貨，1 月 1 日	5,000	@$4.00
進　　貨：		
3 月 20 日	4,000	@$4.20
5 月 15 日	7,000	@$4.50
9 月 21 日	5,000	@$4.80
12 月 11 日	3,000	@$5.20

在民國 101 年間共銷售 20,000 單位，且該公司採用定期盤存制。

分別按照下列成本流程假設，計算該公司民國 101 年的期末存貨及銷貨成本：(1) FIFO 法；(2) 加權平均法。

2. 【定期盤存制下銷貨成本與銷貨毛利之決定】基隆公司採用定期盤存制，2015 年之期初存貨為 $30,000，期末盤點得知存貨價值 $45,000，當年 12 月 31 日公司帳上有：

銷貨收入淨額	$310,000	進貨退出與折讓	$5,500
進　　貨	$240,000	進貨運費	$8,000
進貨折扣	$　4,000		

計算基隆公司民國 101 年度的銷貨成本與銷貨毛利？

3. 【存貨成本流程；97 年地方特考會計學概要試題】以下是台北公司民國 101 年 8 月份商品期初存貨、進貨及銷貨情形：

8/1	期初存貨	10,000 單位	@$ 4.00
8/5	進　　貨	6,000 單位	@$ 5.00
8/12	進　　貨	16,000 單位	@$ 4.50
8/15	銷　　貨	9,000 單位	@$11
8/18	銷　　貨	7,000 單位	@$11
8/20	銷　　貨	10,000 單位	@$11
8/25	進　　貨	4,000 單位	@$ 5.00

台北公司 8 月份的銷貨比例，請依下列三種存貨計價方式分別計算之：

(1) 先進先出法；

(2) 加權平均法（假設台北公司存貨採定期盤存制）；

(3) 移動平均法（假設台北公司存貨採永續盤存制）。

4. 【成本與淨變現價值孰低法之應用】三義公司採用成本與淨變現價值孰低法調整帳上的期末存貨成本，以下為 2016 年 12 月 31 日的期末存貨資料：

項　　目	數　量	單位成本	市　價
液晶螢幕：			
美美牌	10	$350	$320
達達牌	12	300	304
主機版：			
海海牌	20	250	220
華華牌	18	230	270

請按下列兩種方法分別計算在成本與淨變現價值孰低法下，三義公司的期末存貨新成本：(1) 逐項比較法；(2) 分類比較法。

5. 【毛利法估計期末存貨】中和公司近年來的銷貨毛利率均維持在 30%，2015 年 1 月 1 日有期初存貨成本爲 $80,000，且帳上顯示當年度的銷貨收入淨額爲 $1,400,000，進貨成本淨額爲 $960,000。

   試以毛利法估計該公司 2015 年 12 月 31 日的期末存貨價值。

6. 【毛利法估計期末存貨】屏東公司 2015 年度的銷貨收入淨額爲 $200,000，期初存貨爲 $40,000，進貨爲 $240,000，進貨運費爲 $10,000，進貨退出與折讓爲 $30,000，估計毛利率爲銷貨收入淨額的 20%。

   試以毛利法估計該公司 2015 年 12 月 31 日的期末存貨價值。

7. 【零售價法估計期末存貨】新竹公司 2015 年度帳上顯示下列帳戶之成本與零售價資料：

	成　本	零售價
期初存貨	$ 8,800	$12,500
進貨	34,000	50,000
進貨運費	950	
銷貨收入金額		50,500

   試以零售價法估計該公司的期末存貨成本。

8. 【永續盤存制下期末存貨成本之決定】墾丁公司 2015 年 6 月份商品存貨之購進與銷貨情形如下：

	進　貨			銷貨成本			結　存		
日期	數量	單價	金額	數量	單價	金額	數量	單價	金額
6/1							1,000	40	40,000
6/4	600	45							
6/13				700					
6/21	1,500	45							
6/25				2,100					
6/27	900	50							
6/30				300					

   試作：

(1) 若 2015 年 6 月 25 日銷貨的商品單位售價為 $110，且採用永續盤存制下之先進先出法，請作墾丁公司當日應有之分錄；
(2) 以定期盤存制下之先進先出法，計算墾丁公司 2015 年 6 月 30 日的期末存貨成本；
(3) 以加權平均法計算墾丁公司 2015 年 6 月 30 日的期末存貨成本；
(4) 以移動平均法計算墾丁公司 2015 年 6 月 30 日的期末存貨成本（計算平均單價時，若無法整除，則取至小數第三位，但金額欄計至元，以下四捨五入）。

9. 【存貨錯誤對淨利的影響】台東公司採用定期盤存制，其 2015 年底的期末存貨被低估 $10,000，2016 年底的期末存貨被高估 $6,000。此二項錯誤（若均未被更正）對該公司 2016 年度淨利的影響數（金額）為何（需註明「高估」或「低估」）？

10. 【定期盤存制與永續盤存制下期末存貨與銷貨成本之決定】東港公司 2015 年 6 月的期初存貨有 200 單位，每單位成本為 $12。在該月份曾發生下列進貨與銷貨交易：

進貨		銷貨	
6 月 4 日	250 單位 @$13	6 月 7 日	150 單位
6 月 15 日	350 單位 @$15	6 月 11 日	100 單位
6 月 28 日	200 單位 @$14	6 月 17 日	250 單位
		6 月 24 日	200 單位

試作：

(1) 若東港公司採用定期盤存制，請計算在先進先出法（FIFO）之存貨成本流程假設下該公司 2015 年 6 月的期末存貨成本；
(2) 若東港公司採用永續盤存制，請計算在先進先出法（FIFO）之存貨成本流程假設下該公司 2015 年 6 月份的銷貨成本。

參考文獻

1. Weygandt, J. J., P. D. Kimmel, and D. E. Kieso, 2010, Financial Accounting, IFRS Edition, John Wiley & Sons.
2. International Accounting Standards Board (IASB), International Accounting Standards #2 "Inventories", December 2003.
3. 馬君梅等著，2009，會計學，第 2 版，新陸書局。
4. 杜榮瑞、薛富井、蔡彥卿、林修葳著，2009，會計學，第 4 版，東華書局。

CHAPTER 09

不動產、廠房及設備

學習目標

研讀本章後，可了解：

一、不動產、廠房及設備之性質與取得成本

二、成本分攤(折舊)方法

三、後續支出與資產減損之認列

四、不動產廠房及設備之處分

五、天然資源之會計處理

六、無形資產之會計處理

本章架構

不動產廠房及設備

性質與取得成本	成本分攤（折舊）	後續支出與資減損之認列	不動產處分	天然資源與無形資產
• 不動產廠房及設備之性質 • 不動產廠房及設備之取得成本 • 取得方式及會計處理	• 成本分攤或折舊之意義 • 折舊方法 • 折舊估計基礎之變動	• 資本支出之會計處理 • 收益支出之會計處理 • 期末資產減損之認列	• 資產報廢之會計處理 • 資產出售之會計處理 • 資產交換之會計處理	• 天然資源之會計處理 • 無形資產之會計處理

前言

不動產廠房及設備（property, plant and equipment）俗稱固定資產（fixed assets），亦稱爲廠房資產（plant assets），爲企業營運使用之長期資產。多數企業必須仰賴不動產廠房及設備來創造收入，且由於不動產廠房及設備之會計處理對企業財務報導具有重要意義，故企業主管必須經常思考購置何種設備、打算使用多久、如何維護這些資產等決策。因此本章將仔細探討此類資產之性質與取得成本、成本分攤方法、以及處分等相關議題。

9-1 不動產、廠房及設備之性質與取得成本

一、不動產廠房及設備之性質

不動產、廠房及設備係企業營運所需而非供出售的資產，通常具備下列特性：

1. 購置目的在供營業上使用，亦即購入後立刻用於生產或出售商品或勞務，非爲出售而持有者，此類資產之經濟價值在於其未來所能提供的服務潛能。若有閒置之不動產、廠房及設備資產非供營業上使用，則應列爲投資或其他資產。
2. 具有未來經濟效益者，且其使用年限大於一年或一個營業週期（以較長者爲準）。不動產、廠房及設備係耐久性資產，可長期使用，除土地外會逐漸折舊，故其未來所能提供的經濟效益應在一年或一個營業週期（以較長者爲準）以上。
3. 具有實體或形體的資產，亦即能見到且可觸及的資產。無實際形體的資產，除應收帳款等流動資產外，應列爲無形資產而非不動產、廠房及設備。

企業之經營必須使用某些耐久性或長期資產，亦即能爲企業帶來長期經濟利益之資產。這些資產，如按其是否具有形體區分，則可分爲有形資產（tangible assets）與無形資產（intangible assets）兩類。無形資產係無實體存在，通常是因法律或契約而衍生之權利，可供企業營業上使用且具有未來經濟效益之資產。有形資產則爲具有實際形體之資產，主要包括固定資產與天然資源（natural resources）。有形資產只要具備上述不動產、廠房及設備之三項特性，即爲不動產、廠房及設備，包括土地、土地改良物、房屋、辦公設備、機器設備、運輸設備、傢俱設備及天然資源等。有形營業資產如按其性質與成本分攤方式的不同，又可分爲下列幾類：

1. 永久性資產（permanent assets）：係指土地資產，因具有無限的經濟壽命，故無須將其成本分攤至使用期間。

2. 折舊性資產（depreciable assets）：此類資產因經濟壽命有限，必須將其成本分攤至使用期間，亦即將其成本漸次轉作使用各期的費用，稱爲折舊。例如，土地改良、房屋、辦公設備、機器設備、運輸設備及傢俱設備等。
3. 遞耗性資產（wasting assets）：係指油礦、煤礦、天然氣、各種金屬礦藏、或森林等天然資源或遞耗資產。由於此類資產在開採過程中資源將逐漸耗失，且開採後資產本身的體積漸漸縮小，與折舊性資產不同，所以需要特別提列折耗。

二、不動產廠房及設備之取得成本

不動產、廠房及設備之成本，應包括取得資產並使其達到可供使用之地點及狀態，而支付的所有合理且必要的支出。原則上，不動產、廠房及設備應以歷史成本（historical costs）爲評價依據。所謂歷史成本，係指取得資產時所支付之現金或約當現金價格。由於歷史成本爲眞實交易之價格，係較客觀且可驗證（可靠）的成本，故資產帳戶的金額應保持取得時之成本。以下分別說明土地、土地改良、房屋及各項設備資產成本的決定基礎。

（一）土地及土地改良物（**land and land improvements**）

土地之成本包括，爲取得土地並使其達到可使用狀態的所有合理且必要的支出。例如，土地的購買價格、完成過戶（所有權移轉）所發生的支出（如：過戶登記費、稅捐及相關規費等）、使土地達到可使用狀態的支出（如：整地、清理等）、以及其他具有無限壽命之土地改良與增添等所發生的支出（如：土地重劃、排水及填平等）。若取得土地是爲建造新房屋，則使土地達於可使用狀態的搬遷、拆除舊屋等成本，亦應視爲土地成本。但拆除舊屋的殘值收入或出售清理材料（廢土）的收入，均應自土地成本中扣除。

改良土地使用狀態的各項支出，如：圍牆、停車場及路燈等，應另設土地改良物項目列帳，並於其耐用年限內提列折舊。

範例 9-1

全華百貨公司於 2015 年 7 月 1 日，以 $8,000,000 現金購買一塊土地供建造新大樓之用。該筆土地上原有一棟舊房屋，全華公司花費 $250,000 將其拆除，但亦因而產生 $15,000 的廢料收入。以下為其他相關支出：

房地產仲介商佣金	$40,000
代 書 費	12,000
整地及清理費	25,000
稅捐及相關規費	55,000
土地測量費	1,200
修築圍牆（可用 10 年）	32,500
過戶登記費	1,500

試作：

1. 計算全華百貨公司購入此筆土地的成本。
2. 假設全華百貨公司 2015 年 7 月 1 日購入此筆土地的所有相關收支均為現金交易，試記錄此一交易之分錄。

解

全華公司該筆土地成本應為 $8,369,700，詳細計算如下：

土地購價	$8,000,000
拆除舊屋淨支出（$250,000 － $15,000）	235,000
稅捐及相關規費	55,000
房地產仲介商佣金	40,000
代 書 費	12,000
整地及清理費	25,000
土地測量費	1,200
過戶登記費	1,500
合 計	$8,369,700

「修築圍牆」的支出，因只有 10 年的耐用年限，故應列入土地改良物成本。故全華百貨公司在 2015 年 7 月 1 日應記分錄如下所示：

7月1日	土　　地	8,369,700	
	土地改良物	32,500	
	現　　金		8,402,200

企業如有為投機目的或供將來建廠而取得之土地，不應列為不動產、廠房及設備。原則上，非營業用土地應列為長期投資，其持有期間之一切費用應資本化。至於不動產經銷商所持有之土地，則應列為存貨。

（二）房屋（buildings）

購買現成房屋時，其成本包括購買價格、過戶登記費、代書費、買方承擔的稅捐、佣金及相關規費等。此外，房屋若須重新裝修或重建才能使用，則重新裝修或重建的支出亦為房屋之成本。若房屋與土地係同一交易購入，則須將總成本按相對市價比例分攤於「土地」與「房屋」兩帳戶。房屋啓用後的修理費用，應列作當期費用，不得再列為房屋的成本。

（三）設備（equipment）

設備包括辦公設備、機器設備、儀器設備、運輸設備、傢俱設備及其他設備等。其成本包括購買價格、搬運費、處理費、運輸途中之保險費、倉儲費、報關費、進口關稅及附加捐、以及必要的安裝、調整及試車成本等，舉凡使設備達到可供使用地點及狀態的一切必要支出均應列為設備之成本。應特別注意，購買設備時若取得現金折扣或折讓，則應以扣除現金折扣或折讓後之成本入帳。

（四）其他不動產廠房及設備

其他不動產、廠房及設備之成本，應包括取得資產並使其達到可供使用之地點及狀態，而支付的所有正常、合理且必要的支出，例如，發票或收據上之價格、運費、安裝成本、保險費及稅捐等，若有現金折扣或折讓應予扣除，不能列為不動產、廠房及設備之取得成本。

三、不動產廠房及設備之取得方式及會計處理

企業取得不動產、廠房及設備之方式，可能為現金購買、整批購買或以現有資產交換取得等。除了以現有資產交換取得方式，將留待「不動產、廠房及設備之處分」一節說明，其餘方式概述於下。

（一）現金購買

不動產、廠房及設備資產之成本應依現金或約當現金價格決定，因此若賣方提供有現金折扣，不論能否爭取到現金折扣的好處，均應以扣除現金折扣或折讓後之淨額決定不動產、廠房及設備之成本。

（二）整批購買（lump-sum purchases）

所謂整批購買，係指企業支付一筆價款同時購入數項不同之不動產、廠房及設備。此時，應依各項資產之相對公平市價（fair market value）或鑑定價值（appraisal value），作爲成本分配之基礎，此一處理方式假設各項資產成本將隨其市價或鑑定價值呈現等比率之變動。茲以範例 9-2 說明其成本分配之處理方式。

範例9-2

全華公司於 2015 年 5 月 1 日，以 $5,400,000 現金，整批購入奈米公司之土地、房屋及機器設備。因爲奈米公司正在清算其所有資產，以下爲全華公司評估土地、房屋及機器設備三項資產的公平市價：

資產項目	估計公平市價
土　地	$2,500,000
房　屋	1,000,000
機器設備	2,500,000
合　計	$6,000,000

試作：爲全華公司現金批購資產之總價款分配予各項資產，並記錄其 103 年 5 月 1 日應有之分錄。

此例應將全華公司現金批購資產之總價款 $5,400,000，以各項資產之相對公平市價爲分配基礎，決定各項資產之成本。其計算如下：

土　　地：$5,400,000×($2,500,000÷$6,000,000) = $2,250,000

房　　屋：$5,400,000×($1,000,000÷$6,000,000) = $900,000

機器設備：$5,400,000×($2,500,000÷$6,000,000) = $2,250,000

因此，全華公司於 5 月 1 日同時購入此三項資產，應有之分錄如下：

5月1日	土　地	2,250,000	
	房　屋	900,000	
	機器設備	2,250,000	
	現　金		5,400,000

9-2 不動產、廠房及設備之成本分攤

一、成本分攤或折舊之意義

不動產、廠房及設備之成本分攤（cost allocation），係指將不動產、廠房及設備之成本按其使用情況或期間，分攤至各受益期間。不動產、廠房及設備之成本分攤，一般稱爲折舊（depreciation）。它是一種採取合理而有系統之方法，將資產成本分攤至各期費用的過程，亦即將其成本分攤至各受益期間的過程，而非針對資產進行評價，故此類資產並不以公平市價做爲提列折舊的基礎。簡言之，不動產、廠房及設備之折舊是一種合理而有系統的成本分攤過程，而非評價。

折舊發生之原因乃是資產經使用後，由於物質上的損壞、磨損，或由於功能上的不適用、不符合經濟效益等，最後須予報廢或替換。原則上，除土地資產外，所有不動產、廠房及設備皆須提列折舊。因爲除土地外，其餘資產均將隨使用情況或時間經過，逐漸減損或耗損其未來經濟效益。

會計人員於計算折舊時，必須考慮四項要素：

1. 資產取得成本。
2. 估計耐用年限（estimated useful life）。
3. 估計殘值（estimated salvage value）。
4. 折舊方法（depreciation method）。

估計耐用年限是指預期資產可提供服務之估計耐用期間，估計殘值是估計耐用年限終了時資產的估計淨可回收價值。不動產、廠房及設備之成本減去殘值即爲可折舊成本（depreciable costs）或折舊基礎（depreciation base）。

二、折舊方法

不動產、廠房及設備之折舊應採合理而有系統之方法，而所謂「系統方法」，即是按一定規則或程序計算各期折舊的方法。企業常用且符合一般公認會計原則的折舊方法，主要有四種：(1) 直線法，(2) 生產數量法，(3) 年數合計法，以及 (4) 倍數餘額遞減法。

折舊之計算過程，首先應決定資產的取得成本；其次，估計資產的耐用年限（未來總服務期間或服務量）及未來殘值。接著便爲折舊方法的選用，亦即自上述各種折舊方法中選擇一種最適切的分攤方式，並一致應用於未來使用期間。最後，計算各期之折舊費用，並編製一份折舊表（depreciation schedule）或資產成本分攤表，供未來各期認列折舊費用參考。以下分述各種折舊方法之計算與會計記錄方式。

（一）直線法（straight-line method）

直線法係將資產的可折舊成本或折舊基礎，平均分攤於估計耐用年限內的每一使用期間。直線法僅根據時間的經過來計算折舊，而非以服務量多寡來衡量，此法極為簡單且容易計算，所以被廣泛使用。茲以範例三說明在直線法下各期折舊之計算方式。

範例9-3

全華公司於 2015 年 1 月 1 日以 $250,000 成本購得一台機器設備，估計耐用年限為五年，估計五年後殘值為 $25,000。預計此一機器將有總計 25,000 小時可供運轉使用，假設全華公司於 2015 年使用了 3,500 小時，2016 年 5,500 小時，2017 年 6,500 小時，2018 年 5,000 小時，2019 年則使用 4,500 小時。

試作：

1. 以直線法計算全華公司此一機器設備在 2015 年的折舊費用，並編製其直線法折舊表。
2. 記錄全華公司 2015 年 12 月 31 日提列此一機器設備折舊費用之分錄。

若以直線法計算折舊，則機器設備各年之折舊費用計算公式如下：

可折舊成本＝資產成本－估計殘值

每年折舊費用＝可折舊成本 ÷ 估計耐用年限

因此，按直線法計算，全華公司之機器設備 2015 年的折舊費用應為 $45,000，茲計算如下：

1. 可折舊成本＝ $250,000 － $25,000 ＝ $225,000
2. 每年折舊費用＝ $225,000÷5 年＝ $45,000

全華公司此一機器設備的直線法折舊表，則列示如下：

表 9-1　直線法折舊表

年 度	(1) 可折舊成本	(2) 年折舊率	(3) = (1)×(2) 當期折舊費用	年底 累計折舊	年底 帳面價值
2015	$225,000	20%	$45,000	$ 45,000	$205,000
2016	225,000	20%	45,000	90,000	160,000
2017	225,000	20%	45,000	135,000	115,000
2018	225,000	20%	45,000	180,000	70,000
2019	225,000	20%	45,000	225,000	25,000

在直線法折舊表內，所謂年折舊率（annual depreciation rate）係指按估計耐用年限換算的每年折舊率，亦即以 100% 除以估計耐用年限，例如：100%÷5 年＝ 20%。此外，各年底的帳面價值，則是以資產成本減去累計折舊而得，例如，全華公司之機器設備在 2015 年底的帳面價值係 $250,000 － $45,000 ＝ $205,000，而在 2019 年底的帳面價值則為 $250,000 － $225,000 ＝ $25,000，此即該機器設備在 2019 年底的估計殘值。

至於全華公司 2015 年 12 月 31 日，會計帳上應記錄此一機器設備之折舊分錄則為：

12 月 31 日	折舊費用	45,000	
	累計折舊－機器設備		45,000

各年所提之折舊費用應列於損益表中，而且會計帳上認列折舊費用時，其貸方均不直接貸記不動產、廠房及設備資產，而是另設累計折舊（accumulated depreciation）帳戶，累計已提列折舊費用之總數額。例如，假設全華公司在 2015 年 12 月 31 日尚有房屋資產成本 $2,500,000，累計折舊－房屋帳戶有貸方餘額 $300,000，則全華公司包括機器設備的不動產、廠房及設備，在 2015 年底資產負債表上之表達如下：

表 9-2　不動產、廠房及設備在資產負債表上之表達方式

全華公司
部分資產負債表
2015 年 12 月 31 日

不動產、廠房及設備：		
房　　屋	$2,500,000	
減：累計折舊－房屋	300,000	$2,200,000
機器設備	$ 250,000	
減：累計折舊－機器設備	45,000	205,000
不動產、廠房及設備合計		$2,405,000

（二）生產數量法（units-of-output method）

在生產數量法下，資產的耐用年限是以資產可提供之總生產數量或預期總活動數量來衡量，而非根據期間，故又稱活動量法（units-of-activity method）。所謂活動量，係指資產可供使用的業務量、工作時數或運轉時數等，例如：運輸設備可跑的公里數、或機器設備的可運轉時數等。由範例 9-3 的資料，若折舊方法改用生產數量法，則機器設備各年之折舊費用計算公式如下：

可折舊成本＝資產成本－估計殘值

每單位折舊費用＝可折舊成本 ÷ 估計總生產數量或活動量

各期折舊費用＝每單位折舊費用 × 各期實際生產數量或活動量

因此，如按生產數量法計算折舊，全華公司 2015 年機器設備的折舊費用爲 $31,500，玆計算如下：

1. 可折舊成本＝ $250,000 － $25,000 ＝ $225,000
2. 每單位折舊費用＝ $225,000÷25,000 機器小時＝ $9
3. 當年折舊費用＝ $9×3,500 機器小時＝ $31,500

若以機器小時分攤機器設備成本於各使用年度，則機器設備的生產數量法折舊表（表 9-3）如下：

表 9-3　生產數量法折舊表

年度	各年活動量 (1)	單位折舊費用 (2)	當期折舊費用 (3) ＝ (1)×(2)	年底累計折舊	年底帳面價値
2015	3,500	$9	$31,500	$ 31,500	$218,500
2016	5,500	9	49,500	81,000	169,000
2017	6,500	9	58,500	139,500	110,500
2018	5,000	9	45,000	184,500	65,500
2019	4,500	9	40,500	225,000	25,000

相較於直線法，生產數量法也是容易運用與計算的折舊方法，惟須先估計資產的總生產數量或預期總活動數量。至於若全華公司採生產數量法記錄 2015 年 12 月 31 日機器設備之折舊，則其分錄如下：

日期	科目	借方	貸方
12 月 31 日	折舊費用	31,500	
	累計折舊—機器設備		31,500

（三）年數合計法（sum-of-the-year's-digits (syd) method）

年數合計法是一種加速折舊法（accelerated depreciation method），而所謂加速折舊法是指在資產耐用年限內的較早期間（年度）計提較高的折舊費用，而後期（後面年度）則計提較低折舊費用的一種折舊方法，因耐用年限內各期所提列的折舊費用逐期遞減，故又稱遞減折舊法（decreasing depreciation method）。一般企業較常採用的加速折舊方法有兩種：(1) 年數合計法及 (2) 倍數餘額遞減法。

年數合計法係因使用資產估計耐用年限之各年連續年數的總合，作爲分數之分母而得其名，其分子則爲會計期間之期初所剩餘的耐用年數。當期折舊費用之計算，係以此分數乘以可折舊成本（depreciabl costs）而得出。其公式如下：

可折舊成本＝資產成本－估計殘值

年數合計數＝ n(n ＋ 1)÷2，其中 n 為資產之耐用年限

當期折舊費用＝可折舊成本 ×(會計期間之期初所剩餘耐用年數 ÷ 年數合計數)

若資產的耐用年限爲五年（n ＝ 5），則其年數合計數等於 15（＝ 5×（5 ＋ 1）÷2）。下面以範例 9-3 的資料，例示說明全華公司之機器設備，按年數合計法計算折舊之方式（參見表 9-4）：

表 9-4　年數合計法折舊表

年 度	可折舊成本 (1)	當期折舊率 (2)	當期折舊費用 (3) ＝ (1)×(2)	年 底 累計折舊	年 底 帳面價值
2015	$225,000	5/15	$75,000	$ 75,000	$175,000
2016	225,000	4/15	60,000	135,000	115,000
2017	225,000	3/15	45,000	180,000	70,000
2018	225,000	2/15	30,000	210,000	40,000
2019	225,000	1/15	15,000	225,000	25,000

若全華公司採年數合計法計算折舊，則 2015 年 12 月 31 日應提列機器設備之折舊費用分錄如下：

12 月 31 日	折舊費用	75,000	
	累計折舊－機器設備		75,000

（四）倍數餘額遞減法（double-declining-balance (ddb) method）

倍數餘額遞減法亦爲一種加速折舊法，此法係以直線法折舊率的兩倍作爲固定每期折舊率（百分比），再以該固定折舊率乘以資產在各期期初的帳面價值，計算各期的折舊費用。倍數餘額遞減法與其他折舊方法相較，最大之差別在於計算每期的折舊費用時，起初並不考慮估計殘值，只有當資產帳面價值減少至等於估計殘值時，才考慮估計殘值，此時應不再提列折舊。倍數餘額遞減法計算折舊之公式如下：

當期折舊費用＝ (2× 直線法折舊率)×(資產成本－期初累計折舊)

茲以前述範例 9-3 的資料爲例，耐用年限爲 5 年之機器設備，其倍數遞減的固定折舊率爲 40%，即爲直線法折舊率 1/5 或 20% 之兩倍。表 9-5 列示以倍數餘額遞減法計算全華公司機器設備之各期折舊費用的結果：

表 9-5　倍數餘額遞減法折舊表

年度	期初資產帳面價值 (1)	當期折舊率[a] (2)	當期折舊費用 (3) ＝ (1)×(2)	年底累計折舊	年底資產帳面價值
2015	$250,000	40%	$100,000	$100,000	$150,000
2016	150,000	40%	60,000	160,000	90,000
2017	90,000	40%	36,000	196,000	54,000
2018	54,000	40%	21,600	217,600	32,400
2019	32,400	40%	7,400[b]	225,000	25,000

a：為直線法折舊率 20%之兩倍（1÷5 ＝ 20%，2×20% ＝ 40%）。
b：至 20x5 年底之帳面價值不得低於其估計殘值，故折舊費用僅限於 $7,400。

若全華公司採倍數餘額遞減法計算折舊，則 103 年 12 月 31 日應提列機器設備之折舊費用分錄如下：

12 月 31 日	折舊費用	100,000	
	累計折舊－機器設備		100,000

三、折舊估計基礎之變動

資產之折舊，本質上係一種會計估計方法。會計人員必須定期檢討過去所用估計基礎的允當性，除非資產已完全折舊至估計殘值，否則應於每年計算折舊時重新審視這些估計基礎是否仍然合理。一旦發現過去計算折舊的估計基礎不適當，便應立即修正估計基礎。因此，若發現資產折舊估計耐用年限或估計殘值已不適用或不正確，應按修正後的估計基礎，重新計算當年度及未來年度的折舊費用。此項修正，並不追溯調整過去已計提之折舊，僅將估計基礎變動的影響，調整在當年度及未來年度的折舊費用之中。

調整或計算新的各期折舊費用，應以資產的淨帳面價值減去新的估計殘值，再除以新的剩餘估計耐用年限決定之。茲舉例說明估計耐用年限及估計殘值變動對折舊費用之影響，假設全華公司有一台 2015 年 7 月 1 日取得的運輸設備，成本為 $550,000，估計殘值為 $50,000，估計耐用年限為 8 年，採用直線法計算折舊。若 2017 年初檢討發現，該運輸設備估計僅能再使用 5 年，且其殘值為 $30,000，則經此變動後未來 5 年每年之折舊費用應更正為 $85,250，其計算如下：

運輸設備之原成本	$550,000
減：累計折舊（$550,000 － $50,000）×1.5 年 ÷8 年	(93,750)
運輸設備之帳面價值 (在 2017 年 1 月 1 日)	$456,250
減：新的估計殘值	30,000
修正後的可折舊成本	$426,250
新的估計耐用年限	5 年
修正後的每年折舊費用（$426,250÷5 年）	$85,250

9-3 後續支出與資產減損之認列

企業取得並使用不動產、廠房及設備後，在後續使用期間中，經常會為這些資產再發生支出。若這些後續支出會對企業未來的收益產生貢獻，如特修或大修，則應將這些支出資本化（即記入資產成本），列為資本支出（capital expenditures）；否則應視為當期費用，列為收益支出（revenue expenditures）。所謂資本支出乃指支出的未來經濟效益能延續一年或一個營業週期（以較長者為準）以上。而經濟效益是指不動產、廠房及設備使用年限增加、生產品質提高及產量或服務量增加等。為使資產維持正常使用效率而發生後續成本的支出，如其經濟效益（使用價值）僅及於資產使用當期者，則應視為費用處理，以與當期收入配合，故稱為收益支出。

此外，根據國際會計準則，企業應於期末評估是否有跡象顯示企業的資產可能發生減損，若有減損跡象存在，即應將資產可回收金額低於帳面價值部分認列爲減損損失。此一準則規定，相當於要求企業在會計處理上，應採行更穩健態度對期末資產進行評價。

一、資本支出之會計處理

資本支出之會計處理方法有兩種：(1) 若支出之發生能延長資產之使用年限者，例如特修或大修（extraordinary repairs），應列作累計折舊之減少，即借記「累計折舊」帳戶；及 (2) 若支出之發生不能延長資產之使用年限，但能增加或改良（improvements and betterments）資產之服務潛能、效率或生產力，或提高產品之品質者，則應列爲資產成本之增加，即借記資產帳戶。茲以範例 9-4 說明資本支出之會計處理方式。

範例 9-4

全華公司在 2015 年 1 月 1 日花費現金 $200,000 修理一台已使用五年的檢驗儀器設備，修理後將使該項儀器的估計耐用年限總數增加爲 13 年。該設備的原始取得成本爲 $850,000，原先估計耐用年限爲 10 年，估計殘值 $50,000，採用直線法折舊。

試作：

1. 記錄全華公司 2015 年 1 月 1 日此筆修理支出之會計分錄。
2. 計算全華公司 2015 年度此項儀器設備應提列的折舊費用。
3. 假設此筆修理支出並未能延長儀器設備的估計耐用年數，而是改良該設備的服務效率與生產力，則又應如何記錄全華公司 2015 年 1 月 1 日此筆修理支出之會計分錄？在此情況下全華公司 2015 年度此項儀器設備應提列的折舊費用又爲何？

由於修理後將使儀器設備的估計耐用年限延長，且具有許多年的未來經濟效益，此筆修理支出應列爲資本支出，故其分錄爲：

日期	科目	借方	貸方
1月1日	累計折舊—儀器設備	200,000	
	現　金		200,000

此項支出使儀器設備之帳面價值增加爲 $650,000，且因總耐用年限延長爲 13 年，業已經過 5 年，尚餘 8 年，以後每年應按新的估計年限計提折舊費用。故在直線法下，2015 年度此項儀器設備應提列的折舊費用爲 $75,000（$\frac{\$650,000-50,000}{8}=\$75,000$）。

若此筆修理支出僅能改良該設備的服務效率與生產力，而非延長耐用年限，則全華公司 2015 年 1 月 1 日此筆修理支出之會計分錄應爲：

1 月 1 日	儀器設備	200,000	
	現　　金		200,000

在此情況下，儀器設備的新帳面價值仍是增加爲 $650,000。但因爲估計總耐用年限仍爲 10 年，業已經過 5 年，尚餘 5 年，以後每年應按新的可折舊成本計提折舊費用。採用直線法折舊，全華公司 2015 年度此項儀器設備應提列的折舊費用爲 $120,000（$\frac{\$650,000-50,000}{5}=\$120,000$）。

二、收益支出之會計處理

若支出既不能提高資產之服務品質，亦不能擴充其服務數量，則應視爲費用。因此，例行性維護與日常普通修理（ordinary repairs）均應視爲收益支出，並以維修費用列帳。茲舉例說明之，假設全華公司於 2015 年 6 月 30 日花費 $750 爲一檢驗儀器設備更換小型零件，且因更換過程須拆卸該儀器，便一併雇請工人將該項儀器徹底清理一番，支出 $500。這兩筆支出或因金額相對較小，或因屬例行維修支出，故應借記維修費用，貸記現金或應付帳款，其分錄如下：

6 月 30 日	維修費用	1,250	
	現金（或應付帳款）		1,250

三、期末資產減損之認列

根據國際會計準則規定，企業應於期末的資產負債表日評估是否有跡象顯示資產可能發生減損，若有減損跡象存在，即應估計該資產之可回收金額。所謂可回收金額（recoverable amount），係指資產之淨公平價值或其使用價值，取二者之較高者爲準。

淨公平價值（net fair value）係指正常交易中資產之售價扣除處分成本後所可取得之金額，而使用價值（value in use）則指預期可由資產所產生之估計未來現金流量折現值。當資產之可回收金額低於其帳面價值時，即存在資產減損跡象，此時應將資產價值降低部分認列爲減損損失（impairment loss）。資產之可回收金額若未低於其帳面價值，則不能調降資產帳面價值。茲舉範例 9-5 說明之。

範例9-5

全華公司在 2015 年 1 月 1 日花費現金 $500,000，取得一台機器設備，估計耐用年限爲 8 年，估計殘值 $100,000，採用直線法提列折舊。若由於外部資訊顯示，該機器設備資產所屬市場發生不利的重大變動，使其可回收金額僅剩 $350,000。則全華公司應如何記錄 2015 年 12 月 31 日此一機器設備資產減損之會計分錄？

解

此設備於 2015 年 12 月 31 日之帳面價值爲 $450,000，亦即成本 $500,000 減累計折舊 $50,000（$=\dfrac{\$500{,}000-\$100{,}000}{8\text{年}}$）。因在 2015 年 12 月 31 日此一機器設備之帳面價值超過其可回收金額 ($350,000)，故應計算機器設備資產減損損失並作分錄如下：

減損損失＝該機器設備之帳面價值－該機器設備之可回收金額

＝ $450,000 － $350,000 ＝ $100,000

12 月 31 日	減損損失	100,000	
	累計減損		100,000

減損損失應於當期損益表認列爲損失，累計減損則列爲機器設備資產成本的減項，係一個資產抵銷項目。在下一個資產負債表日，企業應再評估是否有證據顯示資產於以前年度所認列之減損損失，可能已不存在或減少，若有此證據，應重新估計該資產之可回收金額。若重估之資產可回收金額較上一個資產負債表日增加，即應就增加部分，將以前年度所認列之累計減損損失予以迴轉，借記累計減損，同時貸記減損迴轉利益。

9-4 不動產、廠房及設備之處分

不動產、廠房及設備之處分途徑，一般有報廢、出售或交換新資產等情況。在處分時，帳上的資產成本及累計折舊應予沖銷，並就帳面價值（成本減累計折舊之餘額）與其處分收入比較，計算其處分損失或利益。

一、不動產廠房及設備報廢之會計處理

企業報廢不動產、廠房及設備時，應先考慮該資產是否已經完全折舊（帳面價值為零）、是否已停止使用、是否有殘值等因素，方能決定其會計處理方式。若資產不再使用，已完全提列折舊且無殘值，而予以報廢時，則應將此資產的成本及其累計折舊帳戶對沖。例如，全華公司有一台成本為 $30,000 的印表機，記在「辦公設備」項下，已完全提列折舊且無殘值，在 2015 年 9 月 30 日報廢時，其分錄如下：

9 月 30 日	累計折舊—辦公設備	30,000	
	辦公設備		30,000

有時不動產、廠房及設備已經完全折舊，但仍繼續使用，則不應將該資產的成本及累計折舊自會計帳上沖銷，仍應將其成本及累計折舊留在帳上，但之後不可再提列折舊，亦不能更改或調整以前年度的折舊費用。若不動產、廠房及設備在未完全折舊前，因實際經濟效益的考量，必須報廢或停止使用，因為該資產仍有帳面價值餘額，報廢時須考慮其殘值，如果殘值為零，應將帳面價值餘額認列為資產處分損失；如果該資產仍可出售，則應按出售之方式處理。

二、不動產廠房及設備出售之會計處理

企業以出售方式處分不動產、廠房及設備時，應比較資產帳面價值與其售價，計算資產出售之損益。若售價大於帳面價值，則產生資產處分利益；若售價小於帳面價值，將產生資產處分損失；若售價正好等於帳面價值，則既無利益亦無損失。假設全華公司於 2015 年 1 月 1 日以現金價格 $500,000 出售一台機器設備，其成本 $2,000,000，累計折舊 $1,600,000，則出售此設備之利益為 $100,000。其計算與會計分錄如下：

機器設備之售價		$500,000
機器設備成本	$2,000,000	
減：累計折舊	(1,600,000)	
帳面價值		400,000
資產處分利益		$100,000

1月1日	現金	500,000	
	累計折舊—機器設備	1,600,000	
	機器設備		2,000,000
	資產處分利益		100,000

續上例，若該機器設備之售價僅有 \$250,000，則產生資產處分損失 \$150,000，其分錄如下：

1月1日	現金	250,000	
	累計折舊—機器設備	1,600,000	
	資產處分損失	150,000	
	機器設備		2,000,000

在出售不動產、廠房及設備時，應先提列折舊費用至出售日，以計算正確的帳面價值。茲以範例六說明此類情況之會計處理。

範例9-6

全華公司於 2015 年 10 月 1 日以現金價格 \$150,000 出售一台機器設備，該機器成本為 \$2,100,000，於 2011 年 1 月 1 日購入，其耐用年限為 5 年，估計殘值為 \$100,000，在出售前已按直線法提列四年之累計折舊 \$1,600,000。

試作：計算全華公司 2015 年 10 月 1 日出售該機器設備之損益，並記錄應有之會計分錄。

解

此例在計算出售損益前，應先提列 2015 年度前九個月該機器設備的折舊費用 \$300,000（$=\frac{\$2,100,100-100,000}{5}\times\frac{9}{12}$），其調整分錄如下：

10月1日	折舊費用	300,000	
	累計折舊—機器設備		300,000

提列折舊費用至出售日後，便可決定此項出售交易的資產處分損益。由下列計算可知，出售該機器設備產生了 \$50,000 之資產處分損失：

機器設備之售價		$150,000
機器設備成本	$2,100,000	
減：累計折舊（$1,600,00 ＋ $300,000）	(1,900,000)	
帳面價值		200,000
資產處分損失		$ (50,000)

故其出售交易的分錄如下：

10 月 1 日	現　　金	150,000	
	累計折舊－機器設備	1,900,000	
	資產處分損失	50,000	
	機器設備		2,100,000

三、不動產廠房及設備交換之會計處理

企業有時會透過交換方式，處分其不動產、廠房及設備資產，此種以不動產、廠房及設備與其他企業交換非現金之資產，稱為非貨幣性資產交換（non-monetary assest exchange）。非貨幣性資產交換之會計處理，須視資產交換是否具有商業實質（commercial substance）而定，若資產交換後將導致企業之預計未來現金流量改變，或換入資產的未來現金流量在風險、時間和金額方面與換出資產顯著不同，即視為具有商業實質。如屬具有商業實質的資產交換，應立即認列交換之損失或利益。如屬不具商業實質的資產交換，則按國際會計準則之規定，交換損失或利益均不得認列。

（一）具有商業實質之資產交換

當企業發生具有商業實質的資產交換時，其會計處理方式與出售不動產、廠房及設備十分相似。若不考慮部分現金的收付情形，此類交換交易相當於出售舊資產但收到另一項非現金的資產；亦即舊資產的售價等於換入資產的價值，任何交換利益或損失的認列方式，與現金出售舊資產的處理方式均相同，應立即認列。因此，換入資產之成本應以其公平市價入帳，或以換出資產的公平市價再加上所付現金或扣除所收現金（若有的話）為入帳基礎。茲以範例 9-7 說明之。

範例9-7

全華公司於 2015 年 7 月 1 日以一台舊機器設備及現金 $150,000，向明新公司交換一部新機器設備，當時舊機器設備的帳面價值爲 $320,000（成本 $800,000 －累計折舊 $480,000）。雙方認爲，交換時舊機器設備的公平市價應爲 $350,000。在明新公司帳上，機器設備的成本及累計折舊（已提列至交換當日）分別爲 $550,000 及 $35,000。假設此一資產交換，將導致兩家公司之未來現金流量均發生改變，亦即爲具有商業實質之資產交換。

試作：

1. 計算全華公司的資產處分（交換）利益或損失。
2. 記錄全華公司應有之會計分錄。

解

由於此一交易爲具有商業實質之資產交換，應認列全部交換損失或利益。因全華公司換出資產舊機器設備的帳面價值爲 $320,000，而其公平市價爲 $350,000，故應認列資產處分（交換）利益 $30,000，計算如下：

資產處分（交換）利益＝舊資產的公平市價－舊資產帳面價值

＝ $350,000 － $320,000 ＝ $30,000

全華公司認列換入新機器設備的成本應爲 $500,000，亦即舊機器設備的公平市價 $350,000 加上已付現金 $150,000，故全華公司此一交換交易的會計分錄如下：

日期	科目	借	貸
7月1日	機器設備（新）	500,000	
	累計折舊－機器設備（舊）	480,000	
	機器設備（舊）		800,000
	現　　金		150,000
	資產處分利益		30,000

（二）不具商業實質之資產交換：有損失之情況

當企業發生不具商業實質之資產交換時，如有損失發生，並不認列損失，故僅將換出資產之成本及累計折舊沖銷，換入資產則以換出資產之帳面價值加上所付現金或扣除所收現金（若有的話）爲入帳基礎。假設全華公司於 2015 年 8 月 1 日，以舊辦公設備交換一新辦公設備，換出設備有 $15,000 的帳面價值（成本 $35,000－累計折舊 $20,000），其公平市價爲 $11,000，另外支付 $30,000 現金。此例，新辦公設備（換入資產）之入帳基礎即爲 $45,000（$15,000 ＋ $30,000 ＝ $45,000），雖然處分舊辦公設備可能發生損失 $4,000（帳面價值 $15,000 －公平市價 $11,000 ＝ $4,000），但不予認列。故全華公司記錄此一交換交易的分錄應爲：

8 月 1 日	辦公設備（新）	45,000	
	累計折舊－辦公設備（舊）	20,000	
	辦公設備（舊）		35,000
	現金		30,000

（三）不具商業實質之資產交換：有利益之情況

不具商業實質之資產交換若產生利益時，此項資產交換利益不能認列。此時，雖然資產交換之利益，可由換出資產之公平市價減帳面價值來決定，但由於利益不可認列，因此換入資產之入帳基礎，應爲換出資產之帳面價值加上所付現金或扣除所收現金（若有的話）。茲以範例 9-8 說明之。

範例 9-8

全華公司於 2015 年 9 月 1 日以一舊機器設備及現金 $50,000，向科友公司交換一部新機器設備，當時舊機器設備的帳面價值爲 $160,000 （成本 $360,000 －累計折舊 $200,000）。雙方請專家鑑定，交換時舊機器設備的公平市價應爲 $200,000。

試作：

1. 計算全華公司的資產交換利益或損失。
2. 計算全華公司記錄新機器設備之成本。
3. 記錄全華公司應有之會計分錄。

全華公司資產交換利益計算如下：

資產交換利益＝舊機器設備之公平市價－舊機器設備之帳面價值

＝ $200,000 － $160,000 ＝ $40,000

全華公司原應記錄新機器設備（換入資產）之成本爲 $250,000，然因不具商業實質之資產交換交易，利益不予認列，故減去不能認列的利益 $40,000，新機器設備之成本降低至 $210,000。換入資產之入帳基礎，亦可根據換出資產之帳面價值加上所付現金來決定，計算如下：

換出資產舊機器設備之帳面價值	$160,000
加：現金支出	50,000
新機器設備成本	$210,000

因此，全華公司應有之分錄如下：

9月1日	機器設備（新）	210,000	
	累計折舊—機器設備（舊）	200,000	
	機器設備（舊）		360,000
	現　　金		50,000

9-5 天然資源與無形資產

一、天然資源

（一）天然資源之性質

天然資源（natural resources）係指蘊藏價值隨開採、砍伐或其他使用方法而遞減之資產，如油礦、煤礦、天然氣、各種金屬礦藏、或森林等資源。由於天然資源的蘊藏量，將隨資源的開採過程而逐漸減少，故又稱遞耗資產（wasting assets）。

（二）天然資源之成本決定

天然資源之成本，應包括取得該資源並使其達到預定用途所須的現金或約當現金價格，例如，礦藏的成本應包括取得、探勘及開發成本。取得成本係指爲取得天然資源之所有權，所支付之現金或約當現金價格，包括購買價格、過戶登記費、手續費、佣金及稅捐等各項支出。探勘成本（exploration costs）係指鑽測是否有天然資源蘊藏而發生之成本，而開發成本（development costs）則爲企業經實地探勘後，發現確有天然資源存在，必須進行地面整理、鋪設道路、鑿井、挖掘礦坑或隧道、裝設昇降梯及木架等成本。

（三）天然資源之折耗

由於天然資源的蘊藏量，將隨資源的開採過程而逐漸減少，其成本亦應視開採情況逐漸分攤至各個期間。此一將天然資源成本按合理且有系統之方式，分攤於實際開採或砍伐期間所產出礦產或原木成本中的過程，即稱爲折耗；耗竭（depletion）。天然資源經開採或砍伐後，即爲可供出售之產品，故不論直接出售或留做生產原料，其折耗應隨產出的礦產或原木，先列入存貨資產，俟出售後再轉入銷貨成本之中。

將天然資源之總成本減其估計殘値，稱爲折耗基礎。各期所提列之折耗，應借記折耗費用項目，貸記累計折耗項目。累計折耗項目係一個資產的抵銷項目，在資產負債表上爲天然資源項下的減項。計算折耗之方法，通常採用成本折耗法，即爲生產數量法，係先以折耗基礎除以估計總蘊藏量，得出每單位天然資源之折耗金額，再乘以各期實際開採量，即爲各期應提列之折耗，其計算過程可參考下列兩項計算公式。茲以範例 9-9 說明折耗之計算與記錄方式如下。

$$\text{每單位天然資源之折耗金額} = \frac{\text{天然資源之總成本} - \text{估計殘值}}{\text{估計總蘊藏量}}$$

$$\text{各期應提列之折耗} = \text{每單位折耗金額} \times \text{各該期實際開採量}$$

範例 9-9

某公司於 2015 年 1 月 1 日，以 $2,600,000 購得一塊蘊藏有鐵礦的土地。公司支出 $400,000 進行探勘，另花費 $800,000 的開發成本，包括地面與環境整理、裝配電線與線路、以及鋪設道路等。經探勘後估計，該土地蘊藏鐵礦約有 450,000 噸，開採後土地仍有 $200,000 的價値。

在 2015 年度該公司開採產出 50,000 噸的鐵礦，除了折耗外，開採鐵礦發生 $1,280,000 的人工成本，以及折舊和水電費等共 $240,000 的其他開採成本。當年度共售出 40,000 噸的鐵礦，期末尚有 10,000 噸的鐵礦存貨。

試作：

1. 假設所有相關支出均爲現金交易，試計算該公司此一天然資源的成本，並記錄 2015 年 1 月 1 日應有之分錄。
2. 計算此一鐵礦天然資源在 2015 年度的折耗，並記錄其應有之分錄。
3. 計算該公司在 2015 年度損益表中此項鐵礦的銷貨成本。

解

由於天然資源之成本應包括取得、探勘及開發成本，但不應包含土地之取得成本，故該公司的鐵礦資源成本應為 $3,600,000。詳細計算如下：

土地及鐵礦資源之購價	$2,600,000
減：土地價值	(200,000)
鐵礦資源之淨購價	$2,400,000
加：探勘成本	400,000
開發成本	800,000
鐵礦資源成本	$3,600,000

因同時購入土地與天然資源，應作分錄將其各自成本記入「土地」與「鐵礦」二項資產中。分錄如下所示：

1月1日	土　地	200,000	
	鐵　礦	3,600,000	
	現　金		3,800,000

此一鐵礦天然資源在 2015 年度的折耗應為 $400,000，計算過程如下：

1. 每單位鐵礦之折耗金額＝ $3,600,000÷450,000 噸＝ $8（每噸）
2. 2015 年度之折耗＝ $8×50,000 噸＝ $400,000

其應有之分錄則為：

12月31日	折耗費用	400,000	
	累計折耗－鐵礦		400,000

該公司在 2015 年度所開採的鐵礦總成本，除了折耗之外，尚應包括其他相關的生產成本。故欲得知鐵礦的銷貨成本，要先決定當年度開採鐵礦之總成本，而後再扣除尚未售出的鐵礦存貨成本，即可得出 2015 年度損益表中此項鐵礦的銷貨成本。其計算如下：

折　　耗	$ 400,000
加：人工成本	1,280,000
其他開採成本	240,000
開採 50,000 噸鐵礦之總成本（@$38.40）	$1,920,000
減：鐵礦存貨（10,000 噸 ×@$38.40）	(384,000)
鐵礦的銷貨成本	$1,536,000

上述計算過程中，開採 50,000 噸鐵礦之總成本為 $1,920,000，故平均每噸鐵礦產品的成本為 $38.40（＝ $1,920,000÷50,000 噸），2015 年度損益表中鐵礦產品的銷貨成本即為 40,000 噸 ×$38.40 ＝ $1,536,000。

二、無形資產

（一）無形資產（intangible assets）的性質

會計上所稱的無形資產，係指無實體存在之資產，通常是由法律或合約而產生，供營業上使用，並且能對企業產生長期效益、或對收入有特殊貢獻之資產。就字面意義上，無形資產似乎應包括所有無實體存在的資產。因此，流動資產項下的應收帳款、應收票據及證券投資等，似應屬於無形資產。然而，在會計實務上，無形資產僅指非流動資產之無形資產。

（二）無形資產的會計處理

無形資產的會計處理所牽涉的問題，大致包含下列三項：無形資產成本之認定與衡量、無形資產成本之攤銷及無形資產之處分。

1. 無形資產成本之認定與衡量

無形資產應以購買時的成本入帳。若以現金交易，應以所付之現金衡量；但若為非現金交易，則應以換入或換出資產之公平市價中較客觀明確者為準。但如果無形資產是與其他資產一併購入，則應將購入之總成本以合理的方法（一般用相對市價），分攤至無形資產。企業自行發展而產生不可辨認之無形資產，如商譽，所發生之相關支出，應列為費用。而自行發展可辨認之無形資產，在研究或發展階段之支出均應列為費用，只有在發展完成後，申請註冊登記時所發生之支出，如律師服務公費、登記規費等，才可列為該無形資產的成本。

2. 無形資產成本之攤銷

國際會計準則規定，企業的無形資產應在具有預期經濟效益的期間內，以合理而有系統的方式攤銷，以便與收入配合。而所謂合理而有系統的攤銷方法是指，除非能證明其他方法更適當，否則攤銷方法以直線法爲原則。另外，無形資產之攤銷通常不計殘值。

在記錄無形資產攤銷時，應借記攤銷費用，貸記無形資產或累計攤銷，但在實務上以貸記無形資產項目較被廣泛採用。茲以專利權爲例，其取得及攤銷時之分錄，釋例如下：

取得時：

專利權	×××	
現　　金		×××

攤銷時：

攤銷費用—專利權	×××	
專利權		×××

3. 無形資產的處分

處分無形資產時，應將帳面價值轉銷，帳面價值與處分所得之差額則應認列處分損益。由於處分無形資產之會計處理，與前述處分一般不動產、廠房及設備資產類似，故不再贅述。

（三）可辨認之無形資產

無形資產如按其可辨認性加以區分，則有可辨認與不可辨認兩類無形資產。可辨認無形資產係指其價值或成本可個別辨認，且取得此無形資產之相關支出可直接歸屬至該無形資產。可辨認無形資產通常包括：專利權、著作權、商標權、特許權、租賃及租賃改良等。不可辨認之無形資產，係指必須與其他資產結合始有價值之資產，如：商譽。

1. 專利權（patents）

專利權係指法律賦予發明人或創作人專有製造、銷售或使用其發明或創作之權利。專利權之成本，視專利權之取得方式而定。若爲向外購買，則其成本包括購買價格及相關費用。若爲自行研究發明者，僅有在申請專利階段所發生之規費、模型及製圖等，可認列爲該專利權成本。專利權成本應以法定年限或經濟效益年限較短者，作爲攤銷年限。

2. 著作權（copyright）

著作權係依著作權法規定，著作人對文學、科學、藝術、音樂、電影或學術範圍等創作，依法於著作完成時即終身享有著作權，且著作人死後其繼承人仍可持續享有五十年之專屬權利。然因時代變遷，著作權不可能終身享有經濟價值，故通常由估計之經濟年限與法定年限兩者之間，擇一較短年限予以分年攤銷。著作權成本之認定與攤銷程序，大致與專利權類似。若著作權年限太長（如大於二十年以上），則可視爲無限壽命之無形資產，不作攤銷，每年期末再進行減損測試，若價值有減損，應即承認減損損失。

3. 商標權（trademarks）

商標權係指企業爲表彰自己之商品或服務，進而向主管機關依商標法申請取得之專屬商品或服務圖樣標示的權利。商標權如爲向外購得，其相關支出皆可認列爲商標權之成本。如係企業自行發展者，相關研究發展支出須認列爲費用，其他如設計費、律師費、規費、勝訴費用及爲保障使用商標權的相關費用，則可認列爲商標權之成本。

就理論上而言，商標權之生命似乎無限，然由於其經濟效益年限不確定性甚高，故國際會計準則規定不必攤銷成本。美國會計準則也規定，商標權因經濟效益年限不確定，所以不予以攤銷。然而，商標或品牌每年期末應進行減損測試，若價值減損應立即承認減損損失。

4. 特許權（franchises）

特許權係一項合約關係，爲特許權所有人授予特許權承購人於某一地區出售其產品或提供服務、使用商標、技術或名稱等之權利。特許權授予分爲政府授予或私人授予兩類，前者如政府特許經營 3G 通訊服務，後者如麥當勞連鎖店、統一超商連鎖店等。

通常特許權承購人於取得特許權時，須先支付特許權費及其他相關費用，這些應認列爲特許權成本，並按契約年限或估計經濟效益年限分期攤銷之，但攤銷年限不應超過二十年。至於使用特許權的期間內，特許權承購人如每年應支付特許權年費，則此年費應認列爲當期費用。

5. 租賃及租賃改良（leasehold and leasehold improvement）

租賃係出租人與承租人簽訂租約，約定承租人於特定期間內使用租賃標的物之權利，並定期支付租金者。租賃支付租金的方式可分爲一次支付或分期支付。承租人一次支付租金時，應將全部資金予以資本化，並在租約期間內分期轉銷爲費用。

所謂租賃改良係指承租人對租賃標的物所做之改良，如承租人將租屋予以裝修或隔間等，此項租賃改良應視爲房屋財產的一部分，所以應予以資本化並列在設備資產項下，按其使用年限或租賃期間較短者攤銷。

（四）不可辨認無形資產—商譽

1. 商譽的意義與性質

商譽（goodwill）係指企業除有形資產和可辨認無形資產以外，使企業具有賺取超額利潤之無形資產。形成商譽的原因眾多，如優秀的管理人員、產品優良、員工服務態度佳、出色的企業內部管理、顧客對服務的高滿意度、適當的營業地點等。這些因素交互影響，且與企業本身密不可分，所以企業難以客觀辨識究係何種因素形成企業商譽。因此，商譽具有不易認定、和企業不可分離之特性，故商譽無法單獨購買，若要取得商譽，則須購買整個企業始有可能。

2. 商譽之認列

商譽之取得，可分爲向外購買或企業內部自行發展。根據一般公認會計原則，只有向外購買而取得的商譽方可認列入帳，企業自行發展的商譽則不能入帳。因爲只有在購買一企業時所購入的商譽，方有較客觀的市場交易資料佐證其價值，才可據以認定其入帳成本。購買之商譽成本，可以下列公式計算：

購入商譽的成本＝購買企業所支付的總成本－（取得有形資產及可辨認無形資產之公平價值總和－承受之負債總和）

反之，企業自行發展的商譽，因難以明確辨認商譽之構成因素，衡量相關之成本，所以會計上對於企業內部自行發展之商譽不予以認列。

範例9-10

全華公司於2015年1月1日以現金$300,000及$50,000之應付票據購買勝利公司，2015年1月1日勝利公司之資產負債表內有如下項目：

	帳面價值	公平市價
現　　金	$ 45,000	$ 45,000
應收帳款	90,000	90,000
存　　貨	85,000	100,000
土　　地	40,000	40,000
廠房（淨額）	80,000	80,000
設備（淨額）	65,000	75,000
專利權	12,000	12,000
應付帳款	150,000	150,000

試作：記錄全華公司購買勝利公司的相關分錄。

根據上述公式，可以計算出全華公司在購買勝利公司所產生的商譽金額：

商譽金額＝($300,000 ＋ $50,000) －
($45,000 ＋ $90,000 ＋ $100,000 ＋ $40,000 ＋ $80,000 ＋ $75,000
＋ $12,000 － $150,000) ＝ $58,000

因此，全華公司在 2015 年 1 月 1 日的相關分錄如下所示：

日期	科目	借方	貸方
2015 年	現　金	45,000	
1 月 1 日	應收帳款	90,000	
	存　貨	100,000	
	土　地	40,000	
	廠　房	80,000	
	設　備	75,000	
	專利權	12,000	
	商　譽	58,000	
	應付帳款		150,000
	應付票據		50,000
	現　金		300,000

3. 商譽之續後評價

依照國際會計準則規定，收購公司對於自企業合併中所取得之商譽，在原始認列後，應以成本減除累計減損後之金額衡量。再者，收購公司於合併之後應每年定期進行商譽之減損測試，且發生特定事項或環境改變顯示商譽可能發生減損時，應立即進行減損測試。因此，收購公司不得分期攤銷該商譽。

學·後·評·量

一、選擇題

( ) 1. 機器買價 $100,000、試車安裝 $3,200、搬運損壞零件之修理支出 $800，則機器成本多少？ (A)$103,200 (B)$102,400 (C)$104,000 (D)$100,000。

【97 年地方特考會計學試題】

( ) 2. 拆除購入土地上舊有建物以興建新房屋之支出應列為： (A) 房屋的成本 (B) 土地的成本 (C) 拆除費用 (D) 舊屋處分損益。

【97 年地方特考會計學概要試題】

( ) 3. 台中公司最近購入一筆土地及附帶的舊房屋，此舊房屋已不堪使用，其在賣方的帳面價值為 $750,000。台中公司發生的各項支出如下：

(1) 土地及舊房屋支出 $22,500,000

(2) 代書費 $375,000

(3) 土地上原居住人員之搬遷費 $450,000

(4) 舊房屋拆除費 $450,000

(5) 舊房屋拆除期間工人意外傷害賠償 $150,000。

則該公司應記錄土地之成本為多少？

(A)$22,875,000 (B)$23,325,000 (C)$23,775,000 (D)$23,925,000。

( ) 4. 岡山公司採曆年制，於 2013 年 1 月 1 日購入一部機器，耐用年限 5 年，採直線法提列折舊。該公司於 2015 年 5 月 1 日對此機器進行極重大零件更新，花費 $64,000，該支出將增加機器產能但不改變耐用年限及殘值，這筆支出會計人員認列為當期費用。試問岡山公司 2015 年的淨利： (A) 正確 (B) 高估 $64,000 (C) 低估 $64,000 (D) 低估 $48,000。

【97 年地方特考會計學概要試題】

( ) 5. 土地的整修成本，如其經濟效用有一定的耐用期間，則應將此成本記入下列那一項目中？ (A) 土地 (B) 土地改良 (C) 折舊費用 (D) 遞耗資產。

( ) 6. 新竹公司以 $1,000,000 整批購入三項廠房資產，個別資產的鑑定價值為：甲資產 $600,000、乙資產 $1,000,000 及丙資產 $400,000。在記錄這些資產的取得分錄時，新竹公司應借記丙資產成本： (A)$2,000,000 (B)$1,000,000 (C)$400,000 (D)$200,000。

(　　) 7. 下列何者爲折舊意義的最佳詮釋？　(A) 一種將成本分攤爲使用各期之費用的過程　(B) 用以使資產之帳面價值與其市價相當的評價方法　(C) 反映該資產當年度的使用價值　(D) 提供未來資產重新購置所需的資金。

(　　) 8. 羅東公司於 102 年初購買機器一部，賣方同意羅東公司於一年後支付現金 $66,000，不附利息 (購買當時該公司的市場利率 10%)，但運費 $6,000 由羅東公司自付。機器運回公司途中，由於羅東公司的運送人員搬運不慎摔損，因此又支付修理費 $9,000。若羅東公司以倍數餘額遞減法提列折舊，且預估機器耐用年限爲 20 年，則今年機器的折舊費用應爲多少？　(A)$6,600　(B)$6,900　(C)$7,200　(D)$8,100。

(　　) 9. 高雄公司於 100 年 1 月 1 日以 $1,100,000 購買一輛卡車，預估可用 10 年，估計殘值爲零，按年數合計法提列折舊。至 106 年 1 月 1 日，該公司發現卡車尚可使用 6 年，估計殘值 $60,000。則 106 年度卡車應提列的折舊費用爲多少？　(A)$40,000　(B)$57,140　(C)$68,560　(D) $240,000。

(　　) 10. 依照國際會計準則之規定，收購公司之商譽的攤銷：　(A) 應按法定最高年限 40 年內予以分攤　(B) 應按剩餘經濟耐用年限內予以分攤　(C) 不作攤銷，但每年應評估其價值是否減損　(D) 應按法定最高年限 20 年內予以攤銷。

(　　) 11. 當廠房資產已完全折舊卻仍供營運使用，則會計上應做下列何種處理？　(A) 調整前期的折舊費用　(B) 將該資產帳面價值予以沖銷　(C) 將部分折舊費用予以迴轉　(D) 將該資產成本及累計折舊保留於帳上，不必再提列折舊。

(　　) 12. 台中公司於 102 年初與南投公司交換同種類機器，交換前的相關資料如下。請問台中公司換入的新機器成本是多少？

	台中公司機器	南投公司機器
資產成本	$150,000	$240,000
累計折舊	125,000	100,000
市　　價	100,000	160,000
現金給付（收入）	60,000	(60,000)

(A)$160,000　(B)$140,000　(C)$85,000　(D)$25,000。

(　　) 13. 廣州公司以 $1,000,000 購入蘊藏煤礦的土地一筆，預估可開採總計 400,000 噸煤礦，且於完全開採後土地之估計殘值為 $200,000。若第一年開採並銷售 40,000 噸煤礦，則當年應提列之折耗費用為：　(A)$80,000　(B)$100,000　(C)$800,000　(D)$1,000,000。

(　　) 14. 下列有關無形資產會計處理之敘述，何者不正確？　(A) 有限耐用年限無形資產之殘值原則上應視為零　(B) 無形資產之殘值增加而大於或等於帳面價值時，當期攤銷金額為負值　(C) 預期無法由使用或處分產生未來經濟效益時，應將該無形資產除列　(D) 耐用年限由非確定改為有限時，視為會計估計變動。

【97 年地方特考會計學試題】

(　　) 15. 下列何者為遞耗資產？　(A) 專利權　(B) 土地　(C) 開辦費　(D) 果樹。

【97 年會計乙技術士試題】

二、計算題

1. 【資產取得成本之決定】福州公司於 2015 年 12 月 20 日以現金購入機器一台，成本 $135,000，另發生 $15,000 運費。但該機器在搬運途中不慎略微毀損，支付修理費 $18,000。

   試記錄取得該機器及支付該項修理費之分錄。

2. 【資產取得成本之決定】北投公司於 2015 年 4 月 30 日，以 $2,500,000 現金購買一塊土地供建造新工廠。該筆土地上原有一棟舊房屋，北投公司花費 $120,000 將其拆除。以下為其他相關支出：

房地產仲介公司佣金	$ 25,000
代書費	8,000
整地及清理費	6,000
稅捐及相關規費	20,000
修築圍牆（可用 12 年）	35,000
過戶登記費	1,000

   試作：

   (1) 計算北投公司購入此筆土地的成本。

   (2) 假設北投公司 2015 年 4 月 30 日購入此筆土地的所有相關收支均為現金交易，試記錄此一交易之分錄。

3.【資產取得成本之決定、後續支出與成本分攤】台中公司於 2013 年 1 月 1 日以 $75,000 購置一機器，同時發生以下成本：

出售舊機器損失　$3,000
運　　費　　　　1,000
安裝成本　　　　1,500
試車成本　　　　2,500

該機器估計可用 20 年，殘值爲 $5,000，按直線法折舊，2015 年 1 月初爲減少操作成本，增添附件 $4,800，此項附件對其耐用年限及估計殘值並無影響。

試作：計算 2015 年之折舊費用。

4.【資產成本分攤與改正分錄】雲林公司於 2015 年「機器」帳戶之內容如下：

機　　器								12400
2015 年		傳票總號	摘　　要	日頁	借方金額	貸方金額	借/貸	餘 額
月	日	1						
1	1	5	購入相同機器 4 台，每台 $12,000	1	48,000		借	48,000
	1	6	安裝成本	1	3,000		借	51,000
12	31	718	出售機器 1 台得款	59		8,000	借	43,000

試作：

(1) 上列機器均估計可用 5 年，每台殘值 $1,500，按直線法提列折舊，試作 2015 年之折舊分錄。

(2) 該公司原作分錄若有錯誤，試作改正分錄（假設該年尚未結帳）。

5.【資產之成本分攤】瑞芳公司於 2014 年 7 月 1 日購入必須修理後才能使用的舊機器一台，成本爲 $120,000，另支付修理費 $30,000，估計可以使用 5 年，無殘值。該機器採用年數合計法計算折舊。

試作：2014 年 7 月 1 日支付修理費及 2015 年 12 月 31 日期末提列機器折舊費用之分錄。

6. 【不同折舊方法與折舊估計基礎變動】桃園公司在 2013 年 7 月 1 日購入成本 $150,000 的機器一台，該機器估計可使用 10 年且估計殘值為 $15,000，採用直線法折舊，且該公司之會計年度為曆年制。公司於 2015 年初發現該機器只能再使用 5 年，且估計未來殘值為 $18,000。

   試作：

   (1) 計算 2015 年度該機器應提列的折舊費用。

   (2) 若桃園公司採用生產數量法計算折舊，且該機器原估計可使用總時數為 45,000 小時，2013 年實際運轉 2,500 小時，2014 年實際運轉 4,500 小時。請計算 2013 及 2014 年度該機器各年度應提列的折舊費用。

   (3) 若桃園公司採用倍數餘額遞減法計算折舊，請計算 2013 至 2015 年度該機器各年度應提列的折舊費用。

7. 【折舊估計基礎變動】淡水公司於 2013 年初以 $108,000 現金，購入機器一部，原估耐用年限為 12 年，估計殘值為 $12,000，採直線法折舊。在 2016 年初發現該機器只能服務至 2020 年 12 月 31 日，且估計無殘值。

   試作：若該公司會計人員於每年年底結帳一次，試根據該公司帳上資料，記錄自 2015 至 2017 年，每年 12 月 31 日必要的調整分錄。

8. 【資產後續資本支出】基隆公司於 2013 年 1 月 2 日購入機器設備一台，成本 $180,000，預計可以使用 8 年，估計殘值為 $20,000，採直線法折舊。該機器於 2015 年 1 月 2 日經徹底整修，支付修理費 $24,000 後，估計可以延長兩年耐用年限，估計殘值仍為 $20,000。

   試作：2015 年 1 月 2 日支付修理費及 2015 年 12 月 31 日期末機器折舊分錄。

9. 【資產成本分攤與處分】台東公司於 2013 年 7 月 1 日購入機器一台，成本 $80,000，估計可用 4 年，無殘值，按年數合計法提列折舊，2013 年初將該機器予以處分。

   試作：根據下列個別假定情況，記錄應作之分錄：

   (1) 台東公司將該機器拆除後售出，得款 $24,000，另支付拆除費 $2,000。

   (2) 台東公司將該機器拆除後售出，得款 $6,000，另支付拆除費 $2,000。

   (3) 台東公司以該機器換入新機器一台，另支付現金 $80,000。舊機器之市價為 $10,000，由供應商免費代為拆除，新機器由供應商代裝，另付安裝費 $2,000。假設此交換交易具有商業實質，請按理論上正確之方法入帳，不考慮稅法規定。

10.【資產交換】全華公司於 2015 年 7 月 1 日以一台舊機器設備及現金 $150,000，向明新公司交換一部新機器設備，當時舊機器設備的帳面價值為 $320,000（成本 $800,000 － 累計折舊 $480,000）。雙方認為，交換時舊機器設備的公平市價應為 $350,000。在明新公司帳上，機器設備的成本及累計折舊（已提列至交換當日）分別為 $550,000 及 $35,000。假設此一資產交換，將導致兩家公司之未來現金流量均發生改變，亦即為具有商業實質之資產交換。

試作：

(1) 計算明新公司的資產處分（交換）利益或損失。

(2) 記錄明新公司應有之會計分錄。

11.【資產交換】澎湖公司於 2011 年 1 月 1 日購買一部機器，總成本為 $175,000，經濟耐用年限為 5 年，殘值為 $15,000，採用雙倍餘額遞減法提列折舊。在 2015 年 6 月 30 日公司將這舊機器折抵 $20,000，換入市價為 $200,000 的新機器，並付現金 $30,000，餘款則開立支票支付。　【97 年地方特考會計學概要試題】

試問：

(1) 2015 年 6 月 30 日之舊機器的帳面值為何？

(2) 若此交換交易不具有商業實質，列出此之交換分錄。

(3) 若此交換交易具有商業實質，列出此之交換分錄。

12.【資產交換】南投公司於 2013 年 7 月 1 日購入機器一部，定價 $100,000，運費 $3,000，安裝成本 $2,000，估計耐用年限為十年，估計殘值為 $5,000，按直線法提列折舊。2016 年 7 月 1 日將該機器交換定價 $200,000 之同類型新機器一部，並支付現金 $140,000。舊機器之拆除費計 $2,500，新機器之安裝成本計 $3,000，兩者皆付現。當時舊機器如直接出售，現金價為 $45,000。

試作：假定南投公司會計年度為曆年制，且此交換交易具有商業實質，試列出機器交換之分錄。

13.【天然資源與折耗】三峽公司於 2015 年初購得鐵礦礦山一座，成本為 $3,400,000，另支付開發成本 $2,800,000，預計蘊藏鐵礦總量為 1,200,000 公噸，開採後該礦山的估計殘值為 $200,000。假設 2015 年開採 80,000 公噸，另支付人工成本 $240,000，以及其他生產成本 $400,000。若三峽公司於 2015 年總計出售 60,000 公噸已開採的鐵礦，每公噸售價為 $44。

試作：

(1) 假設所有相關支出均為現金交易，試計算該公司此一天然資源的成本，並記錄三峽公司 2015 年初取得鐵礦礦山應有之分錄。

(2) 計算三峽公司 2015 年度提列鐵礦之折耗的金額，並記錄必要的分錄。

(3) 計算該公司 2015 年底已開採鐵礦之期末存貨成本。

14. 【專利權之記錄】全台顧問公司於2014年1月1日以$480,000的代價取得一新專利權，當時專利權已註冊一年。該公司估計專利權的經濟效益年限為 12 年。2015 年 1 月 1 日全台顧問公司在該專利權之訴訟案中獲判勝訴，訴訟的相關支出為 $300,000。

試作：2014 年及 2015 年與專利權相關之分錄。

15. 【無形資產交易之記錄】台北顧問公司在 2015 年有關無形資產的交易如下：

1/1 以現金 $80,000 取得專利權，該專利權分十年予以攤銷。

1/1 以現金 $70,000 取得著作權，該著作權分十年予以攤銷。

1/31 為維護專利權而在一項訴訟案件中獲得勝訴，相關支出為 $10,000。

3/1 為研發新產品而發生 $700,000 的研究發展費用。

4/1 在維護著作權的訴訟案中敗訴，除喪失著作權外，尚支付 $10,000 的訴訟費用。

6/1 併購基隆公司，共支付現金 $1,200,000 及應付票據 $300,000，基隆公司帳列資產為 $1,600,000（公平價值為 $2,000,000），負債為 $1,000,000，另有尚未入帳的專利權（公平價值 $60,000）。取得之專利權分十年攤銷，商譽無須攤銷。

試作：台北顧問公司 2015 年有關無形資產的分錄。

CHAPTER 10

流動負債

學習目標

研讀本章後，可了解：

一、流動負債之意義及評價

二、金額確定流動負債之會計處理

三、或有事項之類型、認列及會計處理

四、流動負債之表達及揭露

本章架構

流動負債			
流動負債之意義與評價	金額確定流動負債之會計處理	或有事項之會計處理	流動負債之表達與揭露
• 流動負債之意義 • 流動負債之評價	• 應付帳款 • 應計費用 • 應付營業稅 • 應付所得稅 • 預收收入 • 短期借款 • 一年內到期之長期負債	• 負債準備之會計處理 • 或有負債之會計處理	

前言

負債依到期日的遠近，可分爲流動負債與長期負債，企業因平日之營運活動而產生之負債，大多爲流動負債，例如，應付票據、應付帳款、應付費用等；而負債依其存在及金額之確定程度，又可區分爲確定負債及或有事項兩類。投資人於評估公司之價值時，債權人於評估是否貸放給公司時，供應商於評估是否賒銷予客戶時，財務分析師於進行分析時，管理者於制定公司營運政策時，均會就公司之負債水準加以考量；而流動負債與流動資產間之關係，爲衡量企業短期償債能力的重要指標，流動負債與非流動負債之區分若不正確，勢將影響財務分析之正確性。因此，會計人員於編製財務報表時，應充分且詳實的揭露公司負債之情況，俾利管理者制定正確的決策。

本章首先敘述流動負債之意義及其評價方法，接著探討金額確定之流動負債及或有事項有關的會計處理，最後說明流動負債於財務報表中如何表達與揭露。

10-1 流動負債之意義與評價

依據我國財務會計準則公報第一號之定義，所謂負債（liabilities），係指由於過去之交易事項所產生之現有義務，能以貨幣衡量，且預期未來清償時將導致具有經濟效益的資源流出。依此定義可知，負債必因已發生之交易或事件而得以存在，可能是費用、損失或取得資產的一種負擔，其金額能可靠衡量，企業須提供勞務或移轉資產以償付，因而犧牲其具有未來經濟效益的資源，並須於導致企業承擔經濟義務之交易發生時即予認列入帳。若企業有過多的負債，或有可能無法履行其已存在之經濟義務，則易導致營運問題的產生，因此，就管理者而言，如何維持適當的負債水準，實爲一項重要的課題。

於資產負債表中，負債與資產應分別列示，不得相互抵銷，但有法定抵銷權或財務會計準則公報另有規定者不在此限。例如，公司在同一家銀行開立兩個帳戶，一個帳戶發生透支爲公司的負債，一個帳戶有餘額則爲公司的資產，在資產負債表上可將透支與存款餘額抵銷，僅以淨額列示。

一、流動負債之意義

企業之負債應予正確分類，俾利管理者制定決策，根據國際會計準則第一號（IAS 1），將負債劃分爲流動負債（current liabilities）與非流動負債（non-current liabilities），非屬於流動負債的所有其他負債，均歸類爲非流動負債。符合下列任一標準的負債，應將之歸類爲流動負債：

1. 企業預期於其正常營業週期中清償之負債，例如，應付票據、應付帳款、應付費用等。
2. 企業主要為交易目的而持有之負債，例如，證券商發行認購（售）權證及衍生性金融商品等所產生之金融負債。
3. 企業預期於報導期間後 12 個月內到期清償之負債，例如，短期銀行借款。
4. 企業未具無條件將清償期限遞延至報導期間後至少 12 個月之權利的負債，例如，將於一年內到期而無法無條件展延的長期借款。

1. 企業將於報導期間後 12 個月內到期清償之金融負債，即使於報導期間後至通過發布財務報表前，已完成長期性之再融資或重新安排付款協議，企業仍應將其分類為流動負債。
2. 企業在現有貸款機制下，若預期且有裁量能力將一項債務再融資或展期至報導期間後至少 12 個月，應將其分類為非流動負債，即使該負債可能在較短期間內到期。
   如果該負債之再融資或展期非由企業裁量（例如，無再融資協議），則企業不得考量再融資之可能性，而應將其分類為流動負債。
3. 企業若因違反長期借款合約之條款，致使金融負債依約可隨時被要求清償，則該負債應分類為流動負債，即使於報導期間後至財務報表核准發布前，已經債權人同意，不因該企業違反條款而隨時要求清償。
   如果於報導期間結束日前，已經債權人同意不予追究違反合約條款之事件，並將借款展期至報導期間後至少 12 個月以上，且於展期期間，企業有能力改正違約情況，而債權人亦不得要求立即清償，則企業仍應將該負債分類為非流動負債。

二、流動負債之評價

理論上，所有負債均應以現值評價入帳。所謂負債之現值，係指將於未來償付之金額，依利息因素，折現至目前所須償付之金額。由於流動負債之到期值與現值的差異不大，實務上，對於因正常營業活動而產生之債務，其到期日在一年或一個營業週期以內者，可按面值或到期值評價，例如，應付票據、應付帳款等。至於提供企業短期資金所需的金融負債，其中，短期借款可按面值或到期值評價，而應付短期票券則應以現值衡量。

10-2 金額確定流動負債之會計處理

企業之負債依其存在及金額的確定程度，可區分爲確定負債（determinable liabilities）及或有事項（contingencies）兩類。所謂確定負債，係指負債之事實已確實發生及其金額已確定，且企業已有明確清償義務的負債；此類負債爲已確定發生之債務，故於發生時即應認列入帳。企業於營運過程中所產生之債務，多由於契約或法律的規定所致，其金額及到期日通常能合理確定。以下就常見的金額確定流動負債之會計處理，分別加以說明。

一、應付票據

所謂應付票據（notes payable），係指發票人允諾於特定日期，無條件支付一定金額給受款人之書面憑據。就企業而言，應付票據多因賒購商品、償付應付帳款或借款等交易而發生。企業因從事營業活動所產生之應付票據，其到期日在 12 個月以內者，可按面值評價入帳；而非因營業活動所產生之應付票據，則應以其現值認列入帳。

企業因賒購商品或償付應付帳款而簽發之票據，通常並不附息，且由於期間很短，其到期值與現值差距不大，不須計算現值，可直接以面值（即到期值），借記進貨，貸記應付票據。

企業因借款而簽發之票據，必須負擔利息，應按現值評價入帳，依其票面是否附載利息條件，可分爲附息票據及不附息票據二種，有關之會計處理分別說明如下：

（一）附息票據

係指所簽發之面額爲借入款金額，且票面記載有關利息條件之票據。

範例 10-1

全華公司於 2015 年 11 月 1 日簽發面額 $300,000 之票據向銀行融資借款，票面記載借款期限 3 個月，年利率 4%，票據到期時，該公司須償付本金 $300,000，再加利息費用 $3,000（$300,000×4%×3/12）。全華公司記錄借款之分錄爲：

日期	科目	借方	貸方
11/1	現　金（或銀行存款）	300,000	
	應付票據		300,000

於 2015 年 12 月 31 日結帳時，已發生 2 個月的應計利息負債，應作調整分錄爲：

12/31	利息費用	2,000*	
	應付利息		2,000
	*2 個月之利息費用 $300,000 × 4% × 2/12 = $2,000		

2015 年 12 月 31 日全華公司之資產負債表中，與此項借款有關之流動負債爲 $302,000（應付票據 $300,000+ 應付利息 $2,000），表達如下：

流動負債：	
應付票據	300,000
應付利息	2,000

於 2016 年 2 月 1 日票據到期時，全華公司償付本金及利息之分錄爲：

2/1	應付票據	300,000	
	應付利息	2,000	
	利息費用	1,000*	
	現　　金（或銀行存款）		303,000

*1 個月之利息費用 $300,000 × 4% × 1/12 = $1,000

（二）不附息票據

係指所簽發之面額爲借入款到期日應支付金額（包括本金及利息），而於票面並未記載有關利息條件之票據。

範例 10-2

全華公司於 2015 年 9 月 1 日向銀行借款 $200,000 時，係簽發面額爲 $206,000 之票據，其中包含於借款期間 6 個月所須負擔之利息費用 $6,000。依此票據借入款項之金額（即票據之現值）與票據面額的差額，稱爲應付票據折價（discount on notes payable），全華公司記錄此項借款之分錄爲：

9/1	現　　金（或銀行存款）	200,000	
	應付票據折價	6,000	
	應付票據		206,000

應付票據折價係為應付票據之抵銷項目，於資產負債表中，列為應付票據之減項；應付票據扣除應付票據折價後之淨額，即為應付票據截至當日之現值。應付票據折價項目之餘額，代表未來期間之利息費用，於借款期間，其餘額逐漸轉為利息費用，至票據到期日，將全部攤銷完畢；而應付票據淨額，則隨應付票據折價之攤銷，逐漸增加至應付票據的面額。

短期應付票據折價之攤銷，通常採用直線法予以攤銷，即於借款期間，每個月轉列相同金額為利息費用。全華公司此項借款之應付票據折價為 $6,000，借款期間 6 個月，因此，每個月平均攤銷應付票據折價 $1,000，轉列為利息費用。企業若非按月編製財務報表，應付票據折價可於期末結帳日或票據到期日才予攤銷，全華公司於 2015 年 12 月 31 日，攤銷應付票據折價認列 4 個月利息費用之分錄為：

12/31	利息費用	4,000	
	應付票據折價		4,000*

*4 個月之應付票據折價攤銷 $6,000 × 4/6 = $4,000

經此分錄，全華公司帳上「應付票據折價」項目之餘額減少 $4,000，而應付票據淨額則增加 $4,000，於 2015 年 12 月 31 日之資產負債表中，與此項借款有關之流動負債表達如下：

流動負債：		
應付票據	$ 206,000	
減：應付票據折價	(2,000)	$204,000

於 2016 年 3 月 1 日票據到期時，全華公司按票據面額 $206,000 償付借款，其分錄為：

3/1	應付票據	206,000	
	利息費用	2,000	
	應付票據折價		2,000*
	現　　金（或銀行存款）		206,000

*2 個月之應付票據折價攤銷 $6,000 × 2/6 = $2,000

二、應付帳款

所謂應付帳款（accounts payable），係指企業因賒購商品、原料、物料或勞務所發生之債務，為企業主要的流動負債。因營業而發生與非因營業而發生之應付帳款，應分別予以列示；已提供擔保品之應付帳款，應註明擔保品名稱及有關之帳面價值。

通常企業於勞務提供者已履行特定義務，收到發票或帳單時，應付帳款金額才予確定入帳。至於賒購商品、原料或物料，有關應付帳款入帳的時間，則依所有權是否已正式移轉而定。若為起運點交貨，當供應商將貨物交付運送人時，商品所有權已歸屬買方，其應即認列應付帳款；若為目的地交貨，則於收到商品時所有權才移轉給買方，此時買方才須認列應付帳款。惟實務上為便利起見，不論進貨條件如何，通常多於收到貨品及發票時，才記錄有關之交易，分錄為借記進貨，貸記應付帳款。應付帳款發生的相關會計處理，已於前面的章節說明，不再贅述。

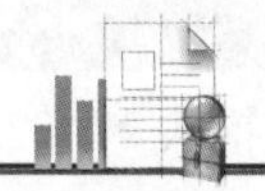

。延伸閱讀

【租賃會計變革之衝擊】

國際會計準則委員會（IASB）與美國財務會計準則委員會（FASB）於民國 99 年 8 月 17 日聯合發布「租賃」會計準則意見徵詢草案，計劃於民國 100 年 6 月發布新的準則。新的租賃會計將取消現行資本租賃與營業租賃之分野，草案如經確認，對承租人及出租人均可能產生重大影響；其中，首當其衝者應屬營運模式偏重營業租賃之企業，例如，航空、百貨零售、連鎖與量販通路等業，採用新準則後可能將使其負債比率暴增。

於新草案下，承租人之會計處理係為資產使用權法，承租人於租賃期間開始日取得特定期間使用資產之權利，應認列資產（以反映該權利）及負債（以反映支付租金之義務）。對於出租人，新草案提議「履行義務法」及「除列法」兩種會計處理方式。於履行義務法下，出租人並不除列標的資產，應認列履行義務之負債（表彰承租人於租賃期間中得使用標的資產）及資產（表彰收取租金之權利）；而於除列法下，出租人認列表彰收取租金權利之資產，並將標的資產部分之帳面金額除列，而標的資產未移轉權利部分之帳面金額則重分類為剩餘資產。

資料來源：摘自 2010/09/24，工商時報，稅務法務版勤業眾信專欄

三、應計費用

所謂應計費用（accrued expenses），係指費用業已發生但尚未支付，將於未來期間付款之負債。實務上，企業對於平日營運活動所發生之費用，多採現金收付制認列入帳，至會計年度終了時，才依權責發生制將已發生但尚未支付之費用調整入帳，並認列負債。常見之應付費用包括應付薪資、應付利息、應付租金、應付水電費等，於期末調整時均借記費用（例如，薪資費用），貸記應付費用（例如，應付薪資）。有些應付費用，例如，應付水電費、應付郵電費、應付勞健保費等，若金額不大，依據重要性原則，可於實際支付時費用才予認列入帳，其並不影響當期損益及負債之可靠性，若金額重大者，則仍應於會計年度終了時予以認列入帳。

知識學堂

依據所得稅法施行細則第八十二條規定，公司帳載應付未付之費用或損失，逾二年而尚未給付者，應轉列其他收入項目，俟實際給付時再以營業外支出列帳。

四、應付營業稅

依我國加值型及非加值型營業稅法之規定，營業稅實際負擔者爲商品的最終消費者，企業於進貨時須先行代爲支付（現行一般商品買賣之營業稅稅率爲銷貨額之 5%），此項代付之稅捐稱爲進項稅額，屬暫時代付性質之項目，因此，於進貨時，應先行就代付之營業稅額借記進項稅額；若爲賒購，則所貸記之應付帳款須包含有關的營業稅額。企業於銷售貨物時有義務代替政府徵收營業稅，此項代收之稅捐稱爲銷項稅額，屬暫時代收性質之項目，因此，於銷貨時，應先行就代收之營業稅額貸記銷項稅額；若爲賒銷，則所借記之應收帳款須加入有關的營業稅額。

企業於營業過程中代收（銷項稅額）及代付（進項稅額）之營業稅，可相互抵銷以計算其應納之稅捐。由於營業稅係爲每單月 15 日前申報繳納前二個月之營業稅，通常企業會於每月底或申報繳納前先行計算並予調整入帳。若進項稅額大於銷項稅額，則將差額借記留抵稅額，可用於抵繳下期的稅款；若銷項稅額大於進項稅額，則將差額先扣抵留抵稅額，若有餘額再將之貸記應付營業稅（business taxes payable）。

範例10-3

全華公司於 2015 年 11 月及 12 月，共計進貨 $800,000 及銷貨 $920,000，於進貨及銷貨時有關之分錄如下：

進貨時：

科目	借方	貸方
進　　貨	800,000	
進項稅額	40,000*	
應付帳款		840,000

* 進項稅額 $800,000 × 5% = $40,000

銷貨時：

科目	借方	貸方
應收帳款	966,000	
銷貨收入		920,000
銷項稅額		46,000*

* 銷項稅額 $920,000 × 5% = $46,000

全華公司於 2015 年 12 月 31 日結帳時，應作之調整分錄爲：

日期	科目	借方	貸方
12/31	銷項稅額	46,000	
	進項稅額		40,000
	應付營業稅		6,000

全華公司於 2016 年 1 月 15 日申報繳納營業稅時，其分錄爲：

日期	科目	借方	貸方
1/15	應付營業稅	6,000	
	現　　金（或銀行存款）		6,000

五、應付所得稅

依我國所得稅法之規定，營利事業於每年 9 月 1 日起至 9 月 30 日止，應依當年度前六個月之營業收入總額，估算其前半年之營利事業所得額，並按當年度稅率，計算暫繳稅額，或按其上年度結算申報營利事業所得稅應納稅額之二分之一為暫繳稅額。此項暫繳稅款為預付所得稅性質，於年底調整記錄時，可作為全年應納所得稅額的減除項目，而全年應納所得稅額減除暫繳稅額後之餘額，則以應付所得稅（income taxes payable）項目認列入帳。

範例 10-4

全華公司於 2015 年 9 月 30 日，依規定暫繳營利事業所得稅 $200,000，其分錄為：

日期	項目	借	貸
9/30	預付所得稅	200,000	
	現　金（或銀行存款）		200,000

於 2015 年 12 月 31 日，按規定核算全年度應繳納營利事業所得稅總額為 $450,000，應作之調整分錄為：

日期	項目	借	貸
12/31	所得稅費用	450,000	
	應付所得稅		250,000
	預付所得稅		200,000

於 2016 年 5 月 31 日，實際繳納所得稅時，其分錄為：

日期	項目	借	貸
5/31	應付所得稅	250,000	
	現　金（或銀行存款）		250,000

六、預收收入

所謂預收收入（unearned revenue），係指企業尚未交付貨物或提供勞務前，預先收取部分或全部交易之款項。常見之預收收入包括預收貨款、預收租金、預收利息、預收雜誌訂閱收入、預收門票收入、預收機票收入等。預收收入之產生代表企業於未來有移轉貨品或提供勞務給顧客的義務，故應列爲負債，俟交付貨品或履行特定義務後，才轉列爲收入。

範例 10-5

全華雜誌社於 2015 年 9 月 20 日，收到讀者交來訂閱自 2015 年 10 月起一年期月刊之訂閱款 $120,000，其分錄爲：

9/20	現　　金	120,000	
	預收雜誌訂閱收入		120,000

全華雜誌社自 2015 年 10 月起按月寄送雜誌，並記錄已實現之雜誌訂閱收入，其分錄爲：

預收雜誌訂閱收入	10,000*	
雜誌訂閱收入		10,000

* $120,000 × 1/12 = $10,000

七、短期借款

所謂短期借款（short-term borrowings），係指向金融機構或他人借入之款項，其償還期限在一年以內者。此類負債應依借款種類註明借款性質、保證情形及利率區間，如有提供擔保品者，亦應註明擔保品名稱及其有關之帳面價值。此外，企業向金融機構、業主、員工、關係人或其他個人與機構之借入款項，亦應分別加以說明。

範例 10-6

全華公司於 2015 年 9 月 6 日向銀行借入 $1,200,000，借款期間 6 個月，年利率 2.5%，按月付息。全華公司依借入款之現值入帳，其分錄爲：

9/6	銀行存款	1,200,000	
	短期借款		1,200,000

自 2015 年 10 月 5 日起，每月 5 日記錄利息之支付，至民國 108 年 3 月 5 日止，其分錄爲：

利息費用	2,500*	
銀行存款		2,500

* 每月之利息費用 $\$1,200,000 \times 2.5\% \times 1/12 = \$2,500$

於 2016 年 3 月 6 日借入款到期償還，其分錄爲：

3/6	短期借款	1,200,000	
	銀行存款		1,200,000

八、一年內到期之長期負債

企業之長期負債，例如，應付公司債、長期借款、長期應付票據及款項等，若將於一年內到期，且不能無條件展延者，則屬於流動負債，於編製資產負債表時，應將其轉列爲流動負債。長期負債可分爲一次到期清償及分期清償二種，若爲一次到期清償者，應於到期前一年內，轉列爲流動負債，若爲分期清償者，則分期轉列將於下一年度到期之金額爲流動負債。

範例 10-7

全華公司於 2015 年 5 月 1 日向銀行借款 $2,000,000，借款到期日為 2018 年 5 月 1 日，借款到期時將無法進行再融資或展期，須予償還，則全華公司於 2017 年 12 月 31 日編製資產負債表時，應將此項長期借款轉列至流動負債項下，以一年內到期之長期借款項目表達。此項轉列處理並不需要編製分錄，僅於編製資產負債表時予以適當分類即可。

10-3 或有事項之會計處理

所謂或有事項，係指在報導期間結束日以前就已存在的事實或狀況，其可能已經對企業產生資產或義務，但其確切之結果，有賴於未來不確定事項的發生或不發生而加以證實。或有事項的結果，有可能產生資產，基於收益實現原則，此種或有資產必須等到實際實現後才可認列，不得提前估計入帳；若經濟效益之流入很有可能時，則應揭露或有資產，但應避免給予有產生收益可能性之誤導說明。然而，或有事項的結果，亦有可能產生義務而造成負債的增加，國際會計準則第三十七號（IAS 37）依據具經濟效益之資源流出的可能性及金額估計的可靠性，將之劃分為負債準備（provisions）與或有負債（contingent liabilities）二類。

一、負債準備之會計處理

所謂負債準備，係指發生時間或支出金額不確定之負債。依據國際會計準則第三十七號之規定，負債準備僅於符合下列所有情況時始可認列入帳：

1. 企業因過去事件而負有現時義務。
2. 企業很有可能需要流出具經濟效益之資源，以履行該義務。
3. 該義務之金額能可靠估計。

當有關義務於報導期間結束日，存在之可能性大於不存在之可能性時，亦即，義務存在的機率超過 50%，則過去事件即被認定產生現時義務；若事件發生之可能性大於不發生之可能性，則具經濟效益資源之流出將視為很有可能。常見的負債準備包括估計服務保證負債、估計贈品負債等。

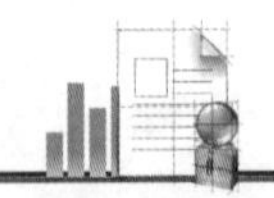

延伸閱讀

【負債準備之最佳估計】

依據 IAS 37 規定，負債準備係以預期支出發生金額之最佳估計數來認列。若衡量負債準備所涉及項目爲大母體（多個類似項目），則最佳估計爲預期可能支付金額之期望值，亦即，在估計義務之金額時，應以其各種可能結果按相關發生之機率加權計算。例如，甲公司銷售附有保固條款之商品，須負擔於顧客購買後六個月內出現之任何製造瑕疵的修理成本，若全部出售商品均發現輕微瑕疵，將花費 100 萬修理成本，若全部出售商品均發現重大瑕疵，則將花費 400 萬修理成本。該公司之過去經驗及未來預期顯示，已出售商品在下一年度中，75% 將沒有瑕疵，20% 將有輕微瑕疵，5% 將有重大瑕疵；依據 IAS 37 第 24 段，甲公司應整體評估因保固義務而支付之機率，故此項義務應認列之負債準備爲 40 萬（0×75%+100 萬 ×20%+400 萬 ×5%）。

若衡量負債準備所涉及者爲單一項目，則最佳估計爲該項義務最有可能發生之結果。例如，乙公司之一項法律訴訟，有 40% 可能性會勝訴，60% 可能性會敗訴需支付 100 萬之損害賠償；該公司不是勝訴（無須賠償），就是敗訴且須支付 100 萬，由於賠償 100 萬的機率較高，故此項義務應認列之負債準備爲 100 萬。

資料來源：IAS 37 第 39 段釋例；摘自 2010/11/01，勤業眾信通訊，IFRS 重要範例解析

（一）估計服務保證負債

許多公司銷售產品均附有售後服務保證期限，例如，電腦、照相機、家庭電器製品等產品之銷售。在保證期限內，產品若有瑕疵或發生故障，可由出售或製造的公司免費修理或換置零件。由於產品銷售時公司即已承諾未來維修的義務，而就整體銷貨而言，產品售後服務保證之維修費用，其發生的可能性相當確定，且根據公司過去經驗或同業情形，金額亦得以合理估計，因此，此種負債符合負債準備認列的三項要件。基於收入與費用配合原則，有關的費用及負債，應於銷貨收入產生的同期間認列，如此才能正確計算當期損益及揭露企業承擔之義務。

範例 10-8

全華電子公司於 2015 年共計銷售冰箱 30 台，每台售價爲 $40,000，冰箱之售後服務保證期間爲一年。該公司依以往的經驗，估計冰箱之售後服務維修成本爲銷貨收入的 1%。當年度實際已發生的維修費用爲 $8,000，其中 $4,800 爲人工成本，$3,200 爲所耗用零件之成本。

年底估計服務保證負債之分錄：

服務保證費用	12,000	
估計服務保證負債		12,000*

* $40,000 × 30 × 1% = $12,000

實際發生維修費用時：

估計服務保證負債	8,000	
應付薪資（或現金）		4,800
零件存貨		3,200

知識學堂

依現行營利事業所得稅申報實務之規定，產品售後服務保證，未經實際發生，不得預計負擔以負債列計，因此，企業之產品售後服務保證維修費用，應待實際發生時，方准認列爲費用。

（二）估計贈品負債

企業爲了促銷，有時會舉辦各種贈獎活動，例如，蒐集一定標籤、拉環、空盒或累積點數，可兌換贈品或參加抽獎。由於贈獎活動乃是商品的推銷手段之一，因此，贈品的成本可視爲廣告費用性質，於商品出售當期估計認列，以符合收入與費用配合原則。通常顧客不會百分之百兌獎，於年底時，公司應估計可能兌換之百分比，計算並認列贈品費用及估計贈品負債。

範例 10-9

全華飲料公司爲促銷商品，於 2015 年舉辦贈獎活動，每 10 個瓶蓋可兌換卡通拼圖一個；依過去經驗，估計約有 70% 的瓶蓋會被寄回兌換贈品。該公司於 2015 年共計銷售 28,000 瓶產品，寄回之瓶蓋有 18,000 個，購進 2,000 個贈品，每個贈品成本爲 $30。有關之分錄列示如下：

購入贈品時：

贈品存貨	60,000*	
現　　金（或銀行存款）		60,000

*$30 × 2,000 = $60,000

年底估計贈品負債時：

贈品費用	58,800*	
估計贈品負債		58,800

*$30 × (28,000 × 70% ÷ 10) = $58,800

實際兌換贈品時：

估計贈品負債	54,000*	
贈品存貨		54,000

*$30 × (18,000 ÷ 10) = $54,000

二、或有負債之會計處理

依據國際會計準則第三十七號之定義，下列情況者應歸類爲或有負債：

1. 企業因過去事件所產生之可能義務，其存在與否，僅能由無法完全由企業所控制之不確定未來事件的發生或不發生加以證實。
2. 企業因過去事件所產生之現時義務，但因下列原因而未予認列爲負債準備：
   (1) 並不是很有可能需要流出具經濟效益之資源以履行該義務；或
   (2) 該義務之金額無法充分可靠地衡量。

或有負債於帳上不得認列，除非具經濟效益資源流出之可能性甚低，否則企業應於資產負債表中以附註揭露或有負債。常見的或有負債包括應收票據貼現、出售有追索權之應收帳款、爲他人之借款作保等。

綜合上述，負債準備與或有負債的差異，在於義務存在與資源流出發生的機率大小及金額是否能可靠估計。若義務存在與資源流出發生之可能性大於不可能性（機率大於50%），且金額能可靠估計，則應予認列負債準備；若 (1) 義務存在與資源流出發生的機率大於 50%，但金額無法可靠估計；或 (2) 機率小於 50%，不論金額是否得以可靠估計，一律視爲或有負債，帳上不予認列，僅於報表中附註揭露有關事項即可。

國際財務報導準則（IFRS）與一般公認會計原則（GAAP），對負債準備（Provisions）及或有負債（Contingent Liabilities）於定義與處理上有所不同，說明如下：

1. 負債準備

依 IFRS 之定義，負債準備係指發生時間或支出金額不確定之負債，例如，估計服務保證負債、估計贈品負債、員工休假給付負債、估計訴訟損失等，其須符合有關的條件始可認列入帳。

依 GAAP 之規定，將上述項目稱爲或有負債，若其很有可能發生且金額可合理估計，則應予認列入帳。

2. 或有負債

依 IFRS 之定義，或有負債係指企業因過去事件於未來可能產生之義務，其於帳上並不認列，若符合某些條件（亦即，具經濟效益資源流出之可能性並非甚低），則企業將於資產負債表中以附註揭露。

依 GAAP 之規定，若或有負債爲很有可能發生，且金額可合理估計者，則應予認列入帳；若或有負債僅爲很有可能發生或僅爲金額可合理估計，則企業將於資產負債表中以附註揭露有關之或有負債。

10-4 流動負債之表達與揭露

企業依循國際財務報導準則（IFRS）編製財務報表時，於資產負債表中，有些公司會將流動負債列示在非流動負債之後，有些公司則係以流動資產減流動負債後的淨額（亦即營運資金）予以列示。依據國際會計準則第一號，企業之資產負債表，至少應列示應付帳款及其他應付款、負債準備、金融負債、當期應付所得稅等流動負債項目；至於流動負債項目表達之順序，並無強制規定，只要能夠清楚表達即可。

爲簡潔起見，流動負債某些項目（如：應付費用）金額係以彙總之數表達，另再以附註方式揭露其明細資料。此外，爲達充分揭露企業之負債情形，相關之重要事項亦應以附註方式加以揭露，例如，借款之性質、動用情形、利率區間與到期日、債務擔保品之名稱與價值、重大承諾事項及或有負債等。

爲便於比較，財務報表宜採兩期對照方式加以編製，茲以三星科技股份有限公司爲例，說明資產負債表中流動負債部分之表達如下所示。

三星科技股份有限公司
部分資產負債表
2008 年及 2009 年 12 月 31 日
單位：新台幣千元

項目	2009 年 12 月 31 日	2008 年 12 月 31 日
流動負債		
短期借款	$270,000	$1,151,700
應付短期票券	149,940	99,733
應付票據	79,475	136,610
應付票據－關係人	23,243	7,540
應付帳款	53,966	48,458
應付帳款－關係人	13,065	17,352
應付所得稅	12,908	52,510
應付費用	85,535	187,889
一年內到期之長期負債	170,000	0
其他流動負債	31,875	20,953
流動負債合計	$890,007	$1,722,745

資料來源：臺灣證券交易所公開資訊觀測站。

學 · 後 · 評 · 量

一、選擇題

(　　) 1. 應付股利是為下列何一報表之會計項目： (A) 損益表　(B) 現金流量表　(C) 保留盈餘表　(D) 資產負債表。　【流動負債；98 年高考三級】

(　　) 2. 附息應付票據之到期值為： (A) 票據面額　(B) 票據面額加應負擔利息費用　(C) 票據面額與應負擔利息費用之折現值　(D) 以上皆非。　【應付票據】

(　　) 3. 因賒購商品而簽發的票據，應按： (A) 面額入帳　(B) 現值入帳　(C) 面額加計利息入帳　(D) 面額扣除利息入帳。　【應付票據】

(　　) 4. 因借款而簽發的票據，應按： (A) 面額入帳　(B) 現值入帳　(C) 面額加計利息入帳　(D) 到期值入帳。　【應付票據】

(　　) 5. 不附息應付票據之面額為： (A) 票據之到期值　(B) 票據之現值　(C) 票據面額與應負擔利息費用之折現值　(D) 以上皆非。　【應付票據】

(　　) 6. 折價為： (A) 費用項目　(B) 資產項目　(C) 負債項目　(D) 負債的抵銷項目。　【應付票據】

(　　) 7. 全華公司簽發面額 $120,000，3 個月期之不附息票據一紙向銀行借款，當時市場上之借款利率為年息 4%，則全華公司可借得之金額為： (A)$120,000　(B)$118,812　(C)$121,200　(D)$118,800。　【應付票據】

(　　) 8. 全華公司於 105 年 10 月 1 日簽發面額 $200,000 之票據一紙向銀行借款，票面記載借款期限為 6 個月，年利率為 4%，則全華公司於該年底應記錄之應付利息為： (A)$2,000　(B)$4,000　(C)$6,000　(D)$8,000。　【應付票據】

(　　) 9. 以下有關預收租金的敘述，何者正確？ (A) 為租金收入的抵銷項目　(B) 為一項收入項目　(C) 為一項負債　(D) 當預收到租金時借記該項目。　【預收收入；98 年初考】

(　　) 10. 或有事項之特徵為： (A) 金額尚未確定，且負債之事實尚未發生　(B) 金額尚未確定，但負債之事實已存在　(C) 金額已確定，但負債之事實尚未發生　(D) 金額已確定，且負債之事實亦已發生。　【或有事項；95 年普考改編】

(　　) 11. 下列交易何者屬於或有事項？ (A) 利息費用資本化　(B) 退休金費用　(C) 產品保證費用　(D) 研究發展費用。　【或有事項；95 年高考三級】

(　　) 12. 金額可合理估計且很有可能發生之或有資產應： (A) 估計入帳 (B) 無須入帳，僅須揭露即可，但應避免誤導閱表者認爲收益是可實現的 (C) 無須入帳，也不必揭露 (D) 以上皆非。 【或有事項；95 年初考改編】

(　　) 13. 甲公司有關資料如下：銷貨收入 $100,000；估計保證負債期初餘額 $1,000，期末餘額 $800；按銷貨收入 1% 提列產品保證費用。下列何者爲正確？ (A) 本期借記估計保證負債 $1,000 (B) 本期借記估計保證負債 $1,200 (C) 本期貸記估計保證負債 $1,000 (D) 本期貸記估計保證負債 $1,200。

【負債準備；95 年高考三級】

(　　) 14. 公司對其賣出的產品提供 2 年內免費回廠修護服務，預計產品賣出後第 1 年及次年回廠修護的成本約分別占銷貨淨額的 3% 及 5%，該公司於 93 年及 94 年的銷貨淨額分別爲 $20,000 及 $30,000，實際保證修護支出分別爲 $300 及 $1,100。該公司 94 年損益表中之服務保證費用應爲： (A)$1,100 (B)$2,400 (C)$2,600 (D)$3,700。 【負債準備；96 年初考改編】

(　　) 15. 甲公司對其賣出的產品提供一年的售後服務保證，該公司估計 X1 年賣出的 200,000 個產品中，會被送回修理的個數有 10,000 個，修理成本每個 $3。X1 年已被送回修理的產品有 8,000 個，修理成本 $24,000。該公司在 X1 年應報導：(A) 服務保證費用 $6,000 (B) 服務保證費用 $30,000 (C) 估計服務保證負債 $30,000 (D) 因爲售後服務義務是或有負債，所以不須入帳。

【負債準備；97 年初考】

(　　) 16. 20X1 年甲公司爲了促銷產品乃舉辦贈獎活動，每件產品均附贈品券一張，每集滿 20 張即可兌換成本 $50 之贈品一個，依據過去經驗，約有 60% 的贈品券會提出兌換，X1 年銷售產品共 50,000 件，假設至當年年底已被兌領之贈品有 800 個，則年底的估計贈品負債爲若干？ (A)$75,000 (B)$35,000 (C)$125,000 (D)$70,000。 【負債準備；98 年特考】

(　　) 17. 將銷售商品的售後保證服務費用在商品銷售年度估計並入帳是符合下列哪個原則： (A) 客觀原則 (B) 成本原則 (C) 保守原則 (D) 配合原則。

【負債準備；98 年普考】

(　　) 18. 產品保證負債在財務報表上之揭露方式應爲： (A) 以附註說明即可 (B) 列在保留盈餘項下 (C) 不須在財務報表上之揭露，俟金額確定再揭露 (D) 列入資產負債表之負債項下。 【負債準備；98 年初考】

(　　) 19. 以下有關或有負債的敘述哪一項正確？ (A) 係一項潛在的可能債務，其結果決定於未來某些事件發生與否 (B) 可準確衡量的債務 (C) 包括產品售後服務保證支出 (D) 不須在財務報表附註中揭露。【或有負債；95 年初考改編】

(　　) 20. 下列何者爲或有負債正確的會計處理？ (A) 若金額可合理估計，即應入帳 (B) 若負債發生之可能性很大，即應入帳 (C) 若負債很有可能發生，且金額可合理估計，即應入帳 (D) 以上皆非。【或有負債】

二、計算題

1. 【應付票據】東方公司於 2015 年 12 月 1 日簽發面額 $2,000,000 之票據向銀行借款，票面記載年利率 3%，借款期間 6 個月，到期時償付本金及利息。

   試作：

   (1) 2015 年 12 月 1 日借款之分錄。

   (2) 2015 年 12 月 31 日應計利息之調整分錄。

   (3) 借款到期時償付之分錄。

2. 【應付票據】西方公司於 2015 年 9 月 1 日簽發面額 $1,518,000 之票據向銀行借款，票據到期日爲 2016 年 3 月 1 日，借款當時市場上之借款利率爲年息 2.4%。

   試作：

   (1) 2015 年 9 月 1 日借款之分錄。

   (2) 2015 年 12 月 31 日利息費用之調整分錄。

   (3) 2015 年 12 月 31 日資產負債表中此一應付票據之表達。

   (4) 2016 年 3 月 1 日票據到期償付之分錄。

3. 【預收收入】南方公司於 2015 年 6 月份預售 2015 年第三季觀看職棒大賽之門票，共計銷售 $600,000，於 2015 年 7 月底職棒大賽已舉行了三分之一的賽場。

   試作：

   (1) 2015 年 6 月份出售職棒大賽門票之分錄。

   (2) 2015 年 7 月底門票收入已實現之分錄。

4. 【負債準備】北方公司爲促銷新上市的洗面乳，舉行集點贈獎活動，每瓶洗面乳附點券一張，集滿 10 張點券可兌換成本 $120 的超炫手提包一個，集滿 30 張點券可兌換成本 $300 的超炫登機箱一個。北方公司於 2015 年間共計銷售 6,000 瓶洗面乳，每瓶售價 $250。該公司估計其中 40% 之點券將寄回兌換超炫手提包，30% 之點券將寄回兌換超炫登機箱。北方公司於 2015 年購入超炫手提包 300 個，購入超炫登機箱 80 個，至該年底共贈送 250 個超炫手提包與 70 個超炫登機箱。

   試作：北方公司 2015 年贈獎活動之相關分錄。

5. 【負債準備】西北公司於 2015 年間共計銷售 50 台影印機，每台售價爲 $150,000，影印機售後保證維修期間爲一年。該公司依據以往經驗，每台影印機之保證維修支出平均爲 $4,000，2015 年實際發生之保證維修支出爲 $90,000。

   試作：西北公司 2015 年售後保證維修之有關分錄。

6. 【流動負債之表達】全華公司於 2015 年 12 月 31 日部分調整後試算表之項目餘額如下：

應付帳款	$295,000
應付票據（4 個月到期）	278,000
累計折舊－辦公設備	134,000
應付薪資	242,000
應付票據（2 年到期，年利率 3%）	460,000
薪資費用	197,000
應付利息	10,600
長期銀行借款	500,000

   試作：假設長期銀行借款中有 $100,000 將於 2016 年到期，編製全華公司 2015 年 12 月 31 日資產負債表中流動負債部分之表達。

CHAPTER 11

長期負債

學習目標

研讀本章後，可了解：

一、瞭解長期負債之意義

二、瞭解企業從事長期融資的原因

三、瞭解應付債券的性質與類別

四、瞭解長期負債的會計處理

本章架構

長期負債

企業舉借長期負債的原因	公司債的種類與發行	公司債價格之計算	公司債的會計處理	其他長期負債
• 有效運用財務槓桿 • 避免影響股東的權利 • 資金成本較低	• 公司債的種類 • 公司債的發行	• 現值與終值 • 年金現值與年金終值 • 公司債的價格	• 平價發行 • 折價發行 • 溢價發行 • 提前清償 • 可轉換公司債	• 銀行長期借款 • 應付分期款項 • 應計退休金負債

前言

企業經營需要如土地、廠房及機器設備等長期性資產，而其回收期限往往綿延數年，因此必須以長期資金支應。企業的長期性資金來源主要有二：(1) 內部融資（internal financing）：即企業賺取的盈餘且未分配給股東的部分，保留下來的盈餘便成爲可以使用的內部資金。(2) 外部融資（external financing）：即企業向金融市場籌措資金，籌措的方式包括發行新股、發行公司債及向銀行長期借款等方式。

企業發行公司債或向銀行長期借款，即屬於長期負債融資。所謂長期負債係指到期期限在一年或一個營業週期以上，企業必須動用資產或產生新負債償還的債務。因此，除了公司債與銀行長期借款之外，其他如長期應付票據、應付租賃款及應付退休金負債等均屬於長期負債。由於應付公司債的會計問題比較具有代表性，所以本章以應付公司債的會計處理爲討論的重心。

11-1 企業舉借長期負債的原因

當企業需要向金融市場籌措資金時，可選擇以債權或股權方式進行融資。若選擇股權融資，則於企業有盈餘時才會分配股利，且股權融資無到期日，除非公司解散或辦理減資，否則無須退還股本；相對地，若選擇債權融資時，不論企業經營結果是否有盈餘，均須定期支付利息，且於到期日償還借款本金；然而債權人不能參與公司之經營管理，通常亦無法獲得利息以外的盈餘分配。由於債權融資與股權融資對企業而言有著明顯的差別，因此其間的選擇便成爲企業重要的財務決策。而企業選擇債權融資的主要原因爲：

一、有效運用財務槓桿

企業舉借長期負債所須支付的利息，係屬契約性的固定支出。若企業有效運用借入資金，產生比利息支出更高的利潤，將可使股東獲得更高的報酬，此即爲財務槓桿（financial leverage）的運用。舉例而言，全華公司因擴建廠房需要 5 億元的資金，公司可選擇以每股 25 元發行 2,000 萬股的普通股股票籌措資金；同時公司亦可考慮以年息 8% 發行面額 5 億的公司債。全華公司原已有流通在外普通股 1,000 萬股，且所得稅率爲 17%。假如新廠房加入營運後，在尚未支付利息及所得稅之前，每年可爲公司賺取 1.5 億的盈餘，則發行普通股與公司債籌措資金對每股盈餘的影響如表 11.1。雖然以公司債籌措資金需要支出 4,000 萬元利息費用，使稅後淨利成爲 9,130 萬元，較發行普通股籌措資金時的稅後淨利 1 億 2,450 萬元爲低，但是其流通在外股數亦較少，使每股盈餘爲 9.13 元，較發行普通股籌措資金之 4.14 元爲高。

表 11-1　全華公司發行普通股與公司債籌資比較

	發行普通股	發行公司債
稅前息前淨利	$150,000,000	$150,000,000
利息費用 (500,000,000×8%)		40,000,000
稅前淨利	$150,000,000	$110,000,000
所得稅費用 (17%)	25,500,000	18,700,000
稅後淨利	$124,500,000	$91,300,000
流通在外股數	30,000,000	10,000,000
每股盈餘 (EPS)	$4.15	$9.13

二、避免影響股東的權利

普通股股東有董監事的選舉權與重大議案的投票權，債權人則無，因此，發行公司債籌措資金可使原股東仍維持原有的公司控制權。另外，債權人無利息以外的盈餘分配權，當公司收益增加時，原股東的權益較不受影響。

三、資金成本較低

發行公司債籌資所需支付之利息係屬於契約性的固定支出，無論公司有無盈餘皆需支付。這項利息支出在會計處理上是屬於公司的費用，可以減少公司的稅負；相對地，支付給股東的股息則爲盈餘的分配，並非公司費用，無法降低公司的稅負。以表 11-1 之全華公司爲例，發行公司債產生了 4,000 萬元的利息費用，使所得稅費用減少了 680 萬元（=4,000 萬 ×17%）。所以以公司債籌措資金，可以透過抵稅效果使企業享有較低之資金成本。

11-2　公司債的種類

公司債可依其基本特性分類如下：

一、依擔保性質區分

公司債依其有無擔保品可區分爲擔保公司債（secured bonds）與無擔保公司債（unsecured bonds）。

所謂擔保公司債，係指以由發行企業提供特定財產作爲擔保品或由第三人（通常爲金融機構）提供保證所發行之公司債券。若是由發行企業提供不動產或動產爲擔保所發行的公司債，稱爲抵押公司債（mortgage bonds），當債券發行企業無法履行還本付息責任時，債權人可以將提供擔保的不動產或動產交付法院拍賣，並且就拍賣所得有優先受償的權利。若由第三人提供保證還本付息的公司債，則稱爲保證公司債（guaranteed bonds），當債券發行企業無法履行還本付息責任時，債權人可以向提供保證之第三人求償。

所謂無擔保公司債，係指無特定財產作爲擔保品且無第三人爲保證人而發行之公司債。由於該債券係以發行企業的債信與獲利能力作爲發行的依據，又稱爲信用公司債（debenture bonds）。

二、依債券本金到期日區分

債券本金之到期日可以爲單一到期日，亦可以有多個到期日。單一到期日的債券稱爲一次到期公司債（term bonds），多個到期日的債券稱爲分期還本公司債（serial bonds）。

三、依債券記名與否區分

債券發行時，將持有人的姓名記載於債券之上者，稱爲記名公司債（registered bonds）。記名公司債於轉讓時，原持有人必須背書然後交付予新持有人，亦即背書轉讓。假如債券不記載持有人姓名者，則稱爲無記名公司債（coupon bonds）。無記名公司債在轉讓時無須背書，僅交付即完成轉讓效果，稱爲交付轉讓。

四、依可否轉換為普通股區分

假如公司債的持有人可以在特定期間，以特定比例要求發行公司將公司債轉換爲普通股股票者，該公司債稱爲可轉換公司債（convertible bonds），否則爲不可轉換公司債（inconvertible bonds）。

五、依可否提前贖回或提前賣回公司區分

假如公司債發行公司於發行時，於契約中訂有贖回條款，允許公司在發行後的一定期限，可提前從債券持有人手中贖回者，稱爲可贖回債券（callable bonds）。

假如公司債發行公司於發行時，於契約中訂有賣回條款，允許債券持有人在發行後的一定期限，可提前賣回給發行人者，稱爲可賣回債券（putable bonds）。

11-3 公司債之發行價格

公司債的發行條件，通常包括須定期支付一筆利息給債券持有人，到期時再支付一筆本金。到期支付的本金會記載在公司債票面之上，稱之爲面值（face value）；票面上還會記載應支付利息的年利率，稱之爲面票利率；另外還會記載付息的期間。假設全華公司在 2015 年 3 月 1 日發行到期期限爲 5 年的公司債，面值爲 100,000 元，票面利率爲 6%，每半年付息一次，亦即全華公司在發行後的連續五年，每逢 9 月 1 日及 3 月 1 日，將支付給公司債持有人 3,000 元的利息，並在 2020 年 3 月 1 日債券到期日支付面額 100,000 元。至於全華公司在 2015 年 3 月 1 日發行時，將以何種價格出售該筆公司債呢？而投資人又會願意用多少錢來買這筆公司債？這必須要看公司債帶給投資人的收益爲何。投資全華公司的公司債，可以在未來五年每半年收到 3,000 元（共 10 期），並在第 5 年底收到 100,000 元，這 11 筆現金收入在債券發行日的價值合計，即爲該債券的發行價格。在詳細計算債券價格之前，我們先討論現值與終值的觀念，接著延伸討論年金現值與年金終值，最後再討論公司債價格的計算。

一、現值與終值

現值（Present Value, PV）係指未來某一時點的 1 元在此時此刻的價值。由於人們對於貨幣的偏好總是現在勝於未來，所以未來任一時點的 1 元，它的現值都會小於 1 元。舉例而言，當存款年利率 2% 之時，我們到銀行存一筆錢，希望一年後可領回本金加利息總共 102 元，那麼現在應存進銀行多少錢？答案是存 100 元。也就是說一年後的 102 元，現值是 100 元。相對而言，我們也可以說，現在的 100 元，一年後的終值（Future Value, FV）是 102 元。

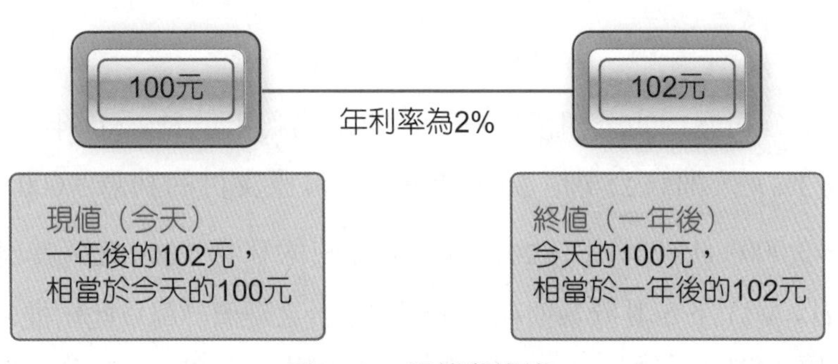

圖 11-1　現值與終值

現值的計算需要知道當時的市場利率、現在到終值計算時點的期間及終值金額。例如上例，一年的市場利率爲 2%，如果一年計息一次，終值爲 102 元，其現值 100 元可透過下式計算而得：

$$100=\frac{102}{1+2\%}$$

相對地，現值 100 元一年後的終值爲 102 元，其計算式爲：

$$102=100\times(1+2\%)$$

由於前例爲一年計息一次，如果年息計息期間變更爲是半年計息一次，則結果將有所不同。例如現在存入 100 元，年利率仍爲 2%，但是計息期間變更爲半年計息一次，也就是存入半年後，銀行將先依半年利率 1%（年利率 2% 的一半）計算利息 1 元（$=100\times1\%$），再將 1 元利息滾入本金後計算下一半年的利息，其金額爲 1.01 元（$=101\times1\%$）。結果一年後的終值（本利和）爲 102.01 元，其計算式爲：

$$100\times(1+1\%)\times(1+1\%)=100\times(1+1\%)^2=102.01$$

相對的，若一年後的終值 102.01 元，面對著年利率爲 2% 且半年計息一次的條件，其現值應爲：

$$PV=\frac{102.01}{(1+1\%)^2}=100$$

因此，假如市場利率爲 i %，現值與終值相距期間有 n 期，透過複利觀念的應用，可得現值與終值的計算式如下：

$$PV=\frac{FV}{(1+i\%)^n}$$

$$FV=PV\times(1+i\%)^n$$

以前述全華公司發行的公司債爲例，假如市場利率爲 6%（因半年付息一次，半年市場利率爲 3%），則該公司債 2015 年 9 月 1 日應支付的利息 3,000 元，其現值爲 2,912.62 元〔$=3,000\div(1+3\%)$〕，2016 年 3 月 1 日的利息 3,000 元，其現值爲 2,827.79 元〔$=3,000\div(1+3\%)^2$〕，其餘各期利息與到期本金之現值計算以此類推。

如果將終值（FV）設定爲 1 元，所計算出來的現值（PV）金額將可用於計算各個不同終值金額之現值。例如終值爲 1 元，每期利率 1%，期間爲 2 期，現值爲 0.98030 [$=1\div(1+1\%)^2$]。因此在面對每期利率爲 1%，期間爲 2 期之任何終值金額，若要計算其現值，只要將終值金額乘上 0.98030，即可求得。我們將終值為 1 元，每期利率 i %，期間為 n 期的現值稱之為現值因子（Present Value Interest Factor, PVIF）。其計算式如下：

$$PVIF_{i\%,n}=\frac{1}{(1+i\%)^{n}}=(1+i\%)^{-n}$$

表 11-2　現值表

期數	0.5%	1.0%	1.5%	2.0%	2.5%	3.0%	3.5%	4.0%
1	0.99502	0.99010	0.98522	0.98039	0.97561	0.97087	0.96618	0.96154
2	0.99007	0.98030	0.97066	0.96117	0.95181	0.94260	0.93351	0.92456
3	0.98515	0.97059	0.95632	0.94232	0.92860	0.91514	0.90194	0.88900
4	0.98025	0.96098	0.94218	0.92385	0.90595	0.88849	0.87144	0.85480
5	0.97537	0.95147	0.92826	0.90573	0.88385	0.86261	0.84197	0.82193
6	0.97052	0.94205	0.91454	0.88797	0.86230	0.83748	0.81350	0.79031
7	0.96569	0.93272	0.90103	0.87056	0.84127	0.81309	0.78599	0.75992
8	0.96089	0.92348	0.88771	0.85349	0.82075	0.78941	0.75941	0.73069
9	0.95610	0.91434	0.87459	0.83676	0.80073	0.76642	0.73373	0.70259
10	0.95135	0.90529	0.86167	0.82035	0.78120	0.74409	0.70892	0.67556

全華公司所發行的公司債價格為連續 10 期每期 3,000 元的利息及第五年到期時的面值 100,000 元，共 11 筆金額的現值和。其計算可參考表 11-2，每期利率為 3%，計算各期利息與到期面值的現值而得：

$$\begin{aligned}\text{公司債價格}&=3,000\times0.97087+3,000\times0.94260+3,000\times0.91514+3,000\times0.88849\\&+3,000\times0.86261+3,000\times0.83748+3,000\times0.81309+3,000\times0.78941\\&+3,000\times0.76642+3,000\times0.74409+100,000\times0.74409=100,000\end{aligned}$$

二、年金現值

公司債的面額與票面利率通常都是固定的，使得每一期的利息金額也是固定的，因而形成固定間隔期間連續支付（或收取）相同金額現象，我們稱之為年金（annuity）。又因為這一系列的金額收付是發生在每期的期末，因此稱之為普通年金（發生在每期的期初收付的金額，稱之為期初年金）。假設 n 期的年金，每期的市場利率為 i %，則其現值和稱為年金現值，其計算式為：

$$年金現值=\frac{收付金額}{(1+i\%)}+\frac{收付金額}{(1+i\%)^2}+\frac{收付金額}{(1+i\%)^3}\cdots+\frac{收付金額}{(1+i\%)^n}$$

假如年金的每一期收付金額爲 1 元，所計算出來的年金現值總和，我們稱之爲年金現值因子（present value interest factor annuity, PVIFA）。其計算式如下：

$$PVIFA_{i\%,n}=\frac{1}{(1+i\%)}+\frac{1}{(1+i\%)^2}+\frac{1}{(1+i\%)^3}\cdots+\frac{1}{(1+i\%)^n}=\frac{1-PVIF_{i\%,n}}{i\%}$$

表 11-3　年金現值表

期數	0.5%	1.0%	1.5%	2.0%	2.5%	3.0%	3.5%	4.0%
1	0.99502	0.99010	0.98522	0.98039	0.97561	0.97087	0.96618	0.96154
2	1.98510	1.97040	1.95588	1.94156	1.92742	1.91347	1.89969	1.88609
3	2.97025	2.94099	2.91220	2.88388	2.85602	2.82861	2.80164	2.77509
4	3.95050	3.90197	3.85438	3.80773	3.76197	3.71710	3.67308	3.62990
5	4.92587	4.85343	4.78264	4.71346	4.64583	4.57971	4.51505	4.45182
6	5.89638	5.79548	5.69719	5.60143	5.50813	5.41719	5.32855	5.24214
7	6.86207	6.72819	6.59821	6.47199	6.34939	6.23028	6.11454	6.00205
8	7.82296	7.65168	7.48593	7.32548	7.17014	7.01969	6.87396	6.73274
9	8.77906	8.56602	8.36052	8.16224	7.97087	7.78611	7.60769	7.43533
10	9.73041	9.47130	9.22218	8.98259	8.75206	8.53020	8.31661	8.11090

全華公司所發行的公司債，決定價格的連續十期每期 3,000 元的利息即爲標準的普通年金，以及到期時的面值。其中利息構成的普通年金，參考表 11.3 取每期利率 3%，期數爲 10 期的年金現值因子（$PVIFA_{3\%,10}$）計算年金現值；到期面值則參考表 11.2 取每期利率 3%，期數爲 10 期的現值因子（$PVIF_{3\%,10}$）計算現值，兩者之和即爲公司債價格：

$$\begin{aligned}公司債價格&=3,000\times PVIFA_{3\%,10}+100,000\times PVIF_{3\%,10}\\&=3,000\times 8.53020+100,000\times 0.74409\\&=100,000\end{aligned}$$

三、公司債發行價格之計算

公司債的價格決定於每期支付利息的年金現值及到期時面額之現值，而利息金額決定於面額、票面利率及付息期間，這些條件爲債券契約的一部分，確切地記載於公司債券之上。由於計算債券價格的市場利率經常會發生變動，而債券條件之決定與正式發行之間有一定的時程，因此市場利率可能不同於票面利率。市場利率相對於票面利率的大小使公司債的發行價格可分爲平價發行、折價發行與溢價發行三種。

（一）平價發行

當市場利率等於票面利率時，公司債的價格會等於其面額，如前例全華公司發行之公司債，其票面利率爲 6% 等於當時之市場利率，此時公司債價格爲 100,000 元恰等於其面額，稱之爲平價發行（issued at par）。

（二）折價發行

假如全華公司的公司債發行時市場利率爲 7%（每期利率爲 3.5%），高於票面利率 6%，可參考表 11-2 及及表 11-2 計算公司債價格爲：

$$\begin{aligned}\text{公司債價格} &= 3,000 \times PVIFA_{3.5\%,10} + 100,000 \times PVIF_{3.5\%,10} \\ &= 3,000 \times 8.31661 + 100,000 \times 0.70892 \\ &= 95,842\end{aligned}$$

由於公司債價格 95,842 元，低於面額 100,000 元，稱之爲折價發行（discount on bonds）。折價發行的意涵爲，投資人使用相同的資金可在市場上找到年投資報酬率 7% 的投資機會，而全華公司若以面額爲發行價格，則僅提供 6% 的報酬，勢必無法獲得投資人的青睞。爲求公司債順利發行，唯有以低於面額的價格降價求售。至於降價的幅度應以提供投資人可獲得 7% 報酬率爲全華公司與投資人雙方均可接受之均衡價格，該價格即爲 95,842 元，亦即折價 4,158 元。

（三）溢價發行

假如全華公司的公司債發行時市場利率爲 5%（每期利率爲 2.5%），低於票面利率 6%，參考表 11.2 及及表 11.2，公司債的價格計算爲：

$$\begin{aligned}\text{公司債價格} &= 3,000 \times PVIFA_{2.5\%,10} + 100,000 \times PVIF_{2.5\%,10} \\ &= 3,000 \times 8.75206 + 100,000 \times 0.78120 \\ &= 104,376\end{aligned}$$

由於公司債價格 104,376 元，高於面額 100,000 元，此時稱之爲溢價發行（premium on bonds）。溢價發行的意涵爲，投資人使用相同的資金只能在市場上找到年投資報酬率 5% 的投資機會，而全華公司若以面額爲發行價格，則公司債提供之報酬率高達 6%，勢必引起投資人的爭相購買，在僧多粥少的情形下，投資人將願意以高於面額之價格購買。至於願意提高價格的幅度應以投資人可獲得年報酬率 5% 的價格爲投資人與全華公司均可接受的均衡價格，該價格即爲 104,376 元，亦即溢價 4,376 元。

11-4 應付公司債之會計處理

以全華公司發行五年期面額 100,000 元，票面利率 6%，每半年付息一次的公司債為例，說明發行、付息及到期還本之會計處理。

一、平價發行

（一）發行日

當市場利率等於公司債面利率時，公司債的發行價格恰好等於面額，發行日的會計處理如下：

2015 年 3 月 1 日	現　金	100,000	
	應付公司債		100,000

（二）付息日與會計期間結束日

每半年付息一次，第一次付息日為 2015 年 9 月 1 日，會計分錄為：

2015 年 9 月 1 日	利息費用	3,000	
	現　金		3,000

由於付息日非會計期間結束日，為了編製 2015 年 12 月 31 日的財務報表，必須做調整分錄，認列該年 9 月 1 日至 12 月 31 日之利息費用與應付利息 2,000 元（=100,000×6%×4/12），其調整分錄為：

2015 年 12 月 31 日	利息費用	2,000	
	應付利息		2,000

第二次付息日為 2016 年 3 月 1 日，全華公司依契約支付公司債持有人半年利息 3,000 元。該 3,000 元包括兩部份：一部分為 2016 年 1 月 1 日至 3 月 1 日之利息費用 1,000 元；另一部分為 2015 年 9 月 1 日至 12 月 31 日應付之四個月利息 2,000 元。其會計分錄為：

2016 年 3 月 1 日	利息費用	1,000	
	應付利息	2,000	
	現　金		3,000

（三）到期日

到了 2020 年 3 月 1 日，全華公司支付最後一期利息 3,000 元（自 2019 年 9 月 1 日至 2020 年 3 月 1 日），並償還本金（面額）100,000 元。其會計分錄爲：

日期	科目	借方	貸方
2020 年 3 月 1 日	利息費用	1,000	
	應付利息	2,000	
	現　　金		3,000
	應付公司債	100,000	
	現　　金		100,000

二、折價發行

（一）發行日

當市場利率高於公司債票面利率時，公司債的發行價格將低於面額。以全華公司發行之五年期公司債爲例，若市場利率爲 7% 高於票面利率 6% 時，發行日會計處理如下：

日期	科目	借方	貸方
2015 年 3 月 1 日	現　　金	95,842	
	公司債折價	4,158	
	應付公司債		100,000

（二）付息日與會計期間結束日

1. 折價攤銷金額之計算

依國際會計準則（IAS）規定，公司債的折溢價攤銷，一律採取利息法。所謂利息法，係以每期期初公司債帳面價值乘上發行時的市場利率（或稱有效利率）與期間，計算出當期應負擔的利息費用，再以利息費用減去依契約應支付之利息而得應攤銷之折價金額。採用利息法攤銷折價時，可先編製折價攤銷表，全華公司折價發行之公司債攤銷表如下：

表 11-4　利息法折價攤銷表

日期	付息次數 (1)	現金支出 面額 ×3% (2)	利息費用 (6)×3.5% (3)	攤銷折價 (3) − (2) (4)	未攤銷折價 (5)	帳面價值 (6)
2015/3/1					$4,158	$95,842
2015/9/1	1	$3,000	$3,354	$354	3,804	96,196
2016/3/1	2	3,000	3,367	367	3,437	96,563
2016/9/1	3	3,000	3,380	380	3,057	96,943
2017/3/1	4	3,000	3,393	393	2,664	97,336
2017/9/1	5	3,000	3,407	407	2,257	97,743
2018/3/1	6	3,000	3,421	421	1,836	98,164
2018/9/1	7	3,000	3,436	436	1,400	98,600
2019/3/1	8	3,000	3,451	451	949	99,051
2019/9/1	9	3,000	3,467	467	482	99,518
2020/3/1	10	3,000	3,482*	482	0	100,000

* 因累積四捨五入之差異，在第 10 期調整利息費用 1 元。

2. 付息日與會計期間結束日之會計處理

每半年付息一次，第一次付息日為 2015 年 9 月 1 日，會計分錄為：

2015 年 9 月 1 日	利息費用	3,354	
	現　　金		3,000
	公司債折價		354

由於付息日非會計期間結束日，為了編製 2015 年 12 月 31 日的財務報表，必須做調整分錄，認列該年 9 月 1 日至 12 月 31 日共 4 個月的應付利息、利息費用及公司債折價。應付利息＝面額 100,000×6%×4/12 ＝ 2,000 元，利息費用＝第 2 期利息費用 3,367×4/6 ＝ 2,245 元，公司債折價＝第 2 期應攤銷折價 367×4/6 ＝ 245 元。其調整分錄為：

2015 年 12 月 31 日	利息費用	2,245	
	應付利息		2,000
	公司債折價		245

第二次付息日爲 2016 年 3 月 1 日，全華公司依契約支付公司債持有人半年利息 3,000 元。該 3,000 元包括兩部份：第一部分爲 2016 年 1 月 1 日至 3 月 1 日發生之利息 1,000 元；另一部分爲 2015 年 9 月 1 日至 12 月 31 日應付之四個月利息 2,000 元。至於該日應認列之利息費用＝第 2 期應認列利息費用 3,367×2/6 ＝ 1,122 元，應攤銷之公司債折價＝第 2 期應攤銷之公司債折價 367×2/6 ＝ 122 元。其會計分錄爲：

103 年 3 月 1 日	利息費用	1,122	
	應付利息	2,000	
	現　　金		3,000
	公司債折價		122

（三）到期日

到了 2020 年 3 月 1 日，全華公司支付最後一期利息 3,000 元（自 2019 年 9 月 1 日至 2020 年 3 月 1 日），攤銷折價 161 元（＝第 10 期應攤銷折價 482×2/6）並償還本金（面額）100,000 元。其會計分錄爲：

2020 年 3 月 1 日	利息費用	1,161	
	應付利息	2,000	
	現　　金		3,000
	公司債折價		161
	應付公司債	100,000	
	現　　金		100,000

（四）以直線法攤銷折價

直線法又稱爲平均法，係將折價總額平均分攤於每一期的攤銷方法。每一期的利息費用爲依契約應支付之利息加上應攤銷之折價金額。依國際會計準則（IAS）之規定，折溢價攤銷一律採用利息法，然而我國財務會計準則規定，原則上採用利息法，若差異不大時，亦可採用直線法。茲就全華公司折價發行之公司債編製攤銷表如下：

表 11-5　直線法折價攤銷表

日期	付息次數 (1)	現金支出 面額 ×3% (2)	攤銷折價 (3)	利息費用 (2)+(3) (4)	未攤銷折價 (5)	帳面價值 (6)
2015/3/1					$4,158	$95,842
2015/9/1	1	$3,000	$416	$3,416	3,742	96,258
2016/3/1	2	3,000	416	3,416	3,326	96,674
2016/9/1	3	3,000	416	3,416	2,910	97,090
2017/3/1	4	3,000	416	3,416	2,494	97,506
2017/9/1	5	3,000	416	3,416	2,078	97,922
2018/3/1	6	3,000	416	3,416	1,662	98,338
2018//9/1	7	3,000	416	3,416	1,246	98,754
2019/3/1	8	3,000	416	3,416	830	99,170
2019/9/1	9	3,000	416	3,416	414	99,586
2020/3/1	10	3,000	414	3,414*	0	100,000

* 因累積四捨五入之差異，在第 10 期調整攤銷折價 2 元。

直線法與利息法的會計處理過程大致相同。直線法的優點在於對折價金額的計算較為簡單，然而卻也造成每期之利息費用隱含利率均不相同，例如第 1 期利息費用為 3,416 元，相對於期初公司債帳面價值 95,842 元，隱含之年利率為 7.13%（$=3,416\div95,842\times12/6$），而發行時之市場利率為 7%；第 2 期利息費用同為為 3,416 元，相對於期初公司債帳面價值 96,258 元，隱含之年利率為 7.10%（$=3,416\div96,258\times12/6$），與第 1 期之隱含利率並不相同；第 9 期的隱含利率則為 6.89%（$=3,416\div99,170\times12/6$）；第 10 期的隱含利率則為 6.86%（$=3,414\div99,586\times12/6$）。換言之，以直線法攤銷折價，各期的隱含利率皆不相同，初期因帳面價值較低，所以隱含利率較高；越接近到期日之各期，因帳面價值逐漸提高，所以隱含利率較低。

三、溢價發行

（一）發行日

當市場利率低於公司債票面利率時，公司債的發行價格將高於面額。以全華公司發行之五年期公司債為例，若市場利率為 5% 低於票面利率 6% 時，發行日會計處理如下：

2015 年 3 月 1 日	現　　金	104,376	
	應付公司債		100,000
	公司債溢價		4,376

（二）付息日與會計期間結束日

1. 溢價攤銷金額之計算

採用利息法攤銷溢價時，應先編製溢價攤銷表，全華公司溢價發行之公司債溢價攤銷表如下：

表 11-6　利息法溢價攤銷表

日期	付息次數 (1)	現金支出 面額 ×3% (2)	利息費用 (6)×2.5% (3)	攤銷溢價 (2) − (3) (4)	未攤銷溢價 (5)	帳面價值 (6)
2015/3/1					$4,376	$104,376
2015/9/1	1	$3,000	$2,609	$391	3,985	103,985
2016/3/1	2	3,000	2,600	400	3,585	103,585
2016/9/1	3	3,000	2,590	410	3,175	103,175
2017/3/1	4	3,000	2,579	421	2,754	102,754
2017/9/1	5	3,000	2,569	431	2,323	102,323
2018/3/1	6	3,000	2,558	442	1,881	101,881
2018/9/1	7	3,000	2,547	453	1,428	101,428
2019/3/1	8	3,000	2,536	464	964	100,964
2019/9/1	9	3,000	2,524	476	488	100,488
2020/3/1	10	3,000	2,512	488	0	100,000

2. 付息日與會計期間結束日之會計處理

每半年付息一次，第一次付息日為 2015 年 9 月 1 日，會計分錄為：

2015 年 9 月 1 日	利息費用	2,609	
	公司債溢價	391	
	現　　金		3,000

由於付息日非會計期間結束日，爲了編製2015年12月31日的財務報表，必須做調整分錄，認列該年9月1日至12月31日之應付利息、利息費用及公司債溢價。應付利息＝面額100,000×6%×4/12＝2,000元，利息費用＝第2期利息費用2,600×4/6＝1,733元，公司債溢價＝第2期應攤銷溢價爲400×4/6＝267元。其調整分錄爲：

2015年12月31日	利息費用	1,733	
	公司債溢價	267	
	應付利息		2,000

第二次付息日爲2016年3月1日，全華公司依契約支付公司債持有人半年利息3,000元。該3,000元包括兩部份：第一部分爲2016年1月1日至3月1日發生之利息1,000元；另一部分爲2015年9月1日至12月31日應付之四個月利息2,000元。至於該日應認列之利息費用＝第2期應認列利息費用2,600×2/6＝867元，應攤銷之公司債溢價＝第2期應攤銷之公司債溢價400×2/6＝133元。其會計分錄爲：

2015年3月1日	利息費用	867	
	應付利息	2,000	
	公司債溢價	133	
	現　　金		3,000

（三）到期日

到了2020年3月1日，全華公司支付最後一期利息3,000元（自2019年9月1日至2020年3月1日），攤銷溢價163元（＝第10期應攤銷溢價488×2/6）並償還本金（面額）100,000元。其會計分錄爲：

2020年3月1日	利息費用	837	
	應付利息	2,000	
	公司債溢價	163	
	現　　金		3,000
	應付公司債	100,000	
	現　　金		100,000

（四）以直線法攤銷溢價

以直線攤銷溢價，係將溢價總額平均分攤於每一期的攤銷方法。每一期的利息費用爲依契約應支付之利息減去應攤銷之溢價金額。全華公司溢價發行之公司債依直線法編製攤銷表如下：

表 11-7　直線法溢價攤銷表

日期	付息 次數 (1)	現金支出 面額 ×3% (2)	攤銷 溢價 (3)	利息費用 (2) − (3) (4)	未攤銷 溢價 (5)	帳面 價值 (6)
2015/3/1					$4,376	$104,376
2015/9/1	1	$3,000	$438	$2,562	3,938	103,938
2016/3/1	2	3,000	438	2,562	3,500	103,500
2016/9/1	3	3,000	438	2,562	3,062	103,062
2017/3/1	4	3,000	438	2,562	2,624	102,624
2017/9/1	5	3,000	438	2,562	2,186	102,186
2018/3/1	6	3,000	438	2,562	1,748	101,748
2018/9/1	7	3,000	438	2,562	1,310	101,310
2019/3/1	8	3,000	438	2,562	872	100,872
2019/9/1	9	3,000	438	2,562	434	100,434
2020/3/1	10	3,000	434*	2,566	0	100,000

* 因累積四捨五入之差異 , 在第 10 期調整攤銷折價 4 元。

直線法與利息法的會計處理過程大致相同。然而每一期之利息費用隱含利率均不相同，例如第 1 期利息費用爲 2,562 元，相對於期初公司債帳面價值 104,376 元，隱含之年利率爲 4.91%（$=2,562\div104,376\times12/6$），而發行時之市場利率爲 5%；第 2 期利息費用同爲爲 2,562 元，相對於期初公司債帳面價值 103,938 元，隱含之年利率爲 4.93%（$=2,562\div103,938\times12/6$）；第 9 期的隱含利率則爲 5.08%（$=2,562\div100,872\times12/6$）；第 10 期的隱含利率則爲 5.11%（$=2,566\div100,434\times12/6$）。換言之，以直線法攤銷溢價，各期的隱含利率皆不相同，初期因帳面價值較高，所以隱含利率較低；越接近到期日之各期，因帳面價值逐漸降低，所以隱含利率較高。

四、提前清償

公司債於到期日前提前清償，可能的原因為：

1. 公司發行的公司債係可轉換公司債，投資人依契約請求將公司債轉換為普通股股票，發行企業如同發行普通股給與債權人，提前清償原發行之公司債。
2. 當市場利率明顯下跌時，將使得原先發行在外的公司債利息負擔相對較高，因此發行公司基於降低成本考量，乃以較低利率發行新公司債並收回舊公司債。
3. 當市場利率明顯上漲時，將使得原先發行在外的公司債價格下跌，若公司同時擁有較多的剩餘資金，便可以提前以低價購回公司債。

（一）可轉換公司債

發行公司面對股價低迷，不宜發行股票籌措資金時，可選擇發行可轉換公司債，以吸引投資者購買。可轉換公司債係發行公司同意債券持有人可以在規定的期間內，依一定比例轉換成普通股，此種公司債即稱為可轉換公司債。該契約規定之公司債轉換成普通股股票的一定比例，稱為轉換價格（conversion price）或轉換比率（conversion ratio）。

對於投資人而言，雖然債券有固定的利息收入，然而若公司獲利情況良好，持有普通股股票將可享受較高的獲利，此時如果公司債可以轉換成普通股股票，投資人可能偏好轉換成普通股股票，以享受較高的獲利；相反地，如果公司獲利情況不佳，投資人可能選擇不將債券轉換成普通股，繼續以債券持有人身分享受利息收入及到期還本的權益。

對於發行公司而言，因可轉換公司債具有轉換成普通股的轉換價值，所以票面利率通常比同等級普通公司債為低，可減輕利息負擔；若投資人選擇轉換成普通股，則可減少負債，充實股本，改善財務結構。

由於可轉換公司債的投資人具有將公司債轉換成普通股股票的權利，因此國際會計準則規定必須認列轉換權利價值。至於轉換權利價值的衡量，可以將有轉換權利公司債與無轉換權利公司債作價格的比較，以其差額為轉換權利價值。假如全華公司於 2015 年 3 月 1 日所發行五年期不具轉換權利的公司債，面額 100,000 元，票面利率為 6%，每半年付息一次，當市場利率為 7% 時，折價發行價格為 95,842 元；若該債券為可轉換公司債，轉換條件為在 2017 年 3 月 1 日付息後，債券持有人可要求發行公司將公司債轉換成普通股股票，轉換比率為面額 1,000 元公司債可換取面額 10 元普通股股票 50 股，發行價格則為 99,842 元。因此，可轉換公司債的轉換權價值為 4,000 元（=99,842－95,842），其發行時之分錄為：

2015 年 3 月 1 日	現　金	99,842	
	公司債折價	4,158	
	應付公司債		100,000
	資本公積－認股權		4,000

全華公司以利息法攤銷公司債折價，在 2017 年 3 月 1 日付息後尚餘 2,664 元尚未攤銷，而此時全華公司普通股每股市價爲 25 元，若投資人選擇將公司債轉換爲普通股股票，其會計處理有帳面價值法與市價法兩種方法。

1. 帳面價值法

帳面價值法主張公司債之帳面價值相當於投資人繳納普通股股款，因此發行價格相當於轉換價格，不列計任何的轉換損益。以全華公司發行之可轉換公司債而言，面額 1,000 元公司債可換取面額 10 元普通股股票 50 股，亦即每股轉換價格爲 20 元，可轉換之總股數爲 5,000 股。在 2017 年 3 月 1 日付息後可轉換公債的帳面價值爲 101,336 元（＝公司債面額 100,000 元－公司債折價 2,664 元 + 普通股轉換選擇權 4,000 元）, 相當於投資人繳納的普通股股款。因此，轉換時分錄爲：

2017 年 3 月 1 日	應付公司債	100,000	
	資本公積－認股權	4,000	
	普通股股本		50,000
	資本公積－普通股溢價		51,336
	公司債折價		2,664

2. 市價法

市價法主張發行公司依市價發行股票，並以發行價款償還原發行之公司債，而發行股票市價與轉換公司債帳面價值之差額應認列轉換損益。以全華公司發行之可轉換公司債而言，可轉換之總股數爲 5,000 股，每股市價爲 25 元，總市價爲 125,000 元，可轉換公債的帳面價值爲 101,336 元，因此會有 23,664 元的轉換損失。轉換時分錄如下：

2017 年 3 月 1 日	應付公司債	100,000	
	資本公積－認股權	4,000	
	債券轉換損失	23,664	
	普通股股本		50,000
	資本公積－普通股溢價		75,000
	公司債折價		2,664

（二）可贖回公司債

可贖回公司債係指公司債契約規定發行公司可於發行一定期間後，依特定價格提前贖回之債券。通常契約規定發行公司之贖回價格會高於面值。當市場利率下跌時，發行公司考量降低利息成本負擔，可能發行較低利率的公司債並提前贖回原發行利率較高之舊公司債。通常贖回價格與贖回日公司債帳面價值不會相等，因此將會有損益發生。在會計處理上，贖回日應先提列上次付息日至贖回日之應付利息與利息費用並攤銷折溢價，然後依攤銷後之公司債帳面價值與贖回價格計算損益金額。

以全華公司溢價發行之五年期公司債爲例（參考表 11-6），若發行契約規定全華公司得在 2017 年 3 月 1 日付息後，按 103 加計利息提前贖回公司債。而全華公司決定在 2017 年 4 月 1 日提前贖回該筆公司債，此時應先提列 2017 年 3 月 1 日至 2017 年 4 月 1 日之應付利息與利息費用並攤銷折溢價，其中應付利息爲 500 元（＝ 3,000×1/6），利息費用爲 428 元（＝ 2,569×1/6），應攤銷溢價爲 72 元（＝ 431×1/6）。攤銷溢價後公司債帳面價值爲 102,682 元（＝ 102,754 － 72），較贖回價格 103,000 元低，故有贖回損失 318 元。其會計分錄如下：

2017 年 4 月 1 日	利息費用	428	
	公司債溢價	72	
	應付利息		500
	應付公司債	100,000	
	公司債溢價	2,682	
	應付利息	500	
	公司債贖回損失	318	
	現　　金		103,500

五、財務報表上的表達

應付公司債在資產負債表上應列爲長期負債，並揭露債券類別、到期日、利率、抵押品、可轉換性等。若應付公司債將於財務報表日次年到期且將以流動資產清償者，應將公司債及其所屬折溢價列爲流動負債；若到期時將以新債券償還或擬轉換爲股票者，仍應列爲長期負債。

公司債的折溢價爲應付公司債的調整項目。應付公司債若爲折價發行，在資產負債表上公司債折價爲應付公司債的減項；若爲溢價發行，則爲應付公司債的加項。由於公司債折溢價將逐漸攤銷，因此在資產負債表上表達的金額爲至資產負債表日攤銷後的金額。該攤銷後的折溢價調整後的金額稱爲應付公司債帳面價值。

11-5 其他長期負債

一、長期應付分期款項

企業購置機器設備，可能採取分期付款方式融資。分期付款可視爲同時借入多筆不同到期期限的負債，各筆負債的現值和也就是長期應付分期款項借入時的帳面價値，同時也是該機器設備的購入成本。例如全華公司於 2015 年 6 月 1 日購買機器設備，分三年 24 期付款（每月 1 日付款），每期應付金額爲 200,000 元，當時市場利率爲年息 6%，此時機器設備成本並非 4,800,000 元（＝ 200,000×24），而是 24 期分期付款的現值和。該現值和，可視爲 24 筆負債，每筆金額爲 200,000 元，到期期限分別爲 1 至 24 個月，我們可採用年金現值法公式(式 11-5)計算其現值和，其每期利率爲0.5%（＝年息6%÷12），期數爲 24，其計算式爲：

$$
\begin{aligned}
\text{分期付款現值和} &= 200{,}000 \times PVIFA_{0.5\%,24} = 200{,}000 \times \frac{1 - PVIF_{0.5\%,24}}{0.5\%} \\
&= 200{,}000 \times \frac{1-(1-0.5\%)^{-24}}{0.5\%} = 200{,}000 \times \frac{1-0.88718567}{0.5\%} \\
&= 4{,}512{,}573\ (\text{元})
\end{aligned}
$$

由於 24 期分期付款現值和爲 4,512,573 元，機器設備之成本也就是 4,512,573 元，購入時的會計分錄如下：

日期	科目	借	貸
2015 年 6 月 1 日	機器設備	4,512,573	
	應付機器設備款		4,512,573

2015 年 7 月 1 日支付的第 1 期款項 200,000 元，包含利息費用及應付機器設備款兩部分，其中支付的利息費用爲 22,563 元（＝ 4,512,573×0.5%），而償還之應付機器設備款的金額爲 177,437 元（＝ 200,000 － 22,563）。支付第 1 期款項後，應付機器設備款餘額爲 4,335,136 元，其會計分錄如下：

日期	科目	借	貸
2015 年 7 月 1 日	利息費用	22,563	
	應付機器設備款	177,437	
	現　　金		200,000

2015 年 8 月 1 日支付之第 2 期款項 200,000 元，其中支付之利息費用爲 21,676 元（＝ 4,335,136×0.5%），償還之應付機器設備款爲 178,324 元（＝ 200,000 － 21,676），支付第 2 期款項後應付機器設備款餘額爲 4,156,872 元，其會計分錄如下：

2015 年 8 月 1 日　利息費用　22,563
　　應付機器設款　177,437
　　　現　金　200,000

2017 年 6 月 1 日支付完第 24 期款項 200,000 元時，應付之利息與本金即完全清償完畢。表 11-8 即爲全華公司購買機器設備之應付分期款項各期之利息、還本金額及未償還金額表。

表 11-8　應付分期款項還本付息表

期數	月付金	利息金額	還本金額	未償還金額	期數	月付金	利息金額	還本金額	未償還金額
0				4,512,573					
1	200,000	22,563	177,437	4,335,136	13	200,000	11,619	188,381	2,135,406
2	200,000	21,676	178,324	4,156,812	14	200,000	10,677	189,323	1,946,083
3	200,000	20,784	179,216	3,977,596	15	200,000	9,730	190,270	1,755,813
4	200,000	19,888	180,112	3,797,484	16	200,000	8,779	191,221	1,564,592
5	200,000	18,987	181,013	3,616,471	17	200,000	7,823	192,177	1,372,415
6	200,000	18,082	181,918	3,434,553	18	200,000	6,862	193,138	1,179,277
7	200,000	17,173	182,827	3,251,726	19	200,000	5,896	194,104	985,173
8	200,000	16,259	183,741	3,067,985	20	200,000	4,926	195,074	790,099
9	200,000	15,340	184,660	2,883,325	21	200,000	3,950	196,050	594,049
10	200,000	14,417	185,583	2,697,742	22	200,000	2,970	197,030	397,019
11	200,000	13,489	186,511	2,511,231	23	200,000	1,985	198,015	199,004
12	200,000	12,556	187,444	2,323,787	24	200,000	995	199,004	0

註：因四捨五入差額在第 24 期還本金額調整 1 元。

二、長期抵押借款

企業常以土地建物等不動產作擔保，向銀行進行抵押借款，由於期限往往超過一年以上，所以列入長期負債。假設全華公司以辦公大樓設定抵押權給銀行，於 2015 年 9 月 1 日向銀行借入 10,000,000 元，借款時會計分錄爲：

2015 年 9 月 1 日　現　金　1,000,000
　　長期抵押借款　1,000,000

假如該筆長期抵押借款年利率爲 9%，借款期限爲 5 年，每月本息平均攤還，則全華公司每月應支付銀行之款項爲 60 期的月付金，每期利率爲 0.75%（＝ 9%÷12），其現值應恰爲 10,000,000 元。其月付金計算如下：

$$10,000,000 = \text{月付金} \times PVIFA_{0.75\%,60}$$

$$PVIFA_{0.75\%,60} = \frac{1 - PVIF_{0.75\%,60}}{0.75\%} = \frac{1-(1+0.75\%)^{-60}}{0.75} = 48.17337352$$

$$\text{月付金} = \frac{10,000,000}{PVIFA_{0.75\%,60}} = \frac{10,000,000}{48.17337352} = 207,584(\text{元})$$

2015 年 10 月 1 日支付之第 1 期月付金 207,584 元，該月付金包含利息費用及部分本金，其中利息費用爲 75,000 元（＝ 10,000,000×0.75%），償還之本金金額爲 132,584 元（＝ 207,584 － 75,000），支付第 1 期月付金後借款本金餘額爲 9,867,416 元，其會計分錄如下：

2016 年 10 月 1 日	利息費用	75,000	
	長期抵押借款	132,584	
	現　　金		207,584

2015 年 11 月 1 日支付之第 2 期月付金 207,584 元，包含利息費用 74,006 元（＝ 9,867,416×0.75%）及償還之本金金額 133,578 元（＝ 207,584 － 74,006），支付第 1 期月付金後借款本金餘額爲 9,733,838 元，其會計分錄如下：

2016 年 11 月 1 日	利息費用	74,006	
	長期抵押借款	133,578	
	現　　金		207,584

2020 年 9 月 1 日支付之第 60 期款項 207,584 元時，應付之利息與本金即完全清償完畢。

三、長期應付票據

企業購買設備資產或借貸長期資金，可能同時簽發一年期以上之長期應付票據給予設備供應商或銀行等債權人，此種負債稱爲長期應付票據。例如全華公司於 2015 年 11 月 1 日向銀行借款 1,000,000 元，同時簽發一張三年期票據交給銀行，假如該票據票之票面利率爲 4.5%，市場利率亦爲 4.5%，每年 11 月 1 日付息。全華公司在借款日之會計分錄爲：

2015 年 11 月 1 日	現　　金	1,000,000	
	長期應付票據		1,000,000

2015年12月31日為會計期間結束日，必須做調整分錄以認列自2015年11月1日至12月31日之應付利息7,500元（＝1,000,000×4.5%×2/12），其調整分錄為：

2015年12月31日	利息費用	7,500	
	應付長期票據利息		7,500

2016年11月1日支付之利息45,000元（＝1,000,000×4.5%），包含2015年11月1日至2015年12月31日之應付利息7,500元及2016年1月1日至103年11月1日之37,500元，其分錄為：

2015年12月31日	利息費用	7,500	
	應付長期票據利息	37,500	
	現　金		45,000

2018年11月1日除支付之利息45,000元外，並償還長期應付票據金額1,000,000元，其分錄為：

2018年11月1日	利息費用	7,500	
	應付長期票據利息	37,500	
	現　金		45,000
	長期應付票據	1,000,000	
	現　金		1,000,000

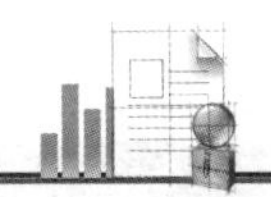

延伸閱讀

【兆豐金控釋股台企銀－可交換公司債】

兆豐金融控股股份有限公司

國內第一次無擔保交換公司債發行及交換辦法

交換標的：本公司所持有之臺企銀普通股。

交換期間：債券持有人自 100 年 10 月 12 日起 (本交換債發行日後屆滿三個月之翌日起)，至 103 年 1 月 1 日止（到期日前十日止），除自臺企銀無償配股停止過戶日、現金股息停止過戶日或現金增資認股停止過戶日前十五個營業日起，至權利分派基準日止，辦理減資之減資基準日起至減資換發股票開始交易日前一日止，及其他臺企銀普通股依法暫停過戶期間外，得隨時向本公司請求依本辦法交換為臺企銀普通股，並依本辦法第十條、第十三條及十五條規定辦理。

資料來源：公開資訊觀測站 http://mops.twse.com.tw/mops/web/index

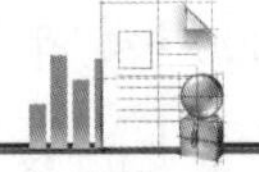

延伸閱讀

【瑞軒公司（2489）無擔保可轉換公司債賣回權行使作業】

事實發生日：101/11/19

公司名稱：瑞軒科技股份有限公司

其他應敘明事項：

（一）依據瑞軒科技股份有限公司國內第四次無擔保轉換公司債發行及轉換辦法第十八條，本公司應以本轉換公司債發行滿三年（102 年 1 月 4 日）為債權人提前賣回本轉換公司債之賣回基準日，於賣回基準日之三十日前，以掛號寄發給債權人一份「賣回權行使通知書」，並函知櫃買中心公告本轉換公司債賣回權之行使，債權人得於公告後三十日內以書面通知交易券商轉知集保公司或本公司股務代理機構（於送達時即生效力，採郵寄者以郵戳為憑，且不得撤回）要求本公司以債券面額加計利息補償金，滿三年債券面額之 103.03%（賣回收益率 1.00%），並應於賣回基準日後五個營業日內以現金贖回本轉換公司債。

資料來源：公開資訊觀測站 http://mops.twse.com.tw/mops/web/index

一、選擇題

(　　) 1. 計算債券發行價格所使用的折現率爲：　(A) 本金使用票面利率，利息使用市場利率　(B) 本金及利息均使用票面利率 (C) 本金使用市場利率，利息使用票面利率　(D) 本金及利息均使用市場利率。

【公司債之發行價格；98 年及 101 年證券商高級業務員】

(　　) 2. 大樑公司發行面額 $100,000，5 年期，利率 3% 之公司債，若發行當時市場利率爲 5%，則此公司債爲：　(A) 溢價發行　(B) 折價發行　(C) 平價發行　(D) 貼價發行。　【公司債之發行價格；101 年記帳士】

(　　) 3. 甲公司之公司債牌價爲 101，其意義爲何？　(A) 該公司債的市場利率爲 1%　(B) 該公司債的手續費爲 1%　(C) 該公司債的成交價爲面額之 101%　(D) 該公司債的到期值爲面額之 101%。

【公司債之發行價格；101 年證券投資分析人員】

(　　) 4. 千錘公司於 88 年 7 月 1 日出售 600 張年息 10%，每張面額 $1,000，十年到期的公司債，發行價格爲面額的 99% 加上應計利息。公司債票面上的發行日期爲 88 年 4 月 1 日，付息日爲每年 4 月 1 日及 10 月 1 日。請問該公司出售公司債收到的金額是多少？　(A)$609,000　(B)$600,000　(C)$594,000　(D)579,500。　【公司債之發行價格；98 年會計師】

(　　) 5. 環台公司 100 年 7 月 1 日發行 $1,000,000，年息 10%，十年到期之公司債得款 $950,000，該公司採曆年制，公司折價按直線法攤銷，試計算 100 年之利息費用：　(A)$53,350　(B)$52,500　(C)$50,000　(D)55,000。

【應付公司債會計處理；100 年證券商高級業務員】

(　　) 6. 甲公司採曆年制，某年初以 98 發行面額 $1,000,000，票面利率 6%，每年 6 月 30 日及 12 月 31 日付息之公司債一批，該公司債發行時，其市場利率爲 8%，試問當年底此債券之帳面金額爲若干？　(A)$998,944　(B)$998,768　(C)$998,251　(D)$997,614。

【應付公司債會計處理；101 年地方政府特考三等－財稅行政】

(　　) 7. 某一公司債之面額 $100,000，利率 8%，期限十年，在發行日係依 105 出售，則到期還本時應借記「應付公司債」的金額爲：　(A)$105,000　(B)$95,000　(C)$100,000　(D)$108,000。　【應付公司債會計處理；101 年記帳士】

(　　) 8. 下列敘述何者正確？　(A) 公司債溢價發行將使每期必須支付之現金利息減少　(B) 公司債溢價發行時市場利率係低於票面利率　(C) 公司債溢價發行時貸記應付公司債之金額係小於面額　(D) 應付公司債折價爲借餘，故於資產負債表上應列爲資產。　【應付公司債會計處理，102 年證券商高級業務員】

(　　) 9. 有效利率攤銷法：　(A) 採用變動利率來分攤利息費用　(B) 採用固定利率來分攤利息費用　(C) 當公司債以折價發行時，則每期認列的利息費用逐期遞減　(D) 採用每期的市場利率來分攤利息費用。

【應付公司債會計處理，102 年證券投資分析人員】

(　　) 10. 戊公司溢價發行公司債，並採有效利率法攤銷溢價，下列敘述何者正確？　(A) 利息費用逐期增加，溢價攤銷數逐期增加　(B) 利息費用逐期增加，溢價攤銷數逐期減少　(C) 利息費用逐期減少，溢價攤銷數逐期增加　(D) 利息費用逐期減少，溢價攤銷數逐期減少。

【應付公司債會計處理，101 年地方政府特考四等－會計】

(　　) 11. 甲公司於 103 年 2 月 1 日折價發行公司債，甲公司應該使用有效利息法攤銷折價，卻誤用直線法攤銷折價。試問此錯誤將對甲公司當年度財務報表造成什麼影響？　(A) 高估公司債帳面金額，高估保留盈餘　(B) 低估公司債帳面金額，低估保留盈餘　(C) 高估公司債帳面金額，低估保留盈餘　(D) 低估公司債帳面金額，高估保留盈餘。　【應付公司債會計處理，101 年普考四級－會計】

(　　) 12. 高輝公司在 102 年 1 月 1 日，發行 5 年期之公司債，面額 $500,000，自 102 年 12 月 31 日起，每年年底平均分期償還 $100,000 本金，請問在 102 年 12 月 31 日，高輝公司資產負債表應如何表達此公司債？　(A) 無流動負債，長期負債 $400,000　(B) 流動負債 $400,000，無長期負債　(C) 流動負債 $100,000，長期負債 $300,000　(D) 流動負債 $100,000，長期負債 $200,000。

【應付公司債會計處理，101 年特考四等－稅務行政】

(　　) 13. 甲公司在 101 年 12 月 31 日支付每年之利息後，其帳上有面額 $1,000,000 之應付公司債，另有此應付公司債之溢價 $92,000。102 年 1 月 1 日甲公司以 $325,000 買回 30% 的債券，試問甲公司應記錄： (A) 應付公司債溢價減少 $25,000 (B) 應付公司債減少 $325,000 (C) 償債損失 $25,000 (D) 償債利益 $2,600。【應付公司債會計處理，102 年普考四級－會計】

(　　) 14. 甲公司 101 年 4 月 1 日發行面值 $400,000，5 年到期，票面利率 8%，每年 4 月 1 日及 10 月 1 日付息之公司債，發行價格為 $369,113（有效利率 10%），試求 101 年底應付公司債帳面價值為何？ (A)$371,569 (B)$372,858 (C)$373,746 (D)$400,000。【應付公司債會計處理，102 年普考四級－會計】

(　　) 15. 甲公司於 103 年 1 月 1 日發行面值 $2,000,000，5 年期，利率 9%，每年 6 月 30 日和 12 月 31 日付息的公司債，按 10% 有效利率發行，折價 $77,220。若甲公司並非以公允價值衡量該公司債，試問該公司債於 103 年 12 月 31 日的帳面金額為多少？ (A)$1,935,365 (B)$1,922,780 (C)$1,928,919 (D)2,000,000。
【應付公司債會計處理，102 年高考三級－財稅行政】

(　　) 16. 台南公司於第一年 1 月 2 日發行 6%，十年期公司債，面額 $1,000,000，以 2% 溢價發行，採用直線法攤銷溢價。至第八年 12 月 31 日，該公司以折價 4% 之價格由公開市場買回面額 $300,000 公司債，則應認列：(不計所得稅之影響) (A)$13,200 之利益 (B)$12,000 之利益 (C)$12,000 之損失 (D)$10,800 之利益。【應付公司債會計處理，97 年記帳士】

(　　) 17. 發行公司債之公司對於發行溢折價若實利率法攤銷，則溢折價發行期間各期攤銷之金額將逐期： (A) 溢價攤銷金額：增加；折價攤銷金額：增加 (B) 溢價攤銷金額：增加；折價攤銷金額：減少 (C) 溢價攤銷金額：減少；折價攤銷金額：減少 (D) 溢價攤銷金額：減少；折價攤銷金額：增加 。
【應付公司債會計處理，97 年記帳士】

(　　) 18. 發行五年期，二年內可轉換為普通股之公司債，在資產負債表表中應列為：(A) 長期負債 (B) 權益 (C) 流動負債 (D) 預期可能轉換部分列為權益，其餘列為長期負債。
【應付公司債會計處理 – 可轉換公司債，100 年證券商業務員】

(　　) 19. 轉換公司債的價值可視為一般公司債價值加上下列何者為宜？ (A) 買權價值 (B) 賣權價值 (C) 附認股權證標的股票價值 (D) 權證的履約價格。
【應付公司債會計處理 – 可轉換公司債，100 年證券商高級業務員】

(　　) 20. 八德公司簽發一張 3 年期、不附息、面額 $2,270,000 之票據，以購入公平市價為 $1,800,000 之土地一筆，則該公司對二者之差價 $470,000 應如何處理？ (A) 借記「應付票據折價」，並逐年攤銷為利息費用　(B) 借記「應付票據折價」，並逐年攤銷為土地成本之增加　(C) 貸記「應付票據折價」，並逐年攤銷為購買土地利得　(D) 不予處理。　【其他長期負債，100 會計師】

二、計算題

1.【公司債發行價格與應付公司債會計處理－折價發行；101 年地方政府特考四等－會計】

大華公司於 100 年 1 月 1 日發行 5 年（10 期）的公司債 $3,000,000，票面利率 8%，付息日為 1 月 1 日與 7 月 1 日，發行時市場利率為 12%。公司採用利息法攤銷折、溢價。103 年 1 月 1 日付息後，以 102 價格將債券贖回。

試作：（金額部分，請四捨五入至元）

(1) 計算公司債的發行價格。

(2) 100 年 12 月 31 日調整分錄中，應攤銷的折價是多少？

(3) 103 年 1 月 1 日贖回的損益是多少？

【年金現值表】

年數 ＼ 利率	4%	6%	8%	10%	12%
9	7.435332	6.801692	6.246888	5.759024	5.328250
10	8.110896	7.360087	6.710081	6.144567	5.650223

2.【公司債發行價格與應付公司債會計處理－折價發行；99 年記帳士】冬雪公司於 2010 年 1 月 1 日核次發行面額 $1,000,000，票面利率 6%，五年期公司債，付息日為每年 6 月 30 日及 12 月 31 日，有效利率為 8%。至同年 3 月 1 日全數於當日實際出售，含應計之利息共收到現金 $928,891。該公司採用利息法攤銷公司債折溢價。

試作：（四捨五入至元）

(1) 該公司 2010 年 3 月 1 日出售公司債之分錄。

(2) 該公司 2010 年 6 月 30 日及 12 月 31 日之付息分錄。

3. 【公司債發行價格與應付公司債會計處理－溢價發行；97 年記帳士】承德公司於 95 年初發行公司債，面額 $100,000，每年底付息 1 次，有關資料如下：

年　度	現金支付	利息費用	公司債帳面價值
95 年初			$104,266
95 年底	$3,500	?	103,984
96 年底	?	?	103,511

試作：

(1) 承德公司對應付公司債溢價採用何種方法攤銷？並說明你判斷的理由。

(2) 該公司債的票面利率爲何？市場利率爲何？（請列計算式）

(3) 假設承德公司於 97 年 12 月 31 日以 $105,000 將公司債全部贖回，則贖回損益爲何？並作贖回相關分錄。（請列計算式）

4. 【應付公司債會計處理－可轉換公司債】全華公司於 2015 年 7 月 1 日發行可轉換公司債面額 5,000,000 元，票面利率 5%，每年 7 月 1 日付息，當時市場利率爲 4%，發行價格爲 6,000,000 元，債券持有人在 2016 年 7 月 1 日付息後可選擇以每股 50 元價格轉換爲普通股股票（每股面額 10 元）。假如該債券爲普通公司債，發行價格爲 5,800,000 元。2016 年 7 月 1 日全華公司普通股股價上漲到每股 65 元，債券持有人選擇將可轉換公司債轉換爲普通股股票。試作：

(1) 2015 年 7 月 1 日、12 月 31 日之分錄

(2) 以市價法及帳面價值法作 2016 年 7 月 1 日之相關分錄。

5. 【其他長期負債－長期抵押借款；100 年會計師】展發公司 2011 年 1 月 1 日向銀行借款 $1,429,962，並交付一張面額 $1,429,962，票面利率年息 7%（爲當日之市場利率）之長期應付票據予銀行。雙方約定每年 12 月 31 日還款一次，每次固定 $300,000，第一次付款日爲 2011 年 12 月 31 日。請作 2011 年及 2012 年相關分錄。

6. 【其他長期負債－長期應付票據；102 年特考三等－稅務人員】丙公司於 102 年 1 月 1 日向第一銀行借得 $500,000，有效利率爲 12%，15 年期之長期負債，且交付一張 $500,000 之票據，並約定每年六月底及十二月底支付固定數額 $36,324。請做：

(1) 102 年 1 月 1 日之分錄。

(2) 102 年 12 月 31 日該借款列於流動負債與長期負債之金額各爲何？

CHAPTER 12

公司會計（一）

學習目標

研讀本章後，可了解：

一、公司組織的基本特性

二、權益結構

三、公司股份發行之會計處理

四、認購方式發行股票之會計處理

五、權益項目在資產負債表之表達

六、每股帳面價值之計算

本章架構

公司會計(一)

公司之性質與權益結構	公司股份發行之會計處理	庫藏股交易之會計處理	權益之表達與每股帳面價值
• 公司之特性 • 成立公司組織之優缺點 • 公司組織結構 • 權益結構	• 面額及無面額股票 • 普通股與特別股 • 現金發行股份 • 股份以認購方式發行 • 發行股票取得服務或非現金資產	• 回庫藏股之會計處理 • 處分庫藏股之會計處理量	• 權益科目在資產負債表之表達 • 每股帳面價值之計算

前言

企業組織若按所有權型態區分，可分爲獨資、合夥（partnership）、與公司（corporation）三種。獨資企業只有一位業主，必須自行對企業發生之債務負無限清償責任。合夥（partnership）企業則是由兩位以上合夥人（即業主）所組成，所有合夥人對企業發生之債務，共同負有連帶的無限清償責任。公司（corporation）係根據公司法設立，以營利爲目的之法人組織，是由許多投資人共同出資成立的企業。公司投資人共同出資的股本，如果分成許多金額相等的股份，通常每股份爲十元，則這些出資的投資人即爲公司之股東。

會計上對企業所有權之處理方式，亦因其組織型態之區分而有不同。獨資企業之所有權權益，稱爲業主權益，因爲只有一位業主，故只需爲其設置兩個業主權益帳戶，一爲業主資本帳戶，另一爲業主往來（提存）帳戶。當獨資企業業主增加投資或經營結果產生淨利，將增加業主資本帳戶餘額；若業主收回投資或產生淨損，則將減少業主資本帳戶餘額。若企業發生代收或代支業主個人之收入或費用，則應記入業主往來帳戶。

對於合夥企業之所有權權益，則稱爲合夥人權益（partners equity）。合夥企業因爲有兩位以上合夥人，故必須爲每一位合夥人設置合夥人資本及合夥人往來（提存）兩個合夥人權益帳戶。合夥企業發生合夥人投資的增減或經營損益的分配，應記入各個合夥人資本帳戶。若合夥企業發生代收或代支合夥人個人之收入或費用，則應記入合夥人往來帳戶。至於公司組織之所有權權益，則稱爲權益或公司資本（corporate capital）。公司投資人共同出資的部分，稱爲公司之投入資本（paid-in capital）。公司經營結果產生的淨利或淨損，則累積於保留盈餘帳戶；若公司於獲利年度發放股利予股東，則應減少保留盈餘帳戶餘額。

本章所謂公司會計，即指公司權益相關議題的會計處理，這些議題包括公司之性質與權益結構、股本的種類、公司股票發行之會計處理、以及權益變動表之編製等。本章共分 4 節，12-1 先概述公司組織的基本特性與權益結構，12-2 介紹公司股本之種類，12-3 討論公司股票發行之會計處理，12-4 則說明公司權益項目在資產負債表之表達與每股帳面價值之計算。

12-1 公司之性質與權益結構

一、公司之特性

（一）公司的意義

根據我國公司法第一條規定：「本法所稱公司，謂以營利為目的，依照本法組織、登記、成立之社團法人」。故公司的構成要件主要三項：

1. 公司應以營利為目的
2. 公司應依照公司法組織、登記及成立
3. 公司為社團法人

法人為法律上所賦予其人格，並在法令範圍內享有權利及負擔義務的主體。一般而言，法人又可分為社團法人與財團法人，而法人類型之不同比較，其說明如下：

法人類型	成立要件	實　例
社團法人	以「人」為聚集主體	公司組織 (成立主體為股東)
財團法人	以「財產」為聚集主體	基金會、私立學校、紀念醫院

（二）公司的種類

依照公司法第二條之規定，公司可分為下列四種：

1. 無限公司：係指二人以上股東所組織，對公司債務負連帶無限清償責任之公司。
2. 有限公司：係指由一人以上股東所組織，就其出資額為限，對公司負其責任之公司。
3. 兩合公司：係指一人以上無限責任股東，與一人以上有限責任股東所組織，其無限責任股東對公司債務負連帶無限清償責任；有限責任股東就其出資額為限，對公司負其責任之公司。
4. 股份有限公司：係指二人以上股東或政府、法人股東一人所組織，全部資本分為股份；股東就其所認股份，對公司負其責任之公司。

公司型態	股東人數	股東責任
無限公司	2 人以上	無限清償責任
有限公司	1 人以上	有限責任 (以出資額為限)

公司型態	股東人數	股東責任
兩合公司	1 人以上無限責任股東 與 1 人以上有限責任股東	無限責任股東 → 連帶無限清償責任 有限責任股東 → 有限責任 (已出資額爲限)
股份有限公司	2 人以上股東 或 政府、法人股東一人	有限責任 (就其所認股份爲限)

（三）股份有限公司之特質

股份有限公司具備下列特質：

1. 發行股票：亦即將資本劃分爲股份，每股金額一律相同，並以股票之發行方式 (一張股票爲 1,000 股)，以彰顯股東在公司所擁有的權益。
2. 股東的責任有限，籌資容易：股東所負擔責任僅就其所認購之股份額爲限；而公司經營責任風險由多數股東共同負擔而減輕，且資本劃分爲面額較小之相同股份，因此容易從一般社會大眾取得所需募集的資金，使公司經營規模較易擴大。
3. 股份可以自由轉讓：依照公司法第 163 條規定，公司股份之轉讓不得以章程禁止或限制。
4. 所有權和經營權分離：股東握有公司所有權，而公司董事爲股東所推選出，握有公司經營權，透過所有權和經營權的分開，公司組織將不受股東變動而影響。

二、成立公司組織之優缺點

相較於獨資或合夥（partnership）企業，公司組織具有下列優點：

1. 公司易於籌措大量資金。
2. 公司的所有權人（股東）通常只需負有限清償債務責任。
3. 所有權容易移轉。
4. 公司爲一獨立於所有權人的法律個體，故可永久存在、永續經營，不因股東退出或異動而解散或改組。
5. 公司可由董事會聘用專業經理人經營管理企業。
6. 公司股東間不會有相互代理的問題，可避免合夥企業之合夥人經營理念不同所導致的爭議。

不過，成立公司組織亦有某些缺點，例如：

(1) 公司的經營管理會受政府法令約束或管制，經營策略上有時較缺乏彈性。

(2) 公司的所有權與經營控制權分離，股東不能直接監管公司的運作，若管理者只著重個人利益將損及全體股東之利益，這在公司賺錢時困擾或許較小，但虧損時則會產生較大爭議。

三、公司組織結構

公司係由股東、董監事、經理人及一群員工所形成的組織，其組織結構如圖 12-1 所示。股東爲公司所有權的擁有者，股東們定期召開的股東大會，則爲公司的最高權利機構。股東於股東大會中選出董事或監察人，再組成董事會，並互相推舉一位董事擔任董事長，董事會負責制定公司的發展方針或經營政策，並對公司重要議案做決策；監察人則負責監督公司業務之執行，並得隨時調查公司業務及財務狀況。經理人包括總經理及各部門經理，主要係由董事會聘任，負責公司各項業務的實際執行與經營管理工作。其餘公司員工，則根據上級主管的指揮執行各項工作。

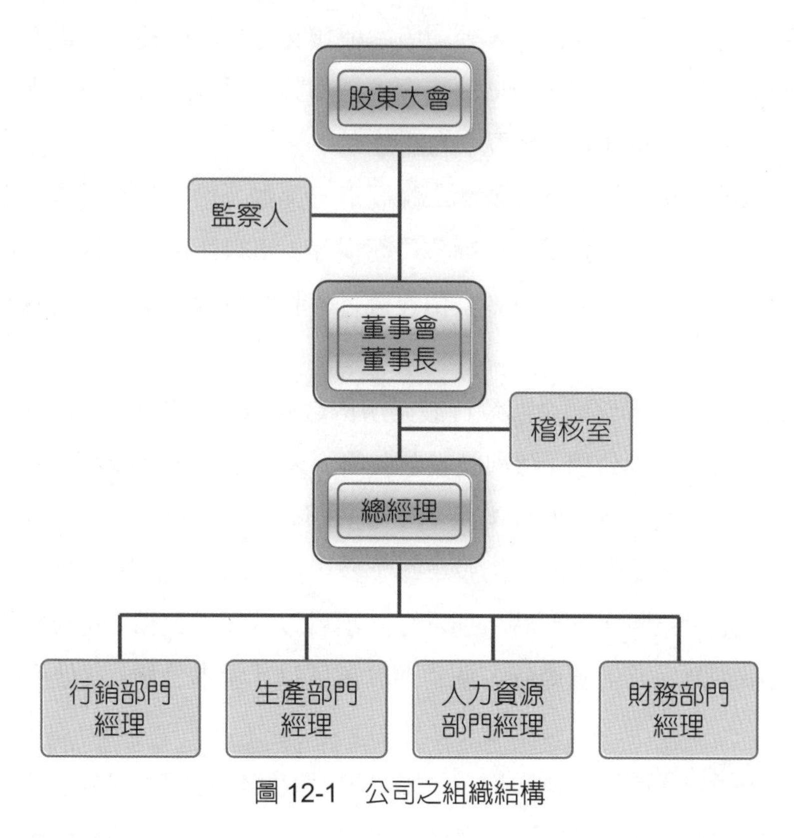

圖 12-1　公司之組織結構

公司股東通常擁有下列權利：

1. 股東於出席股東大會時具有投票權，可以選舉及被選舉爲董事或監察人，對公司重大決策如與其他公司合併、舉借大額長期負債、或修改公司章程時，亦有贊成與否的投票權。

2. 股東可享有公司盈餘分配的權利，亦即可分享股息及紅利。
3. 公司增發股票時股東有優先認購新股之權利。
4. 公司清算時股東有分配剩餘財產之權利。

四、權益結構

對獨資、合夥（partnership）、與公司三種企業之所有權益，會計上分別稱為業主權益、合夥人權益（partners' equity）、及權益，三類所有權權益在資產負債表上之表達方式，如表 12-1 所示。由於根據會計恆等式，權益等於資產總額減去負債總額，故過去又將權益稱為淨資產或公司淨值（net worth）。就公司個體之觀點，公司資產為公司所擁有的資源，而負債與權益則為公司資源的來源，亦即為債權人與股東對公司資源之請求權，因此權益即為公司股東對公司扣除債權部分之剩餘資源的請求權。

1. 股本：係指公司向主管機關辦理登記之資本額，即為「法定資本」，非經增資或減資手續，不得任意增減。一般而言，公司股本種類又可分為兩種，一為普通股股本，亦即普通股股東所投入的資本，屬於法定資本的部分。另一為特別股股本，亦即特別股股東所投入的資本，也屬於法定資本的部分。
2. 資本公積：依據公司法第 239 條及 241 條規定，資本公積為股東或他人繳入公司，超過法定資本的部分。資本公積除填補公司虧損外，不得使用之，除非公司無虧損或法律另有規定者，不在此限。而資本公積包含有，股票發行溢價、庫藏股票交易、以及受贈資產等。

   股票發行溢價是指超過票面金額發行股票所得之溢價，通常會計項目以「資本公積 - 普通股股票溢價或資本公積 - 特別股股票溢價」來表示；庫藏股票交易是指公司出售庫藏股票時，若售價高於收回成本產生之溢價部分，通常會計項目以「資本公積 - 庫藏股交易」來表示；受贈資產是指股東贈予公司資產部分，因贈與標的物之不同又可分為兩種，一為股東贈送股票時，通常會計項目以「資本公積 - 受領股東贈與」來表示，另一為股東贈送其他資產時，通常會計項目以「資本公積 - 其他受贈資產」來表示。
3. 保留盈餘：係指公司歷年累積之損益，未以現金或其他資產方式分配給公司股東，或轉為資本而保留於公司內部者。而保留盈餘項目包含有，法定盈餘公積、特別盈餘公積及未分配盈餘等。法定盈餘公積係指公司依據公司法或其他相關法令規定，將保留盈餘之用途做限制；特別盈餘公積係指公司因本身特定目的或其他依法律規定，自盈餘中指撥之公積，以限制股息及紅利之分派者；未分配盈餘則指用途未受限制之保留盈餘，其中又包含累積盈虧、追溯適用及追溯重編之影響數、以及本期損益等項目。

4. 其他權益：指其他造成權益加減變動的項目。其中包含透過其他綜合損益按公允價值衡量之權益工具投資損益、資產的重估增值、以及國外營運機構財務報表換算之兌換差額(亦即累積換算調整數)等。透過其他綜合損益按公允價值衡量之權益工具投資損益，係指長期股權投資採成本與市價孰低法評價所認列之未實現跌價損失，應列為權益之減項。累積換算調整數，係指因外幣交易或外幣財務報表換算所產生之換算調整數，應列為權益之加項或減項。
5. 庫藏股票：庫藏股係公司收回已發行股票，尚未再出售或註銷者。庫藏股票應按成本列為權益之減項。

依照商業會計處理準則規定，公司權益之內容包括股本、資本公積、保留盈餘或累積虧損、其他權益及庫藏股等，其中股本和資本公積合稱為「投入資本」。其權益結構項目，分別說明如下：

表 12-1 不同企業所有權益在資產負債表上表達方式之比較

獨資企業	
業主權益：	
陳大海資本	$100,000

合夥企業	
合夥人權益：	
張山峰資本	$200,000
李曉隆資本	120,000
黃非洪資本	180,000
權益總額	$500,000

公司企業	
權益：	
投入資本	
特別股股本	$ 200,000
普通股股本	500,000
資本公積	100,000
投入資本合計	$ 800,000
保留盈餘	250,000
權益總額	$1,050,000

因此，公司之權益可先分爲投入資本（paid-in capital）與保留盈餘（或累積虧損）兩大類，有時亦包含庫藏股或其他權益等調整項目。投入資本（paid-in capital）係公司的永久性資本，包括股本及資本公積（或其他投入資本）兩部分。股本則爲股東投入的法定資本，通常有普通股及特別股兩種，但股東尚未繳足股款之已認購股份亦應歸入此類。保留盈餘係指公司歷年來累積盈餘，未分配予股東而保留於公司繼續運用之盈餘。保留盈餘中的法定盈餘公積及特別盈餘公積，因受法令或契約限制，或董事會決議的自願性限制（例如爲將來擴建廠房計畫之需要），不得用以分配股息及紅利，故又稱受限保留盈餘或已指撥保留盈餘（appropriated retained earnings）。其餘未受有限制之未分配盈餘或累積虧損，則稱爲未受限保留盈餘（unrestricted retained earnings）或未指撥保留盈餘（unappropriated retained earnings）。

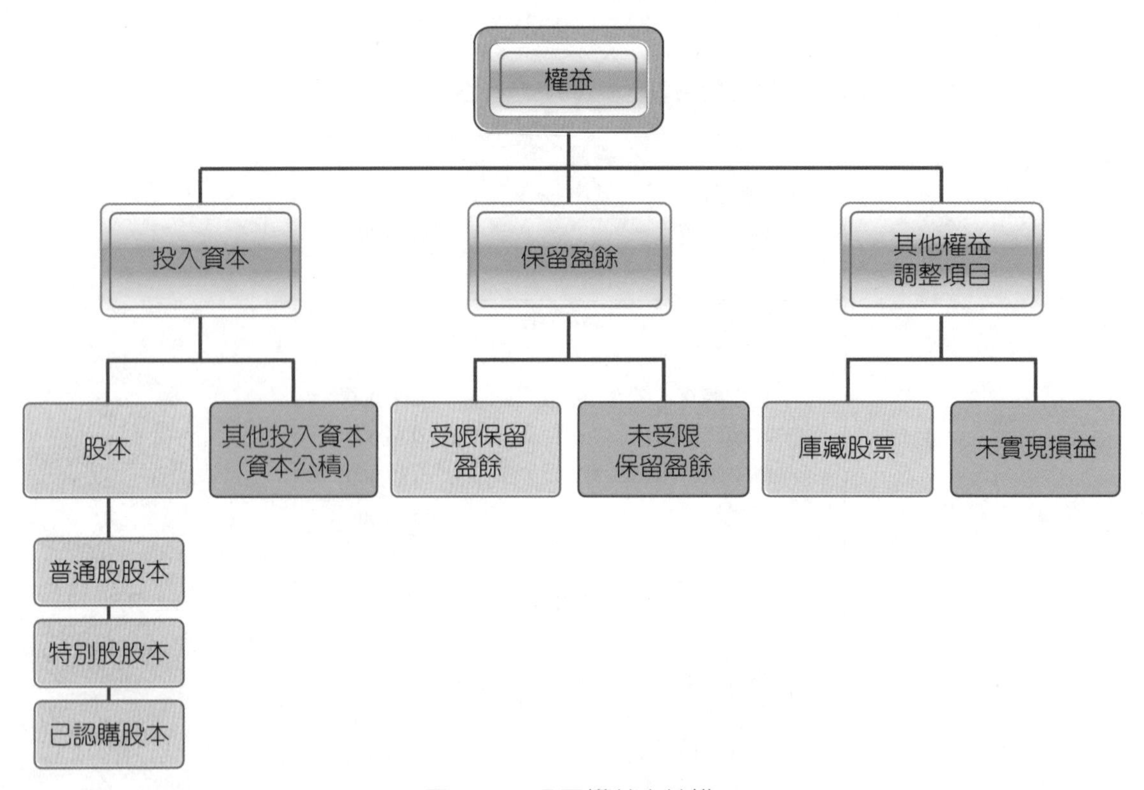

圖 12-2　公司權益之結構

12-2 股本之種類

一、股份與股票之意義

所謂股份係依據公司法第 156 條規定，股份有限公司將股本劃分爲相同單位，每一單位稱爲股份，而股票爲股東持有股份的一種憑證，目前我國一張股票代表一千股。由於股東以股票來代表其持有的股份，其用來彰顯股東對公司的權益大小。而上市、上櫃公司股東權利將透過股票，在證券市場上自由流通買賣而得以移轉，此種方式亦可促進資本的流通。因此，股份、股票及股東三者間的關係如下說明：

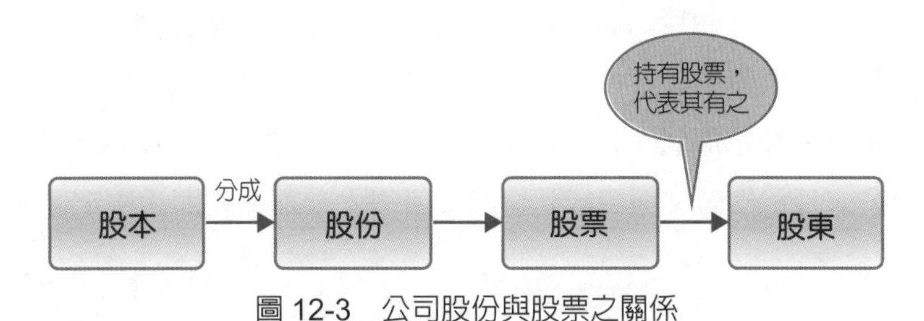

圖 12-3　公司股份與股票之關係

二、股本之種類

公司的股本依照不同的標準作不同的分類，茲分述說明如下：

（一）依股票是否記載股東姓名區分：可分爲記名股票與無記名股票兩種。

1. 記名股票：

   根據我國公司法第 164 條規定，股票上記載股東姓名，必須以背書轉讓方式進行股票移轉。

2. 無記名股票：

   股票上未記載股東姓名，採直接交付股票方式，即可完成股票移轉。此外，根據我國公司法第 166 條規定，無記名股票之發行股數，不得超過「已發行股份」總數的二分之一。

（二）依有無面值區分：公司股票之分類，如按有無每股票面金額區分，可分爲有面額股票與無面額股票兩種。

1. 面額股票：

   我國公司法規定，股票應定有每股票面金額，亦即在股票之票面上，不僅印有股數，並應記載每股之票面金額，此種股票稱爲有面額股票。公司應於章程內訂明股票的每股面額，但上市或上櫃公開發行公司之每股面額，則依證券管理機關規定。每股面額不必然等於股票的每股市價或售價，例如，台塑公司的每股面額為 $10，但每股市價可能為 $50。其實，每股面額代表公司每股的法定資本，它是發行股份時，貸記股本帳戶之每股金額。由於股份有限公司的股東，對公司債務僅負有限責任，故公司應保持法定資本額，以維護債權人權益，使其免於遭受損失。因為法定資本之限制，使公司不能藉由發放股利或其他方式減少公司股本。

2. 無面額股票：

所謂無面額股票，係指票面上沒有每股面額，僅載明股數之股票，並且公司章程中也未規定每股票面金額。我國公司法並不允許發行無面額之股票，但國外仍有許多公司發行無面額股票。國外的無面額股票，又可分為有設定價值與無設定價值股票兩種。公司發行無面額股票時，股票上雖未載明每股面額，但董事會可將每股設定一定之價值作為股本，稱為設定價值。有設定價值之無面額股票，其設定價值即為法定資本。無面額股票若無設定價值，則發行此類股票所得之全部價款即為法定資本。

知識學堂

【外企來台上市 面額不限 10 元】

爲吸引外國企業來台掛牌，金管會今天表示，正研議開放外企來台第一上市櫃可排除適用現行股票面額新台幣 10 元的規定，並將多元化開放外國發行人來台發行國際債券。

行政院會去年 10 月通過高科技及創新產業籌資平台方案，預計在 99 年到 2013 年新增 330 家上市櫃公司。金融監督管理委員會爲此成立專案小組，並於今天召開第一次會議，邀請中央銀行、陸委會、經建會、農委會、勞委會、外交部、內政部、教育部、財政部、經濟部及證券周邊單位等，共商推動事宜。

金管會證券期貨局主任秘書吳桂茂表示，今天會中除研議加強辦理金融專業訓練及國際化人才培育，並將開放外企來台第一上市櫃不須適用國內股票面額 10 元的限制。

他解釋，有些外國企業所在地國沒有股票面額限制，若要求他們符合台灣每股 10 元規定，將使外企面臨較多調整；因此原則上將開放，但必須促請證交所及櫃買中心研議配套措施。

吳桂茂指出，面額 10 元規定在台行之有年，涉及投資人交易習慣與資訊規範，若外企不適用面額統一規定，例如每股可能是 500 元，投資人也較難對 EPS（每股稅後純益）作比較，因此還要思考完整配套。

官員表示，目前研議讓外企採用特殊代號，提醒投資人取得財報時，應額外注意，不過尚在評估階段。

會中也研議擴大外國發行人來台發行國際債券，官員指出，國際債發行是採固定利率型，未來將朝向採浮動、逆浮動，甚至是結構型利率，不過還要等櫃買中心研議具體配套，才能再作討論。

另外，金管會統計指出，99 年度國內上市櫃公司新增掛牌家數 48 家（加計已核備尚未掛牌達 62 家），外國企業新增掛牌家數 19 家，其中約有半數爲高科技及創新企業；募資金額方面，國內上市櫃募資達新台幣 1849 億元，外企達 466 億元，都有顯著成長。

證期局指出，100 年度預計新增 85 家上市櫃公司（包含國內外企業），募資金額達 2010 億元爲目標。

新聞來源：100-3-15 中央社 【謝君蔚 / 台北報導】

（三）依股東所擁有權利區分：可分爲普通股與特別股兩種。

我國公司法第 156 條規定：「股份有限公司之資本，應分爲股份，每股金額應歸一律，一部分得爲特別股；其種類，由章程定之。」故公司除可發行一般的普通股股票之外，亦可發行特別股股票。前曾提及，公司的投入資本（paid-in capital）包括股本及資本公積（或其他投入資本）兩部分，股本即爲包括普通股或特別股股東投入的法定資本。

1. 普通股：

   若公司僅發行一種股票，其股東同時享有投票權、分配公司盈餘、優先認購新股及分配剩餘財產等權利，此類股票即爲普通股。普通股經常被稱作公司之剩餘權益，即指所有其他對公司之請求權均優先於普通股股東之請求權。因此，普通股股東之權利雖由股份持有者同等分享，但股東實爲公司經營風險之主要承擔者，且爲公司經營利益之最後分享者。

2. 特別股：

   公司爲吸引投資人，滿足其不同需求，有時會發行特別股。特別股係指享有某些普通股所未有之特殊或優先權利的股票，故亦稱優先股。通常公司會於獲利年度給與特別股一定的股利，例如：面額 $100，股利率爲 6% 之特別股，公司應於發放股利年度給特別股股東每股 $6 之股利。此一 6% 的股利率，即爲特別股股東可享有的優先權利。除了享有股利的優先權之外，特別股股東在公司清算時，亦有較普通股股東優先受償的權利。此外，在某些較優惠的發行條件下，尚享有股利累積及參加普通股股利分配的權利。不過，特別股股東通常沒有選舉（或被選舉爲）公司董事或監察人的權利。

   我國公司法第 156 條規定，公司發行特別股時，應於公司章程中訂定下列事項：

   (1) 特別股分派股息及紅利之順序、定額或定率；

   (2) 特別股分派公司剩餘財產之順序、定額或定率；

   (3) 特別股之股東行使表決權之順序、限制或無表決權；

   (4) 特別股權利、義務之其他事項。

   公司發行特別股的原因，大致有下列三種：(1) 因特別股股東通常沒有投票權，故發行特別股可避免稀釋當權派對公司之控制權，同時又可取得所需資金；(2) 爲免發行過多普通股而降低當年度之每股盈餘；及 (3) 可避免舉債（如發行公司債）過多而造成公司資本（corporate capital）結構惡化，或利息費用負擔太重。

三、股利之計算

（一）特別股之分類

特別股之分類，主要視其發行時公司所訂之契約條款而定。例如，按公司是否訂有贖回條件，可將特別股分爲可贖回特別股與不可贖回特別股兩種。可贖回之特別股，即爲公司有權依一定贖回價格向特別股股東買回之特別股；反之，未訂有可贖回條款之特別股，即爲不可贖回之特別股。

若發行條件中，允許特別股股東在特定期限內可按一定比例轉換爲普通股或債券，則此種特別股稱爲可轉換特別股。反之，未訂有轉換條件者，則爲不可轉換特別股。可轉換特別股係一種發行條件較優惠的特別股，讓特別股股東多一個選擇機會，如果普通股的市價行情較佳或普通股可享有的股利較大時，可將特別股轉換爲普通股，以分享較多的利益。

在某些著重股利優惠的發行條件下，特別股可享有股利累積及參加普通股股利分配之權利。而參加普通股股利之分配，又可視其參加程度區分爲部分參加與完全參加兩類。如此，特別股又可分爲六類：

1. 非累積且非參加之特別股。
2. 累積且非參加之特別股。
3. 非累積但完全參加之特別股。
4. 非累積但部分參加之特別股。
5. 累積且完全參加之特別股。
6. 累積且部分參加之特別股。

由於股利是否累積及是否參加普通股股利分配，其條件不同，則特別股可分得之股利將有差別。因此，在計算特別股之股利時，必須先確認特別股所屬類型，否則可能誤算特別股股利。

（二）特別股股利之計算

因特別股具有較普通股優先分配股利之權利，故公司於每年分配股利時，須優先顧及特別股之權利。如同上述，特別股除有累積與非累積特別股之區分外，另有參加與非參加之特別股。

特別股若具有累積之權利，當某年度未宣告分配股利時，則該年度之特別股股利可累積至以後年度補發。此種過去逐年累積未分配之股利，並於日後發放股利時應優先予以補發之股利，即稱爲積欠股利。公司於宣告分配股利之年度，應先補發特別股之積欠股利後，始能分配普通股股利。

特別股之積欠股利並不直接認列爲公司之負債，因爲在公司尚未宣告補發之前，應付特別股股利的負債仍未存在。然而，若有任何特別股的積欠股利，對投資人而言是一項重要的資訊，應該適當予以揭露。一般係在財務報表之附註中加以揭露，其表達形式如下所示：

> 附註十六：積欠股利
> 在 2015 年 12 月 31 日，由於公司已連續兩年未分配股利，對已發行 100,000 股，每股面額 $100 之 6% 特別股，積欠共計 $1,200,000 的股利。

茲以範例 12-1 說明在不同條件下，特別股股利之計算方式。

範例 12-1

長安公司已發行且流通在外之股份有：

特別股，股利率 6%，面額 $100 ·············· $10,000,000

普通股，面額 $10 ································ $20,000,000

本年度宣告發放股利 $3,400,000，上年度並未發放股利，亦即公司積欠特別股一年的股利。

試就下列假設不同條件的特別股，分別計算普通股及特別股各可分得之股利金額：

1. 非累積且非參加；
2. 累積且非參加；
3. 非累積但完全參加；
4. 非累積但部分參加（假設可參加至 9% 的上限）；
5. 累積且完全參加；
6. 累積且部分參加（假設可參加至 9% 的上限）。

解

1. 非累積且非參加之特別股

   非累積特別股對過去年度積欠之股利，不再予以補發，任何未於當年支付之特別股股利即永久喪失。而非參加特別股，則僅能按其股利率分配基本股息。故此例中，特別股若爲非累積且非參加之特別股，則其股利只有：

   特別股每股面額 × 股數 × 股利率 = $10,000,000 × 6% = $600,000

本年度股利之分配情形則爲：

	特別股	普通股	合 計
股 利	$600,000	$2,800,000	$3,400,000

2. 累積且非參加之特別股

若爲累積特別股，則過去年度積欠之股利，應於日後發放股利時先予補發。而非參加特別股，亦僅能按其股利率分配基本股息。故特別股若爲累積且非參加之特別股，其本年度股利分配情形如下：

	特別股	普通股	合 計
(1) 積欠一年特別股股利			
$10,000,000×6%	$600,000		$600,000
(2) 本年度之特別股股利			
$10,000,000×6%	600,000		600,000
(3) 本年度之普通股股利		$2,200,000	2,200,000
合 計	$1,200,000	$2,200,000	$3,400,000

3. 非累積但完全參加之特別股

所謂參加特別股係指除享有基本股利率之外，仍可參與額外股利分配之特別股。若爲完全參加特別股，則其參與額外股利分配後之股利率，應與普通股相等。若爲部分參加特別股，則應視部分參加之約定條件而定，通常其參與額外股利分配後之股利率，雖未與普通股相等，但至少達到一個高於基本股利率的限度。

故分配參加特別股之股利時，首先應計算發放股利總額佔股本總額之比率，以決定出整體股利率。由於此處係非累積之特別股，在計算整體股利率時，發放股利總額不須扣減積欠股利；若爲累積之特別股，則須先扣減積欠股利後，再以其淨額除以股本總額來計算整體股利率。若整體股利率大於特別股之基本股利率時，則特別股與普通股共享相同之股利率；若整體股利率小於特別股之基本股利率時，特別股仍可優先分配基本股利率，剩餘之股利則爲普通股所有。因此當特別股爲非累積但完全參加之特別股時，尖端公司本年度股利分配可計算如下：

整體股利率＝（發放股利總額 ÷ 股本總額）×100%

＝ [$3,400,000÷($10,000,000 ＋ $20,000,000)]×100% ≒ 11.33333% ＞ 6%

	特別股	普通股	合　計
(1) 本年度之特別股股利			
$10,000,000×11.33333%	$1,133,333		$1,133,333
(2) 本年度之普通股股利			
$20,000,000×11.33333%		$2,266,667	2,266,667
合　計	$1,133,333	$2,266,667	$3,400,000

4. 非累積但部分參加之特別股

由於部分參加特別股參與額外股利分配後之股利率有一定上限，但仍高於基本股利率。故部分參加特別股的股利分配，將有三種情況：(1) 整體股利率超過上限時，特別股只能享受股利分配至上限的股利率；(2) 整體股利率介於上限與特別股基本股利率之間時，除非部分參加特別股另有約定條件，否則特別股應按整體股利率分配股利；及 (3) 整體股利率低於基本股利率時，則特別股仍可優先按基本股利率分配股利。當特別股之基本股利率爲 6%，而部分參加特別股可參與分配股利至上限 9% 的股利率時，部分參加的三種可能股利分配情況彙總如下：

(1) 若計算出來之整體股利率爲 11.33%，超過參加上限 9%，則分配予特別股之股利率應按上限的 9% 計算；

(2) 若整體股利率爲 7.5%，介於基本股利率 6% 與上限 9% 之間，除非部分參加特別股另有約定條件，否則分配予特別股股利應按股利率 7.5% 計算。

(3) 若整體股利率爲 5%，低於基本股利率 6%，則部分參加特別股仍可按基本股利率 6% 優先分配股利。

因此，本年度特別股與普通股之股利分配情形如下：

	特別股	普通股	合　計
(1) 本年度之特別股股利			
$10,000,000×9%	$900,000		$ 900,000
(2) 本年度之普通股股利			
（$3,400,000 － $900,000）		$2,500,000	2,500,000
合　計	$900,000	$2,500,000	$3,400,000

※整體股利率≒ 11.33% ＞ 9%

故部分參加特別股僅能分配至 9%。

5. 累積且完全參加之特別股

當特別股爲累積特別股時，由於公司必須先補發積欠股利，故須先將全部可分配股利扣減積欠股利之後，再以其餘額除以股本總額來計算整體股利率。就釋例六而言，積欠一年之特別股股利爲 \$600,000，應先予扣除，而後可分配股利餘額爲 \$2,800,000，以之除以股本總額得出整體股利率爲 9.3333%（＝\$2,800,000÷(\$10,000,000 ＋ \$20,000,000)×100%）。因爲累積且完全參加之特別股，可與普通股享有相同之股利率，故本年度股利分配情形如下：

	特別股	普通股	合 計
(1) 積欠一年特別股股利			
\$10,000,000×6%	\$ 600,000		\$ 600,000
(2) 本年度之特別股股利			
\$10,000,000×9.3333%	933,333		933,333
(3) 本年度之普通股股利			
\$20,000,000×9.3333%		\$1,866,667	1,866,667
合 計	\$1,533,333	\$1,866,667	\$3,400,000

6. 累積且部分參加之特別股

與前一種情況類似，累積且部分參加之特別股仍須先將全部可分配股利扣減積欠股利之後，再以其餘額除以股本總額來計算整體股利率。最後，按部分參加的三種可能情況之處理原則分配剩餘股利。在釋例六中，若特別股可參加至 9% 的上限股利率，則本年度股利應分配如下：

	特別股	普通股	合 計
(1) 積欠一年特別股股利			
\$10,000,000×6%	\$ 600,000		\$ 600,000
(2) 本年度之特別股股利			
\$10,000,000×9%	900,000		900,000
(3) 本年度之普通股股利			
（\$3,400,000－\$1,500,000）		\$1,900,000	19,00,000
合 計	\$1,500,000	\$1,900,000	\$3,400,000

※股利率＝[（\$3,400,000 － \$600,000）÷\$30,000,000]×100% ＝ 9.33333% ＞ 9%

故特別股按參加上限 9% 的股利率分配股利。

12-3 股票之發行

公司發行股票向股東募集資本，必須於章程內訂明向主管機關登記的資本總額，並註明核准發行之各種股票股數及票面金額。業經主管機關核准發行的股本，稱爲已核定股本（authorized capital stock），此即公司可發行股本之上限。若核定股數已全部發行，公司仍需資金時，必須向主管機關申請核准增資，方可提高核定股本。在核定股本總額內，公司已實際發行予股東之股本，稱爲已發行股本或實收資本（issued capital stock）。根據公司法第 156 條規定，公司股份總數可以分次發行，但第一次應發行之股份，不得少於股份總數的四分之一。公司可能不會立即發行所有已核定的股數，部分股數將保留至日後需增資時才發行，此已核定而尚未發行之部分，稱爲未發行股本（unissued capital stock）。

一、股票公開發行之程序

股票對外發行的程序有四個步驟，其依序分別爲：

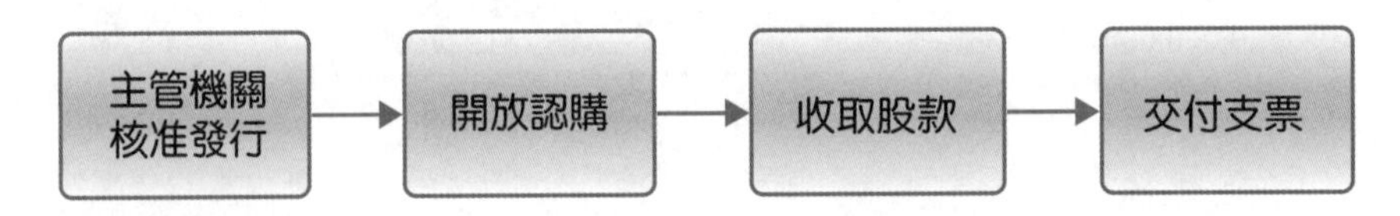

（一）主管機關核准發行：

公司發行新股時，必須載明於公司章程並經過主管機關核准設立登記之資本額，即核准發行股份。核准發行股份總數乘以每股面額即爲核定股本。當公司經主管機關核准發行新股時，僅須在股本帳戶上作備忘錄，註明核准股數及每股票面金額即可。

（二）開放認購

多數公司發行股份係採取認購方式，由認股人填寫認股書申請，公司再依認股書上之認購價格發行申購股數予認股人。認股書係一項正式契約，記載認購股數、認購價格及付款日期等資料，契約中約定於特定日期支付特定價格以購買確定數量股票。以認購方式發行股份之步驟有三：

1. 公司收到認股書等文件。
2. 收取認股人繳交之認購股款。
3. 公司收足全部認購股款時交付股票予認股人。

股票採認購發行時，通常待股份募足後才收取股款，因此相關會計處理方式如下：

應收股款　　×××
　　已認 ×× 股股本　　×××

其中應收股款爲發行已認購股票前尚待收足之股款金額，須以發行價格來入帳，應列爲權益減項；而已認 ×× 股股本則在已認購股票但尚未繳足股款時，先貸記「已認 ×× 股股本」，已面值來入帳，此爲股本的過渡性項目。如果認購價格超過面額時，則應將差額貸記資本公積—股票發行溢價項目。

除此之外，認股人認購股份後，若發生怠繳認股款或棄權之違約情況，其會計處理須視公司法令、認股契約條款及公司政策而定。我國公司法第 142 條規定，認股人延欠應繳之認股款時，公司發起人應定一個月以上之期限催告該認股人照繳，並聲明逾期不繳失其權利。經催告後，認股人不照繳者，即失其權利，所認股份另行募集；且如有損害，仍得向認股人請求賠償。

一般認股契約對認股後發生違約，通常有下列四種處理方式：(1) 退還認股人已繳股款，但可扣除公司必要處理費用與違約損失或違約金；(2) 沒收已繳股款，轉作「資本公積—認股違約」；(3) 根據違約認股人已繳股款，發行對等數量股票，其餘未繳股款之合約股數則予取消；(4) 將所認股份再公開招募，所得價款連同原認股人已繳股款，減除再公開招募之費用後，若超過原認購價格，則退還原認股人所繳股款，但最高以其已繳金額爲限。若低於原認購價格，仍得向原認股人請求補償。茲以範例 12-2 說明之。

範例 12-2

延續範例 12-1 長安公司的資料，若認股人違約，於 2015 年 1 月 15 日並未能繳交剩餘的認股款。

試根據下列處理方式分別記錄認股人違約之分錄：

1. 餘款經催收無著，最後決定退還股款；
2. 沒收已繳股款，轉作「資本公積—認股違約」；
3. 按已繳股款發行等量股票，並取消未繳股款之認股；
4. 將所認股份再公開招募，每股發行價格爲 $11，並發生募股費用 $2,000。

解

上例中，長安公司於收到 60% 之認股款後，若餘款經催收無著，最後決定退還股款，則其分錄如下：

2015 年 1 月 15 日	普通股已認股本	200,000	
	資本公積－普通股發行溢價	40,000	
	現金		144,000
	應收認股款		96,000
	（認股違約，取消並退還認股款）		

若長安公司沒收已繳股款，則其分錄如下：

2015 年 1 月 15 日	普通股已認股本	200,000	
	資本公積－普通股發行溢價	40,000	
	應收認股款		96,000
	資本公積－認股違約		144,000
	（認股違約，沒收已繳認股款）		

若長安公司按已繳股款發行股票，並取消未繳股款之認股，則其分錄如下：

2015 年 1 月 15 日	普通股已認股本	120,000	
	普通股股本		120,000
	（按已繳股款發行部分股票 12,000 股）		
1 月 15 日	普通股已認股本	80,000	
	資本公積－普通股發行溢價	16,000	
	應收認股款		96,000
	（認股違約，取消未繳股款之認股）		

若長安公司重新公開招募，共得價款 $220,000，並發生募股費用 $2,000。其有關分錄如下：

1. 認股人違約時：

2015 年 1 月 15 日	普通股已認股本	200,000	
	資本公積－普通股發行溢價	40,000	
	應收認股款		96,000
	應付違約認股人款項		144,000
	（認股違約，暫時保留已繳認股款）		

2. 發行新股並付還違約認股人餘款時：

現金	218,000	
應付違約認股人款項	22,000	
普通股股本		200,000
資本公積－普通股發行溢價		40,000
（認股違約，重新發行新股並扣除違約款）		

應付違約認股人款項	122,000	
現金		122,000
（認股違約，付還違約認股人餘款）		

該股票原按 $12 發行，重新公開發行時亦不得少於 $12。若有不足時，應由原認股人已繳股款抵充，故貸記之「資本公積－股票發行溢價」仍爲 $40,000。而原認股人應負擔再發行價格之差額 $20,000 及重新募股費用 $2,000，共計 $22,000，故應退還原購認人之股款爲 $122,000（＝ $144,000 － $22,000）。若再發行之價格爲每股 $14，共收股款 $280,000，加上原認股人已繳股款 $144,000，減除重新募股費用 $2,000，共計 $422,000，與原發行價格 $240,000 相較，超過 $182,000，因原認股人只繳股款 $144,000，故最高亦僅能退還 $144,000，其餘 $38,000 貸記「資本公積－股票發行溢價」。分錄如下：

現　　金	278,000	
普通股股本		200,000
資本公積 — 普通股發行溢價		78,000
（認股違約，重新發行新股）		
應付違約認股人款項	144,000	
現　　金		144,000
（認股違約，付還違約認股人餘款）		

（三）收取股款

當發行股份總數募足時，公司即向各股人催收股款。而相關會計處理方式，除借記所收現金之外，同時應貸記應收認股款。

現　金	×××	
應收股款		×××

（四）交付股票

若應收認股款全部繳清時，公司應自發行股票日起三十日內，對認股人憑股款繳納證明文件，並交付發行股票給認股人。此時會計處理方式應借記已認 ×× 股股本，貸記 ×× 股股本。

已認 ×× 股股本	×××	
×× 股股本		×××

上述分錄中之已認 ×× 股股本項目，係用以暫時記錄業經認購但尚未發行之股份，需待收足全部股款後，方得轉入已發行股票，並記入 ×× 股股本項目。若在認購日與發行股票日之間編製資產負債表，則應將已認股本（subscribed capital stock）視同法定股本，列為權益中投入資本之細項；同時應將應收認股款列入流動資產，因其在短期內即可變現。故長安公司於 2015 年 12 月 31 日之資產負債表中，對應收認股款餘額及普通股已認股本之表達方式，應如下表所示：

長安公司
部分資產負債表
2015 年 12 月 31 日

資　產

流動資產：	
應收認股款－普通股	$ 96,000
…	

權益

投入資本：	
普通股股本，每股面額 $10，已核准 500,000 股，發行及流通在外 350,000 股	$3,500,000
普通股已認股本（20,000 股）	200,000
資本公積－普通股發行溢價	40,000
投入資本合計	$3,740,000

二、股票發行之會計處理

（一）現金發行

企業發行股份以取得現金，視股票有無面額、普通股或特別股、或發行價格是否等於面額（或設定價值），其會計處理方式略有不同。以下即按股票有、無面額之區分，舉例說明現金發行股份之會計處理。

1. 發行有面額股票

如係發行有面額之股票時，實際發行價格可能出現三種情況：(1) 等於面額、(2) 高於面額、或 (3) 低於面額。若發行價格等於面額，稱爲平價發行股票；若發行價格高於面額，稱爲溢價發行股票；而若發行價格低於面額，則稱爲折價發行股票。

無論發行價格是否等於面額，會計處理上除借記所收受之現金外，均應按發行股票之面額貸記普通股或特別股股本項目。實際發行價格如高於面額，其差額應記入資本公積－股票發行溢價項目。股票發行溢價並非公司之盈餘，亦非公司之法定資本，但仍爲股東投入資本（paid-in capital）的一部分，應列入資產負債表中權益內，使其與股本相加，以表達公司股東實際投入的總資本。茲以範例 12-3 說明之。

範例 12-3

長安公司於 2015 年 1 月 1 日以每股 $10 現金價格，發行 100,000 股普通股股票。假設長安公司普通股已核定股數為 200,000 股，每股面額 $10；另有每股面額 $100，股利率為 8% 之特別股，已核定股數則為 10,000 股。2015 年 3 月 1 日又以每股 $12 現金，溢價發行 100,000 股普通股，同日亦以每股 $110 現金，溢價發行 10,000 股特別股。

1. 記錄長安公司 2015 年 1 月 1 日發行普通股股票之分錄；
2. 記錄長安公司 2015 年 3 月 1 日發行普通股股票之分錄；
3. 記錄長安公司 2015 年 3 月 1 日發行特別股股票之分錄；
4. 編製長安公司 2015 年 3 月 1 日發行股票後，資產負債表中權益部分之投入資本（paid-in capital）的內容。

因長安公司 2015 年 1 月 1 日係按面額發行股票，故其分錄如下：

2015 年 1 月 1 日	現　　金	1,000,000	
	普通股股本		1,000,000
	（以每股 $10 現金發行 100,000 股普通股）		

上述交易如係發行特別股，則應貸記「特別股股本」項目。長安公司 2015 年 3 月 1 日以每股 $12 現金，溢價發行 100,000 股普通股，並以每股 $110 現金，溢價發行 10,000 股特別股。因為兩者之發行價格均高於面額，其差額皆應記入「資本公積－股票發行溢價」項目，故應記錄如下分錄：

2015 年 3 月 1 日	現　　金	1,200,000	
	普通股股本		1,000,000
	資本公積 — 普通股發行溢價		200,000
	（以每股 $12 溢價發行 100,000 股普通股）		
3 月 1 日	現　　金	1,100,000	
	特別股股本		1,000,000
	資本公積 — 特別股發行溢價		100,000
	（以每股 $110 溢價發行 10,000 股特別股）		

長安公司 2015 年 3 月 1 日發行股票後，資產負債表中權益部分之投入資本應顯示如下內容：

長安公司
部分資產負債表
2015 年 3 月 1 日

權益：	
投入資本	
特別股股本，8%，面額 $100；已核准 10,000 股，已發行及流通在外 10,000 股	$1,000,000
普通股股本，面額 $10；已核准 200,000 股，已發行及流通在外 200,000 股	2,000,000
資本公積	
特別股發行溢價	100,000
普通股發行溢價	200,000
投入資本合計	$3,300,000

實際發行價格如低於面額，其差額則應借記「資本公積－股票發行折價」項目，股票發行折價因有借方餘額，故應爲資本公積或權益資之抵銷項目。我國公司法第 140 條規定：「股票之發行價格，不得低於票面金額。但公開發行股票之公司，證券管理機關另有規定者，不在此限。」故公司除非符合證券主管機關規定，原則上不得折價發行股票。由於我國實務上少有公司以折價方式發行股票，此處不再舉例說明。

2. 發行無面額股票

(1) 發行無設定價值之股份

無面額股份發行時，若董事會或股東會未設定其基準價值，則應依發行所收全部現金或其他資產之公平市價，貸記普通股或特別股股本項目，且應將全部金額視爲法定資本。假設長安公司於 2015 年 1 月 1 日發行無面額亦無設定價值之股票 20,000 股，收到現金 $250,000，則其分錄如下：

		借	貸
2015 年 1 月 1 日	現　　金	250,000	
	普通股股本		250,000
	（以每股 $12.50 現金發行 20,000 股普通股）		

(2) 發行有設定價值之股份

當公司發行有設定價值之無面額股票時，該股票是按其設定價值，貸記普通股或特別股股本項目。所收到之價款高於每股設定價值之部分，應貸記於資本公積－股票發行溢價帳戶內。如同有面額股票，發行有設定價值之無面額股票所產生的股票發行溢價，並非公司之盈餘，亦非公司之法定資本，但仍爲公司股東投入資本的一部分，應列入資產負債表中權益內。茲以範例 12-4 說明之。

範例 12-4

長安公司已核准發行 50,000 股無面額普通股股票，該公司董事會並指定每股 $10 爲其設定價值。2015 年 1 月 1 日長安公司以每股 $10 現金價格，發行 20,000 股無面額普通股。2015 年 3 月 1 日又以每股 $15 現金，溢價發行 10,000 股無面額普通股。

1. 記錄長安公司 2015 年 1 月 1 日發行無面額普通股股票之分錄；
2. 記錄長安公司 2015 年 1 月 1 日發行無面額普通股股票之分錄；
3. 編製長安公司2015年1月1日發行股票後，資產負債表中權益部分之投入資本的內容。

長安公司 2015 年 1 月 1 日以每股 $10 現金價格，發行有設定價值之無面額股票 20,000 股，因發行價格正好等於其設定價值，故其分錄如下：

2015 年 1 月 1 日	現　金	200,000	
	普通股股本		200,000
	（以每股 $10 現金發行 20,000 股有設定價值之無面額普通股）		

2015 年 3 月 1 日長安公司再以每股 $15 現金，發行 10,000 股無面額之普通股，因爲其發行價格高於設定價值，差額應記入「資本公積－股票發行溢價」項目，會計分錄如下：

2015 年 3 月 1 日	現　金	150,000	
	普通股股本		100,000
	資本公積－普通股發行溢價		50,000
	（以每股 $15 現金發行 10,000 股有設定價值之無面額普通股）		

長安公司於 2015 年 3 月 1 日發行有設定價值之無面額普通股後，普通股股本餘額 $300,000 爲法定資本，而「資本公積－股票發行溢價」爲 $50,000，應列作投入資本之一項。故其資產負債表中權益部分之投入資本內容應該如下：

長安公司
部分資產負債表
2015 年 3 月 1 日

權益：	
投入資本	
普通股股本，無面額，每股設定價值 $10；已核准 50,000 股，發行及流通在外 30,000 股	$300,000
資本公積－普通股發行溢價	50,000
投入資本合計	$350,000

（二）發行股票取得服務或非現金資產

公司可能於設立時，因暫時欠缺現金，而以股票支應律師或顧問所提供服務之酬勞。公司通常以現金發行股票，而後再以此資金購買所需各項資產。但有時爲了交易的便利性，公司亦可能直接發行股票交換土地、房屋或設備等企業所需資產。無論公司發行股票，係用以取得服務或非現金資產，此類非現金交易仍應遵循成本原則，根據所取得服務或非現金資產之約當現金價格，或所發行股票之公平市價，做爲取得服務或非現金資產之成本入帳。換言之，當公司發行股份以交換勞務或非現金資產時，應以該勞務或資產的現時市價或股票的公平市價，兩者中較客觀明確者來記錄此項交易。

例如長安公司於 2015 年 1 月初，請台北律師事務所協助辦理公司設立登記，律師服務費爲 $18,000。1 月 15 日，台北律師事務所同意接受長安公司以發行 1,500 股每股面額 $10 的普通股，抵付其服務費。此項非現金交易，長安公司股票並無明確市價，只有 $18,000 的律師服務費較爲客觀明確，故長安公司應以 $18,000 記錄此項交易如下：

日期	會計項目	借方	貸方
2015 年 1 月 15 日	開辦費	18,000	
	普通股股本		15,000
	資本公積－普通股發行溢價		3,000
	（發行股份換取律師辦理公司設立登記服務）		

當企業藉由發行股票取得財產、廠房及設備資產，例如發行普通股取得土地，則此項資產之成本不能按股份之面額或設定價值計算，應以所發行股票之市價，決定取得資產之成本。如股票在市場交易活絡，則此股票市價爲購入資產之現金約當價格的良好衡量指標。若股票市價無法決定，則應設法取得購入資產之公平市價爲資產成本。若兩者均有公平市價，則以較客觀者爲基準。若兩者均無市價，則可採用資產之鑑定價值，爲入帳之依據。如果完全無法取得市價或鑑定價值，方能以股票或資產之帳面價值入帳。

簡言之，發行股票以取得財產、廠房及設備資產，其成本之認列基礎，應依 (1) 公平市價、(2) 鑑定價值、或 (3) 帳面價值三者之優先順序，依序選用最客觀者。茲以範例 12-5 說明之。

範例 12-5

長安公司於 2015 年 7 月 8 日發行 10,000 股的普通股，向乙公司取得一筆土地，作爲公司擴廠之用。普通股每股面額爲 $10，但市價爲每股 $15。在乙公司帳上，土地的帳面價值爲 $100,000。

試記錄長安公司 2015 年 7 月 8 日發行股票取得土地之分錄。

解

此例由於僅長安公司的普通股股票有市價可供參考，乙公司的土地則無，故應按股票市價 $150,000（＝ $15×10,000 股），爲認列土地成本之基礎，其分錄如下：

日期	科目	借	貸
2015 年 7 月 8 日	土　地	150,000	
	普通股股本		100,000
	資本公積－普通股發行溢價		50,000
	（發行 10,000 股普通股換取土地）		

12-4 權益之表達與每股帳面價值

一、權益項目在資產負債表之表達

表 12-3 列示本章已提及之權益項目，在資產負債表上較完整之表達方式。權益內容係按公司資本（corporate capital）之來源逐一列示，亦即包括投入資本與保留盈餘兩部分。在投入資本部分，又可分爲法定股本及資本公積兩部分。在股本部分，應先列示特別股股本，其次爲普通股股本，並應清楚描述各種股票的特性，如股利率（特別股）、每股面額、已核准股數、已發行股數及流通在外股數等。普通股已認股本（subscribed capital stock）項目應緊接著列在普通股股本下面，因爲它將在股東繳足認股款後即轉列普通股股本。資本公積部分，則列示來自股票發行溢價、庫藏股交易、認股違約或捐贈資本等額外的投入資本。至於保留盈餘部分，則可再分爲未受限保留盈餘（unrestricted retained earnings）及受限保留盈餘。爲求簡化說明，本章僅列示「保留盈餘」一項，其詳細內容將於下一章介紹。

若有權益之抵銷項目，如庫藏股票，則應列在投入資本與保留盈餘合計數之下，做爲其減項。例如表 12-3 中長安公司有 10,000 股庫藏股，成本爲 $120,000，應列爲投入資本與保留盈餘合計數 $4,390,000 之減項，故得權益總額爲 $4,270,000。

表 12-3　權益項目在資產負債表之表達

長安公司
部分資產負債表
2015 年 12 月 31 日

權益：		
投入資本		
股　本		
特別股，6%，面額 $100，累積且可以 $115 價格贖回；已核准 10,000 股，已發行及流通在外 10,000 股		$1,000,000
普通股，面額 $10；已核准 300,000 股，已發行 200,000 股，流通在外 190,000 股		2,000,000
普通股已認股本（50,000 股）		500,000
股本小計		$3,500,000
資本公積		
特別股發行溢價	$100,000	
普通股發行溢價	360,000	
庫藏股交易	6,000	
認股違約	24,000	
資本公積小計		490,000
投入資本合計		$3,990,000
保留盈餘		400,000
投入資本與保留盈餘合計		$4,390,000
減：庫藏股票（10,000 股）		(120,000)
權益總額		$4,270,000

二、每股帳面價值之計算

每股帳面價值係代表普通股股東擁有每一股份對公司淨資產所具有的權利，而公司淨資產則爲資產總額減去負債總額之數。當公司只發行普通股時，屬於普通股股東之淨資產即爲權益總額，故每股帳面價值又稱爲每股權益。此時，普通股每股帳面價值之計算，係以權益總額除以流通在外及已認購但尚未發行之普通股股數總和。但如公司同時發行特別股及普通股流通在外，則計算普通股每股帳面價值時較爲複雜。其步驟有三：

1. 計算屬於特別股股東之權益，即特別股贖回或清算價值及所有積欠股利之合計數；
2. 計算屬於普通股股東之權益，即由公司權益總額減去屬於特別股股東之權益；
3. 最後，將屬於普通股股東之權益（即剩餘的權益）除以普通股流通在外及已認購但尚未發行之股數總和，即得普通股之每股帳面價值。

以上述長安公司爲例，且假設由於公司現金短缺，已有兩年未分配任何股利給股東。故普通股之每股帳面價值可計算如下：

1. 計算屬於特別股股東之權益：特別股應有之權益爲贖回價格 $1,150,000 及積欠股利 $120,000（兩年之累積股利），共計 $1,270,000。
2. 計算屬於普通股股東之權益：即以權益總額減去特別股應有之權益後之剩餘權益，亦即 $4,270,000 減去 $1,270,000 之餘額，故普通股股東之權益爲 $3,000,000。
3. 決定普通股之每股帳面價值：將屬於普通股股東之權益 $3,000,000 除以普通股流通在外及已認購但尚未發行之股數總和 240,000 股，得出普通股之每股帳面價值爲 $12.50。

因此，普通股每股帳面價值計算如下：

1.	特別股權益之計算：	
	特別股贖回價值（$115×10,000 股）	$1,150,000
	積欠股利（$100×6%×10,000 股 ×2 年）	120,000
	特別股股東之權益	$1,270,000
2.	普通股權益之計算：	
	權益總額	$4,270,000
	減：特別股股東之權益	1,270,000
	普通股股東之權益	$3,000,000
3.	普通股每股帳面價值之決定：	
	流通在外及已認購之普通股股數（190,000 ＋ 50,000）	240,000 股
	普通股之每股帳面價值（$3,000,000÷240,000）	$12.50

值得注意的是，每股權益之計算並不須考慮其發行價格或原始投入資本，僅須考慮贖回（或清算）時，各類股票應有之權益。故特別股之權益只包括其可贖回（或清算）價值及積欠之股利，因此計算特別股之每股權益時，只須考慮其每股贖回（或清算）價格及每股之積欠股利即可。

普通股之每股帳面價值，並不等同於公司解散或清算時，普通股股票持有人所能收回之金額。因爲公司解散或清算時，不必然會按資產之帳面價值出售資產。若資產之實際出售價格高於或低於其帳面價值，權益亦將隨之調整。再者，每股帳面價值與股票之每股市價，亦無直接關係，每股帳面價值通常只是股票市價的一項參考指標。一般影響股票市價之因素，包括公司之獲利能力、股利分配率、公司未來展望、市場投機因素、或總體經濟環境景氣等，因此實際市價可能高於或低於每股帳面價值。

一、選擇題

( ) 1. 企業組織依所有權可分爲獨資、合夥及公司三種型態，下列相關敘述何者有誤？ (A) 獨資企業與業主是同一法律個體 (B) 在法律上，合夥企業的合夥人一旦變動，即視爲解散 (C) 在會計上，獨資企業是一會計個體 (D) 有限公司必須有兩個以上股東才可成立。

( ) 2. 下列何者不是成立公司組織的主要優點？ (A) 獨立法人個體 (B) 具無限壽命可永續經營 (C) 須受政府法令規範 (D) 所有權容易移轉。

( ) 3. 下列何種企業組織可能將所有權與經營權分離？ (A) 公司 (B) 獨資 (C) 合夥 (D) 以上皆非。

( ) 4. 下列有關公司發行特別股股票的敘述，何者有誤？ (A) 特別股係指享有某些普通股所未有之特殊或優先權利的股票 (B) 特別股又稱優先股 (C) 特別股享有股利的優先權及優先於債權人受清償的權利 (D) 發行特別股可避免稀釋當權派對公司之控制權。

( ) 5. 下列敘述，何者不是一家大型上市公司已發行且流通在外普通股的特性？ (A) 股票可由某一投資人移轉給另一投資人，同時不會使企業營運中斷。 (B) 若公司當年未發放股利則可累積至未來發放時一併領取。 (C) 享有投票選舉公司董監事的權利 (D) 在發行後，股票之市價與其面額無關。

( ) 6. 北投公司以每股 $15 發行面額 $10 的普通股 30,000 股，則在公司帳上之交易記錄應貸記： (A) 普通股股本 $300,000 及資本公積—普通股股票發行折價 $150,000 (B) 普通股股本 $300,000 及保留盈餘 $150,000 (C) 普通股股本 $300,000 及資本公積—普通股股票發行溢價 $150,000 (D) 普通股股本 $450,000。

( ) 7. 景美公司於 2015 年 6 月 1 日同時發行每股面額 $10 的普通股 100,000 股，及每股面額 $100 的特別股 6,000 股，共獲得 $2,600,000 現金。若兩種股票當時均無市價，亦無法鑑定其價値，但半年前，景美公司的普通股發行價格爲 $14。試問在 2015 年 6 月 1 日兩種股票發行後，公司帳上的「資本公積—特別股股票發行溢價」餘額應爲多少？ (A)$600,000 (B)$1,000,000 (C)$800,000 (D)$1,200,000。

(　　) 8. 木柵公司在 2015 年初請律師協助訂定公司章程，隨後發行每股面額 $10 的普通股 400 股予該律師。若木柵公司普通股每股市價為 $15，則在記錄此一交易時，公司應借記： (A) 資本公積－捐贈資本 $4,000 (B) 庫藏股票 $6,000 (C) 開辦費 $6,000 (D) 普通股股本 $4,000。

(　　) 9. 新店公司在 2015 年初以每股面額 $20 的特別股 6,000 股及 $20,000 的現金，換得另一家公司的機器設備一部，該機器的原始成本為 $250,000，已提列折舊 $85,000，公平市價為 $150,000。若新店公司的股票並無市價，則此項交易會使新店公司帳上的資本公積增加多少？ (A)$0 (B)$10,000 (C)$25,000 (D)$30,000。

(　　) 10. 紅樹林公司以每股面額 $10 的普通股 1,000 股，交換一項著作權。交換時股票之市價為每股 $55，該著作權的帳面價值為 $25,000，則該公司在交換著作權時，應以何成本入帳？ (A)$10,000 (B)$25,000 (C)$30,000 (D)$55,000。

(　　) 11. 每股帳面價值是指： (A) 每股普通股對公司資產的請求權 (B) 每股普通股對公司盈餘的請求權 (C) 當公司進行清算時，每股普通股可收回的金額 (D) 每股流通在外普通股的面額或設定價值。

(　　) 12. 在 2015 年 12 月 31 日，士林公司帳上所有權益項目之餘額分別為：普通股股本 $100,000（每股面額 $10），資本公積－股票發行溢價 $250,000 及保留盈餘 $150,000。若該公司僅發行一種股票，則此時其每股帳面價值為何？ (A)$10 (B)$25 (C)$35 (D)$50。

二、計算題

1. 【非現金發行普通股股票交易的分錄】您正擔任會計師事務所的查帳員，在您查核不同的公司時，遭遇下列情況：

① 桃園公司於 12 月 6 日發行每股面額 $10 的普通股股票 10,000 股，用以取得一塊售價 $240,000 的土地，該土地當時的公平市價為 $220,000。

② 新竹公司於 6 月 2 日發行每股面額 $10 的普通股股票 40,000 股，用以取得一塊土地。交易時土地售價為 $500,000，股票市價為每股 $22。

試為上述各桃園公司與新竹公司的兩項交易，作出適切的分錄。

2.【股票交易分錄】花蓮公司最近雇用了一位缺乏經驗的會計人員。第一個月，他針對公司 3 月份的股本交易，作了下列分錄：

3 月 10 日　以每股 $18 發行面額 $10 的普通股股票 10,000 股。

3 月 12 日　以每股 $110 發行面額 $100 的特別股股票 10,000 股。

3 月 17 日　以每股 $21 買回普通股股票 1,000 股。

3 月 28 日　以每股 $24 出售庫藏股票 500 股。

日期	科目	借	貸
3 月 10 日	現　金	180,000	
	股　本		180,000
12 日	現　金	1,100,000	
	股　本		1,100,000
17 日	股　本	21,000	
	現　金		21,000
28 日	現　金	12,000	
	股　本		5,000
	出售股票利益		7,000

爲上述股票交易作出正確的分錄。

3. 【股票交易之分錄、過帳及編製資產負債表投入資本部分】新店公司在2015年1月1日成立，經核准發行，每股面額$100的7%特別股股票40,000股，以及無面額普通股股票1,000,000股，公司董事會指定其每股設定價值爲$4。在2015年間，公司發生下列與股票交易有關的事項：

   1月12日　以每股$6現金發行普通股股票200,000股。

   2月10日　以每股$110現金發行特別股股票20,000股。

   3月17日　以普通股股票40,000股交換一塊土地。該土地售價$180,000，公平市價爲$170,000。

   4月19日　以每股$8現金發行普通股股票150,000股。

   5月11日　公司設立登記的律師費及規費$100,000由發行普通股股票20,000股償付。

   9月22日　以每股$12現金發行普通股股票10,000股。

   10月6日　以每股$116現金發行特別股股票4,000股。

   試作：

   (1) 列記上述各項交易之分錄。

   (2) 將上述交易分錄過帳至分類帳。

   (3) 編製2015年12月31日資產負債表上權益的投入資本部分。

4. 【股票交易分錄及編製資產負債表權益部分】鳳山公司於2015年1月1日設立，核准發行20,000股，股利率8%的非累積特別股，每股面額$100，以及1,000,000股無面額普通股股票，普通股由董事會通過指定設定價值爲每股$2.5。發行普通股股票均取得現金，特別股股票是爲取得公平市價$148,000的土地。10月1日以每股$11購回750股普通股股票。12月1日以每股$14售出庫藏股票250股。2015年未宣告發放股利。2015年12月31日與權益有關帳戶餘額如下：

特別股股本	$ 120,000
資本公積—特別股股票發行溢價	28,000
普通股股本	1,000,000
資本公積—普通股股票發行溢價	2,850,000
庫藏股票—普通股	5,500
資本公積—庫藏股票交易	750
保留盈餘	280,000

試作：

(1) 列記上述交易應有之分錄

(2) 編製 2015 年 12 月 31 日資產負債表之權益部分。

5.【編製資產負債表權益部分】雲林公司2015年12月31日過帳後，各權益帳戶餘額如下：

普通股股本，每股面額 $10	5,000,000
庫藏股票—普通股股票，2,000 股	60,000
資本公積—庫藏股票交易	
資本公積—特別股股票發行溢價	358,000
資本公積—普通股股票發行溢價	3,200,000
7% 特別股股本，非累積，每股面額 $100	600,000
保留盈餘	896,000

試編製 2015 年 12 月 31 日資產負債表權益部分。

6.【公司發行股份之分錄與權益之表達】苗栗公司於 2015 年 1 月 1 日成立，已核准發行股份如下：

普通股股票，每股面額 $10，2,000,000 股。

特別股股票，股利率 8%，非累積，面額 $100，500,000 股。

2015 年間發生下列影響權益的交易事項：

1 月 2 日	收到申請書認購特別股股票 75,000 股，每股價格 $155，並繳交 50% 的股款；餘額 3 月 1 日繳交。
1 月 17 日	收到申請書認購普通股 375,000 股，每股價格 $36，2 月 27 日繳款。
2 月 3 日	發行普通股 1,200 股，以支付律師及會計師公費，$30,000。
2 月 27 日	收到認購普通股之全部股款，並發行股票。
3 月 1 日	收到認購特別股之股款餘額，並發行股票。
5 月 22 日	發行普通股股票 7,500 股，得款 $390,000。
6 月 1 日	發行普通股 4,500 股及特別股 8,000 股，以取得資產一批。資產市價分別如下：土地 $350,000；房屋 $400,000；運輸設備 $135,000；存貨 $125,000。
12 月 31 日	淨利為 $120,000，今年度未宣告任何股利。

試作：

(1) 列記上述各項交易之分錄。

(2) 編製苗栗公司 2015 年 12 月 31 日資產負債表之權益部分。

7. 【每股帳面價值之計算】北投公司發行流通在外的股票有兩種股票，包括 8% 特別股股票 5,000 股，每股面額 $100，和普通股股票 20,000 股，每股面額 $10。特別股股票發行時，規定以每股面額再加 $8 贖回。該公司 95 年底權益總額爲 $1,578,000，特別股股票爲非參加之累積特別股，且至 2015 年 1 月 1 日該股票有二年積欠股利。

試計算 2015 年 12 月 31 日北投公司普通股的每股帳面價值。

8. 【權益之相關分錄、表達與每股帳面價值之計算】台南科技公司在 2015 年 1 月 1 日，所有權益帳戶及其餘額如下：

特別股股本（12%，面額 $100，累積，已核准 10,000 股）	$ 800,000
普通股股本（每股面額 $10，已核准 400,000 股）	2,000,000
資本公積—股票發行溢價：	
特別股	160,000
普通股	2,800,000
保留盈餘	3,632,000
庫藏股票—普通股（2,000 股）	80,000

在 2015 年間，該公司發生下列與權益有關的交易事項：

2 月 15 日	發行普通股 4,000 股，取得 $200,000 現金。
4 月 18 日	以現金價 $56,000 賣出 1,200 股普通股庫藏股票。
8 月 31 日	發行普通股 1,000 股，換取市價爲 $50,000 的一項專利權。
12 月 5 日	以現金 $12,000 由市場買回 200 股普通股庫藏股票。
12 月 31 日	公司決算，95 年度之淨利爲 $754,000。

假設特別股每股之贖回價格爲 $125，且在 2015 年 1 月 1 日之前台南科技公司並未積欠任何特別股股利。

(1) 列記上述各項交易之會計分錄。

(2) 編製台南科技公司 2015 年 12 月 31 日資產負債表之權益部分。

(3) 計算台南科技公司於 2015 年 12 月 31 日普通股的每股帳面價值 (小數位第二位以下四捨五入)。

9. 【權益之表達與每股帳面價值之計算】林口公司 2015 年 12 月 31 日之權益包括下列項目：

8% 累積特別股，面額 $100，流通在外股數 1,000 股，每股贖回價格 $110	$100,000
普通股，每股面額 $10，已核定 100,000 股，發行並流通在外 50,000 股	500,000
資本公積—特別股股票發行溢價	5,000
資本公積—普通股股票發行溢價	250,000
保留盈餘	155,000

由於林口公司現金狀況不佳，已有兩年未分配任何股利給股東。

(1) 編製林口公司 2015 年 12 月 31 日資產負債表之權益部分。

(2) 計算林口公司 2015 年 12 月 31 日之普通股每股帳面價值。

10. 【權益相關問題】

楠梓公司
部分資產負債表
2015 年 12 月 31 日

權益：	
投入資本	
特別股股本，累積非參加，已核准 20,000 股，已發行及流通在外 12,000 股	$1,200,000
普通股股本，已核准 1,000,000 股，已發行 700,000 股	7,000,000
投入資本合計	$8,200,000
保留盈餘	2,787,000
權益合計	$10,987,000
減：庫藏股票（普通股 24,000 股）	(312,000)
權益總額	$10,675,000

試回答下列問題

(1) 特別股股票每股面額爲何？

(2) 普通股股票流通在外股數爲何？

(3) 普通股股票每股面額爲何？

(4) 特別股股票每年股利爲 $78,000，股利率爲多少？

(5) 若積欠特別股股票一年股利，2015 年 12 月 31 日保留盈餘爲多少？

11. 【公司權益綜合問題】八里公司於 2015 年底結帳日，資產負債表中的權益部分包括下列內容：

6% 特別股，面額 $100，可以 $102 贖回；已核准 50,000 股		$ 3,000,000
普通股，面額 $10；已核准 2,500,000 股：		
已發行	$5,000,000	
已認購	2,000,000	7,000,000
資本公積—股票發行溢價：		
特別股	$ 90,000	
普通股 (含已認股份)	7,700,000	7,790,000
保留盈餘		670,000
權益總額		$18,460,000

該公司的期末資產中尚包括 $3,600,000 的應收認股款。

試根據上述資訊，回答以下問題並列示必要的計算式：

(1) 在 2015 年底八里公司已發行之特別股股數爲多少？

(2) 對八里公司已流通在外之特別股，每年須發給多少股利？

(3) 在 2015 年底該公司已發行及已認購之普通股股數爲多少？

(4) 若包括已認購部分，該公司之普通股的平均每股實際發行價格爲多少？

(5) 在已認購普通股部分，認股人在該年底前尚未繳足股款的平均每股金額爲多少？

(6) 若包含已認股本，該公司在 2015 年底之法定資本總額爲多少？

(7) 若包含已認股本，該公司在 2015 年底之投入資本總額爲多少？

(8) 假設沒有特別股之積欠股利，該公司 2015 年底普通股之每股帳面價值爲多少？

12. 【公司發行股份之分錄與權益之表達】南投公司於 2015 年 7 月 2 日成立，已核准發行股份如下：

普通股，每股面額 $10，1,000,000 股。

特別股，股利率 10%，非累積，面額 $100，100,000 股。

公司成立後，前三個月發生下列影響權益的交易事項：

7/15	收到特別股 20,000 股之認購申請書，每股價格 $105，並繳交 40% 的頭期款；餘額 9 月 15 日繳交。
7/21	收到普通股 250,000 股之認購申請書，每股價格 $12，9 月 1 日繳款。
8/1	發行普通股 1,000 股，以支付與公司設立有關之律師及會計師公費，並按 $15,000 作價。
9/1	收到認購普通股之全部股款。
9/15	收到認購特別股之股款餘額。
9/20	現金發行特別股 2,000 股，得款 $212,000。
9/25	發行普通股 30,000 股，以換取一批資產。董事會對這批資產所確定的公平市價如下： 土　　地　$150,000 房　　屋　190,000 運輸設備　20,000 存　　貨　15,000
9/30	至 9 月 30 日公司所獲淨利為 $118,000，未宣佈分派股利。

試作：

(1) 假設 9 月 30 日為南投公司的會計年度終了日，列記上述各項交易之分錄。

(2) 編製南投公司 95 年 9 月 30 日資產負債表之權益部分。

(3) 假設 9 月 15 日若認購特別股之認股人違約，並未於當日繳交剩餘的認股款。試根據下列處理方式，分別記錄認股人違約之分錄：

① 餘款經催收無著，最後決定退還股款；

② 沒收已繳股款，轉作「資本公積—認股違約」；

③ 按已繳股款發行等量股票，並取消未繳股款之認股。

13. 【特別股與普通股股利之分配】西螺公司在 2015 年底，有面額 $100 之 8% 特別股股票 5,000 股，及面額 $10 之普通股股票 200,000 股已發行且流通在外。最近兩年度西螺公司宣告發放之現金股利分別爲 $25,000，及 $300,000。
   假設西螺公司在 2013 年底之前並無積欠特別股股利，試就下列各種條件，分別計算特別股與普通股在 2014 及 2015 兩年度各自可分得之現金股利。
   (1) 特別股爲非累積且非參加特別股。
   (2) 特別股爲累積且非參加之特別股。
   (3) 特別股爲非累積但完全參加之特別股。
   (4) 特別股爲非累積但部分參加至 10% 上限股利率之特別股。
   (5) 特別股爲累積且完全參加之特別股。
   (6) 特別股爲累積且部分參加之至 10% 上限股利率之特別股。

三、問答題

1. 會計上對獨資、合夥或公司企業所有權之處理方式有不同？
2. 公司組織具有那些不同於獨資或合夥企業的特性？
3. 企業設立公司組織通常具有那些優點和缺點？
4. 公司權益的內容包括那些組成項目？
5. 何謂「資本公積」？
6. 普通股與特別股股票兩者有何不同？
7. 當公司發行有面額之股票時，可能出現那三種情況？會計上又該如何記錄有面額股票之發行？
8. 若發行股票之價格超過面額，溢價部分對發行公司之淨利有何影響？
9. 股票如以認購方式發行，認股人在認購股份後，若發生怠繳認股款或棄權之違約情況，會計上應作何處理？
10. 企業發行股票取得非現金之資產時，會計上應根據何種基礎入帳？
11. 公司可能基於那些因素自市場收回其已發行股票 (庫藏股票) ？
12. 普通股每股帳面價值的意義爲何？公司該如何計算其普通股之每股帳面價值？

筆記頁

CHAPTER 13

公司會計（二）

學習目標

研讀本章後，可了解：

一、保留盈餘的相關問題

二、股利之會計處理

三、每股盈餘之計算

四、庫藏股票交易之會計處理

五、權益變動表之編製

本章架構

公司會計(二)

保留盈餘	每股盈餘之計算	股利之會計處理	特別股之分類及其股利之計算	權益變動表
● 保留盈餘之意義	● 決定普通股股東所能分享之盈餘 ● 計算流通在外普通股加權平均股數 ● 計算每股盈餘	● 股利分配之相關日期 ● 股利之種類及會計處理 ● 股票分割	● 特別股之分類 ● 特別股股利之計算	● 權益變動表釋例

前言

公司所報導的盈餘及股利資訊，是財務報告中非常重要的層面，也是大多數股東關注的焦點。因爲股東提供資金投資於公司，當然需要瞭解公司經營是否獲利，以及是否分配適當股利回饋予股東。本章承續前章內容，將介紹公司對相關盈餘及股利資訊的會計處理議題，包括保留盈餘相關問題、股利分配之會計處理、每股盈餘之計算、庫藏股票交易之會計處理、以及權益變動表之編製等。本章共分五節，13-1 介紹保留盈餘的相關問題，13-2 探討各種股利分配之會計處理，13-3 說明每股盈餘之計算，13-4 討論庫藏股票交易之會計處理，13-5 例釋權益變動表之編製。

13-1 保留盈餘

一、保留盈餘意義與變動的原因

（一）保留盈餘意義

企業於會計期間結束後，應該對當年度的營業情況進行瞭解。因此會計人員必須編製當期損益表，計算此一會計期間所產生的收益，減除該期間所耗用之費損項目，並加以認列本期損益情形。若此金額爲正數，代表該期間公司營業獲得淨利，或稱爲純益或盈餘；反之，若爲負數，則表示有淨損，或稱爲純損或虧損。

企業當年度有獲利情況發生時，理應分配給股東，來作爲股東投資該企業所應獲得之報酬，但企業通常不會將當年度全部的盈餘全部分配給股東，來當作投資股利分配，而這些未分配給股東的部分即構成保留盈餘（retained earnings）。

因此所謂的保留盈餘指公司歷年累積之損益，未以現金或其他資產方式分配給股東、轉爲資本或資本公積，而仍保留於公司者。其組成項目如下：

1. 法定盈餘公積（已提撥）（圖表）保留盈餘組成項目：
2. 特別盈餘公積（已提撥）
3. 未分配盈餘（未提撥）

（二）保留盈餘變動原因

虛帳戶在結帳時，通常會以本期損益會計項目來表示，將貸方餘額的收入帳戶做借記，並貸記本期損益項目；或是借方餘額的費損帳戶做貸記，並借記本期損益項目。由於本期損益爲暫時性的項目，因此會計人員在結帳工作結束前，必須將本期損益項目加以結清，並轉入保留盈餘項目。也就是公司將淨利留存，而未分配予股東的部分。下表彙總列示這些影響保留盈餘增減之項目：

借（減少）	保留盈餘　　　貸（增加）
1. 本期淨損 2. 追溯調整及追溯重編之影響數（借餘） 3. 股利發放 4. 庫藏股交易損失 5. 盈餘公積的提列	1. 本期淨利 2. 追溯調整及追溯重編之影響數（貸餘） 3. 以資本公積或股本彌補虧損

1. 本期損益

過去常常認為公司保留盈餘項目之餘額代表公司保留相對的資金。但事實上，保留盈餘並非現金，亦非任何特定的資產，它僅顯示一項公司過去經營盈虧所累積的權益。保留盈餘若有貸方餘額，表示公司有部分資產係過去經營獲利所累積而來，亦即保留盈餘係一權益項目，它只表達公司資產的部分來源。因此，在正常情況下，本期淨利或淨損是保留盈餘的主要來源。當公司經營結果產生淨利時，則保留盈餘將會增加，故期末結算後應借記本期損益，貸記保留盈餘。反之，若公司經營結果發生虧損，則將使保留盈餘減少，故期末結算後應借記保留盈餘，貸記本期損益。其分錄記載方式如下：

(1) 本期淨利轉入時：

	借	貸
本期損益	×××	
保留盈餘		×××

(2) 本期淨損轉入時：

	借	貸
保留盈餘	×××	
本期損益		×××

例如長安股份有限公司若於 2015 年度產生淨利為 $125,000，但於 2016 年度發生淨損 $36,000，則兩年度將「本期淨利」於期末決算後，結轉至保留盈餘，其分錄為：

日期	科目	借	貸
12 月 31 日	本期損益	125,000	
	保留盈餘		125,000
	（將本期損益餘額結轉保留盈餘）		
12 月 31 日	保留盈餘	36,000	
	本期損益		36,000
	（將本期損益餘額結轉保留盈餘）		

然而各期的經營結果又該如何表達在權益變動表上呢？由表 13-1 的權益變動表顯示，每期的淨利應列爲期初保留盈餘的加項，但每期的淨損則應列爲期初保留盈餘的減項。保留盈餘帳戶的正常餘額應爲貸方餘額，若保留盈餘帳戶期末產生借方餘額，即表示公司歷年來的累積經營成果發生赤字。期末保留盈餘若爲借方餘額，則在資產負債表之權益部分，應以負數表達保留盈餘發生赤字的情況。

表 13-1　簡要式權益變動表

長安公司
權益變動表
2015 年 1 月 1 日至 12 月 31 日

期初保留盈餘		$252,000
加：本期淨利		125,000
小　　計		$377,000
減：現金股利		
特別股	$ 60,000	
普通股	100,000	160,000
期末保留盈餘		$217,000

2. 追溯適用及追溯重編之影響數

依據國際會計準則第 8 條（簡稱 IFRS8）「會計政策、會計估計及錯誤」之目的，係訂定選擇與變更會計政策之標準，連同會計政策變動、會計估計變動與錯誤更正之會計處理與揭露，以提升企業財務報表之攸關性與可靠性，以及該等財務報表於不同期間及與其他企業財務報表之可比性。因此，IFRS8 應適用於會計政策之選擇與適用，會計政策變動，以及會計估計變動與前期錯誤更正之會計處理。

會計政策係指企業編製及表達財務報表所採用之特定原則、基礎、慣例、規則及實務。企業僅於會計政策變動符合下列條件之一時，始應變更其會計政策：

(a) 國際財務報導準則之規定
(b) 能使財務報表提供可靠且更攸關之資訊，以反映交易、其他事件或情況對企業財務狀況、財務績效或現金流量之影響。

因此，會計政策變動之應用，須符合企業首次適用國際財務報導準則所產生之會計政策變動，並依該國際財務報導準則特定之過渡性規定作會計處理，以及企業首次適用國際財務報導準則所產生之會計政策變動，如該國際財務報導準則對該變動無特定之過渡性規定或屬自願性會計政策變動，則應追溯適用該會計政策變動。

會計估計變動是指就資產及負債目前狀況及與其相關之未來預期效益與義務之評估結果，對資產、負債帳面金額或資產各期耗用金額之調整。換句話說，倘若會計估計變動若造成資產、負債或權益項目之變動時，則應於變動當期認列調整相關資產、負債或權益項目之帳面金額。例如，呆帳金額之估計變動僅影響變動當期損益而應認列於當期。折舊性資產耐用年限或未來經濟效益預期消耗型態之估計變動，則影響變動當期及資產剩餘耐用年限內未來各期之折舊費用。於前述兩種情況下，有關當期變動之影響應認列為當期收益或費損。若係影響未來期間，則應於未來期間認列為收益或費損。

此外，前期錯誤係指企業因未使用前期財務報表核准發布時可取得之資訊，或誤用前期財務報表可合理預期已取得且已考量之資訊時，因此造成一個或多個前期財務報表之遺漏或誤述。其造成前期錯誤的原因包括計算錯誤、會計政策適用錯誤、忽略或誤解事實及舞弊。

若企業發現當期財務報表於前期發生錯誤時，則應於發現錯誤後核准發布之首份整套財務報表中，按下列方式追溯更正重大前期錯誤：

(a) 重編錯誤發生期間所表達之前期比較金額

(b) 錯誤若發生於表達之最早前期之前，應重編表達之最早前期之資產、負債及權益初始餘額。

當企業使用之會計政策發生變動時，則應採取「追溯適用」新的會計政策方法，計算政策變動的累積影響數，並視為自開始即採用該政策。此外，若企業發生錯誤時，則應採取「追溯重編」方法來更正前期年度財務報表要素之錯誤，計算錯誤的累積影響數，並視為前期從未發生錯誤。由於「追溯適用及追溯重編之影響數」為以前年度財務績效的重編或更正，並不納入本期的財務績效，故不影響綜合損益表。因此，除了一般公認會計原則外，則以前年度的會計政策變動、以及會計錯誤等，應計算其累積影響數，作為「追溯適用及追溯重編之影響數」，其會計分錄處理方式如下：

(1) 追溯適用及追溯重編之影響數貸餘

追溯適用及追溯重編之影響數	×××	
保留盈餘		×××

(2) 追溯適用及追溯重編之影響數借餘

保留盈餘　　　　　　　　　　×××

　　追溯適用及追溯重編之影響數　　　　×××

爲了說明追溯適用及追溯重編之影響數，假設長安公司在 99 年度期末結帳前發現錯誤，其中 98 年度所應提列運輸設備之折舊費用高估 $50,000。由於折舊費用的高估，致使98年度本期淨利低估$50,000，若不考慮所得稅情況下，則發現時其應做之調整分錄爲：

累積折舊 - 運輸設備　　　　　　50,000　（不動產、廠房及設備增加）

　　追溯適用及追溯重編之影響數　　　　50,000

追溯適用及追溯重編之影響數　　　50,000

　　保留盈餘　　　　　　　　　　　　50,000　（保留盈餘增加）

（運輸設備之折舊費用高估之追溯適用及追溯重編之影響數）

表 13-2 含前期損益調整之權益變動表上述尖端公司之前期損益調整項目，應列於其 2015 年度之權益變動表中作爲期初保留盈餘之調整項，請參見表 13-2 所列示之權益變動表。前期損益調整應扣除任何有關所得稅的影響數，而以稅後的淨額列示。若公司僅編製當期財務報表，則前期損益之調整應加列附註說明。若係編列多年比較財務報表，則應更正並重編各年度之資產負債表、損益表及權益變動表等。

表 13-2　含前期損益調整之權益變動表

長安公司
權益變動表
2015 年 1 月 1 日至 12 月 31 日

保留盈餘期初餘額		
調整前餘額		$252,000
加：追溯適用及追溯重編之影響數（不考慮所得稅後之淨額）		50,000
調整後餘額		$302,000
加：稅後淨利		224,000
小　計		$526,000
減：現金股利		
特別股	$ 60,000	
普通股	100,000	160,000
保留盈餘期末餘額		$366,000

3. 股利之發放

股利發放通常為保留盈餘最主要的借方項目，當公司提出盈餘分配案，並送交股東大會通過後，宣布發放股利之日時，會減少權益中保留盈餘的數額，其會計分錄處理方式如下：

保留盈餘　　×××
　　應付股利　　×××

有關股利發放的會計處理將於本章第二節再詳細說明之。

4. 庫藏股交易損失

在庫藏股交易過程中，倘若已收回之庫藏股再出售時，出售價格低於當時購入成本，且無同種類資本公積可以沖銷，此時將已保留盈餘作為沖銷項目，並使公司保留盈餘減少。

三、保留盈餘之指撥

一般而言，公司當年度產生盈餘時，針對盈餘分配的順序通常為，首先是彌補虧損，其次為保留盈餘之提撥，最後為股東股利之分配。依照公司法第 232 條規定，公司當年度若產生盈餘時，針對盈餘之分配應先彌補以前年度的虧損，在虧損尚未完全彌補以前時，不得作為其他分配。

保留盈餘之指撥（或稱為提撥），係因受法律規定、契約約束、或基於董事會決議自願性提撥的理由（例如為將擴建廠房計畫之需）而受到限制，將公司保留盈餘加以限制或不能自由分配運用，故保留盈餘的指撥屬於盈餘的限制分配，會計上稱之為已指撥保留盈餘或受限保留盈餘。

根據【商業會計處理準則】規定，公司會將保留盈餘提出指撥，其原因可分為兩種：一為法定盈餘公積，另一為特別盈餘公積。所謂法定盈餘公積，係依據公司法 237 條規定，股份有限公司應於有盈餘年度時，應先行繳納稅額並彌補虧損，就其剩餘盈餘淨額提列 10% 來作為法定盈餘公積的提撥。

法定盈餘公積 =（稅後淨利－保留盈餘）×10%

另外，依據公司法 239 條規定，由於公司提列法定盈餘公積時，其主要用途目的在於彌補虧損。此外，又依據公司法 241 條規定，倘若公司無虧損時，得依據股東大會之決議，將公司所提撥之法定盈餘公積，按比例發給股票股利或現金股利，但以法定盈餘公積超過實收資本額 25% 之部分為限。

所謂特別盈餘公積，係依據公司法237條及證券發行人財務報告編製準則11條規定，公司因法令契約、章程規定或股東大會決議，而將公司保留盈餘加以限制。此外，又依照證券交易法第41條及金管正發字第1010012865號規定，上市（櫃）公司於分派可分配盈餘時，應就當年度發生之其他權益減項淨額（例如透過其他綜合損益按公允價值衡量之權益工具投資損益累計餘額）、前期累積之其他權益減項金額，提列相同數額之特別盈餘公積。由上述可知，特別盈餘公積係指依法令或盈餘分派之議案，自盈餘中指撥之公積，以限制股息及紅利之分派者。

前兩類的法定盈餘公積及特別盈餘公積即爲「已指撥保留盈餘」，因受限制而不得用以分配股息及紅利。例如，我國公司法規定，公司於有盈餘年度完納稅捐後分配盈餘前，應提列百分之十的法定盈餘公積，備供未來彌補虧損之用。另外，可能依契約規定指撥，如借貸契約可能規定公司保留盈餘中$250,000，在清償貸款之前，不得用以發放現金股利；或是公司之董事會因業務之需要或基於財務狀況之考慮，如將有蓋新廠房、擴充生產設備、開發新產品或新市場等計畫，提經股東大會通過，自行限制保留盈餘之分配。保留盈餘之指撥，亦可適用於未決定之訟案、償還債務、一般或有事項以及其他目的。

公司爲償還債款，除了限制保留盈餘，提列償債基金準備外，也可以選擇提列償債基金，但這兩者並無絕對的關係。公司提列「償債基金」並不一定要事先提撥「償債基金準備」，反之亦然，其提撥方式端視公司需要而定。以下將「償債基金」與「償債基金準備」兩者，依提撥目的、會計項目類別、提撥分錄及目的達成時分錄，相互比較如下：

比較項目	償債基金	償債基金準備
提撥目的	限制保留盈餘發放股利	提撥實質資產，限制資產流出（有實質資產存在）
會計項目類別	權益類 （保留盈餘）	資產類 （其他非流動資產）
提撥分錄	保留盈餘　××× 　償債基金準備　×××	償債基金　××× 　現　　金　×××
目的達成時分　錄	目的達成時轉回保留盈餘： 償債基金準備　××× 　保留盈餘　×××	到期時償還債務時： 應付公司債　××× 　償債基金　×××

保留盈餘指撥的會計處理方式主要有兩種，一是以正式會計分錄將未分配盈餘（通常以累計盈虧會計項目來表示）內的部分金額移轉至「已指撥保留盈餘」；另一方式則

僅以附註揭露保留盈餘之指撥。法定盈餘公積及特別盈餘公積之指撥，通常採用正式分錄方式。其會計分錄處理方式分別如下：

(1) 提撥法定盈餘公積時：

保留盈餘	×××	
法定盈餘公積		×××

(2) 提撥特別盈餘公積時：

保留盈餘	×××	
特別盈餘公積		×××

在提撥特別盈餘公積時，應自未分配盈餘或未指撥保留盈餘帳戶移轉某一金額至諸如償債基金準備、廠房擴充準備等特別盈餘公積的明細帳戶。對於某些擴廠、擴充設備及開發新產品計畫、未決定之訟案及一般或有事項等保留盈餘之指撥，有時則以附註揭露方式處理。

除此之外，公司在提撥「法定盈餘公積」或「特別盈餘公積」時，其一方面將使得公司未提撥保留盈餘減少，另一方面也將影響已提撥保留盈餘的增加，但保留盈餘的總額均不改變，權益亦均不變動。

茲舉範例 13-1 說明保留盈餘指撥的會計處理方式。

範例 13-1

長安公司於 2015 年度產生淨利 $224,000，當年底公司董事會決議指撥 $50,000 的償債基金準備及 $100,000 的廠房擴充準備，並提經股東大會通過。

1. 若長安公司對提列法定盈餘公積、償債基金準備及廠房擴充準備等保留盈餘之指撥，採取正式會計分錄之方式：
   (1) 記錄長安公司 2015 年底提列法定盈餘公積之分錄；
   (2) 記錄長安公司 2015 年底指撥償債基金準備之分錄；
   (3) 記錄長安公司 2015 年底指撥廠房擴充準備之分錄；
   (4) 若延續表 13-2 的資料，請列示已指撥與未指撥保留盈餘在資產負債表上之表達方式。假設該公司在 2015 年 1 月 1 日，法定盈餘公積之餘額爲 $85,000，而償債基金準備之餘額爲 $50,000，但無廠房擴充準備之餘額。
2. 延續表 13-2 的資料，若長安公司對於上述廠房擴充準備的保留盈餘指撥採附註揭露方式處理，請編製部分資產負債表並列示其附註揭露之方式。

解

若長安公司對保留盈餘之指撥採正式會計分錄記錄，則其應於 2015 年底結轉本期損益與指撥之分錄如下：

2015 年 12 月 31 日	本期損益	224,000	
	保留盈餘		224,000
	（將本期損益餘額結轉保留盈餘）		
12 月 31 日	保留盈餘	22,400	
	法定盈餘公積		22,400
	（提列 2009 年度的法定盈餘公積）		
12 月 31 日	保留盈餘	50,000	
	特別盈餘公積—償債基金準備		50,000
	（提列償債基金準備）		
12 月 31 日	保留盈餘	100,000	
	特別盈餘公積—廠房擴充準備		100,000
	（提列廠房擴充準備）		

長安公司記錄保留盈餘之指撥後，其 2015 年底之資產負債表上，應列示已指撥與未指撥保留盈餘之表達方式如下：

表 13-3 列示已指撥保留盈餘之部分資產負債表

長安公司
部分資產負債表
2015 年 12 月 31 日

權益：		
投入資本		
股　本		$3,500,000
資本公積		490,000
投入資本合計		$3,990,000
保留盈餘		
已指撥保留盈餘		
法定盈餘公積	$107,400	
特別盈餘公積	200,000	
未指撥保留盈餘		
未分配盈餘	92,600	
保留盈餘合計		400,000
投入資本與保留盈餘合計		$4,390,000
減：庫藏股票（10,000 股）		(120,000)
權益總額		$4,270,000

若長安公司對於上述廠房擴充準備的保留盈餘指撥採附註揭露，則其部分資產負債表及附註揭露方式如表 13-4 所示。

表 13-4　以附註揭露方式表達保留盈餘指撥之部分資產負債表

長安公司
部分資產負債表
2015 年 12 月 31 日

權益：		
投入資本		
股本		$3,500,000
資本公積		490,000
投入資本合計		$3,990,000
保留盈餘		
已指撥保留盈餘		
法定盈餘公積	$107,400	
特別盈餘公積	100,000	
未指撥保留盈餘（附註十四）		
未分配盈餘	192,600	
保留盈餘合計		400,000
投入資本與保留盈餘合計		$4,390,000
減：庫藏股票（10,000 股）		（120,000）
權益總額		$4,270,000

附註十四：保留盈餘之限制
由於公司董事會決議並提經股東大會通過，本年度指撥部分廠房擴充準備，未分配盈餘中的 $100,000 將受到限制，不得用以分配股利。公司未來總計將指撥 $1,000,000 的擴廠準備。

保留盈餘之指撥並不減少保留盈餘總額，也不會使資產總額發生任何增減，其目的僅在向財務報表使用者指出，此一部分的保留盈餘，不得作爲現金股利發放之用。因此記錄這些指撥，僅在限制公司於償還貸款、擴充廠房、或從事其他耗資鉅大業務之前，將不得發放現金股利。保留盈餘之指撥，也不表示公司得以儲存現金以供特定目的之用。公司能否儲存現金，主要取決於公司營運上財務之管理與規劃，而非保留盈餘之指撥政策。

例如，上述範例 13-1 長安公司自未分配盈餘中指撥 $50,000 的償債基金準備，並非表示該公司已提列 $50,000 的償債基金。償債基金係一項實質資產，而償債基金準備則是保留盈餘項下的一種特別盈餘公積。若尖端公司因債務契約之要求，必須於每年底自未分配盈餘提列 $50,000 的償債基金，則應於記錄保留盈餘之指撥時，一併記錄如下分錄：

2015 年 12 月 31 日	償債基金	50,000	
	現　　金（或銀行存款）		50,000
	（提列 $50,000 償債基金）		

四、權益變動表之編製

（一）權益變動表之意義

公司會計人員於財務年度終了時，董事會應編製盈餘分配表，提出盈餘分配表分配或虧損指撥之提議案，於公司股東大會開會三十日前交由公司監察人進行查核，於後交由公司股東大會中提出請求承認。一般而言，公司盈餘分配表應包含下列項目：

(1) 期初保留盈餘

(2) 稅後淨利（淨損）

(3) 盈餘公積（包含法定盈餘公積與特別盈餘公積）

(4) 股利分配

(5) 期末保留盈餘

（二）權益變動表之內容

表 13-5　權益變動表

長安公司
權益變動表
2015 年 1 月 1 日至 12 月 31 日

未指撥保留盈餘：		
調整前期初餘額		$117,000
加：追溯適用及追溯重編之影響數（扣除所得稅後之淨額）		84,000
調整後期初餘額		$201,000
加：稅後淨利		224,000
小　計		$425,000
減：法定盈餘公積	$ 22,400	
償債基金準備	50,000	
廠房擴充準備	100,000	
現金股利分配	160,000	332,400
期末未指撥保留盈餘餘額		$ 92,600
已指撥保留盈餘：		
法定盈餘公積－期初	$ 85,000	
加：本期增加指撥數	22,400	$107,400
特別盈餘公積：		
償債基金準備－期初	$ 50,000	
加：本期增加指撥數	50,000	100,000
廠房擴充準備之指撥		100,000
期末已指撥保留盈餘餘額		$307,400
保留盈餘期末總額		$400,000

公司對外公布的財務報表，除了資產負債表、損益表及現金流量表之外，有時亦會編製權益變動表。權益變動表之目的，係在表達公司於特定期間內，未指撥或已指撥保留盈餘的變動情形。影響未指撥保留盈餘變動之項目，通常包括前期損益調整、當期淨利或淨損、股利分配及部分庫藏股交易損失等。影響已指撥保留盈餘變動之項目，則包括各項指撥金額之增減。編製權益變動表時，應先列出未指撥保留盈餘之影響項目，而後再列示已指撥保留盈餘之細項及其變動情形，表 13-5 即顯示內容較為詳盡的權益變動表。

13-2 股利分配之會計處理

股東投資於公司股票，主要目的除賺取股價上漲的價差之外，即是期望獲得公司發放之股利。股利爲公司對股東之盈餘分配，公司通常在有獲利年度，且經董事會及股東大會決議通過，將已賺得累積盈餘分配予股東。公司股利分配的主要來源爲未受限保留盈餘，一般公司多以現金股利或股票股利方式發放股利。

一、股利分配之相關日期

公司分配股利前，必須先由董事會提案，經股東大會同意通過發放股利之議案，且在會議紀錄上記載後，再對投資人公開宣告，而後方能發放股利。下列爲關於股利的分配的五個重要日期，茲分別說明如下：

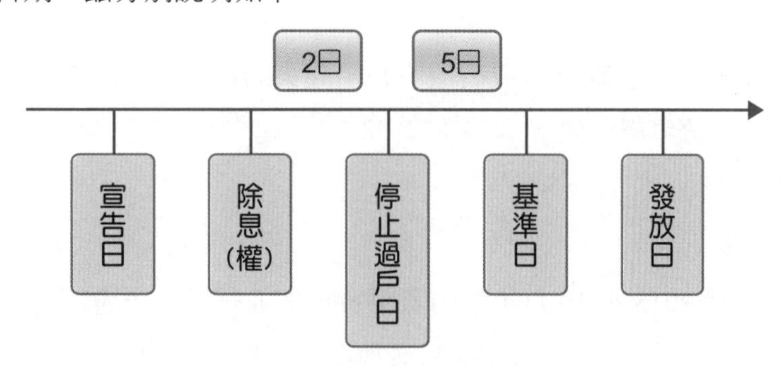

圖 13-1　股利分配之相關日期

（一）宣告日

股利之發放必須經股東大會同意後方能確定，之後，董事會應擇期正式宣布公司將發放股利之日期，此即爲股利之宣告日。此時會計分錄處理方式分別如下：

保留盈餘	×××	
應付股利		×××

若是宣告股票股利，除借記保留盈餘外，應貸記待分配股票股利及資本公積—股票發行溢價。

（二）除息（權）日

停止過戶日的第一天，往前推算二個營業工作日，即爲除息（權）日。所謂的「除息」即是公司以現金的形式，分配給股東的股利。由於配發現金股利時，公司的股本不會有所調整，但公司內部現金會因爲發放後而減少，故公司市值亦將隨之減少，因此市場會考慮此因素而調降股價。而所謂「除權」亦指公司已無償配股方式，分配給股東的股利。由於配發股票股利時，使得公司的股本增加，亦即流通在外股數增加，但公司內部現金並未流出，故公司市值不會改變，但市場亦會考慮此因素而調降股價。

此外，在除息（權）日之前購入之股票有分配股利之權，稱附息（權）股；在除息（權）日之後購入之股票無分配股利之權，稱除息（權）股

（三）停止過戶日

爲便於公司內部整理股東名冊，公司法規定在股利基準日前五日停止辦理股票過戶，此稱停止過戶日。實務上，多數投資人將此一日期稱爲除息日或除權日。在此日後股票即稱除息（或除權）後股票，而喪失收受最近宣告股利之權利。

（四）基準日

因股東名冊常常會有所變動，因此公司董事會須訂定某一日期爲基準日，並以該基準日的實際股東名冊，來作爲實際分配股利的依據。

（五）發放日

股利發放日即爲公司實際支付或發放股利給股東的日期。若發放日以現金方式分配股利時，則此時會計分錄處理如下：

應付股利	×××	
現　金		×××

例如長安公司在 2015 年 10 月 1 日由董事會提案並經股東大會同意後，宣告公司將根據 11 月 5 日的股東名冊，於 11 月 25 日發放股利予股東。因此，2015 年 10 月 1 日即爲股利宣告日，10 月 29 日爲除息（權）日，10 月 31 日爲停止過戶日，11 月 5 日爲股利基準日，而 11 月 25 日則爲股利發放日。

二、股利發放方式及會計處理

公司發給股東之股利，可能因其性質或財產型態而有各種不同的股利，一般可分爲下列幾種：(1) 現金股利、(2) 財產股利、(3) 清算股利、以及 (4) 股票股利。無論公司發放何種股利，得以享有股利分配者，爲基準日流通在外的股票，庫藏股票則不能享有分配股利之權利。此乃因我國公司法第 167 之 1 條規定，公司之庫藏股票不得享有股東權利。

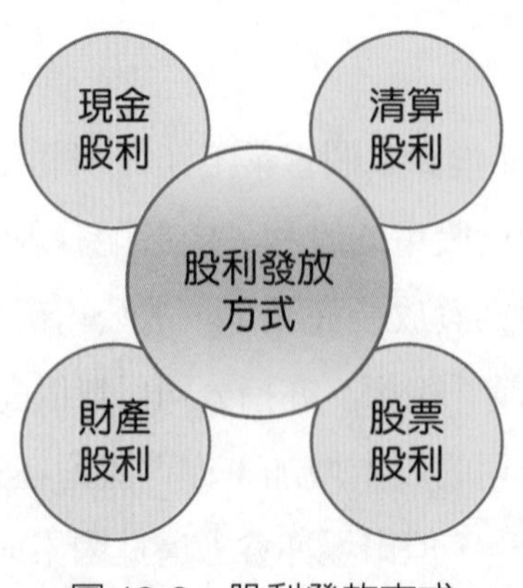

圖 13-2　股利發放方式

（一）現金股利

指公司以「現金」發放形式來支付股利。一般而言，當公司宣告發放股利而無特別附註說明時，通常都是以現金的方式進行支付。若要發放現金股利，公司具備三項要件：(1) 要有可供分配的保留盈餘，(2) 要有足夠的現金，以及 (3) 要由董事會提案且經股東大會同意。而當公司於股東常會通過盈餘分配，宣告現金股利之日，即發生「應付股利」的負債，直至以現金發放後才解除負債。茲以範例 13-2 說明分配現金股利之會計分錄。

範例 13-2

長安公司在 2015 年 6 月 1 日由董事會提案並經股東大會同意，通過將發放普通股股票每股現金股利 $2，並將於 6 月 20 日爲除息，6 月 22 日爲停止過戶日，7 月 25 日發放股利。長安公司目前流通在外股數共計 150,000 股。

試作：

1. 記錄長安公司 2015 年 6 月 1 日宣告現金股利之分錄。
2. 記錄長安公司 2015 年 6 月 20 日除息日之分錄。
3. 記錄長安公司 2015 年 6 月 22 日停止過戶日之分錄。
4. 記錄長安公司 2015 年 7 月 25 日發放現金股利之分錄。

除了 6 月 20 日的除息日與 6 月 22 日的停止過戶日不須作會計分錄外，6 月 1 日的宣告日及 7 月 25 日的發放日，應作分錄如下：

日期	科目	借方	貸方
6 月 1 日 （宣告日）	保留盈餘 　　應付股利 （記錄公司宣告將發放普通股現金股利）	300,000	 300,000
6 月 20 日 （除息日）	（不須作分錄）		
6 月 22 日 （停止過戶日）	（不須作分錄）		
7 月 25 日 （發放日）	應付股利 　　現　　金 （記錄公司實際發放普通股現金股利）	300,000	 300,000

（二）財產股利

公司有時以現金以外之資產分配股利，例如：存貨、債券或股票投資、土地或設備等資產均可能用於該目的，此即爲財產股利。此情況通常發生在公司雖有巨額保留盈餘，卻無足夠現金可供分配股利之時。事實上，一般公司會計帳上對這些財產，原先均以成本入帳，並據以分期認列累計折舊。因此當公司宣告要分配財產股利時，應以該財產之公平市價做爲即將分配股利的記帳基礎。換言之，公司必須重新評價該財產，並以該財產公平市價與其帳面價值的差額，認列損失或利益。

因此，依據國際會計準則第 5 條（簡稱 IFRS5）「待出售非流動資產及停業單位」及國際財務報導準則解釋委員會第十七條（簡稱 IFRIC17）「分配非現金資產予業主」之相關規定，分配財產財產股利應先將欲分配給股東之資產轉爲「待分配予業主之非流動資產」，並按資產之公允價值認列「應付財產股利」。茲以範例 13-3 說明分配財產股利之會計分錄。

範例 13-3

長安公司於 2015 年 6 月 1 日股東大會上決議，將以該公司所持有之的營業用地作爲財產股利（土地成本爲 $500,000）分配公司股東等人。當日保留盈餘貸餘 $800,000，股利發放日爲 8 月 1 日完成，分配成本爲 $0。在宣告當日（6/1），土地之公允價値爲 $550,000，發放日（8/1），土地之公允價値爲 $620,000。

試作：

1. 記錄長安公司 2015 年 6 月 1 日宣告財產股利之分錄。
2. 記錄長安公司 2015 年 8 月 1 日發放財產股利之分錄。

長安公司 2015 年 6 月 1 日宣告日及 8 月 1 日發放日，有關財產股利之分錄如下：

日期	科目	借方	貸方
6 月 1 日	待分配予業主之非流動資產	500,000	
	土　　地		500,000
	保留盈餘	550,000	
	應付財產股利		550,000
	（記錄公司宣告將發放財產股利）		
8 月 1 日	保留盈餘	70,000	
	應付財產股利		70,000
	$620,000-550,000=$70,000		
	應付財產股利	620,000	
	待分配予業主之非流動資產		500,000
	處分待分配予業主之非流動資產利益		120,000
	（記錄公司實際發放財產股利）		

長安公司於 2015 年 8 月 1 日所認列之處分待分配予業主之非流動資產利益項目，主要是對用以分配股利之財產進行重新評價，該項目之期末餘額應列示在損益表之營業外收入或利益項下。財產股利對資產負債表項目的影響如同現金股利一般，由於一方面減少短期股票投資資產，使總資產減少；另一方面減少保留盈餘，故將降低公司的權益總額。

（三）清算股利

當公司無保留盈餘餘額時，卻以現金或其他財產分配股利，此種股利即爲清算股利。或是公司所分配之股利超過保留盈餘餘額時，超過部分亦爲清算股利。清算股利並非眞正的股利，而是公司將股東過去投入資本退回給股東，不論是全部或部分資本的退回。原則上，除非公司要停止營業、縮減營業規模而進行減資、清算或解散，否則公司不得發放清算股利。清算股利時，應借記資本公積－普通股溢價發行；若有不足現象發生，在借記普通股股本。

（四）股票股利

股票股利係公司以本身之股票作爲股利發放之標的，按同類股票股東原持股比率無償分配額外股票給股東。公司發放股票股利將使股東之總持股數增加，但持股比率不變。股票股利與現金股利之差別在於，現金股利發放現金予股東，使公司之資產及權益（保留盈餘）發生等額減少，但發放股票股利並未分配資產予股東，不會造成資產或權益總額發生變動。

除此之外，由於發放股票股利，將使得股東無須支付任何代價便可取得公司的股票，因此可稱爲「無償配股」。一方面使得保留盈餘減少，另一方面則使得公司的股本增加，所以又稱爲「盈餘轉增資」，對公司權益總額並無任何影響。公司宣告發放股票股利的可能原因茲分別說明如下：

1. 當公司有盈餘但無現金可供分配股利，或雖有現金，卻極需保留現金作爲未來擴廠之準備時，透過股票股利之分配，可滿足股東分配股利之要求，又不至於減少公司的現金資產；
2. 當公司的保留盈餘佔權益總額比重過大時，發放股票股利可將保留盈餘資本化，作爲永久性資本，強化公司的財務結構；
3. 公司的股票市價可能過高，發放股票股利（特別是大額的股票股利）可增加市場交易籌碼，使市價降至便於買賣交易的價位；
4. 公司可透過發放股票股利予股東，再由其售予其他投資人，最終達成股權分散的效果。

會計上對股票股利之處理方式，視發放股數佔整體流通在外股數比率（配股率）之大小而定。若股票股利的配股率不超過 20 － 25%，通常歸類爲小額股票股利；反之，若超過 20 － 25%，則歸類爲大額股票股利」茲分述如下：

1. 小額股票股利

將配股率少於 20 － 25% 之股票股利歸類爲小額股票股利，係假設其對股票市價之影響很小，甚至沒有影響，因此，每一新股的價值相當於原先流通在外股票的每股市價。一般公認會計原則認爲，此時該項股利之入帳金額，應以宣告日流通在外股票之市價來記錄。

所以，當公司宣告即將發放小額股票股利時，會計帳上應以股票股利之總市價借記「保留盈餘」，貸記「待分配股票股利」，再將總市價與總面額（或設定價值）之差額記入「資本公積—股票發行溢價」。而於股票股利之發放日，再借記「待分配股票股利」，貸記股本項目。其相關會計分錄處理如下：

宣告日：

保留盈餘	×××	
待分配股票股利		×××
資本公積—股票發行溢價		×××

發放日：

待分配股票股利	×××	
普通股股本		×××

「待分配股票股利」並非負債項目，因爲公司並無分配現金或其他任何資產的義務。公司若於股票股利宣告日及發放日之間編製資產負債表，則「待分配股票股利」應列於資產負債表中權益部分投入資本的股本項下。

2. 大額股票股利

股票股利之配股率若大於 20 － 25% 者，稱爲大額股票股利。此 20 － 25% 比率的劃分基準，係一種會計專業界的經驗值。由於發放大額股票股利，將使市場上公司股票的交易籌碼增加，而股票的流通數量愈大，通常會降低股票市價，故股票之原有市價便不適合作爲股票股利之入帳基礎。此時，會計帳上應以股票之面額或設定價值記錄股票股利。其相關會計分錄處理如下：

宣告日：

保留盈餘	×××	
待分配股票股利		×××

發放日：

待分配股票股利	×××	
普通股股本		×××

股票股利在會計理論上的處理彙整說明如下：

股票股利種類	所佔比例	入帳金額
小額股票股利	配股率少於 20 至 25%	宣告日公允價值
大額股票股利	配股率大於 20 至 25%	面值

我國實務上無論小額或大額股票股利，均以面值入帳。

範例 13-4

長安公司在 2015 年 6 月 30 日原先有如下的權益內容：

投入資本	
普通股股本，面額 $10，已發行及流通在外 250,000 股	$2,500,000
資本公積—股票發行溢價	5,600,000
投入資本小計	$8,100,000
保留盈餘（含保留盈餘）	7,500,000
權益總額	$15,600,000

當日由董事會提案並經股東大會同意，宣告將發放股票股利 10%，並以 7 月 15 日為基準日，於 8 月 1 日發放股票。該公司目前每股市價為 $18，保留盈餘貸餘 $6,000,000。

試作：

1. 記錄長安公司 2015 年 6 月 30 日宣告股票股利之分錄；
2. 記錄長安公司 2015 年 7 月 15 日股票股利基準日之分錄；
3. 記錄長安公司 2015 年 8 月 1 日發放股票之分錄。
4. 假設長安公司發放股票股利之配股率改為 30%，亦即 75,000 股，試記錄其股利宣告日、基準日及發放日之相關分錄。

此例中長安公司若僅發放 10% 股票股利，則爲發放小額股票股利，其有關分錄如下：

2015 年 6 月 30 日	保留盈餘	450,000	
	待分配股票股利		250,000
	資本公積—股票發行溢價		200,000
	（記錄公司宣告將發放普通股股票股利）		
7 月 15 日	（基準日不須作分錄）		
8 月 1 日	待分配股票股利	250,000	
	普通股股本		250,000
	（記錄公司實際發放普通股股票股利）		

表 13-6 顯示長安公司在發放小額股票股利前、後的權益內容。

表 13-6　發放小額股票股利對權益的影響

	發放小額股票股利前	發放小額股票股利後
投入資本		
普通股股本	$2,500,000	$2,750,000
資本公積—股票發行溢價	5,600,000	5,800,000
投入資本小計	$8,100,000	$8,550,000
保留盈餘 (含保留盈餘)	7,500,000	7,950,000
權益總額	$15,600,000	$16,500,000

若長安公司係發放 30% 的大額股票股利，則其於股利宣告日、基準日及發放日之股票股利相關分錄如下：

2015 年 6 月 30 日	保留盈餘	750,000	
	待分配股票股利		750,000
	（記錄公司宣告將發放普通股股票股利）		
7 月 15 日	（不須作分錄）		
8 月 1 日	待分配股票股利	750,000	
	普通股股本		750,000
	（記錄公司實際發放普通股股票股利）		

表 13-7　顯示長安公司發放大額股票股利前、後權益內容的差異。

表 13-7　發放大額股票股利對權益的影響

	發放大額股票股利前	發放大額股票股利後
投入資本		
普通股股本	$2,500,000	$3,250,000
資本公積－股票發行溢價	5,600,000	5,600,000
投入資本小計	$8,100,000	$8,850,000
保留盈餘 (含保留盈餘)	7,500,000	8,250,000
權益總額	$15,600,000	$17,100,000

由表 13-6 及 13-7 的比較結果可知，股票股利對公司帳戶的影響，僅在於將部分保留盈餘金額，經由股票股利轉列入股本及資本公積－股票發行溢價帳戶。換言之，股票股利僅同時等額減少保留盈餘帳戶餘額並增加永久性的投入資本帳戶，故俗稱爲「盈餘轉增資」。在股票股利分配之後，由於權益總額不變但流通在外股數增加，故同類股票的每股帳面價值將會降低。

三、股票分割

股票分割發生於公司將其普通股之每股面額或設定價值予以降低，並依同等比例增加股份，讓股東不必再出資而無償取得較多股數，但股本總額並未改變。例如，若長安公司原有每股面額 $50 之已核准普通股 500,000 股，即已核准資本總額爲 $25,000,000。今該公司將原來之每股面額降低爲每股 $10，此舉等於將原來的一股分割成五股，同時將全部普通股股份增至 2,500,000 股，股東可按比例取得增加的 2,000,000 股，但已核准資本總額仍維持 $25,000,000，此即爲股票分割或析割。

股票分割之目的，通常是爲了降低每股市價及增加股票之流通數量，便於更多投資人可進行買賣交易，較能吸引更多之小資本者從事投資，達到股權分散之目的。由於股票分割後，股本總額並無增減，只是股數增加而已；因此，其會計處理方式僅需於日記簿及普通股股本帳上作一備忘錄，記載普通股每股面額及股數之變更即可。例如，若長安公司係於 2015 年 11 月 1 日進行股票分割，則應作備忘錄如下：

2015 年 11 月 1 日	備忘錄： 公司原來每股面額 $50 之普通股，一股分割成五股。 新的每股面額爲 $10，全部已核准普通股股份增爲 2,500,000 股。

當公司將一股分割爲兩股時，此種股票分割與公司發放 100% 配股率之股票股利極爲相似，容易令人誤解，故必須仔細加以釐清。雖然股票分割與股票股利有些類似之處，兩者仍有許多不同之處。例如，兩者均將造成公司股數增加，且權益總額仍維持不變。但兩者不同之處則在於，股票分割會降低股票每股面額或設定價值，但股票股利不改變；且股票分割不使股本總額發生增減，但股票股利會使股本總額增加。對保留盈餘之影響方面，公司發放股票股利會減少保留盈餘，而股票分割則無影響。在會計處理方式上亦有不同，公司發放股票股利須作正式的會計分錄，而股票分割僅須作備忘錄。

有關股票股利與股票分割，對權益總額、股份、股本總額、每股面額或設定價值、保留盈餘等項目之影響及其會計處理之差異，茲彙總比較於表 13-8 如下：

表 13-8　股票股利與股票分割之影響及其會計處理之差異

	權益總額	股　份	股本總額	每股面額或設定價值	保留盈餘	會計處理
股票股利：						
小額	不　變	增　加	增　加	不　變	減　少	正式分錄
大額	不　變	增　加	增　加	不　變	減　少	正式分錄
股票分割	不　變	增　加	不　變	降　低	不　變	作備忘錄

13-3 每股盈餘

一、每股盈餘之意義

投資人或潛在投資人對公司財務報表中最有興趣的項目，主要應是公司的獲利總金額，以及對每一流通在外股份而言究竟可獲得多少利益。公司股票的投資價值雖然受到許多因素影響，但每股股票的獲利能力，無疑是判斷股票投資價值的一項重要因素。而公司過去及現在每股獲利情形，又是預測未來每股獲利能力的重要指標。因此，爲讓投資人瞭解公司每股的獲利能力，公司通常會在損益表的最下方列示每股盈餘資訊。

依據財務會計準則委員會第 24 號公報「每股盈餘」訂定公開發行股票公司每股盈餘之計算及揭露之處理準則，所謂每股盈餘（Earnings per share , EPS），是指公司每股流通在外普通股在一報導期間所賺得之盈餘或發生的損失。不同期間每股盈餘之變動，即代表公司每股獲利的趨勢。每股盈餘愈大則公司普通股的投資價值愈高，反之則愈低。亦即每股盈餘之計算公式如下：

$$\text{每股盈餘} = \frac{\text{本期稅期稅後（淨損）—本期特別股股利}}{\text{普通股加權平均流通在外股數}}$$

上述計算公式說明：

1. 分子 - 決定普通股股東所能分享之盈餘或發生的損失：
   (1) 累積特別股：不論是否有宣告股利，僅減除當年股利，不包含過去所積欠的股利。
   (2) 若爲累積特別股：預計分配於本年度股利時，應減除當年度股利；反之，不預計分配於本年度股利時，則不減除當年度股利。
2. 分母 - 計算流通在外普通股加權平均股數：

由於普通股流通在外之股數並非一成不變的，故必須設算普通股在當年度內流通的加權平均股數。加權平均股數之計算，可分別由流通在外之股數乘以當年度內流通股數未變動時間所佔整年度的比例權數，再予累加而得全部加權平均股數，其情況如圖 13-3：

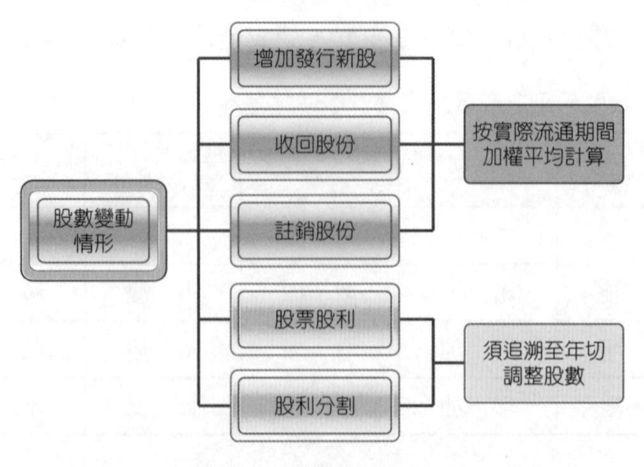

圖 13-3　股數變動之情形

範例 13-5

長安公司 2015 年度稅前淨利爲 $750,000，稅率爲 20%，於 2013 年初曾按面值發行 6% 累積非參加特別股 1,000 股，每股面值 $20。本年度普通股變動情形如下：

		股　數
1 月 1 日	流通在外股數	100,000
3 月 1 日	現金增資發行普通	6,000
7 月 1 日	發放 8% 股票股利	8,480
10 月 1 日	買回庫藏股	3,000
11 月 1 日	普通股分割 - 每股分割爲 2 股	3,000

試計算長安公司 2015 年之每股盈餘。

長安公司 2015 年度普通股加權平均流通在外股數計算如下：

期間	實際流通在外股數	×	追溯調整股票股利	×	追溯調整股票分割	×	流通期間比例	=	加權股數
1/1-3/1	100,000	×	1.08	×	2	×	2/12	=	36,000
3/1-7/1	106,000	×	1.08	×	2	×	4/12	=	76,320
7/1-10/1	114,480			×	2	×	3/12	=	57,240
10/1-11/1	111,480			×	2	×	1/12	=	18,580
11/1-12/31	222,960					×	2/12	=	37,160
合計									225,300

$$每股盈餘 = \frac{\$750,000 \times (1-20\%) - 20 \times 1,000 \times 6\%}{225,300} = \$2.66$$

13-4 庫藏股票交易之會計處理

若公司發行之股票，已收足股款並已流通在外，經公司本身自證券市場予以買回，且尚未加以註銷者，即爲庫藏股票。庫藏股不能享有股利，也沒有投票權，在計算每股盈餘（詳如前述說明）時，庫藏股並不能計入流通在外股數之中。公司可能基於下列因素，而自市場收回其已發行股票：(1) 因實施員工紅利與員工認股計畫，而需買回庫藏股再發放給主管及員工；(2) 爲使公司股票在證券市場之交易更加活絡並提高公司股價；(3) 爲購併其他公司；(4) 爲降低流通在外股數以提高每股盈餘；(5) 爲避免遭受接管或意見對立股東傷害，而買回其持股；(6) 爲配合可轉換公司債或特別股轉換普通股之用；(7) 爲發放股票股利所需；以及 (8) 股東捐回股票。

庫藏股交易之會計處理方法，實務上有成本法（cost method）及面額法兩種。在成本法下，視公司收回庫藏股爲臨時減少權益，應按取得成本借記「庫藏股票」帳戶；而於再售出庫藏股時，即予沖回，亦即貸記庫藏股票帳戶以增加權益。再售出庫藏股時，如再售出價格高於取得成本，則應將差額貸記資本公積—庫藏股交易帳戶；如再售出價格低於取得成本，則應將差額借記資本公積—庫藏股交易或保留盈餘。

在面額法下，將庫藏股視爲公司股份之收回，故應按原股票發行價格，借記庫藏股票之面額或設定價値，以及原收到之超過面額或設定價値之資本公積。若庫藏股之取得成本不同於原股票發行價格，則將其差額記入資本公積—庫藏股交易或保留盈餘。由於我國財務會計準則規定，庫藏股交易應採用成本法處理，故以下將僅就成本法說明之。

一、買回庫藏股之會計處理

當企業以現金買回庫藏股時，在成本法（cost method）下應以買回成本借記庫藏股票，貸記現金。庫藏股票係一權益類項目，但通常有借方餘額，故爲權益的抵銷項目。茲以範例 13-6 說明之。

範例 13-6

長安公司 2015 年 1 月 1 日的權益中（如下所示），有每股面額 $10 的已發行及流通在外普通股 80,000 股，「資本公積—股票發行溢價」帳戶有貸方餘額 $160,000（均來自超面額發行普通股），以及保留盈餘 $300,000。在 2015 年 3 月 31 日，長安公司以每股 $15 買回其股票 8,000 股。

投入資本	
普通股股本，面額 $10，已發行及流通在外 80,000 股	$ 800,000
資本公積—股票發行溢價	160,000
投入資本小計	$ 960,000
保留盈餘	300,000
權益總額	$1,260,000

1. 記錄長安公司 2015 年 3 月 31 日買回庫藏股票之分錄。
2. 編製長安公司 2015 年 3 月 31 日記錄庫藏股交易後，資產負債表中之權益部分。

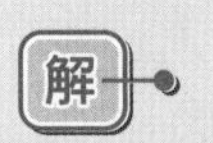

長安公司在 2015 年 3 月 31 日買回庫藏股票應做之分錄如下：

日期	科目	借	貸
3 月 31 日	庫藏股票	120,000	
	現　　金		120,000
	（以每股 $15 買回 8,000 股庫藏股）		

長安公司 2015 年 3 月 31 日記錄庫藏股交易後，權益部分如表 13-9 所示。

表 13-9　庫藏股票在權益部分之表達

長安公司
部分資產負債表
2015 年 3 月 31 日

投入資本	
普通股股本，面額 $10，已發行 80,000 股，流通在外 72,000 股	$ 800,000
資本公積—股票發行溢價	160,000
投入資本小計	$ 960,000
保留盈餘	300,000
投入資本與保留盈餘合計	$1,260,000
減：庫藏股票（8,000 股）	(120,000)
權益總額	$1,140,000

二、處分庫藏股之會計處理

所謂庫藏股之處分，即指將已取得之庫藏股再予售出或註銷。因此，庫藏股交易的處分方式，可分為四種情況：(1) 庫藏股再售出價格等於取得成本；(2) 以高於成本再售出庫藏股；(3) 以低於成本再售出庫藏股；以及 (4) 將庫藏股註銷。

（一）庫藏股售出價格等於取得成本

當再售出庫藏股時，應按成本基礎貸記庫藏股票帳戶。若售出價格等於其取得成本，則僅需借記現金，貸記庫藏股票，此種情況庫藏股交易之處理較無疑義。例如，若長安公司於 2015 年 4 月 15 日，以每股 $15 現金價格，售出 2,500 股庫藏股，則應記錄如下之分錄：

		借	貸
4 月 15 日	現　金	37,500	
	庫藏股票		37,500
	（以每股 $15 售出 2,500 股庫藏股）		

（二）以高於成本售出庫藏股

若售出價格高於取得成本時，除借記現金，貸記庫藏股票之外，應將差額貸記資本公積－庫藏股交易帳戶，而不可以認列任何庫藏股交易的收益。不承認庫藏股交易利益的主要理由有二：(1) 企業出售資產方能產生出售利益，但庫藏股並非企業資產；(2) 企業不能因買賣自身的股票而實現利益或損失。因此，企業不能將庫藏股售出價格高於或低於成本之部分，認列為損益表中之損益，而應在資產負債表內列為權益的一個增減項目。例如，若長安公司於 2015 年 4 月 30 日，以每股 $18 現金價格，再售出 2,000 股庫藏股，則其分錄如下：

		借	貸
4 月 30 日	現　金	36,000	
	庫藏股票		30,000
	資本公積－庫藏股交易		6,000
	（以每股 $18 售出 2,000 股庫藏股）		

（三）以低於成本售出庫藏股

若庫藏股售出價格低於取得成本時，應將售價低於成本之差額，借記資本公積－庫藏股交易，但此帳戶不允許產生借方餘額。因為資本公積－庫藏股交易屬於投入資本帳戶，資本帳戶在法律上不應發生負數。故當資本公積－庫藏股交易之貸方餘額不足以沖抵售價低於成本之差額時，其不足之數應借記保留盈餘。茲舉例說明之，若長安公司於 2015 年 6 月 10 日，以每股 $11 現金價格，再售出 1,000 股庫藏股，則應做如下分錄：

6 月 10 日	現　　金	11,000	
	資本公積－庫藏股交易	4,000	
	庫藏股票		15,000
	（以每股 $11 售出 1,000 股庫藏股）		

上述分錄經過帳後，長安公司在 2015 年 6 月 10 日的「庫藏股票」與「資本公積－庫藏股交易」兩帳戶的餘額，應當顯示如下內容：

庫藏股票

借方	貸方
3/31　120,000	4/15　37,500
	4/30　30,000
	6/10　15,000
餘額　37,500	

資本公積－庫藏股交易

借方	貸方
6/10　4,000	4/30　6,000
	餘額　2,000

但如果長安公司於 2015 年 6 月 15 日，以每股 $10 現金價格，再售出 1,000 股庫藏股。此時，由於售價低於成本部分爲 $5,000，而資本公積－庫藏股交易帳戶的僅有貸餘 $2,000，其餘不足之數 $3,000 應借記保留盈餘。故其分錄如下：

6 月 15 日	現　　金	10,000	
	資本公積－庫藏股交易	2,000	
	保留盈餘	3,000	
	庫藏股票		15,000
	（以每股 $10 售出 1,000 股庫藏股）		

（四）註銷庫藏股

當企業買回庫藏股後將其註銷，此時應貸記庫藏股票項目，並按股權比例借記普通股股本與資本公積－股票發行溢價。若收回庫藏股之成本大於註銷普通股股本面額，則應根據股票原始發行價格，先按股權比例沖減發行普通股溢價部分，將差額借記資本公積－股票發行溢價帳戶；不足之數則應優先沖減（借記）同種類庫藏股票所產生之資本公積－庫藏股交易帳戶，其餘不足之數再沖減（借記）保留盈餘。若收回庫藏股之成本小於註銷普通股之原始發行價格，則應將差額貸記同種類庫藏股票交易所產生之資本公積一庫藏股交易帳戶。例如，若長安公司於 2015 年 6 月 30 日，將其餘 1,500 股庫藏股註銷。假設股票原始發行價格為每股 $12，則其分錄如下：

6 月 30 日	普通股股本	15,000	
	資本公積一普通股股票發行溢價	3,000	
	保留盈餘	4,500	
	庫藏股票		22,500
	（註銷 1,500 股庫藏股）		

此一分錄中，庫藏股買回成本為 $22,500（＝ $15×1,500 股），但股票原始發行價格僅有 $18,000（＝ $12×1,500 股），因資本公積一庫藏股交易帳戶已無餘額，故不足之數的 $4,500（＝ $22,500 － $18,000）應沖減保留盈餘。企業買回庫藏股將使其資產總額與權益總額均降低，而售出庫藏股則將使其資產總額與權益總額均增加。但是，註銷庫藏股並未使資產總額與權益總額發生變動。

13-5 權益變動表

為讓財務報表使用者便於瞭解公司之所有權益帳戶在某段期間的變化情況，會計人員通常編製權益變動表，用以彙整表達公司在某段期間所有影響權益項目之交易。這些交易包括影響投入資本或保留盈餘發生異動的相關事項，也就是說，權益變動表的內容包括權益變動表內所含的資訊，以及投入資本異動的資訊。

因此，為反應權益項下各帳戶的異動情形，權益變動表內通常會在直的欄位列示下列項目：(1) 已發行且流通在外的每一類股票、(2) 資本公積、(3) 保留盈餘、及 (4) 庫藏股票等；而每一橫列則表達一個或多個權益帳戶受主要交易或異動事項的影響金額。

表 13-9 列示長安公司在 2015 年度的權益變動表，第一列指出權益項下各帳戶的期初餘額，接著列示前期損益調整、發行 50,000 股普通股、賣出 8,000 股庫藏股票、買回 10,000 股庫藏股票、本期淨利、以及發放現金股利等事項的影響，最後一列則將期初餘額加上或減去各欄的異動金額，計算出各權益帳戶的期末餘額，此即期末資產負債表上權益部分所表達的餘額。此外，最後一個欄位則列計各橫列的合計數，用以彙總各異動事項影響金額之合計數，並檢驗數據的正確性。

表 13-9　權益變動表

長安公司
權益變動表
2015 年度

	6% 特別股（@$100）	普通股（@$10）	資本公積	保留盈餘	庫藏股票	權益合計
期初餘額，1/1	$1,000,000	$2,000,000	$230,000	$252,000	$ (90,000)	$3,392,000
前期損益調整				84,000		84,000
發行 50,000 股普通股		500,000	250,000			750,000
賣出 8,000 股庫藏股票			10,000		90,000	100,000
買回 10,000 股庫藏股票					(120,000)	(120,000)
本期淨利				224,000		224,000
現金股利：						
特別股				(60,000)		(60,000)
普通股				(100,000)		(100,000)
期末餘額，12/31	$1,000,000	$2,500,000	$490,000	$400,000	$(120,000)	$4,270,000

學·後·評·量

一、選擇題

( ) 1. 「前期損益調整」係一項： (A) 報導於損益表中的非典型項目 (B) 報導於權益變動表中做爲保留盈餘期末餘額的調整項目 (C) 報導於權益變動表中做爲調整保留盈餘期初餘額的錯誤更正項目 (D) 直接報導於資產負債表內權益項下做爲一個權益的調整項目。

( ) 2. 下列何者不會報導於權益變動表中？ (A) 前期損益調整 (B) 當期淨利或淨損 (C) 現金股利或股票股利 (D) 出售庫藏股票之利益。

( ) 3. 當公司宣告即將發放現金股利時，對該公司財務會產生何種影響？ (A) 資產減少 (B) 負債減少 (C) 權益減少 (D) 普通股股本增加。

( ) 4. 下列各選項何者有誤？ (A) 已認購但未發行之股本是股本的加項 (B) 在成本法下，庫藏股是權益總數的減項 (C) 公司宣告現金股利時，將增加權益總額 (D) 以公司所需資產抵繳股款時，若其資產公平市價較客觀，則應按資產公平市價入帳。

( ) 5. 下列有關「小額股票股利」之敘述何者無誤？ (A) 發放股票股利會減少權益總額 (B) 必須按每股市價分配股利 (C) 股票股利通常不會影響股票之每股帳面價值 (D) 應按發行股票之面額借記保留盈餘。

( ) 6. 公司若在同一年度宣告並發放股票股利，對該公司財務會產生何種影響？ (A) 資產減少 (B) 負債增加 (C) 權益減少 (D) 普通股股本增加。

( ) 7. 下列有關「在同一年度宣告並發放股票股利」的敘述，何者正確？ (A) 會提高當年底負債比率 (B) 會減少當年底權益總額 (C) 對當年度每股盈餘並無影響 (D) 會提高當年度之加權平均流通在外股數。

( ) 8. 下列有關股票股利之敘述，何者較爲正確？ (A) 庫藏股不分發股票股利 (B) 投資公司收到股票股利時，應認列股利收入 (C) 公司宣告股票股利時，其權益總額及保留盈餘均不變 (D) 公司宣告股票股利時，不須做正式分錄，只要做備忘記錄即可。

(　　) 9. 台北公司於 2015 年初成立，並於 2 月 1 日發行每股面額 $10 的普通股 500,000 股，發行價格為每股 $12。該公司於 8 月 1 日首次購回庫藏股，以每股 $14 的價格購回 5,000 股，並於兩個月及三個月後，分別以每股 $18 及 $13 的價格各出售 2,000 股，年底將剩餘之 1,000 股予以註銷。請問這些交易會使保留盈餘增加或減少多少金額？　(A) 增加 $0　(B) 增加 $2,000　(C) 減少 $2,000　(D) 增加 $3,000。

(　　) 10. 萬華公司 2015 年 12 月 31 日之權益為 $450,000。萬華公司於 2016 年間，宣告並支付現金股利 $90,000，增資發行股票收現 $210,000，買回庫藏股票付現 $45,000，當年度淨利為 $55,000，則 2016 年 12 月 31 日萬華公司的權益應為：(A)$670,000　(B)$580,000　(C)$560,000　(D)$470,000。

(　　) 11. 桃園公司 2015 年底權益資料如下：

普通股股本（每股面額 $10）	$ 2,000,000
資本公積	500,000
保留盈餘	600,000

2016 年 4 月 1 日，該公司發放每股 $2 之現金股利，7 月 1 日辦理現金增資，以每股 $20 發行 40,000 股。假設 2016 年度桃園公司之淨利為 $480,000，則該公司 2016 年度之每股盈餘為：　(A)$1.50　(B)$2.00　(C)$2.18　(D)$2.40。

(　　) 12. 苗栗公司於 2015 年 1 月 1 日有流通在外股數 72,000 股，在 2015 年間普通股之交易如下：

1 月 1 日	進行每股分割為 3 股之股份分割
5 月 1 日	發放 20 % 股票股利
10 月 1 日	買回庫藏股票 19,200 股

則苗栗公司 2015 年度加權平均流通在外股數為：　(A)189,600 股　(B)254,400 股　(C)259,200 股　(D)274,400 股。

(　　) 13. 石門公司 2015 年底有普通股股本 $1,500,000，及 8% 特別股股本 $500,000，特別股為非累積，部分參加至 10 %，若當年度該公司的可分配股利為 $265,000，則當年度特別股股利金額為何？　(A)$75,000　(B)$66,250　(C)$50,000　(D)$40,000。

(　　) 14. 淡水公司以每股 $25 出售庫藏股 2,000 股 (面額爲 $10)，若該公司先前購回庫藏股每股成本爲 $21，則其帳上之交易記錄應貸記：　(A) 庫藏股票 $42,000 及資本公積—庫藏股交易 $8,000　(B) 庫藏股票 $20,000 及保留盈餘 $30,000　(C) 庫藏股票 $42,000 及及資本公積—股票發行溢價 $8,000　(D) 庫藏股票 $20,000 及資本公積—庫藏股交易 $30,000。

(　　) 15. 內湖公司在 2015 年 7 月 15 日，因某位小股東反對股東臨時會重大議案之決議，要求公司按當時市場每股公平價值 $15 收購其股份 30,000 股。公司立即同意且依法購回，並分別於一個月及兩個月後，以每股價格 $16 及 $13 各出售 15,000 股。若內湖公司以成本法記錄這些庫藏股票交易，則對其年底財務報表會產生何種影響？　(A) 本期淨利減少 $15,000　(B) 保留盈餘減少 $15,000　(C) 資本公積減少 $15,000　(D) 保留盈餘減少 $30,000。

(　　) 16. 在資產負債表上列示庫藏股成本於權益項下時，應將庫藏股成本列爲下列何者之減項？　(A) 普通股股本　(B) 保留盈餘　(C) 投入資本與保留盈餘合計　(D) 權益總額。

二、計算題

1. 【編製權益變動表】嘉義公司 2015 年 12 月 31 日結帳後之保留盈餘餘額爲 $825,000。

在 2016 年間發生下列交易：

①宣告股票股利 $120,000。

②宣告現金股利 $180,000。

③更正 2015 年由於折舊提列錯誤而造成稅後淨利低估 $45,000。

④本年之稅後淨利 $525,000。

試編製嘉義公司 2016 年度之權益變動表。

2. 【編製資產負債表權益部分】以下爲屏東公司 2015 年 12 月 31 日經會計師查核後分類帳上的項目餘額：

特別股股本，每股面額 $100，股利率 7%， 已核准 50,000 股，已發行 20,000 股	$2,000,000
普通股股本，每股面額 $10，已核准 300,000 股， 已發行 200,000 股	2,000,000
待分配普通股股票股利	80,000

資本公積—特別股股票發行溢價	500,000
資本公積—普通股股票發行溢價	1,500,000
保留盈餘	820,000
庫藏股票 (6,000 股普通股股票)	72,000

假設屏東公司因擴廠計畫而限制 $90,000 的保留盈餘，試編製 2015 年 12 月 31 日資產負債表權益部分。

3.【計算每股盈餘】宜蘭公司 2015 年底有 4,000 股每股面額 $100，股利率 6% 的累積特別股，以及每股面額 $10，已發行普通股股票 200,000 股。當年度淨利爲 $842,000。假設下列各項情況獨立，試計算普通股在 2015 年的每股盈餘。

(1) 特別股已宣告股利，本年度流通在外股數都沒有變動。

(2) 未宣告股利，本年期初購回普通股股票 20,000 股。

4.【現金股利相關分錄及其在財務報表上之表達】台中公司在 2015 年初有 190,000 股，每股面額 $10 的普通股股票流通在外，普通股股票發行溢價 $3,800,000，期初保留盈餘餘額爲 $700,000。當年度發生下列交易事項：

3 月 1 日	以每股 $34，發行 30,000 股普通股股票。
5 月 15 日	宣告現金股利，每股 $2，訂定 5 月 31 日爲股利基準日。
6 月 10 日	發放 5 月 15 日宣告之現金股利。
11 月 1 日	以每股 $38，發行 4,000 股普通股股票。
12 月 1 日	宣告現金股利每股 $2.40，基準日爲 12 月 31 日。

本年度之淨利爲 $2,500,000。

試作：

(1) 列記上述交易及相關股利日期應有之分錄。

(2) 台中公司在 2015 年 12 月 31 日的財務報表上應如何表達股利及應付股利？

5. 【每股帳面價值及股票股利】虎尾公司 7 月 1 日之權益內容如下：

普通股股本，每股面額 $10	$ 300,000
資本公積—股票發行溢價	37,500
保留盈餘	1,112,500
權益總額	$1,450,000

該公司於 7 月 1 日，宣告並發放股票股利 10%，當日公司普通股每股市價爲 $30。

試作：

(1) 計算股票股利發放前該公司普通股之每股帳面價值。

(2) 計算股票股利發放後該公司普通股之每股帳面價值。

(3) 列示該公司發放股票股利後，權益各項目的餘額。

6. 【更正分錄】苗栗公司在編製財務報表前，發現下列錯誤：

(1) 宣告發放 $60,000 的現金股利，被借記利息費用 $60,000，貸記現金 $60,000。

(2) 宣告大額股票股利 20,000 股，當時市價每股 $20，每股面額 $10，被借記保留盈餘 $200,000，貸記應付股利 $200,000。

(3) 進行 1：2 之股票分割，分割前普通股股票每股面額 $10，共發行流通在外 300,000 股，此時被借記保留盈餘 $3,000,000，貸記普通股股本 $3,000,000。

試作上述錯誤之更正分錄。

7. 【股利分錄及編製資產負債表權益部分】林園公司在 2015 年 12 月 31 日有下列權益項目餘額：

普通股股本，每股面額 $10，已發行且流通在外 135,000 股	$1,350,000
資本公積—普通股股票發行溢價	300,000
保留盈餘	810,000

在 2016 年中，發生下列交易事項：

2 月 5 日	宣告每股 $0.50 之現金股利，以 2 月 20 日爲基準日，3 月 15 日爲發放日。
3 月 15 日	發放 2 月 5 日宣告之現金股利。
4 月 5 日	宣告 10% 的股票票利，以 5 月 20 日爲基準日，當時每股市價 $30。

6 月 10 日　發放 4 月 5 日宣告之股票股利。

8 月 1 日　進行股票分割，比例爲 1 股分爲 2 股。分割後每股面額 $5，分割後當日每股市價 $20。

11 月 1 日　宣告每股 $1 的現金股利，以 12 月 10 日爲基準日，發放日爲 2017 年 1 月 10 日。

12 月 31 日　當年度淨利爲 $375,000。

試作：

(1) 列記上述各項交易之分錄及結帳分錄。

(2) 將所有分錄過帳至分類帳（應付股利、普通股股本、資本公積—股票發行溢價、保留盈餘）。

(3) 編製林園公司 2015 年 12 月 31 日資產負債表之應付股利負債及權益部分。

8. 【編表及計算每股盈餘】花蓮公司於 2015 年 12 月 31 日其財務報表經會計師查核後，發現如下資料：

① 特別股股票，股利率 7%，非累積，每股面額 $100，贖回價格 $150。在 2014 年 1 月 1 日已核准 30,000 股，已發行且流通在外 10,000 股。

② 普通股股票，已核准 700,000 股，每股面額 $10。

③ 在 7 月 1 日以每股 $16 發行普通股股票 100,000 股。

④ 10 月 1 日宣告現金股利 $650,000，但 94 年並未發放任何現金股利。

⑤ 12 月 31 日宣告並發放 10% 的普通股股票股利，當時市價每股 $11。

⑥ 2015 年的所有交易分錄及結帳分錄都沒有錯誤發生。

⑦ 期初保留盈餘爲 $2,500,000.

⑧ 2015 年度之淨利爲 $800,000。

⑨ 本年度指撥保留盈餘 $150,000，做爲擴充廠房之用。

該公司在 2015 年 1 月 1 日資產負債表上權益部分內容如下：

特別股股本，已發行且流通在外 10,000 股	$1,000,000
普通股股本，已發行且流通在外 450,000 股	4,500,000
資本公積—特別股股票溢價發行	300,000
資本公積—普通股股票溢價發行	1,200,000
保留盈餘	2,500,000
權益合計	$9,500,000

試作：

(1) 計算 2015 年底正確的保留盈餘餘額。

(2) 編製花蓮公司 2015 年度的權益變動表。

(3) 編製花蓮公司 2015 年 12 月 31 日資產負債表上權益部分。

(4) 計算普通股之每股盈餘。

(5) 計算特別股股票與普通股股票各分配到多少現金股利。

9. 【股利、股票分割與編表】南投公司 2015 年 12 月 31 日之權益項目如下：

普通股股本，每股面額 $10，已發行且流通在外 100,000 股	$1,000,000
保留盈餘	1,500,000

在 2016 年中，發生下列交易事項：

1 月 1 日	宣告現金股利，每股 $2，基準日 1 月 15 日。
2 月 10 日	發放 1 月 1 日宣告之現金股利。
3 月 1 日	進行股票分割，比例爲 1 股分爲 2 股，當日（分割前）每股市價 $30。
8 月 10 日	宣告 10% 的股票股利，當日每股市價 $15。訂定 8 月 25 日爲基準日，股利發放日爲 9 月 10 日。
9 月 10 日	發放股票股利。
11 月 15 日	宣告現金股利，每股 $1。以 11 月 30 日爲基準日，2017 年 1 月 10 日發放。
12 月 31 日	本年度淨利爲 $400,000。

試編製南投公司 2016 年 12 月 31 日資產負債表之權益部分。

10. 【權益相關分錄及編表】在 2015 年 12 月 31 日，羅東公司帳上各權益帳戶餘額如下：

特別股股本，股利率 8%，每股面額 $100	$1,200,000
普通股股本，每股面額 $10	1,000,000
資本公積—特別股股票發行溢價	400,000
資本公積—普通股股票發行溢價	600,000
保留盈餘	1,600,000

該公司於 2016 年中，發生下列交易事項：

6 月 30 日	宣告普通股股票每股 $1 之現金股利。
8 月 11 日	發放 6 月 30 日之現金股利。
10 月 31 日	宣告並發放特別股 8% 現金股利。
11 月 15 日	發現 2015 年低估折舊費用，使得淨利高估 $50,000（不考慮所得稅）。
11 月 20 日	宣告普通股 10% 股票股利，當日普通股每股市價 $20。
12 月 31 日	指撥 $200,000 的保留盈餘以作擴廠之用。
12 月 31 日	本年度淨利 $770,000。

試作：

(1) 列記上述交易事項應有之分錄及結帳分錄。

(2) 編製羅東公司 2016 年度之權益變動表。

(3) 編製羅東公司 2016 年 12 月 31 日資產負債表之權益部分。

11. 【編製資產負債表權益部分】蘇澳公司 2015 年 12 月 31 日有關權益項目餘額如下：

普通股股本，每股面額 $10，已發行且流通在外 2,250,000 股	$22,500,000
待分配普通股股票股利	3,000,000
保留盈餘	2,900,000

於 95 年發生如下交易事項：

① 發放已宣告之股票股利 200,000 股。

② 2015 年折舊高估 $105,000, 導致淨利低估（不考慮所得稅）。

③ 宣告並發放股票股利 100,000 股，當日每股市價 $10。

④ 以每股 $12 發行普通股 45,000 股。

⑤ 發放 $150,000 的現金股利。

⑥ 本年度淨利 $300,000。

試編製蘇澳公司 2016 年 12 月 31 日資產負債表上之權益部分。

12.【現金股利】潮州公司於 2011 年 1 月 1 日成立並開始營業，2011 年到 2015 年營運結果如下：

2011 年淨損	$ 225,000
2012 年淨利	200,000
2013 年淨損	195,000
2014 年淨利	375,000
2015 年淨利	1,500,000

2015 年 12 月 31 日潮州公司股本帳戶之明細如下：

特別股股票，每股面額 $100 股利率 12%，非累積且非參加，已發行且流通在外 15,000 股	$1,500,000
特別股股票，每股面額 $100 股利率 10%，累積且完全參加，已發行且流通在外 20,000 股	2,000,000
普通股股票，每股面額 $10，核准發行 150,000 股，發行流通在外 75,000 股	750,000

該公司成立後一直未分配過現金股利或股票股利。

假設所有股本在公司成立時即投入，試計算潮州公司 2015 年可分配現金股利的最大數額，並列示特別股與普通股現金股利的分配情形。

13.【權益交易分錄及編表】北投公司設立於 2015 年 1 月 1 日，當年內發生如下交易：

1 月 1 日	經核准得發行每股面額 $10 之普通股 45,000 股，以及股利率 6% 之特別股 15,000 股，每股面額 $100，爲非累積但可參加之特別股。當日，僅按面額以現金發行普通股股票 4,500 股。
1 月 6 日	以每股 $110 現金發行特別股 7,500 股。
1 月 8 日	購置房屋一棟，市價 $150,000，以發行普通股股票 7,500 股償付。
2 月 2 日	發生公司成立之登記費用，以發行特別股股票 75 股償付。當日每股市價 $150。
4 月 7 日	以每股 $120 現金發行特別股股票 4,500 股。
5 月 11 日	以每股 $15 現金發行普通股股票 1,500 股。
10 月 22 日	購回自家公司發行之普通股股票 750 股，共付 $15,000。
12 月 31 日	當年度淨利爲 $1,000,000。
12 月 31 日	宣告並發放現金股利 $150,000。

試作：

(1) 列記上述各項交易之分錄。

(2) 編製 2015 年 12 月 31 日之資產負債表上權益部分。

14.【權益交易分錄】麟洛公司部分權益的分類帳帳戶，在 2015 年 1 月 1 日餘額如下所示：

短期投資－九如公司	$ 75,000
應付特別股股利	9,000
應付普通股股利	45,000
特別股股本，股利率 7%，每股面額 $100	300,000
普通股股本，每股面額 $10	900,000
資本公積－特別股溢價發行	60,000
資本公積－普通股溢價發行	630,000
保留盈餘	810,000

2015 年間發生下列交易事項：

1 月 23 日	宣告財產股利，以投資九如公司全數股票作爲股利分配。當日股票市價爲 $86,500。
1 月 31 日	發放 2014 年 11 月 30 日宣告之股利。
2 月 17 日	發放財產股利。
4 月 10 日	宣告特別股現金股利，以及每股 $1.50 的普通股現金股利。
5 月 15 日	發放上述特別股股票及普通股股票現金股利。
9 月 17 日	宣告 10% 普通股股票股利，當日每股市價 $11。
11 月 12 日	發放股票股利。

試列記上述各交易事項之分錄。

15. 【股票股利】瑞穗公司因爲亟需保留現金作爲未來擴廠之用，故今年經董事會決議通過，發放股票股利以滿足股東分配股利之要求。瑞穗公司發放股票股利前權益帳戶餘額如下：

普通股股本，每股面額 $10	$ 3,200,000
資本公積—普通股股票發行溢價	6,400,000
保留盈餘	10,400,000

試作：

(1) 假設宣告 10% 股票股利，當日每股市價 $12，請列示發放股票股利後權益各項目餘額爲何？

(2) 假設宣告 30% 股票股利，當日每股市價 $12，請列示發放股票股利後權益各項目餘額爲何？

(3) 試述上述 (1) 與 (2) 會計處理方法不同的原因。

16. 【財產股利、股票股利與股票分割】鹿港公司於 2015 年 12 月 31 日的資產負債表之權益部分如下所示：

鹿港公司
部分資產負債表
2015 年 12 月 31 日

權益：	
投入資本	
特別股股本，6%，面額 $100；已核准 40,000 股，已發行及流通在外 1,800 股	$180,000
普通股股本，面額 $10；已核准 250,000 股，已發行及流通在外 24,800 股	248,000
資本公積：	
特別股發行溢價	26,400
普通股發行溢價	363,000
投入資本合計	$817,400
保留盈餘	436,000
權益合計	$1,253,400

假設下列各情況互相獨立，試作以下各項交易宣告日及發放日之分錄：

(1) 每 100 股普通股股票發放 0.5 股特別股股票。當日特別股股票每股市價 $137；普通股股票每股市價 $38。

(2) 普通股股票 5% 股票股利，當日普通股股票每股市價 $40。

(3) 普通股股票 30% 股票股利，當日普通股股票每股市價 $32。

(4) 普通股股票分割，比例為 1 股分為 2 股，當日普通股股票每股市價 $48。

(5) 以成本每股 $15 之北港公司股票 5,000 股作為財產股利分配給股東，當日北港公司每股市價 $18。

17. 【每股盈餘計算與及表達】雲林公司在 2015 年初，有普通股股票 360,000 股發行流通在外。2 月 1 日發行普通股股票 36,000 股，7 月 31 日收回庫藏股票 15,000 股，10 月 31 日註銷庫藏股票 15,000 股。2006 年度雲林公司的扣除非常損益前之淨利為 $540,000，非常損失的稅後淨額為 $40,000。

    試計算雲林公司 2015 年度之每股盈餘，並列示其在損益表上之表達方式。

18. 【普通股股票及特別股股票發行及庫藏股票交易】台北公司在 2015 年度發生下列交易事項：

    3 月 2 日 發行 750 股，每股面額 $10 的普通股股票，抵付公司設立的登記費 $45,000。

    6 月 12 日 發行 40,000 股，每股面額 $10 的普通股股票，取得現金 $562,500。

    7 月 11 日 以每股 $165 的價格，發行 1,500 股每股面額 $100 的特別股股票。

    11 月 28 日 以現金 $120,000 購回 3,000 股普通股庫藏股票。

    試列記台北公司 2015 年度上述交易之分錄。

19. 【庫藏股票交易分錄】高雄公司 2015 年 1 月 1 日的權益部分顯示：普通股股本，每股面額 $10，$3,000,000；資本公積—股票發行溢價 $2,000,000；保留盈餘 $2,400,000。

    下列為當年度發生的庫藏股票交易：

    4 月 1 日　以每股 $32，購回 100,000 股庫藏股票。

    6 月 1 日　以每股 $34，出售其庫藏股票 20,000 股。

    8 月 3 日　以每股 $30，出售其庫藏股票 16,000 股。

    試作：

    (1) 上述庫藏股票交易之所有分錄。

    (2) 假設 8 月 3 日若以每股 $26 出售其庫藏股票，重作當日有關庫藏股票交易之分錄。

20. 【庫藏股票交易分錄及編製資產負債表權益部分】板橋公司 2015 年 1 月 1 日之權益組成如下：普通股股本，每股面額 $10，$600,000，普通股發行溢價 $750,000，保留盈餘 $200,000，2015 年間公司庫藏股票交易彙總如下：

    2 月 1 日　以每股 $10.50 買入普通股股票 7,500 股。

    4 月 11 日　以每股 $15 售出普通股股票 1,500 股。

    7 月 18 日　以每股 $13.50 售出普通股股票 3,000 股。

    9 月 23 日　以每股 $7.50 售出普通股股票 1,500 股。

    95 年度板橋公司淨利爲 $120,000。

    假設板橋公司使用成本法處理庫藏股票交易，試作：

    (1) 列記上述庫藏股票交易分錄及 2015 年 12 月 31 日的結帳分錄。

    (2) 過帳至分類帳。使用下列帳戶：庫藏股票、資本公積—庫藏股交易及保留盈餘。

    (3) 編製 2015 年 12 月 31 日資產負債表之權益部分。

三、簡答題

1. 何謂「保留盈餘」或「累積虧損」？
2. 造成保留盈餘增減之主要因素爲何？
3. 解釋下列名詞：
    (1) 前期損益調整
    (2) 已指撥保留盈餘
    (3) 每股盈餘
4. 公司發放現金股利之先決條件爲何？
5. 與公司股利分配攸關的四個重要日期爲何？試分別說明之。
6. 何謂「小額股票股利」？何謂「大額股票股利」？兩者之會計處理方式有何不同？
7. 試比較現金股利和股票股利對公司資產、負債及權益的影響。
8. 股票分割之目的爲何？公司進行股票分割後，會計上應如何記錄？
9. 何謂「積欠股利」？是否普通股及特別股均可能發生「積欠股利」？
10. 何以會計人員需要編製「權益變動表」？在「權益變動表」內通常包括那些項目欄位？

CHAPTER 14

投 資

學習目標

一、認識金融工具及其類別。

二、認識金融資產之定義及類別。

三、學習「持有至到期日投資」之會計處理。

四、學習「透過損益按公允價值衡量之金融資產」之會計處理。

五、學習「備供出售金融資產」之會計處理。

六、學習「投資關聯企業」之會計處理。

本章架構

投資

- 金融工具
  - 債務型工具
  - 權益型工具
- 金融資產
  - 定義
  - 分類
- 投資債務工具-公司債券
  - 持有至到期日投資
  - 透過損益按公允價值衡量之金融資產
  - 備共出售金融資產
- 投資權益工具-普通股股票
  - 透過損益按公允價值衡量之金融資產
  - 備供出售金融資產
  - 投資關聯投資公司

前言

投資公司在從事營運活動及擴充廠房設備後，若尚有閒置資金，則投資公司會考慮將閒置資金投入於資本市場中，例如股票市場、債券市場、外匯市場、及期貨市場等，以賺取非本業的利益。有時，投資公司會將閒置資金投入債券市場，以穩定地賺取未來現金流量，有時，投資公司爲了開闢新市場、或是爲了分散經營風險而欲轉投資經營不同產業領域的事業，但又擔心單槍匹馬進入新市場或新事業的風險與成本過高，於是投資公司會在目標市場或目標產業尋求合作對象，透過購買合作對象已發行且流通在外具有表決權普通股股數的重大成數、或在合作對象的董事會裡取得重大的董事席次等方式，來達到對合作對象具有重大影響力或控制權，以利用合作對象既有的資源與優勢成功地進入了新市場或新的產業領域。因此，投資活動是投資公司經營事業時的一項重大決策與重要經濟活動。

而常見的投資標的包含股票與債券，兩者皆屬於金融工具，所以本章先介紹金融工具之定義與類別，其次以金融工具投資者的角度來介紹金融資產之定義與分類，然後說明債券工具投資之會計處理，最後解說較複雜的權益工具之會計處理。

14-1 金融工具

金融工具（financial instrument）本質上是一紙契約，協議訂定契約的雙方，一方爲提供金融工具者，稱爲發行公司，另一方爲接受金融工具者，稱爲投資公司。就發行公司的立場來看，若發行金融工具會使發行公司對此契約負有義務，則此金融工具對發行公司而言爲一債務型金融工具，此時發行公司也就承擔一筆金融負債（financial liability），例如公司債券即爲一種債務型金融工具，公司透過發行公司債募得所需的資金時，即對債券投資人負有償付利息與本金的義務，此時發行公司就承擔了一筆金融負債，會計上專業術語稱此金融負債爲應付公司債。若提供金融工具會導致發行公司的權益增加，則此金融工具爲一權益型金融工具（equity instrument），例如普通股股票即爲一種權益型金融工具，當公司發行普通股股票募集資金時，公司的普通股權益隨之增加。

就投資公司的立場來看，若購買的金融工具是一債務型金融工具，則投資公司於未來期間可賺取確定金額的現金流入，包含利息收益與本金，因此對投資公司而言此金融工具爲一筆資產，稱爲金融資產（financial asset）；若投資公司購買的金融工具是一權益型金融工具，則投資公司於未來期間可賺取不確定金額的現金流入，例如現金股利或出售此權益型工具所得之價差，所以對投資公司而言此權益型金融工具亦是一筆金融資產。總言之，投資公司不論購買何種類型的金融工具，只要所購買的金融工具會帶給投資公司未來的經濟資源增加、且未來經濟資源確實會流入投資公司，則該金融工具即為投資公司的一項資產，為了與投資公司的其它資產有所區別，會計上專業術語稱此類資產為金融資產。

14-2 金融資產

一、定義

金融資產係指投資公司購買金融工具，該金融工具於可預見之未來會帶來現金流入投資公司的可能性很高，且現金流入的金額能可靠衡量，則在此金融工具的契約模式下，投資公司為擁有權利的一方，購買該金融工具會使投資公司的經濟資源增加或所承擔的義務減少，故購買該金融工具為投資公司的一項資產，稱為金融資產。金融資產包括現金、應收款、放款、取得其他投資公司所發行的權益型金融工具（例如購買其他投資公司所發行的普通股股票）、及取得附有潛在利益的契約權利（例如在契約模式下有權利向履行義務的一方收取現金或收取其它金融資產、或有權利與履行義務的一方交換金融資產、或有權利以金融資產償還對他方的金融負債等）。

二、分類

2013年版國際會計準則第39號「金融工具：認列與衡量」[1]將金融資產分成四大類：（一）持有至到期日投資、（二）透過損益按公允價值衡量之金融資產、（三）備供出售金融資產、與（四）放款及應收款，茲將其定義分述如下：

（一）持有至到期日投資

係指投資公司所投資的金融工具具有固定或可決定之付款金額及固定到期日，且投資公司有積極意圖及有能力持有該金融工具至其到期日，則投資公司應將此投資歸類為持有至到期日投資。但有下列情況時，則不可將此投資歸類為「持有至到期日投資」：(1)投資公司於原始認列時即指定該投資為透過損益按公允價值衡量者，(2)投資公司指定該投資為備供出售者，或(3)該投資符合放款及應收款之定義者。

1　2013年版國際會計準則第39號將自2015年開始適用於所有上市暨上櫃公司，換言之，所有上市暨上櫃公司自2015年開始須遵循2013年版國際會計準則第39號認列與衡量所有金融工具之交易。

（二）透過損益按公允價值衡量之金融資產

係指符合下列條件之一者，可歸類爲透過損益按公允價值衡量之金融資產：

1. 被分類爲持有供交易。若：①其取得或發生之主要目的爲短期內出售或再買回；或②於原始認列時即屬合併管理之可辨認金融工具組合之一部分，且有近期該組合爲短期獲利之操作型態之證據；或③屬衍生工具（但財務保證合約或被指定且有效之避險工具之衍生工具除外），均應歸類爲持有供交易。
2. 於原始認列時被投資公司指定爲透過損益按公允價值衡量者。投資公司於該指定因下列任一因素而可提供更攸關之資訊時，始得作此指定：①該指定可消除或重大減少如不指定將會因採用不同基礎衡量資產或認列其利益及損失，而產生之衡量或認列不一致（有時稱爲會計配比不當）；或②一組金融資產係依書面之風險管理或投資策略，以公允價值基礎管理並評估其績效，且投資公司內部係以公允價值基礎提供有關該組金融資產之資訊予其主要管理人員（例如投資公司之董事會及執行長）。對在活絡市場無市場報價且其公允價值無法可靠衡量之權益工具投資，不得指定爲透過損益按公允價值衡量。

（三）備供出售金融資產

係指 (1) 非衍生金融資產被指定爲備供出售，或 (2) 不符合①放款及應收款、②持有至到期日投資及③透過損益按公允價值衡量之金融資產這三類型金融資產之定義者，皆歸類爲備供出售金融資產。

（四）放款及應收款

係指於活絡市場無報價，但具有固定或可決定之付款金額之非衍生性金融資產。

14-3 投資債務工具－公司債券

投資公司購買債務工具，依其對此投資之管理意圖與方式，可分類爲持有至到期日投資、透過損益按公允價值衡量之金融資產及備供出售金融資產三類，茲分別詳述每一類型之適用條件、原始認列與衡量、持有期間及除列時之會計處理如下：

一、持有至到期日投資

（一）適用條件

當投資公司有積極意圖及有能力持有該債券至其到期日，並以收取債券投資所帶來的定期之利息流入與到期之本金流入時，投資公司應將該債券投資歸類爲「持有至到期日投資」，並在其帳冊及資產負債表上認列此債券投資爲「持有至到期日債券投資」。

（二）原始認列與衡量

投資公司第一次購買公司債券時，無論此類債券是否有公開活絡的交易市場，皆應以公允價值作爲衡量此債券投資的基礎，因在購買當時公允價值係由買賣雙方當事人共同同意接受的交易價格（transaction price），此交易價格即爲該債券投資的取得成本，若此類債券投資沒有公開活絡的交易市場時，其公允價值可由評估該投資未來會產生的現金流量按投資日（即指交易日或交割日）市場上有效利率折現衡量之。

投資公司爲取得債券投資而發生之交易成本（transaction cost）亦應認列爲取得成本之一部分。交易成本包括支付予代理機構（包括擔任銷售代理人之員工）、顧問、經紀商與自營商之費用及佣金，主管機關與證券交易所收取之規費，以及轉讓稅捐。但，交易成本不包括溢價或折價、財務成本、內部管理或持有成本。換言之，持有至到期日債券投資於取得日（亦即投資日）時，應以取得成本入帳，而取得成本包含交易價格（＝公允價值）與交易成本。

雖然投資公司持有此類投資旨在債券期限到期時收取按債券面額計之本金，但其投資時所付出的公允價格（＝交易價格，不包含交易成本）未必等同於所投資債券之面額，此係因投資公司投資當時之市場有效利率可能不同於債券上之票面利率。當投資時之市場有效利率等於債券上之票面利率時，投資公司購買債券時所付的公允價值就會等於債券面額，稱爲平價投資；若投資時之市場有效利率大於債券上之票面利率時，投資公司購買債券時所付的公允價值就會小於債券面額，稱爲折價投資；若投資時之市場有效利率小於債券上之票面利率時，投資公司購買債券時所付的公允價值就會大於債券面額，稱爲溢價投資。所以，在投資日原始認列時，投資公司必須比較購買債券時所支付之公允價值與債券面額，以決定是否有折價或溢價投資存在，若有折價或溢價投資發生時，投資公司必須在持有此類債券投資之期間，逐期攤銷折價或溢價投資之部位，相關之會計處理將詳述於「持有期間之會計處理」段中。

（三）持有期間之會計處理

取得「持有至到期日債券投資」以後期間，應以攤銷後成本衡量此類債券投資。在持有債券投資的期間，主要有兩個重要的時間點需作會計處理：(1) 收息日及 (2) 財務報導期間結束日。

1. 收息日

投資公司應於每次收息日按原始認列日（即指交易日或交割日當時）之有效利率乘以上一次收息日或財務報導期間結束日該債券投資帳面價值，以計算並認列利息收入，然後按債券上的利率乘以債券面額認列所收到的現金利息。若原始認列日（即指交易日或交割日當時）之有效利率與債券上的利率不一致時，即產生債券投資折價或債券投資溢價，此債券投資折價或溢價須在每次收息日與每一財務報導期間結束日時提列攤銷，而債券投資折價（或溢價）攤銷數即是以利息收入與現金利息間的差異數衡量之，投資公司以調整會計項目「持有至到期日債券投資」的方式認列債券投資折、溢價攤銷數，藉以決定債券投資於收息日的帳面金額。

何謂有效利率呢？假設債券工具的現金流量與存續期間能被可靠估計的情況下，將債券工具於存續期間或較短的期間內預期之未來現金流量（包括現金流入和現金流出）折現至原始認列日之淨帳面金額時所得的利率，即爲有效利率。若債券工具的現金流量與存續期間無法被可靠估計時，則於合約期間內將合約現金流量折現至原始認列日之淨帳面金額，以求算有效利率。投資公司必須考量債券工具的合約條款後，例如是否有預付條件、是否有買回權或其他選擇權等條件，始估算未來現金流量，但在估計未來現金流量時，不需考慮未來可能發生的信用風險。投資公司在估算債券工具之未來現金流量時，必須將債券投資下所發生的交易成本及相關的折價或溢價等納入未來現金流量的計算中。

2. 財務報導期間結束日

(1) 應收利息與利息收入之認列

持有此類債券投資的期間，投資公司須在每一財務報導期間結束日時認列自上一次收息日至財務報導期間結束日止已賺得的利息收入與應收利息。已賺得的利息收入係按原始認列日（即指交易日或交割日）之有效利率乘以上一次收息日該類債券投資的帳面金額計算而得，應收利息則按債券上的利率乘以所持有的債券面額計算得之，而應收利息與利息收入之間的差異數即爲債券投資折價或溢價攤銷數，投資公司仍以調整會計項目持有至到期日債券投資的方式認列債券投資折、溢價攤銷數，以決定債券投資於財務報導期間結束日的攤銷後成本。

(2) 價值減損之測試

IAS 39 要求投資公司在每一財務報導期間結束日時需評估是否有客觀證據證明「持有至到期日債券投資」有價值減損跡象。當有下列任一情況發生時，代表有客觀證據證明「持有至到期日債券投資」有價值減損（impairment）跡象：

① 債券發行公司正處於財務困難的危機中；

② 債券發行公司發生違約、或發生未能如期支付利息或償還本金的情事；

③ 基於考量債券發行公司發生財務困難之經濟面或法律面因素，原債權人給予該公司從未有過的讓步（例如延長還款期間，調降利率，甚或調降原應償還的本息）；

④ 債券發行公司很有可能向法院申請破產、或很有可能將進行財務重整；

⑤ 因債券發行公司處於財務困難的情況致使所發行的債券已被停止公開掛牌交易；

⑥ 在信用風險相似的債券投資群組中，若有發行公司延遲支付利息或（及）本金的次數增加、或發行公司經常用罄信用卡所授予的信用額度但卻只支付最低的款項時，代表此類債券投資自原始認列日以來其預期的未來現金流量會有減少趨勢；或

⑦ 當投資公司所在的國家或地區之總體經濟環境與債券投資之違約風險有相關性時，例如油價下跌致使貸放予石油公司的利率升高，或債券發行公司所處的產業環境發生不利的改變，例如新技術的誕生造成原有產品的銷售量減少等，致使此類債券投資自原始認列日開始預期的未來現金流量會減少。

當有下列情況存在時，不代表有客觀證據證明「持有至到期日債券投資」有價值減損跡象：

① 債券發行公司所發行的債券不再在債券市場上公開交易；

② 債券發行公司所發行的債券本身被調降信用評等；

③ 因政府調升政府公債的利率（無風險利率），致使此類債券投資的公允價值低於原始認列時的成本或續後期間的攤銷後成本。

當有客觀證據證明「持有至到期日債券投資」確實有價值發生減損的跡象時，投資公司須 (1) 先計算在財務報導期間結束日時此類債券投資的攤銷後成本；然後 (2) 以原始認列時（投資日）的有效利率估算此類債券投資於剩餘的未來期間會帶給投資公司淨現金流量的折現值，即爲可回收金額（recoverable amount），而估計此類債券投資在剩餘的未來期間淨現金流量時，不須將預期未來可能發生的信用風險納入現值的計算中；最後 (3) 比較「持有至到期日債券投資」之攤銷後成本與其可回收金額，若其攤銷後成本大於可回收金額，則將「持有至到期日債券投資」之攤銷後成本調降至可回收金額（recoverable amount），而兩者之間的差異數即

為當期間所發生的估計減損損失（impairment loss）金額，投資公司可以按估算的減損損失金額直接沖銷「「持有至到期日債券投資」以認列減損損失，或亦可另設立備抵項目累計減損損失（allowance account），然後再自「持有至到期日債券投資」的原始認列成本中扣減。

(3) 減損損失的迴轉（reversal of impairment loss）

假若在認列減損損失以後的期間，有客觀的證據證明此類債券投資有發生減損損失減少的事件時，例如債券發行公司之財務危機已解除或債券發行公司之信用評等獲得改善等，投資公司可以直接調升會計項目持有至到期日債券投資或以調整備抵項目累計減損損失（allowance account）的方式認列「減損迴轉利益」。如何決定「減損迴轉利益」應認列的金額呢？其決定步驟如下：

步驟①：依據造成減損損失減少的事件，重新估計此類債券投資於發生減損迴轉後之剩餘期間內的未來現金流量。

步驟②：按原始認列日（投資日）之有效利率將此類債券投資於發生減損迴轉後之剩餘期間內的預期未來現金流量折現，求算該債券投資於減損迴轉當日之帳面金額。

步驟③：假設不考慮減損情況下，計算此類債券投資於減損迴轉當日之攤銷後成本。

步驟④：比較此類債券投資於減損迴轉當日之帳面金額（從步驟②得知）和假設不考慮減損情況下於減損迴轉當日之攤銷後成本（從步驟③得知）。

❶ 若此類債券投資「於減損迴轉當日之帳面金額」小於其「假設不考慮減損情況下於減損迴轉當日之攤銷後成本」，則將「於減損迴轉當日之帳面金額」與「發生減損迴轉以前之攤銷後成本」相減即可求得應認列的「減損迴轉利益」金額。

❷ 若此類債券投資「於減損迴轉日之帳面金額」大於其「假設不考慮減損情況下於減損迴轉當日之攤銷後成本」，則將「假設不考慮減損情況下於減損迴轉當日之攤銷後成本」與「發生減損迴轉以前之攤銷後成本」相減即可求得應認列的「減損迴轉利益」金額。

（四）除列日之會計處理

在下列時間點，投資公司應除列持有至到期日債券投資：

1. 當投資公司所投資的債券已屆到期日時，代表其對此債券投資之現金流量請求權利已到期，則投資公司於除列日應認列收回的本金與利息，並除列該債券投資。
2. 當投資公司已移轉對該債券投資收取現金流量的權利，且亦已移轉該債券投資全部的風險和報酬時（例如提前出售），則應除列該投資。
3. 當投資公司已移轉對該債券投資收取現金流量的權利、可是尚未移轉也沒有保留該債券投資全部的風險和報酬、但已放棄對該債券投資的控制權時，則亦應除列該投資。

若是因投資公司提前出售債券投資、或投資公司已喪失對該債券投資的控制權時，則在除列日投資公司應先 (1) 按原始認列日（即指交易日或交割日）之有效利率認列自上一次財務報導期間結束日（或收息日）至除列日止該債券投資已賺得的利息收入，及 (2) 按債券利率計算自上一次財務報導期間結束日（或收息日）至除列日止該債券投資所孳生的應收利息，並認列折價或溢價攤銷數；然後 (3) 將該債券投資於上一次財務報導期間結束日的攤銷後成本（也就是當時的帳面價值）加上折價攤銷數（或減去溢價攤銷數）以計算至除列日應有之攤銷後成本；(4) 決定淨移轉價格（例如淨售價），淨移轉價格（例如淨售價）係指移轉價格（例如售價）減去移轉該債券投資時所發生的交易成本後之差異數；最後 (5) 認列處分投資損益，處分投資損益即是以淨移轉價格減去該債券投資在除列日應有之攤銷後成本的差額衡量之。

範例14-1

三星科技股份有限公司在 2011 年 1 月 1 日以 $1,000（包含交易成本）購買東方公司所發行 5 年期、債券利率為 4.7%、面額為 $1,250 的公司債券，該債券每年 12 月 31 日為付息日，到期日為 2015 年 12 月 31 日。三星科技股份有限公司有積極意圖及能力持有該投資至其到期日。2013 年間，東方公司面臨財務危機並已向法院申請財務重整，2013 年 12 月 31 日估計東方公司自 2014 年起無能力再依約支付利息且到期時僅存 $770 現金來償還債券本金。2014 年 12 月 31 日東方公司財務重整成功、脫離了財務危機的困境，三星科技股份有限公司亦收到法院的文件，證明東方公司已能依原債券合約的條件繼續支付利息和償還本金。三星科技股份有限公司對此債券投資的會計處理如下：

解

對三星科技股份有限公司而言，此筆債券投資於每年的 12 月 31 日有可決定的現金利息流入金額且有固定的到期日，所以三星科技股份有限公司應將此債券投資歸類爲「持有至到期日金融資產」，在資產負債表上認列爲「持有至到期日債券投資」。

三星科技股份有限公司於 2011 年 1 月 1 日以 \$1,000 購買東方公司所發行面額 \$1,250 的公司債，因投資成本小於債券面額（即爲折價投資），可知交易日（2011 年 1 月 1 日）的有效利率大於債券利率 4.7%，故求算交易日的有效利率如下：

$$\$1{,}250 \times p_{5,i} + \$1{,}250 \times 4.7\% \times p_{5,i} = \$1{,}000$$

$p_{5,i}$ 係指在 5 年期、折現率爲 i 的情況下之一元複利現值，$p_{5,i}$ 係指在 5 年期、折現率爲 i 的情況下之一元普通年金現值。使用財務工程計算機或試誤法求得有效利率 i 爲 10%，此有效利率即是代表原始認列日（投資日）的有效利率。

算出有效利率後，接著採用有效利率法（effective interest method）分析在持有該債券投資的每一個期間應認列的現金利息、利息收入、折價攤銷數及每一財務報導期間結束日已攤銷成本，如表 14-1 所示：

表 14-1　持有至到期日債券投資 - 按攤銷後成本衡量：債券投資折價攤銷表

日期	(1) 攤銷後成本衡量(期初帳面金額)	(2) 現金利息	(3) 利息收入	(4) = (3) - (2) 折價攤銷數	(5) = (1) + (4) 攤銷後成本衡量(期末帳面金額)
2011/1/1	\$ 1,000	\$ -	\$ -	\$ -	\$ 1,000
2011/12/31	1,000	59	100	41	1,041
2012/12/31	1,041	59	104	45	1,086
2013/12/31	1,086	59	109	50	1,136
2014/12/31	1,136	59	114	55	1,191
2015/12/31	1,191	59	119	60	1,250

現金利息 = 債券面額 \$1,250 × 債券利率 4.7% × 12/12

利息收入 = 攤銷後成本衡量 (期初帳面金額) × 有效利率 10% × 12/12

2015/12/31 攤銷後成本 (期末帳面金額) 需調整 \$1 差異數

根據表 14-1 的結果，三星科技股份有限公司在其帳上作如下分錄：

日期	科目	借方	貸方
2011/1/1	持有至到期日債券投資	1,000	
	現　　金		1,000
12/31	現　　金	59	
	持有至到期日債券投資	41	
	利息收入		100
2012/12/31	現　　金	59	
	持有至到期日債券投資	45	
	利息收入		104
2013/12/31	現　　金	59	
	持有至到期日債券投資	50	
	利息收入		109

2013 年 12 月 31 日認列利息收入之後，「持有至到期日債券投資」的攤銷後成本（帳面金額）爲 $1,136。但在 2013 年間，東方公司面臨財務危機並已向法院申請財務重整，2013 年 12 月 31 日估計東方公司自 2014 年起無能力再依約支付利息且到期時僅存 $770 現金來償還債券本金，因此該年度已有客觀證據證明該債券投資發生價值減損，三星科技股份有限公司須於 2013 年 12 月 31 日按原始認列日之有效利率（10%）重新估計此類債券投資於剩餘的兩年期間內會帶給公司淨現金流量的折現值：

$$\$770 \times p_{2,\,10\%} + \$0 \times 4.7\% \times p_{2,\,10\%} = \$636$$

$p_{2,\,10\%}$ 係指在 2 年期、折現率爲 10% 的情況下之一元複利現值（0.82645），$p_{2,\,10\%}$ 係指在 2 年期、折現率爲 10% 的情況下之一元普通年金現值（1.73554）。折現值 $636 即是代表該債券投資於 2013 年 12 月 31 日的可回收金額，將債券投資之攤銷後成本（帳面金額）$1,136 調降至估算的折現值（可回收金額）$636，兩者之間的差異數 $500（＝ $1,136 － $636）即爲估計 2013 年度所發生的減損損失金額，故三星科技股份有限公司在帳上認列此類債券投資所發生的減損損失：

12/31	減損損失	500	
	持有至到期日債券投資		500

認列減損損失之後，該債券投資在 2013 年 12 月 31 日三星科技股份有限公司資產負債表上的帳面金額已調整至 $636，並以此作爲計算 2014 年度的利息收入與 2014 年 12 月 31 日「持有至到期日債券投資」之攤銷後成本。2014 年 12 月 31 日三星科技股份有限公司在帳上認列利息收入如下：

12/31	持有至到期日債券投資	64	
	利息收入		64

現金利息：$0 (因已無法依債券契約如期支付利息。)

利息收入：$636 × 10% × 12/12 = $64

折價攤銷數： 利息收入－現金利息 = $64 － $0 = $64

2014 年 12 月 31 日東方公司財務重整成功、脫離了財務危機的困境，三星科技股份有限公司亦收到法院的文件，證明東方公司已能依原債券合約的條件繼續支付利息和償還本金。此時已有客觀的證據證明該債券投資有發生減損損失減少的情況，故三星科技股份有限公司於 2014 年 12 月 31 日（減損迴轉日）須按原始認列日之有效利率（10%）重新估算該債券投資「於減損迴轉後之帳面金額」，計算如下：

$\$1,250 \times p_{1,\,10\%} + \$1,250 \times 4.7\% \times p_{1,\,10\%}$

＝ $1,250×（1 年期、年利率 10% 之一元複利現值）

＋ $1,250× 4.7%×（1 年期、年利率 10% 之一元普通年金現值）

$= \$1,250 \times 0.90909 + \$1,250 \times 4.7\% \times 0.90909$

$= \$1,190$

得知此債券投資「於減損迴轉後之帳面金額」爲 $1,190 後，將此金額與「假設不考慮減損情況下於減損迴轉當日之攤銷後成本 $1,191」（見表 14-1）作比較，發現此類債券投資「於減損迴轉後之帳面金額」小於其「假設不考慮減損情況下於減損迴轉當日之攤銷後成本」，故將「於減損迴轉後之帳面金額 $1,190」與「發生減損迴轉以前之攤銷後成本 $700（＝ $636 ＋ $64）」相減即可求得應認列的「減損迴轉利益」金額爲 $490（＝ $1,190 － $700），三星科技股份有限公司應在帳上認列此「減損迴轉利益」：

12/31	持有至到期日債券投資	490	
	減損迴轉利益		490

2015年12月31日三星科技股份有限公司自東方公司收回該債券最後一次的利息支付與本金的償還後，對東方公司所發行的公司債券已無收取現金流量的權利，故應除列該債券投資。三星科技股份有限公司於2015年12月31日應在其帳上作如下分錄: :

12/31	現　　金	59	
	持有至到期日債券投資	60	
	利息收入		119

現金利息：$1,250 × 4.7% × 12/12 = $59

利息收入：$1,190 × 10% × 12/12 = $119

折價攤銷數： 利息收入 - 現金利息 = $119 - $59 = $60

12/31	現　　金	1,250	
	持有至到期日債券投資		1,250

範例 14-2

三星科技股份有限公司於 2010 年 1 月 1 日以 $1,043,478 的價格加手續費 $1,043 購買天祥公司所發行的 5 年期、面額 $1,000,000、債券利率 5%、每年 12 月 31 日付息、到期日爲 2015 年 1 月 1 日的公司債。三星科技股份有限公司有積極意圖及能力持有該投資至其到期日。天祥公司因擴展市場過急加上遇到產業景氣下滑，於 2013 年 1 月 1 日發生跳票及銀行貸款違約等情事，三星科技股份有限公司獲悉此資訊後，重新評估該債券投資未來可能產生的現金流量，估計該公司債到期時可收回的本金爲 $700,000、剩餘未來 3 年的期間每年年底估計可收回的利息爲 $30,000。天祥公司爲維持公司的存續，努力改善自己的財務結構，並於 2014 年 1 月 1 日成功地推出自行研發的新產品，因新產品廣被消費者所接受，所以改善了天祥公司的營運狀況及財務結構，使天祥公司有能力依公司債原始發行條件繼續清償本息。2015 年 1 月 1 日三星科技股份有限公司爲能提早收回該債券投資之現金流量，遂以 $1,010,000 出售該債券投資並支付 $1,010 的手續費予債券承銷商。三星科技股份有限公司對此債券投資的會計處理如下：

解

對三星科技股份有限公司而言，此筆債券投資於每年的 12 月 31 日有可決定的現金利息流入金額且有固定的到期日，所以三星科技股份有限公司應將此債券投資歸類爲持有至到期日金融資產，在資產負債表上認列爲持有至到期日債券投資。

公司於 2010 年 1 月 1 日以 $1,043,478 的價格加手續費 $1,043 購買天祥公司所發行的 5 年期、面額 $1,000,000、債券利率 5%、每年 12 月 31 日付息、到期日爲 2015 年 1 月 1 日的公司債，因此投資成本爲 $1,044,521（＝ $1,043,478 ＋ $1,043）。由於投資成本 $1,044,521 大於債券面額 $1,000,000（即爲溢價投資），可知交易日（2010 年 1 月 1 日）的有效利率小於債券利率 5%，故求算交易日的有效利率如下：

$$\$1,000,000 \times p_{5,i} + \$1,000,000 \times 5\% \times p_{5,i} = \$1,043,478 + \$1,043 = \$1,044,521$$

$p_{5,i}$ 係指在 5 年期、折現率爲 i 的情況下之一元複利現值，$p_{5,i}$ 係指在 5 年期、折現率爲 i 的情況下之一元普通年金現值。使用財務工程計算機或試誤法求得有效利率 i 爲 4%。

算出有效利率爲 4% 後，接著採用有效利率法（effective interest method）分析在持有該債券投資的每一個期間應認列的現金利息、利息收入、溢價攤銷數及每一期期末已攤銷成本，如表 14-2 所示：

表 14-2　持有至到期日債券投資 - 按攤銷後成本衡量：債券投資溢價攤銷表

日期	(1) 攤銷後成本衡量 (期初帳面金額)	(2) 現金利息	(3) 利息收入	(4) = (2) - (3) 溢價攤銷數	(5) = (1) - (4) 攤銷後成本衡量 (期初帳面金額)
2010/1/1	$ 1,044,521	$ －	$ －	$ －	$ 1,044,521
2010/12/31	1,044,521	50,000	41,781	8,219	1,036,302
2011/12/31	1,036,302	50,000	41,452	8,548	1,027,754
2012/12/31	1,027,754	50,000	41,110	8,890	1,018,864
2013/12/31	1,018,864	50,000	40,755	9,245	1,009,619
2014/12/31	1,009,619	50,000	40,381	9,619	1,000,000
現金利息 = $1,000,000 × 5% × 12/12 利息收入 = 攤銷後成本衡量 (期初帳面價值) × 4% × 12/12					

根據表 14-2 的結果，三星科技股份有限公司在其帳上作如下分錄：

2010/1/1	持有至到期日債券投資	1,044,521	
	現　金		1,044,521
12/31	現　金	50,000	
	持有至到期日債券投資		8,219
	利息收入		41,781
2011/12/31	現　金	50,000	
	持有至到期日債券投資		8,548
	利息收入		41,452

2011 年 12 月 31 日認列利息收入之後，持有至到期日債券投資之攤銷後成本為 $1,027,754。

天祥公司因擴展市場過急加上遇到產業景氣下滑，於 2012 年 1 月 1 日發生跳票及銀行貸款違約等情事，三星科技股份有限公司獲悉此資訊後，重新評估該債券投資未來可能產生的現金流量，估計該債券投資到期時可收回的本金為 $700,000、剩餘未來 3 年的期間每年年底估計可收回的利息為 $30,000，此時已有客觀證據證明該債券投資發生價值減損，三星科技股份有限公司須於 2012 年 1 月 1 日按原始認列日之有效利率（4%）重新估計此類債券投資於剩餘的 3 年期間內會帶給公司淨現金流量的折現值：

$$\$700{,}000 \times p_{3,\,4\%} + \$30{,}000 \times p_{3,\,4\%} = \$705{,}553$$

$p_{3,4\%}$ 係指在 3 年期、折現率為 4% 的情況下之一元複利現值（0.88900），$p_{3,4\%}$ 係指在 3 年期、折現率為 4% 的情況下之一元普通年金現值（2.77509）。折現值 $705,553 即是代表該債券投資於 2012 年 1 月 1 日的可回收金額，將債券投資之攤銷後成本 $1,027,754 調降至估算可回收金額 $705,553，兩者之間的差異數 $322,201（＝ $1,027,754 － $705,553）即為估計 2012 年度所發生的減損損失金額，故三星科技股份有限公司在帳上認列此類金融資產所發生的減損損失：

日期	科目	借方	貸方
1/1	減損損失	322,201	
	持有至到期日債券投資		322,201

認列減損損失之後，該債券投資持有至到期日債券投資在 2012 年 1 月 1 日三星科技股份有限公司資產負債表上的帳面金額已調整至 $705,553，並以此作為計算 2012 年度的利息收入與 2012 年 12 月 31 日的「持有至到期日債券投資」之攤銷後成本。2012 年 12 月 31 日三星科技股份有限公司在帳上認列利息收入如下：

日期	科目	借方	貸方
12/31	現金	30,000	
	持有至到期日債券投資		1,778
	利息收入		28,222

現金利息：$30,000 (每年年底可收回的利息)。

利息收入：$705,553 × 4% × 12/12 = $28,222

溢價攤銷數： 現金利息 - 利息收入 = $30,000 - $28,222 = $1,778

2012年12月31日認列利息收入之後，「持有至到期日債券投資」的攤銷後成本爲$703,775（＝$705,553－$1,778）。

2013年1月1日成功地推出自行研發的新產品，因新產品廣被消費者所接受，所以改善了天祥公司的營運狀況及財務結構，使天祥公司有能力依公司債原始發行條件繼續清償本息。此時已有客觀的證據證明該債券投資有發生減損損失減少的情況，故三星科技股份有限公司於2013年1月1日（減損迴轉日）須按原始認列日之有效利率（4%）重新估算該債券投資「於減損迴轉後之帳面金額」，計算如下：

$\$1,000,000 \times p_{2,\,4\%} + \$1,000,000 \times 5\% \times p_{2,\,4\%}$

＝$1,000,000×（2年期、年利率4%之一元現値）

＋$1,000,000×5%×（2年期、年利率4%之一元普通年金現値）

$= \$1,000,000 \times 0.92456 + \$1,000,000 \times 5\% \times 1.88609$

$= \$1,018,864$

得知此債券投資「於減損迴轉後之帳面金額」爲$1,018,864後，將此金額與「假設不考慮減損情況下於減損迴轉當日之攤銷後成本$1,018,864」（見表14-2）作比較，發現此類債券投資「於減損迴轉後之帳面金額」等於其「假設不考慮減損情況下於減損迴轉當日之攤銷後成本」，故將「於減損迴轉後之帳面金額$1,018,864」與「發生減損迴轉以前之攤銷後成本$703,775」相減即可求得應認列的「減損迴轉利益」金額爲$315,089（＝$1,018,864－$703,775），三星科技股份有限公司應在帳上認列此「減損迴轉利益」：

1/1	持有至到期日債券投資	315,089	
	減損迴轉利益		315,089

2013年1月1日認列減損迴轉利益後，「持有至到期日債券投資」的帳面金額調整至$1,018,864（＝$703,775＋$315,089），並以此作爲計算2013年度的利息收入與2013年12月31日「持有至到期日債券投資」之攤銷後成本。2013年12月31日三星科技股份有限公司在帳上認列利息收入如下：

12/31	現　金	50,000	
	持有至到期日債券投資		9,245
	利息收入		40,755

現金利息、利息收入、與溢價攤銷數之求算請參閱表14-2。

2013 年 12 月 31 日「持有至到期日債券投資」之攤銷後成本爲 $1,009,619（＝ $1,018,864 － $9,245）。

2014 年 1 月 1 日三星科技股份有限公司爲能提早收回該債券投資之現金流量，遂以 $1,010,000 出售該債券投資並支付 $1,010 的手續費予債券承銷商。因公司提前出售該債券投資，代表公司已移轉對該債券投資收取現金流量的權利、且亦已移轉該債券投資全部的風險和報酬，故於 2014 年 1 月 1 日應除列該債券投資。此時，公司須 (1) 先決定 2014 年 1 月 1 日（除列日）與該債券投資有關之「持有至到期日債券投資」之帳面金額，從上述 2013 年 12 月 31 日「持有至到期日債券投資」帳面金額之計算可知，2014 年 1 月 1 日（除列日）與該債券投資有關之「持有至到期日債券投資」帳面金額爲 $1,009,619；然後 (2) 決定淨移轉價格（例如淨售價），淨移轉價格（例如淨售價）係指移轉價格（$1,010,000）減去移轉該債券投資時所發生的交易成本（手續費 $1,010）後之差異數（$1,008,990）；最後，(3) 認列處分投資損益，處分投資損益即是淨移轉價格（$1,008,990）減去該債券投資在除列日應有之攤銷後成本（$1,009,619）的差異數（－ $629）。公司於 2014 年 1 月 1 日應在帳上認列出售對天祥公司原債券投資之交易：

1/1	現　　金	1,008,990	
	處分投資損失	629	
	持有至到期日債券投資		1,009,619

二、透過損益按公允價值衡量之金融資產

（一）適用條件

當 (1) 管理所投資的公司債券目的不是爲了定期收取債券之現金流量，或 (2) 所投資的公司債券之現金流量特性並不是純屬於還本付息（例如投資可轉換公司債），或是 (3) 指定以公允價值衡量該債券投資能消除或重大減少會計不一致的問題時，投資公司應將該類債券投資分類爲「透過損益按公允價值衡量之金融資產」，在其帳冊與資產負債表上認列爲「透過損益按公允價值衡量之債券投資」。

（二）原始認列與衡量

投資公司首次投資此類公司債券時，無論此類債券是否有公開活絡的交易市場，皆應以公允價值作爲衡量此投資的基礎，而公允價值之決定係以交易價格（transaction price）爲主，交易價格即是爲取得該債券投資所支付之對價；至於爲了取得該債券投資所支付之其他一切合理且必要之交易成本（transaction cost），例如支付給證券經紀人的手續費等，應在取得該債券投資時認列爲營業費用，不得將此等交易成本加入交易價格中。

何時投資公司該認列此債券投資呢？依據國際會計準則第 39 號（IAS 39）之原則，當投資公司已向發行公司或原持有人承諾購買確定數量與確定金額之債券、且已取得該債券所有權的全部報酬及承擔其全部風險時，無論當下是否已支付交易價格、取得債券，即應該認列此金融資產，換言之，原則上，投資公司應在交易日（trade date）即認列此債券投資。範例 14-3 和範例 14-4 說明原始認列與衡量債券投資之會計處理。

（三）持有期間之會計處理

1. 收息日

持有此類債券投資的期間，原則上，投資公司於每次收息日時須按原始認列日（即指交易日或交割日）之有效利率（effective interest rate）乘以上一次收息日或財務報導期間結束日此類債券投資的帳面價值計算應認列的利息收入、按債券上的利率乘以所持有的債券面額計算與認列所收到的現金利息。當原始認列日之有效利率與債券上的利率不一致時，即產生債券投資折價或債券投資溢價，此債券投資折價或溢價須在每次收息日與每一財務報導期間結束日時認列攤銷數，而此折價（溢價）攤銷數即是以利息收入與現金利息之間的差異數衡量之，並以調整會計項目透過損益按公允價值衡量之債券投資的方式認列此折、溢價攤銷數。

2. 財務報導期間結束日

持有此類債券投資的期間，投資公司須在每一財務報導期間結束日時認列自上一次收息日至財務報導期間結束日止已賺得的利息收入與應收利息。已賺得的利息收入按原始認列日之有效利率乘以上一次收息日該類債券投資的帳面價值計算之，應收利息則按債券上的利率乘以所持有的債券面額計算，而應收利息與利息收入之間的差異數即爲債券投資折價或溢價攤銷數，投資公司仍以調整透過損益按公允價值衡量之債券投資的方式認列此折、溢價攤銷數。

除此之外，歸類爲透過損益按公允價值衡量之債券投資於每一財務報導期間結束日時應以公允價值衡量，因此，在財務報導期間結束日時，投資公司須將透過損益按公允價值衡量之債券投資自當日的帳面價值調整至當日的公允價值，而帳面價值與公允價值之間的差異數則認列爲透過損益按公允價值衡量之金融資產損益。

3. 減損測試

因投資公司會依據市場狀況隨時買進賣出透過損益按公允價值衡量之債券投資，所以會影響債券的未來現金流量的因素並不會影響此投資所帶給投資公司的經濟效益，故投資公司持有透過損益按公允價值衡量之債券投資的期間不須作減損測試。

（四）除列日之會計處理

在下列時間點時，投資公司應除列「透過損益按公允價值衡量之債券投資」：

1. 當投資公司已移轉對該債券投資收取現金流量的權利、且亦已移轉該債券投資全部的風險和報酬時，例如出售。
2. 當投資公司已移轉對該債券投資收取現金流量的權利、可是尚未移轉也沒有保留該債券投資全部的風險和報酬、但已放棄對該債券投資的控制權時。

在除列日，投資公司應先 (1) 按投資日有效利率認列自上一次財務報導期間結束日（或收息日）至除列日止該債券投資已孳生的利息收入，及 (2) 按債券利率認列自上一次財務報導期間結束日（或收息日）至除列日止的應收（現金）利息；然後，(3) 將該債券投資於上一次財務報導期間結束日的帳面價值（也就是當時的公允價值）調整至除列日的公允價值，這兩個時間點公允價值之差異數即認列爲透過損益按公允價值衡量之金融資產損益；最後，決定與認列淨移轉價格（例如淨售價）及移轉該債券投資時所發生的交易成本（例如出售債券投資時所支付予證券承銷商的手續費）。淨移轉價格（例如淨售價）係以移轉價格（例如售價）減移轉該債券投資時所發生的交易成本後之差額衡量，而移轉該債券投資時所發生的交易成本應認列爲營業費用。範例 14-3 及範例 14-4 說明透過損益按公允價值衡量之債券投資於原始認列日、持有期間及除列日之會計處理。

範例14-3

三星科技股份有限公司於2015年1月1日以$50,000購買50張、年利率8%、10年期、每張面額$1,000的東華公司可轉換公司債券，該投資於2014年1月4日完成交割，另支付給證券經紀人0.1%的手續費用。1月1日至1月5日期間債券市場的有效利率均為8%。東華公司於每年1月1日與7月1日支付利息予債券投資人。三星科技股份有限公司管理此類債券投資的模式係視中央銀行的貨幣政策來決定出售的時機點。2015年12月31日及2016年12月31日公司所持有的此批公司債券市價分別為$50,500及$50,800。2017年4月1日該公司以$51,000價格加應計利息出售此批公司債券，4月4日完成交割，並支付0.1%的手續費予證券經紀人。三星科技股份有限公司對此債券投資交易的會計處理如下：

解

因三星科技股份有限公司管理此類債券投資的模式係視中央銀行的貨幣政策來決定出售的時機點，並非為了定期收取現金流量，且該金融資產現金流量特性也不是純屬還本付息的條件，故三星科技股份有限公司應將此類債券投資歸類為透過損益按公允價值衡量之金融資產，在其帳冊上認列為透過損益按公允價值衡量之債券投資。

2015/1/1	透過損益按公允價值衡量之債券投資	50,000	
	應付款項		50,000
1/4	應付款項	50,000	
	營業費用 - 手續費	50	
	現　　金		50,050
	手續費：$50,000 × 0.1% = $50		
7/1	現　　金	2,000	
	利息收入		2,000
12/31	應收利息	2,000	
	利息收入		2,000

日期	會計科目	借方	貸方
12/31	透過損益按公允價值衡量之債券投資	500	
	透過損益按公允價值衡量之金融資產損益		500
	透過損益按公允價值衡量之金融資產損益:$50,500 - $50,000 = $500		
2016/1/1	現　金	2,000	
	應收利息		2,000
7/1	現　金	2,000	
	利息收入		2,000
12/31	應收利息	2,000	
	利息收入		2,000
12/31	透過損益按公允價值衡量之債券投資	300	
	透過損益按公允價值衡量之金融資產損益		300
	透過損益按公允價值衡量之金融資產損益： $50,800 - $50,500 = $300		
2017/1/1	現　金	2,000	
	應收利息		2,000
4/1	應收利息	1,000	
	利息收入		1,000
4/1	透過損益按公允價值衡量之債券投資	200	
	透過損益按公允價值衡量之金融資產損益		200
	透過損益按公允價值衡量之金融資產損益： $51,000 - $50,800 = $200		
4/1	應收款項	51,949	
	營業費用 - 手續費	51	
	透過損益按公允價值衡量之債券投資		51,000
	應收利息		1,000
	手續費：$51,000 × 0.1% = $51		
4/4	現　金	51,949	
	應收款項		51,949

範例 14-4

三星科技股份有限公司於 2015 年 1 月 1 日以 $112,462 買入楓園公司發行的 20 年期公司債券，面額爲 $100,000，債券利率爲 6%，楓園公司於每年 12 月 31 日支付利息與債券投資者，2015 年 1 月 4 日完成交割，並支付 0.1% 手續費與證券經紀商。2015 年 1 月份期間債券市場有效利率平均爲 5%。經審慎評估後，三星科技股份有限公司財務長決定對此債券投資決定將指定以公允價值衡量，藉以消除會計不一致的問題。2015 年 12 月 31 日及 2016 年 12 月 31 日公司所持有的此批公司債券市價分別爲 $112,200 及 $112,500。2017 年 8 月 1 日該公司以 $112,700 價格加應計利息出售此批公司債券，8 月 4 日完成交割，並支付 0.1% 的手續費予證券經紀人。三星科技股份有限公司對此債券投資交易的會計處理如下：

解

因三星科技股份有限公司財務長決定對楓園公司的債券投資將指定以公允價值衡量且公允價值變動計入當期損益，所以三星科技股份有限公司應將此批債券投資歸類爲透過損益按公允價值衡量之金融資產，在其帳冊上認列爲透過損益按公允價值衡量之債券投資。

日期	科目	借方	貸方
2015/1/1	透過損益按公允價值衡量之債券投資	112,462	
	應付款項		112,462
1/4	應付款項	112,462	
	營業費用 - 手續費	112	
	現 金		112,574
	手續費：$112,462 × 0.1% = $112.462 ≒ $112		
12/31	現 金	6,000	
	透過損益按公允價值衡量之債券投資		377
	利息收入		5,623
	利息收入：$112,462 × 5% × 12/12 = $5,623		
	現金利息：$100,000 × 6% × 12/12 = $6,000		
	溢價攤銷數：$6,000 - $5,623 = $377		
12/31	透過損益按公允價值衡量之債券投資	115	
	透過損益按公允價值衡量之金融資產損益		115
	透過損益按公允價值衡量之金融資產損益：$112,200 - ($112,462 - $377) = $115		

2016/12/31	現　　金	6,000	
	透過損益按公允價值衡量之債券投資		390
	利息收入		5,610

利息收入：$112,200 × 5% × 12/12 = $5,610

現金利息：$100,000 × 6% × 12/12 = $6,000

溢價攤銷數：$6,000 - $5,610 = $390

12/31	透過損益按公允價值衡量之債券投資	690	
	透過損益按公允價值衡量之金融資產損益		690

透過損益按公允價值衡量之金融資產損益：$112,500 - ($112,200 - $390) = $690

2017/8/1	應收利息	3,500	
	透過損益按公允價值衡量之債券投資		219
	利息收入		3,281

利息收入：$112,500 × 5% × 7/12 = $3,281.25 ≒ $3,281

現金利息：$100,000 × 6% × 7/12 = $3,500

溢價攤銷數：$3,500 - $3,281 = $219

8/1	透過損益按公允價值衡量之債券投資	419	
	透過損益按公允價值衡量之金融資產損益		419

透過損益按公允價值衡量之金融資產損益： $112,700 - ($112,500 - $219) = $419

8/1	應收款項	116,087	
	營業費用 - 手續費	113	
	透過損益按公允價值衡量之債券投資		112,700
	應收利息		3,500

手續費：$112,700 × 0.1% = $112.7 ≒ $113

8/4	現　　金	116,087	
	應收款項		116,087

三、備供出售金融資產

（一）適用條件

若債券投資不符合持有至到期日之金融資產及透過損益按公允價值衡量之金融資產的條件時，則此債券投資就歸類爲備供出售金融資產，並在其帳冊及資產負債表上認列此債券投資爲備供出售金融資產－債券。

（二）原始認列與衡量

投資公司取得債券並將其歸類爲「備供出售金融資產」時，若該債券有公開活絡的交易市場，應以公允價值衡量其取得成本，而公允價值的決定係以交易價格（也就是成交價）加上交易成本（例如給與證券經紀人的手續費）；若該債券沒有公開活絡的交易市場時，其公允價值的決定係以評估該債券投資未來會帶給投資公司的淨現金流量按投資日（即指交易日或交割日）市場上有效利率折現衡量之，並加計交易成本。

（三）持有期間之會計處理

1. 收息日

「備供出售金融資產－債券」於收息日的會計處理與「持有至到期日債券投資」於收息日的會計處理相同。投資公司應按原始認列日（即指交易日或交割日當時）之有效利率乘以上一次收息日或財務報導期間結束日此類債券投資之攤銷後成本，以計算並認列利息收入，然後按債券上的利率乘以債券面額認列所收到的現金利息，利息收入與現金利息之間的差異數即爲當期應認列的投資折（溢）價攤銷數，投資公司通常會直接調整「備供出售金融資產－債券」項目來認列債券投資折（溢）價攤銷數，以決定此類債券投資在收息日的攤銷後成本。

2. 財務報導期間結束日

(1) 應收利息與利息收入之認列

另外，投資公司亦須在每一財務報導期間結束日時認列自上一次收息日至財務報導期間結束日止已賺得的利息收入與應收利息。已賺得的利息收入係按原始認列日（即指交易日或交割日）之有效利率乘以上一次收息日此類債券投資的攤銷後成本計算而得，應收利息則按債券利率乘以所持有的債券面額計算得之，而應收利息與利息收入之間的差異數即爲債券投資折（溢）價攤銷數，投資公司仍以調整備供出售金融資產－債券項目認列債券投資折（溢）價攤銷數，以決定此類債券投資於財務報導期間結束日的攤銷後成本。

(2) 期末評價

依據國際會計準則第 39 號之規範，「備供出售金融資產－債券」於每一財務報導期間結束日時須以公允價值評價，換言之，在每一財務報導期間結束日時須將「備供出售金融資產－債券」之攤銷後成本調整至公允價值，以表達該筆投資之現時經濟價值。此時，投資公司會設置評價項目備供出售金融資產評價調整來認列其攤銷後成本與公允價值間之差異數，此評價項目在資產負債表上表達時是列爲「備供出售金融資產－債券」之減項或加項。若「備供出售金融資產－債券」之攤銷後成本小於其公允價值時，投資公司則須將「備供出售金融資產－債券」之攤銷後成本調升至公允價值，此時要將「備供出售金融資產－債券」之攤銷後成本加上備抵備供出售金融資產評價調整（＝公允價值－攤銷後成本）；若「備供出售金融資產－債券」之攤銷後成本大於其公允價值時，投資公司則須將「備供出售金融資產－債券」之攤銷後成本調降至公允價值，此時要將「備供出售金融資產－債券」之攤銷後成本減去備抵備供出售金融資產評價調整（＝攤銷後成本－公允價值）。

因爲備供出售金融資產評價調整入帳金額係以「備供出售金融資產－債券」在財務報導期間結束日之攤銷後成本與當時公允價值間之差異數來衡量，所以這個差異數是備供出售金融資產評價調整在當期財務報導期間結束日之帳面金額，也就是當期期末餘額，此時必須與該項目在上一期財務報導期間結束日之帳面金額（也就是當期期初餘額）作比較，若此項目的期末餘額大於期初餘額，則投資公司必須認列因公允價值變動導致「備供出售金融資產－債券」發生了未實現損失，未實現損失金額則以「備供出售金融資產評價調整」之期末餘額減去其期初餘額衡量之，並作期末調整分錄：（借）其他綜合損益 - 備供出售金融資產－債券未實現損益、（貸）備供出售金融資產評價調整；若此項目的期末餘額小於期初餘額，則投資公司必須認列因公允價值變動導致「備供出售金融資產－債券」發生了未實現利益，未實現利益金額依舊是以「備供出售金融資產評價調整」之期末餘額減去其期初餘額衡量之，並作期末調整分錄：（借）備供出售金融資產評價調整、（貸）其他綜合損益 - 備供出售金融資產－債券未實現損益。「其他綜合損益 - 備供出售金融資產－債券未實現損益」係屬於綜合損益表的項目，於財務報導期間結束日時應結轉至資產負債表之「其他權益」項下。

(3) 減損測試

雖然「備供出售金融資產－債券」於財務報導期間結束日時係以公允價值爲衡量原則，但投資公司仍須在財務報導期間結束日時對此類金融資產作減損測試，因爲債券的公允價值發生變動係因市場因素或總體經濟情勢變動所造成的，並不表示會影響債券發行公司未來定期支付定額的現金利息及償還本金的能力，故投資公司還須在財務報導期間結束日時審度債券發行公司未來支付現金利息與償還本金的能力是否有發生變化，若有客觀證據顯示債券發行公司在可預期的未來無法按原定債券利率支付現金利息且（或）債券到期時無法償還全數的債券面額時，代表此「備供出售金融資產－債券」已發生價值減損，此時投資公司就須對此金融資產作減損的會計處理。

投資公司對「備供出售金融資產－債券」進行減損之會計處理步驟如下：(1) 計算此金融資產在財務報導期間結束日之攤銷後成本。(2) 計算此金融資產在財務報導期間結束日之可回收金額，若所投資的債券有活絡的交易市場，則以市場上的報價（＝公允價值）衡量可回收金額；若此債券沒有活絡的交易市場，則應估計此債券未來現金流量，並按發生減損當日市場利率計算估計未來現金流量之折現值，以此折現值衡量可回收金額。(3) 比較攤銷後成本與可回收金額，若「攤銷後成本」小於「可回收金額」，則表示此金融資產沒有減損的跡象存在；若「攤銷後成本」大於「可回收金額」，則將「攤銷後成本」調降至「可回收金額」，兩者間之差異數即爲應認列的減損損失。(4) 在日記簿帳冊上認列減損損失的發生：（借）減損損失、（貸）累計減損－備供出售金融資產－債券。(5) 沖銷先前已認列的「備供出售金融資產評價調整」與「其他綜合損益」。(6) 決定「備供出售金融資產－債券」於財務報導期間結束日在認列減損後應有之帳面金額，計算如下所示：

財務報導期間帳面金額＝攤銷後成本 – 累計減損
＝原始取得成本＋累計折（溢）價攤銷數 – 累計減損

(4) 減損損失之迴轉

「備供出售金融資產－債券」在被提列減損後，若續後期間有客觀證據顯示原先影響債券發行公司履行債務契約能力的因素不復存在，或債券發行公司未來履行債務契約的能力已獲得改善，則對投資投資公司而言，該金融資產的可回收金額已有回升的跡象，此時投資公司應認列減損迴轉利益，做分錄如下：（借）累計減損－備供出售金融資產－債券、（貸）減損迴轉利益，並依下列步驟來衡量「減損迴轉利益」之金額：

步驟①：認列與衡量自上一次財務報導期間結束日至造成減損損失減少之事件發生日（即減損迴轉當日）這段期間所滋生之利息收入及債券投資折（溢）價攤銷數，並計算該「備供出售金融資產－債券」於減損迴轉當日之攤銷後成本。值得注意的是，投資公司自提列減損後，續後期間利息收入的計算須以發生減損當日市場利率（有效利率）乘以上一次財務報導期間結束日之攤銷後成本來衡量。

步驟②：在減損迴轉當日，依據造成減損損失減少的事件，按發生減損當日之市場利率（有效利率）重新計算該「備供出售金融資產－債券」在剩餘期間內的未來現金流量折現值，亦即計算該債券投資於減損迴轉當日之帳面金額（＝可回收金額）。

步驟③：假設不提列減損情況下，按原始認列日（即指交易日或交割日）之有效利率計算此「備供出售金融資產－債券」於減損迴轉當日之應有攤銷後成本。

步驟④：比較該「備供出售金融資產－債券」於減損迴轉當日之帳面金額（從步驟②得知）和假設不提列減損情況下於減損迴轉當日之應有攤銷後成本（從步驟③得知）。

❶ 若此類債券投資「於減損迴轉當日之帳面金額」小於其「假設不提列減損情況下於減損迴轉當日之應有攤銷後成本」，則將「於減損迴轉當日之帳面金額」與「發生減損迴轉當日之攤銷後成本（從步驟①得知）」相減即可求得應認列的減損迴轉利益金額。

❷ 若此類債券投資「於減損迴轉日之帳面金額」大於其「假設不提列減損情況下於減損迴轉當日之應有攤銷後成本」，則將「假設不提列減損情況下於減損迴轉當日之應有攤銷後成本」與「發生減損迴轉當日之攤銷後成本（從步驟①得知）」相減即可求得應認列的減損迴轉利益金額。

（四）除列日之會計處理

在下列時間點，投資公司應除列備供出售金融資產－債券：

1. 當投資公司所投資的債券已屆到期日時，代表其對此債券投資之現金流量請求權利已到期，則投資公司於到期日應認列收回的本金與利息，並除列該債券投資。
2. 當投資公司已移轉對該債券投資收取現金流量的權利、且亦已移轉該債券投資全部的風險和報酬時（例如提前出售），則應除列該投資。
3. 當投資公司已移轉對該債券投資收取現金流量的權利、可是尚未移轉也沒有保留該債券投資全部的風險和報酬、但已放棄對該債券投資的控制權時，則亦應除列該投資。

若是因投資公司提前出售「備供出售金融資產－債券」、或投資公司已喪失對該債券投資的控制權時，則在除列日投資公司應先 (1) 按最近發生減損時之市場利率（有效利率）認列自上一次財務報導期間結束日（或收息日）至除列日止這段期間，該債券投資已賺得的利息收入，其次 (2) 按債券利率及債券面額計算自上一次財務報導期間結束日（或收息日）至除列日止這段期間該債券投資所孳生的應收利息，並認列債券投資折價或溢價攤銷數；然後 (3) 將該債券投資於上一次財務報導期間結束日的攤銷後成本加上投資折價攤銷數（或減去投資溢價攤銷數），以計算「備供出售金融資產－債券」在除列日應有之攤銷後成本；(4) 將「備供出售金融資產－債券」在除列日應有之攤銷後成本調整至除列日之公允價值，而攤銷後成本與公允價值間之差異數則認列爲「其他綜合損益－備供出售金融資產－債券未實現損益」；最後，(5) 認列因出售「備供出售金融資產－債券」所收到的移轉對價（＝該債券投資於除列日之公允價值），沖銷「備供出售金融資產－債券」、及與該投資有關的「備供出售金融資產評價調整」和「累計減損－備供出售金融資產－債券」，並將「其他綜合損益－備供出售金融資產－債券未實現損益」轉認列爲已實現的處分損益。

移轉「備供出售金融資產－債券」時所發生的交易成本應認列爲營業費用－手續費。範例 14-5 說明備供出售金融資產－債券於原始認列日、持有期間、與除列日之會計處理。

範例14-5

三星科技股份有限公司於 2015 年 1 月 1 日購買文華公司發行的五年期公司債券，公司債券面額 $500,000、債券利率及有效利率均爲 2.25%、每年 12 月 31 日付息。102 年 12 月 31 日文華公司的公司債券在債券市場上的價格與其在 2015 年 1 月 1 日時的市場報價相同。三星科技股份有限公司將此債券投資歸類爲備供出售金融資產。

文華公司於 2016 年年底發生財務危機向債權銀行申辦債務重整，三星科技股份有限公司在 2016 年 12 月 31 日對此投資作減損測試，評估該債券投資可回收金額爲 $300,000，預期日後每次僅能收取 $5,000 現金利息、持有至到期時僅能收回本金 $340,000，當時市場有效利率爲 5.86%。

2017 年 12 月 31 日三星科技股份有限公司收到文華公司支付的公司債利息 $5,000。文華公司於 2017 年 12 月 31 日完成債務重整，公司的營運和現金流量狀況亦逐漸恢復回應有的水準，至 2017 年年底文華公司這批公司債券的公允價值則回升至 $450,000，三星科技股份有限公司判斷文華公司公司債券減損的減少應與其完成債務重整計畫有關。2016 年 3 月 1 日三星科技股份有限公司以 $485,000 的價格賣出原持有的五張文華公司公司債券。三星科技股份有限公司對此筆債券投資交易作會計處理，如下所示：

解

因三星科技股份有限公司將所持有的文華公司公司債券歸類爲「備供出售金融資產」，故三星科技股份有限公司在其資產負債表上會將此筆投資認列爲「備供出售金融資產－債券」，以與「備供出售股權投資」作區分。

三星科技股份有限公司於 2015 年 1 月 1 日以 $500,000 的價格購買文華公司所發行的五年期、面額 $500,000、債券利率 2.25%、每年 12 月 31 日付息的公司債，因 2015 年 1 月 1 日有效利率與債券利率均爲 2.25%，對三星科技股份有限公司而言此爲平價投資，其關係如下：

$$\$500{,}000 \times p_{5,\,2.25\%} + \$500{,}000 \times 2.25\% \times p_{5,\,2.25\%} = \$500{,}000$$

$p_{5,\,2.25\%}$ 係指在 5 年期、折現率爲 *2.25%* 的情況下之一元複利現値，$p_{5,\,2.25\%}$ 係指在 5 年期、折現率爲 2.25% 的情況下之一元普通年金現値。

三星科技股份有限公司持有該債券投資的每一會計期間應認列的現金利息、利息收入、及每一財務報導期間結束日之攤銷後成本，如表 14-3 所示：

表 14-3 備供出售金融資產 - 債券 (按攤銷後成本衡量)：平價投資

日期	(1) 攤銷後成本衡量 (期初帳面金額)	(2) 現金利息	(3) 利息收入	(4) = (2) - (3) 溢價攤銷數	(5) = (1) - (4) 攤銷後成本衡量 (期初帳面金額)
102/1/1	$500,000	-	-		$500,000
102/12/31	500,000	$11,250	$11,250	-	500,000
103/12/31	500,000	11,250	11,250	-	500,000
104/12/31	500,000	11,250	11,250	-	500,000
105/12/31	500,000	11,250	11,250	-	500,000
106/12/31	500,000	11,250	11,250	-	500,000
現金利息 = $500,000 × 2.25% × 12/12 利息收入 = 攤銷後成本衡量 (期初帳面價值) × 2.25% × 12/12					

根據表 14-3 的結果，三星科技股份有限公司在其帳上作如下分錄：

1/1	備供出售金融資產 - 債券	500,000	
	現　　金		500,000
12/31	現　　金	11,250	
	利息收入		11,250
12/31	因 102/12/31 文華公司債券之公允價值與 102/1/1 的價格相同，仍是 $500,000，所以不需做調整。		
12/31	現　　金	11,250	
	利息收入		11,250

文華公司於 2016 年年底發生財務危機向債權銀行申辦債務重整，三星科技股份有限公司獲悉此資訊後，預估日後每次僅能收取 $5,000 現金利息、持有至到期時僅能收回本金 $340,000，當時市場有效利率為 5.86%，此時已有客觀證據證明該債券投資發生價值減損，故三星科技股份有限公司於 2016 年 12 月 31 日按當日之有效利率（5.86%）重新估計此類債券投資於剩餘的 3 年內會帶給公司淨現金流量的折現值：

$$\$340,000 \times p_{3,\,5.86\%} + \$5,000 \times p_{3,\,5.86\%} = \$300,000$$

$p_{3,\,5.86\%}$ 係指在 3 年期、折現率為 5.86% 的情況下之一元複利現值，$p_{3,\,5.86\%}$ 係指在 3 年期、折現率為 5.86% 的情況下之一元普通年金現值，折現值 $300,000 即是代表該債券投資於 2016 年 12 月 31 日的可回收金額，此「備供出售金融資產－債券」在 2016 年 12 月 31 日的攤銷後成本為 $500,000（參見表 14-3），大於當日可回收金額 $300,000，故三星科技股份有限公司將攤銷後成本 $500,000 調降至可回收金額 $300,000，兩者之間的差異數 $200,000（＝ $500,000 － $300,000）即為估計 2016 年度所發生的減損損失金額，故三星科技股份有限公司應在帳上認列此「備供出售金融資產－債券」所發生的減損損失：

12/31	減損損失	200,000	
	累計減損 - 備供出售金融資產		200,000

在提列減損損失後，三星科技股份有限公司在 2016 年 12 月 31 日資產負債表上表達「備供出售金融資產－債券」如下：

	2016/12/31	
備供出售金融資產 - 債券	$500,000	
減：累計減損 - 備供出售金融資產	(200,000)	$300,000

在 2017 年度，三星科技股份有限公司認列利息收入如下：

12/31	現　　金	5,000	
	累計減損 - 備供出售金融資產	12,580	
	利息收入		17,580
	$300,000 × 5.86% × 12/12 = $17,580		

上述分錄中，現金利息與利息收入兩者間之差額係債券投資折（溢）價攤銷數，原應調整「備供出售金融資產－債券」項目來認列債券投資折（溢）價攤銷數，但因在 2016/12/31 該「備供出售金融資產－債券」有發生價值減損，三星科技股份有限公司藉由提列「累計減損－備供出售金融資產－債券」，將「備供出售金融資產－債券」之攤銷後成本調降至發生減損當日之公允價值（＝ 可回收金額）。2017/12/31 三星科技股份有限公司認列 2017 年度所收到的現金利息、利息收入及債券投資折價攤銷數，而債券投資折價攤銷數會提高「備供出售金融資產－債券」的帳面金額，但該資產的原始投資成本是不變的，故只能藉由調整「累計減損－備供出售金融資產－債券」項目來認列債券投資折（溢）價攤銷數，此作法並不影響「備供出售金融資產－債券」在 2017 年 12 月 31 日應有之攤銷後成本。

文華公司於 2017 年 12 月 31 日完成債務重整，公司的營運和現金流量狀況亦逐漸恢復回應有的水準，至 2017 年年底文華公司這批公司債券的公允價值則回升至 \$450,000，三星科技股份有限公司判斷文華公司公司債券減損的減少應與其完成債務重整計畫有關。此時已有客觀的證據證明該「備供出售金融資產－債券」有發生減損損失減少的情況，故三星科技股份有限公司於 2017 年 12 月 31 日（減損迴轉日）按發生減損當日（2016/12/31）之有效利率（5.86%）重新估算該債券投資於「減損迴轉當日之帳面金額＝可回收金額＝公允價值」：

$\$500{,}000 \times p_{2,\,5.86\%} + \$500{,}000 \times 2.25\% \times p_{2,\,5.86\%}$

＝ \$500,000×（2 年期、年利率 5.86% 之一元現值）＋

\$500,000×2.25%×（2 年期、年利率 5.86% 之一元普通年金現值）

＝ \$450,000

得知此「備供出售金融資產－債券」於「減損迴轉當日之帳面金額」爲 \$450,000 後，此金額與「假設不提列減損情況下，於減損迴轉當日（2017/12/31）之攤銷後成 \$500,000」（見表 14-3）作比較，發現此「備供出售金融資產－債券」「於減損迴轉當日之帳面金額 \$450,000」小於「假設不提列慮減損情況下於減損迴轉當日之攤銷後成本 \$500,000」，故將「於減損迴轉當日之帳面金額 \$450,000」與「發生減損迴轉以前之攤銷後成本 \$312,580（＝ \$300,000 ＋ \$12,580」相減即可求得應認列的「減損迴轉利益」金額爲 \$137,420（＝ \$450,000 － \$312,580），三星科技股份有限公司應在帳上認列「減損迴轉利益」：

12/31	累計減損 - 備供出售金融資產	137,420	
	減損迴轉利益		137,420

三星科技股份有限公司在 2017 年 12 月 31 日資產負債表上表達「備供出售金融資產－債券」如下：

	2017/12/31	
備供出售債券投資	\$500,000	
減：累計減損 - 備供出售金融資產	(50,000)	\$450,000

2017 年 12 月 31 日認列減損迴轉利益後，「備供出售金融資產－債券」之帳面金額已調整至公允價值 $450,000，並以此作為計算 2018 年度的利息收入與 105 年 3 月 1 日「備供出售金融資產－債券」之攤銷後成本。2018 年 3 月 1 日三星科技股份有限公司在帳上認列利息收入如下：

3/1	現　　金	1,875	
	累計減損 - 備供出售金融資產	2,520	
	利息收入		4,395
	$500,000 × 2.25% × 2/12 = $1,875		
	$450,000 × 5.86% × 2/12 = $4,395		

2018 年 3 月 1 日「備供出售金融資產－債券」之攤銷後成本表達如下：

	2018/3/1	
備供出售金融資產 - 債券	$ 500,000	
減：累計減損 - 備供出售金融資產	(47,480)	$ 452,520

當日，三星科技股份有限公司持有文華公司這五張公司債券的市值是 $485,000，此時三星科技股份有限公司需做下列調整，已將此債券投資之攤銷後成本調整至公允價值 $485,000：

3/1	備供出售金融資產評價調整	32,480	
	其他綜合損益 - 備供出售金融資產未實現損益		32,480
	$485,000 - $452,520 = $32,480		

2018 年 3 月 1 日三星科技股份有限公司以 $485,000 的價格賣出原持有的五張文華公司公司債券，做分錄如下：

3/1	現　　金	485,000	
	累計減損 - 備供出售金融資產	47,480	
	處分損益		15,000
	備供出售金融資產評價調整		32,480
	備供出售金融資產 - 債券		485,000
	其他綜合損益 - 備供出售金融資產未實現損益	32,480	
	處分損益		32,480

14-4 投資權益工具－普通股股票

與投資債券工具相似，投資公司購買權益工具，依管理權益工具投資之意圖與方式，可分類爲透過損益按公允價值衡量之金融資產、備供出售金融資產及投資關聯投資公司三大類。

權益工具主要包含特別股股票與普通股股票。投資公司購買特別股股票比持有普通股股票可優先獲取固定的股利率收益、且特別股市場價格相當穩定，讓投資公司承受較小的市場風險。另一方面，因特別股股票在市場上的流通性比普通股股票之市場流通性較差，投資公司很難在股票市場上以隨時買進賣出特別股股票的方式來賺取價差利益。因此對投資公司而言，購買特別股股票是一種相較保守穩定型的投資，但其對被投資公司的營運、財務與籌資決策是不享有表決權利的，所以，投資公司會把購買被投資公司之特別股股票歸類爲備供出售金融資產，在其帳冊與財務報導報告書上皆認列爲備供出售股權投資－特別股。

權益工具中，普通股股票是最受投資人青睞的投資工具。普通股股票賦予投資人可參與被投資公司的營運、財務與籌資決策的表決權利，投資人可藉由參加股東會議對攸關其權益的重大決策行使表決權，以降低其投資風險、獲取投資收益。再者，普通股股票在市場上的流通性極佳，投資人容易在市場上隨時買進賣出具表決權的普通股股票，賺取價差利益；但相對地，普通股股票價格易受市場風險之影響而波動，換言之，普通股股票的投資者承受相對較高的市場風險。然而，普通股股票不像特別股股票有約定的股利率，普通股股票的投資者須迨被投資公司有宣告要發放股利時，普通股股票的投資者才有獲得股利分配之權利，但不享有固定股利金額的分配權益。

投資公司會隨時觀察證券市場及產業環境變動情況，決定買進或賣出具表決權普通股股票之時點，賺取價差利益，則投資公司應將此股權投資歸類爲透過損益按公允價值衡量之金融資產，在其帳冊及報表上認列此股權投資爲透過損益按公允價值衡量之股權投資。有時，投資公司想轉投資於其他產業、或想開拓新市場，此時投資公司會在目標產業或目標市場中尋找合適的合作對象，透過購買合作對象已發行且已流通在外具表決權普通股股數相當的成數，讓自己可以參與且重大影響合作對象之營運、財務與籌資決策，藉股權投資成功進入新市場或新產業，此時該合作對象即成爲投資公司之關聯企業，投資公司應將所持有該合作對象具表決權普通股股票投資歸類爲投資關聯企業，在其帳冊及財務報表上認列爲投資關聯企業。

若投資公司所持有被投資公司具表決權普通股股票不適合歸類爲透過損益按公允價值衡量之金融資產，亦不適合歸類爲投資關聯企業，則投資公司應將此具表決權普通股股票投資歸類爲備供出售金融資產，在其帳冊及財務報表上認列爲備供出售金融資產－股票。茲分別詳述每一類型之適用條件、原始認列與衡量、持有期間及除列時之會計處理如下：

一、透過損益按公允價值衡量之股權投資

（一）適用條件

當有下列情況之一存在時，投資公司應將所持有的普通股股權投資認列爲透過損益按公允價值衡量之股權投資：

1. 當投資公司經常買進賣出所持有的具表決權普通股股票，以賺取差價；
2. 在原始認列時即屬合併管理之可辨認金融工具組合之一部分，且有證據顯示近期該組合實際上爲短期獲利的操作型態。

（二）原始認列與衡量

投資公司取得被投資公司之具表決權普通股且該投資符合上述任一適用條件時，投資公司應認列該股權投資爲「透過損益按公允價值衡量之股權投資」，並以成交價格作爲取得成本，因成交價格即是投資公司與被投資公司共同認同與接受的公允價值。另外，買入被投資公司之普通股股票時需支付給證券營業員手續費，此時投資公司應在帳上認列此筆手續費爲當期的營業費用。

（三）持有期間之會計處理

1. 收到股利

被投資公司會依據上一會計年度的經營結果決定是否宣告發放現金股利。投資公司若將買入被投資公司具表決權普通股股票歸類爲「透過損益按公允價值衡量之股權投資」，則不論被投資公司宣告發放現金股利的時間點是否與投資公司買入普通股股票的時間點在同一會計年度，投資公司在宣告日應認列：（借）應收股利、（貸）股利收益，在發放日應認列：（借）現金、（貸）應收股利。

若被投資公司宣告發放股票股利，投資公司於發放日時不須在其日記簿上做任何的交易分錄，僅須在其財務報表上備註說明所收到股票股利的股數、收到股票股利後所持有普通股總股數、及每持有被投資公司普通股一股之帳面金額。

2. 財務報導期間結束日

在每一財務報導期間結束日時，歸類為「透過損益按公允價值衡量之股權投資」應以公允價值衡量，也就是說，投資公司應將「透過損益按公允價值衡量之股權投資」從原帳面金額（＝上一期財務報導期間結束日之公允價值）調整至當期財務報導期間結束日之公允價值，其公允價值間之增減變動數則應認列為金融資產評價損益，該項目則表達在當期綜合損益表上之當期損益項下。

若被投資公司所發行具表決權普通股有公開活絡的交易市場，則投資公司則以被投資公司之普通股在財務報導期間結束日的收盤價（時價）乘以其所持有的總股數來計算該投資之公允價值。若被投資公司所發行具表決權普通股沒有公開活絡的交易市場，例如未上市（或未上櫃）公司之股票，則投資公司可以參考被投資公司近期股票的成交價或平均成交價作為衡量該股權投資之公允價值（時價）的依據。

3. 減損測試

因「透過損益按公允價值衡量之股權投資」在每一財務報導期間結束日時即以公允價值衡量，此公允價值已反映該股權投資在每一財務報導期間結束日之經濟價值，所以投資公司不需再對此股權投資作價值減損之測試。

（四）除列日之會計處理

當投資公司移轉「透過損益按公允價值衡量之股權投資」所有權重大風險與報酬、或放棄對該股權投資之控制權時，代表投資公司除列「透過損益按公允價值衡量之股權投資」，例如投資公司出售「透過損益按公允價值衡量之股權投資」。此時，投資公司可依照下列步驟認列與衡量除列交易：

1. 衡量「透過損益按公允價值衡量之股權投資」在除列日之公允價值。
2. 作調整分錄：將「透過損益按公允價值衡量之股權投資」在除列日之原帳面金額（＝上一財務報導結束日之公允價值）調整至該日之公允價值，並認列兩者間之調整數為「金融資產評價損益」。
3. 將「透過損益按公允價值衡量之股權投資」按除列日之公允價值沖銷，並認列除列此股權投資時所收到的對價。因除列日該股權投資之公允價值與除列該股權投資所收到對價相一致，所以無「處分損益」存在。
4. 出售「透過損益按公允價值衡量之股權投資」時，投資公司需繳納給證券營業員之手續費及證券交易稅，於除列日（＝出售日）認列為營業費用。

範例 14-6

三星科技股份有限公司於 2015 年 8 月 20 日以每股市價 $36.20 買進上市公司弘海精密機械公司具表決權普通股股票 25,000 股，繳給證券營業員之手續費 $1,290，三星科技股份有限公司將此筆投資歸類為「透過損益按公允價值衡量之股權投資」。同年 10 月 31 日為弘海精密機械公司除息日，每一股普通股分配現金股利 $0.50，11 月 30 日三星科技股份有限公司收到現金股利，2015 年 12 月 31 日弘海精密機械公司的普通股每股市價為 $42.50。2016 年 1 月 23 日三星科技股份有限公司處分其所持有弘海精密機械公司所有的普通股股數，處分價格為每股 $41.80，三星科技股份有限公司並支付手續費與證券交易稅共 $4,624。三星科技股份有限公司於 2015 年 8 月 20 日、2015 年 11 月 30 日、2015 年 12 月 31 日、及 2016 年 1 月 23 日各應該如何做分錄？

日期	科目	借方	貸方
2015/8/20	透過損益按公允價值衡量之股權投資	905,000	
	營業費用 - 手續費	1,290	
	現　金		906,290
	$36.20 × 25,000 = $905,000		
11/30	現　　金	12,500	
	股利收益		12,500
	$0.50 × 25,000 = $12,500		
12/31	透過損益按公允價值衡量之股權投資	157,500	
	金融資產評價損益		157,500
	$42.50 × 25,000 - $905,000 = $157,500		
2016/1/23	金融資產評價損益	17,500	
	透過損益按公允價值衡量之股權投資		17,500
	($41.80 - $42.50) × 25,000 = $17,500		
1/23	現　　金	1,040,376	
	營業費用 - 手續費	4,624	
	透過損益按公允價值衡量之股權投資		1,045,000
	$41.80 × 25,000 = $1,045,000		

二、備供出售股權投資

（一）適用條件

若投資公司管理所持有的被投資公司普通股股票之方式不是短期獲利操作的模式，且投資公司無法控制或無法重大影響被投資公司的營運、融資與投資決策時，投資公司應將該等投資歸類為「備供出售金融資產」，並在其帳冊及資產負債表上認列此股權投資為「備供出售金融資產－股票」。

（二）原始認列與衡量

投資公司取得股權投資係歸類「備供出售金融資產－股票」時，其取得成本之衡量應包括成交價格與交易成本，成交價格即為投資公司與被投資公司雙方同意接受的公允價格，而交易成本即是為取得該投資必須支付的一切合理且必要的支出，例如手續費、證券經紀人佣金費。

（三）持有期間之會計處理

1. 收到股利

因投資公司持有「備供出售金融資產－股票」的期間通常會超過一個會計期間，所以投資公司收到被投資公司宣告發放的現金股利時，需判斷收到現金股利的時間點是否與取得該股權投資的時間點皆在同一會計年度。

依照臺灣的商業慣例，公司係因上一會計年度的經營結果有獲利，而於本年度經董事會會議決議通過後始宣告發放現金股利。若投資公司取得股權投資的時間點與收到現金股利的時間點皆在同一會計年度時，因該現金股利係來自於上一會計年度被投資公司經營獲利的分配，但上一會計年度投資公司尚未取得被投資公司之普通股股權，因此所收到的現金股利對投資公司而言，不是應享有的盈餘分配，而是被投資公司將部分的投入資本退回給投資公司，因此投資公司收到現金股利時，應借記現金，貸記備供出售金融資產－股票。

若投資公司取得股權投資的時間點比收到現金股利的時間點早一個會計年度以上時，因該現金股利係來自於上一會計年度被投資公司獲利結果的分配，但投資公司早在上一會計年度以前即已取得被投資公司之普通股股權，因此所收到的現金股利對投資公司而言，係所應享有的盈餘分配結果，因此投資公司收到現金股利時，應借記現金，貸記股利收益。

若被投資公司上一會計年度的經營結果有獲利，而於本年度經董事會會議決議通過後宣告發放股票股利，此時投資公司不需做任何認列與衡量，僅須在除權日作備忘紀錄，說明：(1) 收到股票股利的股數有多少股、(2) 收到股票股利後總共持有被投資公司的普通股股數有多少股股數、及 (3) 收到股票股利後「備供出售金融資產－股票」每股帳面金額。

2. 財務報導期間結束日

依據國際會計準則第 39 號之規範，「備供出售金融資產－股票」在每一財務報導期間結束日時應以公允價值衡量。所以，在每一財務報導期間結束日時，投資公司須將「備供出售金融資產－股票」的原帳面金額調整至其公允價值，帳面金額與公允價值之間的差異數，即爲當期發生的未實現損益，認列爲「其他綜合損益－備供出售金融資產未實現損益」。

3. 減損測試

當有客觀證據顯示此類股權投資已發生價值減損時，投資公司應將「備供出售金融資產－股票」從原帳面金額調整至可回收金額。「備供出售金融資產－股票」之可回收金額的衡量與前述的「備供出售金融資產－債券」之可回收金額的衡量過程相同。「備供出售金融資產－股票」的原帳面金額與可回收金額之間的差異數即爲「減損損失」金額，此時投資公司應認列該減損損失，借記「減損損失」，貸記「備供出售金融資產－股票」、或是「累計減損－備供出售金融資產（股票）」。

4. 減損之迴轉

依據國際會計準則第 39 號之規範，投資公司一旦認列「備供出售金融資產－股票」的減損損失後，以後期間若被投資公司的股價有上升的現象時，投資公司不得認列減損損失迴轉利益。國際會計準則委員會的觀點是：因被投資公司的股價上升可能是來自於被投資公司自己本身的因素，也有可能是來自於整體經濟因素或產業環境因素發生變化，造成被投資公司的股票價格發生變動，然而投資公司無法明確地區分造成被投資公司股票價格上升的因素爲何，所以規範歸屬於「備供出售金融資產－股票」類別的股權投資一律不得認列減損損失迴轉利益。

（四）除列日之會計處理

當投資公司移轉此類股權投資的重大風險與報酬、或是放棄對該等投資之控制權亦不再繼續參與被投資公司的股東會議時，表示投資公司除列「備供出售金融資產－股票」，例如出售。當投資公司出售「備供出售金融資產－股票」時，會計處理步驟如下：

1. 決定「備供出售金融資產－股票」在出售日之公允價值（＝售價）。
2. 將「備供出售金融資產－股票」從最近一次財務報導期間結束日之帳面金額調整至出售日之公允價值，並認列其他綜合損益－備供出售金融資產未實現損益。
3. 將「備供出售金融資產－股票」從帳上除列，並將與該股權投資有關的會計項目，例如累計「其他綜合損益－備供出售金融資產未實現損益」及「累計減損－備供出售金融資產（股票）」，一併除列沖銷，轉列入保留盈餘。
4. 出售「備供出售金融資產－股票」時所需繳納給證券營業員之手續費及證券交易稅，投資公司於出售日皆認列為營業費用。

範例 14-7

三星科技股份有限公司於 2015 年 5 月 1 日以每股 $35.80 購買上櫃公司日盛企業普通股 10,000 股，另支付證券商手續費 $510，三星科技股份有限公司將該筆股權投資歸類為備供出售金融資產。日盛企業於 101 年度未分配現金股利，2015 年 12 月 31 日該企業的每股收盤價是 $41.50。2016 年 5 月 30 日日盛企業發放現金股利，每股分配 $1.25 現金股利，2016 年 12 月 31 日該企業的每股收盤價是 $38.70。2017 年度日盛企業因發生跳票危機，被證券交易所打入全額交割股，當時該企業每股價值僅有 $9.35。2018 年 3 月 21 日，三星科技股份有限公司以每股 $10.18 的價格出售所持有日盛企業的 10,000 股普通股股票，並支付證券商手續費與證交稅共計 $450。請問：三星科技股份有限公司該如何認列與衡量對日盛企業的普通股股權投資？

解

三星科技股份有限公司已確定將所持有日盛企業普通股股權投資歸類為備供出售金融資產，認列為「備供出售金融資產－股票」，並對該筆股權投資的相關交易認列與衡量如下：

2015 年度

5/1	備供出售金融資產 - 股票	358,510	
	現　金		358,510
	$38.5 × 10,000 + $510 = $358,510		
12/31	備供出售金融資產 - 股票	56,490	
	其他綜合損益 - 備供出售金融資產爲實現損益		56,490
	$41.50 × 10,000 - $358,510 = $56,490		

三星科技股份有限公司在 2015 年 12 月 31 日的資產負債表上表達與揭露此筆股權投資的資訊如下：

	2015/12/31		2015/12/31
資　產		權益	
備供出售金融資產－股票	$387,000[a]	累計其他綜合損益	$56,490

a：$38.7×10,000 ＝ $387,000

三星科技股份有限公司在 2015 年度的綜合損益表上表達與揭露「其他綜合損益－金融資產未實現損益 $56,490」。

2016 年度

5/30	現　金	12,500	
	股利收益		12,500
	$1.25 × 10,000 = $12,500		
12/31	其他綜合損益 - 備供出售金融資產未實現損益	28,000	
	備供出售金融資產 - 股票		28,000
	$38.70 × 10,000 - $415,000 = ($28,000)		

到 2016 年 12 月 31 日，三星科技股份有限公司應在資產負債表上表達與揭露對日盛企業的股權投資資訊，如下所示：

	2016/12/31		2016/12/31
資　產		權　益	
備供出售金融資產－股票	$387,000[c]	累計其他綜合損益	$28,490[d]

c：$38.7×10,000 ＝ $387,000

d：$56,490 － $28,000 ＝ $28,490

三星科技股份有限公司應在 2016 年度的綜合損益表上的本期損益項下表達與揭露「股利收益 $12,500」，在其他綜合損益向下表達與揭露「其他綜合損益－金融資產未實現損益（$28,000）」。

2017 年度

因 2017 年度日盛企業因發生跳票危機，被證券交易所打入全額交割股，當時該企業每股價值僅有 $9.35，致使三星科技股份有限公司持有日盛企業 10,000 股普通股的價值發生減損，故三星科技股份有限公司須在當年度認列此筆股權投資帶給

它的減損損失：

		借	貸
12/31	減損損失	293,500	
	累計減損 - 備供出售金融資產 (股票)		293,500
	$9.35 × 10,000 - $38.7 × 10,000 = ($293,500)		

2017 年 12 月 31 日，三星科技股份有限公司應在資產負債表上表達與揭露對日盛企業的股權投資資訊，如下所示：

	2017/12/31		2017/12/31
資　產		權　益	
備供出售金融資產－股票	$387,000	累計其他綜合損益	$28,490
減：累計減損	293,500		
	$93,500[e]		

e：$9.35×10,000 ＝ $93,500

三星科技股份有限公司應在 2017 年度的綜合損益表上的本期損益項下表達與揭露「減損損失 $293,500」。

2018 年度

2018 年 3 月 21 日，三星科技股份有限公司以每股 $10.18 的價格出售所持有日盛企業的 10,000 股普通股股票，並支付證券商手續費與證交稅共計 $450，三星科技股份有限公司認列與衡量此筆交易如下：

日期	科目	借方	貸方
3/21	備供出售金融資產 - 股票	8,300	
	其他綜合損益 - 備供出售金融資產爲實現損益		8,300
	$10.18 × 10,000 - $9.35 × 10,000 = $8,300		
3/21	現　金	101,800	
	累計減損 - 備供出售金融資產 (股票)	293,500	
	其他綜合損益 - 備供出售金融資產未實現損益	36,790	
	備供出售金融資產 - 股票		101,800
	保留盈餘		330,290
3/21	營業費用 - 手續費	450	
	現　金		450

三、投資關聯企業

（一）適用條件

根據國際會計準則第 28 號「投資關聯企業及合資」之規範，投資公司透過直接或間接持有被投資公司流通在外具表決權股數佔被投資公司流通在外總股數之比例達 20%（含）以上者，則推定投資公司對被投資公司具有重大影響力，除非能明確證明並非如此。反之，若投資公司透過直接或間接持有被投資公司流通在外具表決權股數佔被投資公司流通在外總股數之比例少於 20% 者，則推定投資公司對被投資公司不具有重大影響力，除非能明確證明並非如此。

重大影響力係指投資公司擁有參與被投資公司營運及財務政策之決策權力，但不擁有控制或聯合控制該等政策之權力。除了透過股權投資之外，投資公司亦可以下列一種或多種方式取得對被投資公司的重大影響力：

1. 投資公司在被投資公司之董事會或類似治理單位有派駐代表。
2. 投資公司參與被投資公司政策制定過程，包括參與股利或其他分配之決策。
3. 投資公司與被投資公司之間有重大交易。
4. 投資公司與被投資公司互換管理人員。
5. 投資公司是被投資公司的重要技術資訊之提供者。

當投資公司可以重大影響被投資公司的營運及財務決策時，被投資公司即成爲投資公司的關聯企業，因此投資公司將此類型之股權投資稱之爲「投資關聯企業」，列示在其資產負債表之「非流動性資產」項下。

（二）原始認列與衡量

當投資公司取得對被投資公司之重大影響力時，被投資公司成爲投資公司之關聯企業，此時投資公司應採用權益法（equity method）處理對關聯企業之股權投資。根據國際會計準則第 28 號規範，權益法（equity method）係指投資依原始成本認列，其後依取得後投資公司對被投資公司淨資產之份額之變動而調整之會計方法。投資公司之損益包括對被投資公司損益之份額，且投資公司之其他綜合損益包括其對被投資公司其他綜合損益之份額。

在權益法處理下，投資公司應以「投資關聯企業」項目認列此類股權投資，並以原始取得成本衡量，原始取得成本包括投資公司與其關聯企業之間認同的股權成交價格及其他與交易有關的必要且合理的支出（例如，手續費、證券經紀人佣金費、等）。

（三）持有期間之會計處理

1. 收到股利

在權益法處理下，不論關聯企業宣告發放現金股利的時間點與投資公司取得對其重大影響力的時間點是否在同一會計年度，投資公司收到關聯企業發放與它的現金股利時，一律視爲是關聯企業退回給投資公司部分的投入資本，故投資公司認列收到的現金股利交易爲：借記「現金」、貸記「投資關聯企業」。

若投資公司收到股票股利，在權益法處理下，投資公司不須在帳上做任何認列與衡量，但須作備忘紀錄，說明收到股票股利的數量、收到股票股利後投資公司持有關聯企業之總股數、及收到股票股利後「投資關聯企業」項目之每股帳面金額。

2. 對關聯企業經營結果之權益

因投資公司擁有參與關聯企業營運及財務政策之決策權力，所以投資公司有權益享有關聯企業的獲利結果，但亦有責任要承擔關聯企業的經營虧損。故，當關聯企業經營結果有獲利時，在權益法處理下，投資公司應認列與衡量此筆投資所帶給它的投資收益：（借）投資關聯企業、（貸）投資收益，「投資收益」金額之衡量係以關聯企業帳載稅後淨利乘以投資公司所持有關聯企業股權之比率。當關聯企業經營發生虧損時，在權益法處理下，投資公司應認列與衡量此筆投資帶給它的投資損失：（借）投資損失、（貸）投資關聯企業，「投資損失」金額之衡量係以關聯企業帳載稅後淨損乘以投資公司所持有關聯企業股權之比率。

3. 財務報導期間結束日

採權益法處理關聯企業投資時，投資公司於財務報導期間結束日時需決定「投資關聯企業」之帳面金額，因其帳面金額反映了投資公司對關聯企業之淨資產所享有的權益價值。「投資關聯企業」帳面金額之計算如下所示：

「投資關聯企業」期末帳面金額＝
「投資關聯企業」期初帳面金額＋投資收益－投資損失－收到現金股利

4. 減損測試

採用權益法後，投資公司應依據國際會計準則第 39 號「金融工具：認列與衡量」之規定，於財務報導期間結束日對關聯企業之淨投資作減損測試。首先投資公司需估計該關聯企業投資之可回收金額，估計方法有二：

(1) 投資公司對關聯企業估計未來產生現金流量之現值；或

(2) 投資公司預期自該投資收取股利及最終處分該投資產生之估計未來現金流量之現值。

投資公司從上述兩種方法中擇一來衡量可回收金額。若該投資在財務報導期間結束日之帳面金額大於可回收金額時，表示此筆「投資關聯企業」資產有發生減損跡象，投資公司應將此筆投資從帳面金額調降至可回收金額，並認列兩者間之差額為減損損失，投資公司在帳上應：（借）減損損失、（貸）投資關聯企業。

5. 減損之迴轉

在認列減損損失後，若有明顯證據顯示該投資之可回收金額有增加，則投資公司應依循國際會計準則第 39 號之規定，認列「減損迴轉利益」：（借）投資關聯企業、（貸）減損迴轉利益。計算「減損迴轉利益」之步驟如下：

(1) 在不考慮減損之情形下，計算該投資當日應有之帳面金額。

(2) 衡量該投資在當日之可回收金額。

(3) 若該投資在當日可回收金額小於步驟 (1) 所求算之帳面金額、但大於減損發生日之可回收金額時，則當日可回收金額與減損發生日可回收金額間之差異數即爲「減損迴轉利益」。

(4) 若該投資在當日可回收金額大於步驟 (1) 所求算之帳面金額時，則該投資在當日價值僅能以步驟 (1) 所求算之帳面金額來衡量，並將減損發生日之可回收金額調升至步驟 (1) 所求算之帳面金額，而這調整數即爲應認列之「減損迴轉利益」。

（四）除列日之會計處理

除列對關聯企業之部分股權投資時，投資公司需判斷此除列交易是否讓其喪失對關聯企業之重大影響力。例如，出售所持有關聯企業的部分普通股股權後，投資公司仍繼續保有對關聯企業具有重大影響力，則投資公司應依下列步驟認列與衡量此出售股權投資交易：

1. 計算原先持有關聯企業總股權投資時在出售日之帳面價值。
2. 計算原股權投資被除列（被售出）的部位在出售日之帳面價值。
3. 計算所收到的對價與原股權投資被除列（被售出）的部位在出售日之帳面價值間之差額，投資公司應認列該差額爲其處分對該關聯企業部分股權投資所產生的損益，並作分錄如下：

現　金……………收取的對價（①）
　　投資關聯企業……………………以步驟 (2) 所求算的金額入帳（②）
　　處分損益…………………………（①－②）

若出售所持有關聯企業的部分普通股股權後，投資公司喪失對關聯企業之重

大影響力時，則投資公司應停止使用權益法處理對該關聯企業之股權投資，並依下列步驟認列與衡量此出售股權投資交易：

1. 計算原先持有關聯企業總股權投資時在出售日之帳面價值。
2. 衡量投資公司出售部分關聯企業股權投資時收取的對價。
3. 在出售所持有關聯企業的部分股權後，衡量投資公司尙擁有關聯企業之剩餘權益在出售日之公允價值。因此時投資公司已喪失對關聯企業之重大影響力，所以投資公司必須停止採用權益法。對尙擁有關聯企業剩餘權益投資的部位，投資公司應依國際會計準則第 39 號之規定，若非在可預期的未來會出售，則將此剩餘權益投資認列爲「備供出售金融資產」，並以公允價值爲衡量原則。

4. 計算出售「投資關聯企業」產生的損益：

處分損益＝步驟 (2) ＋步驟 (3) －步驟 (1)

5. 認列此交易如下：

現　金……………………………收取的對價（步驟 (2)）
備供出售金融資產－股票………公允價值（步驟 (3)）
　　投資關聯企業……………………………………（步驟 (1)）
　　處分損益…………………………………………（步驟 (4)）

範例 14-8

三星科技股份有限公司於 2015 年 5 月 1 日以每股 $22.50 購買亞瑟半導體公司普通股 1,200,000 股，當日亞瑟半導體公司流通在外普通股總股數是 4,000,000 股。2015 年 8 月 30 日亞瑟半導體公司發放現金股利每股 $0.62，2015 全年度賺取稅後淨利爲 $10,000,000，1。2016 年 1 月 3 日因有客觀證據顯示三星科技股份有限公司所持有亞瑟半導體公司的股權投資可能已發生減損，於是公司進行減損測試，評估持有亞瑟半導體公司股權投資在未來會帶給公司現金流量現值爲 $22,000,000。截至 2016 年第二季，亞瑟半導體公司報導稅後淨利爲 $5,060,000。三星科技股份有限公司在 2016 年 6 月 30 日出售所持有亞瑟半導體公司普通股 300,000 股，每股售價 $10.35。試爲三星科技股份有限公司的此筆股權投資作會計處理。

解

因三星科技股份有限公司取得亞瑟半導體公司流通在外普通股總股數 4,000,000 股中的 1,200,000 股，故對其持有股權比率爲 30%，大於適用權益法的股權比率參考性門檻 20%，在無反證的情況下，推定三星科技股份有限公司對亞瑟半導體公司具有重大影響力，亞瑟半導體公司爲三星科技股份有限公司之關聯企業之一，且三星科技股份有限公司對此股權投資應採用權益法處理，相關交易作分錄如下：

日期	科目	借方	貸方
5/1	投資關聯企業	27,000,000	
	現 金		27,000,000
8/30	現 金	744,000	
	投資關聯企業		744,000
12/31	投資關聯企業	2,000,000	
	投資收益		2,000,000
	($10,000,000×8/12)×30%=$2,000,000		

「投資關聯企業」於 2015 年 12 月 31 日之帳面金額計算如下：

$27,000,000 ＋ $2,000,000 － $744,000 ＝ $28,256,000

2016 年 1 月 3 日因有客觀證據顯示三星科技股份有限公司所持有亞瑟半導體公司的股權投資可能已發生減損，公司進行減損測試評估持有亞瑟半導體公司股權投資在未來會帶給公司現金流量現值為 $22,000,000，亦即該筆「投資關聯企業」於當日可回收金額為 $22,000,000，小於其帳面金額 $28,256,000，差額 $6,256,000 即為應認列的減損損失，認列如下：

日期	科目	借方	貸方
1/3	減損損失	6,256,000	
	累計減損 - 投資關聯企業		6,256,000
6/30	投資關聯企業	1,518,000	
	投資收益		1,518,000
	$5,060,000×30%=$1,518,000		

三星科技股份有限公司在 2016 年 6 月 30 日出售所持有亞瑟半導體公司普通股 300,000 股後，尚持有 900,000 股，佔亞瑟半導體公司流通在外普通股總股數之 22.5%（＝ 900,000/4,000,000×100%），大於適用權益法的股權比率參考性門檻 20%，代表公司在出售部分持股後，對亞瑟半導體公司仍擁有重大影響力，故繼續使用權益法認列與衡量剩餘 22.5% 的股權投資，並認列出售那 300,000 股交易：

日期	科目	借方	貸方
6/30	現 金	3,105,000	
	處分損益	2,774,500	
	投資關聯企業		5,879,500
	($22,000,000+$1,518,000)/1,200,000 股 ×300,000 股 =$5,879,500		

範例 14-9

三星科技股份有限公司於 2015 年 5 月 1 日以每股 \$22.50 購買亞瑟半導體公司普通股 1,200,000 股，當日亞瑟半導體公司流通在外普通股總股數是 4,000,000 股。2015 年 8 月 30 日亞瑟半導體公司發放現金股利每股 \$0.62，2015 全年度賺取稅後淨利爲 \$10,000,000。2016 年 1 月 3 日因有客觀證據顯示三星科技股份有限公司所持有亞瑟半導體公司的股權投資可能已發生減損，於是公司進行減損測試，評估持有亞瑟半導體公司股權投資在未來會帶給公司現金流量現值爲 \$22,000,000。截至 2016 年第二季，亞瑟半導體公司報導稅後淨利爲 \$5,060,000。三星科技股份有限公司在 2016 年 6 月 30 日出售所持有亞瑟半導體公司普通股 900,000 股，每股售價 \$10.35。試爲三星科技股份有限公司的此筆股權投資作會計處理。

因三星科技股份有限公司取得亞瑟半導體公司流通在外普通股總股數 4,000,000 股中的 1,200,000 股，故對其持有股權比率爲 30%，大於適用權益法的股權比率參考性門檻 20%，在無反證的情況下，推定三星科技股份有限公司對亞瑟半導體公司具有重大影響力，亞瑟半導體公司爲三星科技股份有限公司之關聯企業之一，且三星科技股份有限公司對此股權投資應採用權益法處理，相關交易作分錄如下：

日期	科目	借方	貸方
5/1	投資關聯企業	27,000,000	
	現　　金		27,000,000
8/30	現　　金	744,000	
	投資關聯企業		744,000
12/31	投資關聯企業	2,000,000	
	投資收益		2,000,000
	(\$10,000,000 × 8/12) × 30% = \$2,000,000		
2016/1/3	減損損失	6,256,000	
	累計減損 - 投資關聯企業		6,256,000
6/30	投資關聯企業	1,518,000	
	投資收益		1,518,000
	\$5,060,000 × 30% = \$1,518,000		

三星科技股份有限公司在 2016 年 6 月 30 日出售所持有亞瑟半導體公司普通股 900,000 股後，尚持有 300,000 股，佔亞瑟半導體公司流通在外普通股總股數之 7.5%（＝300,000/4,000,000×100%），小於適用權益法的股權比率參考性門檻 20%，代表公司在出售部分持股後，已喪失對亞瑟半導體公司的重大影響力，故停止使用權益法，改依國際會計準則第 39 號之規定，將剩餘權益投資（7.5%）認列為「備供出售金融資產」，並以公允價值為衡量原則，整體會計處理如下：

6/30	現　　金	9,315,000	
	備供出售金融資產 - 股票	3,105,000	
	處分損益	11,098,000	
	投資關聯企業		23,518,000

步驟① 「投資關聯企業」於 2016/6/30 帳面金額

＝ $22,000,000 ＋ $1,518,000 ＝ $23,518,000

步驟② 出售 900,000 股時收取的對價＝ $10.35×900,000 ＝ $9,315,000

步驟③ 剩餘 300,000 股權益在出售日之公允價值

＝ $10.35×300,000 ＝ $3,105,000

步驟④ 出售「投資關聯企業」產生的損益

＝ ($9,315,000 ＋ $3,105,000) － $23,518,000 ＝ ($11,098,000)

一、選擇題

( ) 1. 102 年初甲公司以 $4,000,000 投資乙公司 40% 股權，當年度乙公司盈餘爲 $600,000，不發放股利，則在權益法下甲公司之「投資關聯企業－乙公司」於 X1 年底項目餘額爲： (A)$4,000,000 (B)$4,240,000 (C)$4,600,000 (D)$4,400,000。 【投資關聯企業；103 年初考】

( ) 2. 下列那一類型之金融資產的原始認列金額可以不包括交易成本？ (A) 透過損益按公允價值衡量之金融資產 (B) 備供出售金融資產 (C) 持有至到期日之投資金融資產 (D) 採權益法之投資。 【金融資產；103 年初考】

( ) 3. 甲公司於 102 年 1 月 1 日以 $112,000 購入乙公司債券，面額 $100,000，票面利率 7%，每年底付息一次。甲公司購買債券當時之市場利率爲 5%，並將此債券投資分類爲透過損益按公允價值衡量之金融資產。若 102 年 12 月 31 日該債券之市價爲 $110,000，關於此債券投資，甲公司 102 年之本期淨利 (A) 減少 $2,000 (B) 增加 $5,000 (C) 增加 $5,600 (D) 增加 $7,000。

【透過損益案公允價值衡量之金融資產；103 年初考】

( ) 4. 101 年 1 月 1 日甲公司購買乙公司流通在外 30% 股權 1,000,000 股。甲公司依權益法處理此投資，101 年 12 月 31 日資產負債表中，甲公司報導對乙公司投資餘額爲 $35,400,000，乙公司 101 年度淨利爲 $20,000,000，宣告並發放現金股利 $2,000,000，則甲公司 101 年 1 月 1 日對乙公司之投資成本爲何？ (A)$29,400,000 (B)$30,000,000 (C)$34,800,000 (D)$35,400,000。

【投資關聯企業；102 年普考】

( ) 5. 假設甲公司 101 年初以 $600,000 的價格購入乙公司股票 25,000 股，並分類爲備供出售金融資產，假設乙公司 101 年 12 月 31 日股票市價爲每股 $27，102 年 12 月 31 日股票市價爲每股 $22，102 年間甲公司並未處分乙公司股票，則甲公司 102 年度綜合損益表所列示相關之其他綜合損益應爲： (A)$0 (B) 利益 $75,000 (C) 損失 $125,000 (D) 損失 $50,000。

【備供出售金融資產；102 年普考】

( ) 6. 王君於 101 年 3 月 1 日購買新台公司發行之普通公司債（面額爲 $1,000,000，年利率 2%）。已知該公司每年的 1 月 1 日與 7 月 1 日會定期支付債權人半年的利息。試問於 101 年 7 月 1 日王君可領取之利息金額爲何？ (A)$6,667 (B)$10,000 (C)$20,000 (D)$21,000。【持有至到期日金融資產；102 年普考】

( ) 7. 甲公司於 102 年 7 月 3 日以每股 $13 購入乙上市公司普通股 1,000 股並分類爲備供出售金融資產，乙公司已於 102 年 6 月 20 日宣告現金股利每股 $1，除權除息日爲 7 月 24 日，9 月 15 日發放股利，該股票 X1 年底之公允價值爲每股 $7。若甲公司於 103 年中以每股 $13 全數處分該金融資產，則該公司應認列之處分投資損益爲 (A) 損失 $1,000 (B) 利益 $1,000 (C) 利益 $6,000 (D)$0。

【備供出售金融資產；103 年高考】

( ) 8. 北門公司於 102 年購入股票 $5,000,000 作爲投資，分類爲備供出售金融資產。X3 年 12 月 31 日，該批股票市價爲 $6,000,000。103 年 12 月 31 日，該批金融資產的市價爲 $5,500,000。設北門公司並無其他備供出售金融資產，稅率爲 17%，計算北門公司與此金融資產項目有關之各項項目其 103 年 12 月 31 日之餘額爲何？ (A) 應有「其他綜合損益－金融資產未實現評價損益」貸方餘額 $415,000 (B) 應有「其他綜合損益－金融資產未實現評價損益」貸方餘額 $585,000 (C) 應有「遞延所得稅負債」借方餘額 $85,000 (D) 應有「備供出售金融資產」借方餘額 $1,000,000。 【備供出售金融資產；103 年高考】

( ) 9. 持有至到期日債券投資之溢價攤銷會使 (A) 利息費用減少 (B) 利息收入增加 (C) 應付公司債帳面金額減少 (D) 債券投資帳面金額減少。

【持有至到期日金融資產；104 年證券商高級業務員】

( ) 10. 備供出售之股票投資收到股票股利時，應 (A) 借：投資收益，貸：備供出售金融資產－股票 (B) 借：現金，貸：備供出售金融資產－股票 (C) 僅於帳上註明收到之股數，並重新核算每股之帳面金額 (D) 借：備供出售金融資產－股票，貸：股利收入。 【備供出售金融資產；104 年證券商高級業務員】

( ) 11. 採權益法評價之股權投資，若收到現金股利，則應貸記 (A) 保留盈餘 (B) 投資收益 (C) 投資關聯企業 (D) 營業收入。

【投資關聯企業；104 年證券商高級業務員】

(　　) 12. 甲公司以 $115,000（含手續費 $1,000）購入面額 $100,000 有效利率 6%，票面利率 8% 之債券，並分類爲「持有至到期日之金融資產」，下列何者錯誤？ (A) 期末必須按公允價值評價 (B) 手續費須認列爲投資成本之一部分 (C) 按有效利息法攤銷溢折價 (D) 現金利息大於利息收入。

【持有至到期日金融資產；104 年初考】

(　　) 13. 甲公司於 103 年 1 月 1 日以 $95,509 買入乙公司發行 5 年期，面額 $100,000、票面利率 3% 之公司債，其有效利率 4%，每年付息日爲 6 月 30 日及 12 月 31 日。甲公司將此公司債分類爲備供出售金融資產，103 年底此批公司債公允價值 $97,500，則 103 年底的備供出售金融資產未實現評價（損）益爲（小數點以下四捨五入至整數位） (A)$1,163 (B)$1,171 (C)$1,991 (D)$(2,500)。

【備供出售金融資產；104 年初考】

(　　) 14. 甲公司以每股 $25 之價格購入每股面額 $10 之普通股 20,000 股作爲投資，並另支付手續費 $3,000。甲公司擬將該股票歸類爲備供出售之金融資產，則於購入該股票時，甲公司之原始認列金額爲 (A)$200,000 (B)$500,000 (C)$497,000 (D)$503,000。【備供出售金融資產；104 年初考】

(　　) 15. 下列那一項金融資產之會計處理並無減損衡量與認列問題？ (A) 透過損益按公允價值衡量之金融資產 (B) 備供出售金融資產 (C) 持有至到期日金融資產 (D) 無活絡市場之債券投資。【金融資產；104 年初考】

二、計算題

1. 【備供出售金融資產；104 年證券投資分析人員】甲公司於 103 年 1 月 1 日，買入乙公司五年期的公司債作爲備供出售投資，面值 $1,000,000、票面利率 5%，每年 12 月 31 日付息一次，甲公司共支付 $957,876（含交易成本），原始有效利率爲 6%，103 年 12 月 31 日甲公司認列了備供出售投資未實現利益 $9,651。試計算：該債券 103 年 12 月 31 日之公允價值爲何？
2. 【備供出售金融資產；104 年高考】101 年初甲公司以 $200,000 購入上市公司乙公司之普通股 10,000 股，該公司將此項投資分類爲備供出售金融資產。101 年底乙公司普通股之公允價值下跌至每股 $15，102 年底乙公司發生重大財務困難並進行重整，致使乙公司普通股之公允價值下跌，故甲公司對相關投資進行減損測試，經評估當日乙公司普通股之公允價值爲每股 $8。乙公司於 103 年度已完成重整計畫並恢復正常營運，103 年底乙公司普通股之公允價值回升至每股 $13。

試求：（不考慮所得稅之影響，說明計算過程，所有答案四捨五入至元）

(1) 關於該股票投資，該公司應計入 102 年當期淨利之減損損失金額。

(2) 關於該股票投資，該公司應計入 102 年其他綜合損益之未實現損益總金額（須註明係利益或損失）。

(3) 關於該股票投資，該公司應計入 103 年當期淨利之減損迴轉利益金額。

(4) 關於該股票投資，該公司應計入 103 年其他綜合損益之未實現損益總金額（須註明係收益或費損）。

3. 【備供出售金融資產；104 年高考】101 年初甲公司以 $600,000 購入面額 $100,000，票面利率 3.8845%，每年底付息之乙公司 5 年期公司債 6 張，該公司將此項投資分類為備供出售金融資產。101 年底乙公司公司債之公允價值未變動。102 年底乙公司發生重大財務困難並進行重整，致使乙公司公司債之公允價值下跌，故甲公司對此投資進行減損測試，經評估當日乙公司每張公司債預期到期收回本金 $70,000，每期可收到之利息為 $2,000，當時有效利率為 5.5049%。乙公司於 103 年度已完成重整計畫並恢復正常營運，103 年底甲公司實際收到公司債利息 $12,000，且乙公司公司債之公允價值亦因信用等級改善導致公允價值回升至每張 $90,000。

試求：（不考慮所得稅之影響，說明計算 s 過程，所有答案四捨五入至元）

(1) 關於該債券投資，該公司應計入 102 年當期淨利之減損損失金額。

(2) 關於該債券投資，該公司應計入 102 年其他綜合損益之未實現損益總金額（須註明係利益或損失）。

(3) 關於該債券投資，該公司應計入 103 年當期淨利之利息收入金額。

(4) 關於該債券投資，該公司應計入 103 年當期淨利之減損迴轉利益金額。

(5) 關於該債券投資，該公司應計入 103 年其他綜合損益之未實現損益總金額（須註明係收益或費損）。

(6) 若所有情況不變（乙公司無財務困難情事），但 102 年底係因無風險利率上升，致使乙公司公司債之公允價值下跌為每張 $90,000（當時有效利率為 7.7471%），該公司債預期之未來現金流量並無改變，且當日並無其他損失事項。關於該債券投資，該公司應計入 102 年當期淨利之減損損失金額。

(7) 承上第 6 小題，103 年底甲公司依約實際收到公司債利息，當時乙公司公司債之公允價值回升至每張 $98,000。關於該債券投資，該公司應計入 103 年當期淨利之利息收入金額。

參考文獻

1. 杜榮瑞、薛富井、蔡彥卿、林修葳，會計學（第五版），東華書局。
2. 鄭丁旺，2015，中級會計學：以國際財務報導準則爲藍本（第十二版下冊）。
3. 財團法人中華民國會計研究發展基金會國際會計準則翻譯委員會專案委員會，國際會計準則第 28 號投資關聯企業及合資（2013 年版藍本）。
4. 財團法人中華民國會計研究發展基金會國際會計準則翻譯委員會專案委員會，國際會計準則第 39 號金融工具：認列與衡量（2013 年版藍本）。

現金流量表

學習目標

研讀本章後，可了解：

一、瞭解現金流量表之報導目的

二、瞭解現金流量之定義

三、認識現金流量表之報導內容

四、學習如何表達與揭露現金流量表

本章架構

現金流量表

報導目的	現金流量之定義	報導內容	表達與揭露
• 預測企業未來的現金流量 • 修正過去對現金流量之預測 • 評估企業之償債能力與變現能力	• 現金流量 • 現金 • 約當現金	• 營運活動現金流量 • 投資活動現金流量 • 融資活動現金	• 報導方法： 1.直接法 2.間接法 • 應表達與揭露之事項

前言

「現金與約當現金」是企業從事例行性營運活動、採購新生產設備以擴大產能、進行併購交易以開拓新市場、按期償還本息與貸款銀行、或是回饋投資人報酬等所不可或缺的資產，因此，一份傳達企業如何創造現金流入及如何使支用現金的報表也就成爲資本市場參與者所迫切需求的資訊。國際會計準則公報第一號（IAS 1）財務報表之表達遂將現金流量表（statement of cash flows）列爲公開發行公司必須揭露的主要財務報表之一，並制定國際會計準則公報第七號（IAS 7）：現金流量表以規範公開發行公司至少必須表達與揭露之現金流量資訊。本章依據國際會計準則公報第七號對現金流量表作一深入淺出的介紹與說明。

15-1 現金流量表之報導目的

現金流量表主要表達企業在特定會計期間內因從事營運活動、投資活動、與融資活動所賺取之現金流入與使用現金的情況，並解釋現金自特定會計期間期初至期末之變動情形，爲一動態性之財務報表。現金流量表可以幫助使用者預測企業未來的現金流量，並可幫助使用者修正過去對現金流量之預測。投資人與債權人可利用現金流量之資訊來評估企業之償債能力（solvency）與變現能力（liquidity）。

15-2 現金流量之定義

現金流量表所指的「現金」係包含了約當現金（cash equivalents）在內，換言之，現金流量表即是表達企業在特定會計期間有關現金與約當現金流量之資訊。國際會計準則公報第七號對現金流量、現金、與約當現金提供定義如下（IAS 7.6）：

1. 現金流量係指現金與約當現金之流入與流出。
2. 現金包含庫存現金與銀行存款。
3. 約當現金係指短期性且具高度流動性之投資，此類型之投資可以隨時轉讓以換取既定數量的現金，且其價值之變動對企業而言不具有重大風險。

因企業在管理現金的例行性活動中常會使用到約當現金，所以約當現金之流入與流出的資訊自然應納入現金流量表中。然而，那些項目係屬於約當現金呢？符合定義之約當現金包括：自存款日起算一個月期的定期存單、自存款日起算三個月期的定期存單、自取得日起算至多三個月到期之投資、持有三個月內到期之商業本票、及隨時可求現與償還的銀行透支等。權益型投資（如股權投資）及自取得日起算三個月以後始到期的債券型投資皆不屬於約當現金。另外，向銀行貸得的現金亦不屬於約當現金，而爲透過融資活動所取得的現金流入，納入現金流量表中融資活動的一部分。

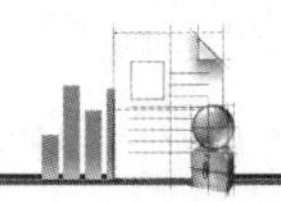

延伸閱讀

【汽車製造公司認列收入之會計政策】

當企業購入一贖回日爲三個月內的兩年期債券時，若持有債券之目的僅爲履行短期現金承諾且此債券之價值變動風險小，在國際會計準則第 7 號（IAS 7）的規範下，企業持有此債券應歸類爲約當現金。

資料來源：勤業眾信會計師事務所 IFRS 知識專區，www.IFRS.org.tw。

15-3 現金流量表之報導內容

依據國際會計準則公報第七號之規定，企業必須在現金流量表中表達與揭露下列四項資訊：

1. 營業活動現金流量（cash flows from operating activities）。
2. 投資活動現金流量（cash flows from investing activities）。
3. 融資活動現金流量（cash flows from financing activities）。
4. 在此特定會計期間內現金與約當現金發生增加或減少之情況。

然而，企業該如何判斷所從事的交易應歸屬於那一類型之經濟活動呢？國際會計準則公報第七號提出：企業應依據其商業模式（business model）及交易本質（nature of business）作判斷，IAS 7.6 提供給企業關於此三大活動之定義及適用範圍。

一、營業活動現金流量

根據 IAS 7.6 對營業活動之定義，應歸類於現金流量表中營業活動的項目包括：

1. 企業從事能創造主要收益的經濟活動。
2. 凡不屬於投資活動與融資活動的交易事項。

企業從事能創造主要收益的經濟活動時，其產生的收益、成本與費用皆會反映在損益表上，用以決定當期間的損益。如何判斷企業所從事的經濟活動爲創造主要收益的經濟活動呢？國際會計準則委員會（IASB）建議：透過觀察與瞭解企業的商業模式（business model）與交易本質（nature of business），即可區分出企業創造主要收益的經濟活動爲何，例如中華航空公司主要的商業模式是開闢航線與運送旅客，所以該公司創造收益的主要來源即是銷售各航線客艙機票，而在飛機上販售免稅商品並非其主要收益，應列在非營業收益項下。常見的應歸屬於現金流量表中之營業活動現金流量的項目包括：

1. 因銷售商品或提供勞務予顧客而收取之現金。
2. 承銷商因代理寄銷人銷售商品或提供服務予顧客所收取之佣金。
3. 因提供專利權或特許權所收取之權利金。
4. 保險公司定期自被保險人收取之保費。
5. 企業自國稅局或稅捐稽徵處收到退稅款（此退稅款並非因從事與投資或融資活動有關的交易而發生的）。
6. 因從事短期性的金融商品交易（如期貨交易）而獲得的現金流入。
7. 因向供應商購買原物料或商品所支付之貨款。
8. 支付予員工薪資、工資、福利金、或其他津貼等。
9. 支付其他例行性的營業費用或成本。
10. 保險公司支付理賠賠償金。
11. 企業支付國稅局或稅捐稽徵處稅款（此稅款並非因從事與投資或融資活動有關的交易而發生的）。
12. 因從事短期性的金融商品交易（如期貨交易）所支付的款項。

營業活動現金流量是評估企業是否有能力繼續維持營運的重要指標。假設在沒有任何融資與募集資金的交易發生，企業從其營業活動中所賺取的現金若足以支應債務的本息、再投資以擴充產能、及支付現金股利與股東的話，則與同業相比較，該企業所承擔的資金成本自然較低、有不錯的繼續營運能力、且企業價值成長的可能性極高；反之，企業從其營業活動中所賺取的現金若不足以支應債務的本息，代表該企業繼續經營的能力面臨危機。另外，詳細的營業活動現金流量資訊亦有助於投資者預測未來的營業活動現金流量。

二、投資活動現金流量

根據 IAS 7 對投資活動之定義，投資活動包括：

1. 取得與處分長期性資產。
2. 取得與處分不屬於約當現金的投資項目（IAS 7.6）。

在現金流量表中，投資活動現金流量主要在彙整爲了取得（或處分）與維持企業營運有關的長期性資產所發生的現金流出（現金流入）的資訊，以及彙整因從事與企業主要營運無關的投資交易所發生的現金流入與現金流出資訊。常見的應歸屬於現金流量表中之投資活動現金流量的項目包括：

1. 因購置廠房設備、取得無形資產（如取得專利權、版權、商標權等）、或購買其他長期性營業用資產所支付的價款。
2. 因處分廠房設備、處分無形資產（如處分專利權、版權、商標權等）、或處分其他長期性營業用資產所收取的價款。
3. 因購買債券並有意圖持有其至到期日時，所支付的投資款。
4. 爲併購其他企業而購買其股票時，所支付的投資款。
5. 爲從事合資交易所支付的投資款。
6. 因處分債券投資、股權投資、或合資權益所獲得之價款。
7. 因借款或放款予債務人所發生的現金流出。
8. 因收取（回）債務人所償還的借款而產生的現金流入。
9. 因投資衍生性金融商品（如期貨合約、遠期合約、選擇權合約、交換合約等）且有意圖持有該投資至少三個月以上時，所支付的投資款。
10. 因結清或交割衍生性金融商品投資所獲得的現金流入。

投資活動現金流量的資訊可幫助投資人及其他利害關係人評估企業是否有在改善或提升生產設備的產能，以支援其營業活動的運作，創造營業收入，同時也可瞭解企業是否有未利用的產能、或是否仍在使用過時的生產設備從事生產，而影響營業活動的效益。另一方面，投資人及其他利害關係人亦可從投資活動現金流量的資訊中瞭解企業所從事的債券投資或權益投資的績效。

三、融資活動現金流量

根據 IAS 7 對融資活動之定義，凡是會影響企業之投入資本與長期性負債發生變動的交易事件皆屬於融資活動。常見的應歸屬於現金流量表中之融資活動現金流量的項目包括：

1. 因發行權益型證　所募集到之資金。
2. 因發行權益型衍生性金融商品所取得之現金。
3. 因買回或贖回權益型證　或權益型衍生性金融商品所支付之現金。
4. 因發行公司債券所募得之資金。
5. 因向銀行貸款、或向其他企業借款所取得之資金。
6. 因發行票據所取得之資金。
7. 因償還公司債券投資人本金所發生的現金流出。
8. 因償還銀行或其他債權人本金所發生的現金流出。
9. 依融資租賃契約之協議，因如期支付租金予出租人所產生的現金流出。

融資活動現金流量的資訊有助於投資人與其他利害關係人瞭解企業之資本結構的變動情況、分析企業係如何籌資以支援投資與（或）營業活動、與評估企業償還借款本金的能力。

四、須特別注意之報導項目

在編製現金流量表時，須加以考慮下列幾個特定項目應歸屬於那一活動類型之現金流量下？抑或不需報導在現金流量表上？茲詳述如下：

（一）現金利息

對金融機構而言，貸款與放款以支付或賺取現金利息爲其主要營運模式，故，支付與收取現金利息應歸屬於其現金流量表中之營業活動現金流量。對非金融機構而言，(1) 若支付與收取現金利息僅爲計算當期損益，則應歸屬爲營業活動之現金流量；(2) 若支付與收取現金利息係因從事投資交易而發生的，則應歸屬於投資活動之現金流量；(3) 若支付與收取現金利息係爲融資交易之成本，則應歸類爲融資活動之現金流量。企業一旦作了決定，則以後各期間有關現金利息交易之分類須第一次分類時相一致。

（二）現金股利

若收取現金股利僅爲計算當期損益，或支付現金股利係作爲衡量企業由營業活動所創造的現金淨流入是否足以支付現金股利的指標時，則此等現金股利應歸類爲營業活動之現金流量。若收取現金股利係因投資交易所獲得之報酬，則歸屬於投資活動之現金流量。若支付與收取現金股利係源於融資交易，則歸類爲融資活動之現金流量。企業一旦作了決定，則以後各期間有關現金股利交易之分類須第一次分類時相一致。

（三）所得稅

除可明確辨認所支付的所得稅係因進行投資活動或融資活動所需承擔的稅負者外，應列爲營業活動之現金流量。若可明確辨認所支付的所得稅係因進行投資活動而需承擔的稅負，此時則列爲投資活動之現金流量。若可明確辨認所支付的所得稅係因進行融資活動而需承擔的稅負，則應將所支付的所得稅列入融資活動之現金流量中。

（四）投資於子公司或關聯企業

當企業採用成本 / 公平價值法或權益法處理其對子公司或關聯企業之投資時，IAS 7 限制企業在其個別現金流量表中僅能報導自己與其子公司或關聯企業間之現金流量，例如：將因持有子公司或關聯企業之股權而獲得的現金股利列入投資活動之現金流量。

（五）允許以淨額表達

當有下列情況發生時，IAS 7 允許企業可以淨額方式表達營業活動、投資活動、及融資活動之現金流量：（IAS 7.22 － IAS 7.24）

1. 代顧客收付款項（例如：代顧客收取租金、代投資機構收取投資人款項、或銀行收付活期存款等）。
2. 收付周轉快速、金額大且其到期日短（通常少於三個月）之款項（例如：收付信用卡客戶之款項、購入或出售短期投資之款項等）。（IAS 7.22 － IAS 7.24)
3. 金融機構固定到期日定期存款之現金收付。
4. 金融機構放款及墊款之現金收付。

營業活動（現金流入）

1. 因銷售商品或提供勞務予顧客而收取之現金。
2. 承銷商因代理寄銷人銷售商品或提供服務予顧客所收取之佣金。
3. 因提供專利權或特許權所收取之權利金。
4. 保險公司定期自被保險人收取之保費。
5. 企業自國稅局或稅捐稽徵處收到退稅款（此退稅款並非因從事與投資或融資活動有關的交易而發生的）。
6. 因從事短期性的金融商品交易（如期貨交易）而獲得的現金流入。
7. 收取現金利息（僅為計算當期損益）。
8. 收取現金股利（僅為計算當期損益）。

※金融機構：收取現金利息。

投資活動（現金流入）

1. 因處分廠房設備、處分無形資產（如處分專利權、版權、商標權等）、或處分其他長期性營業用資產所收取的價款。
2. 因處分債券投資、股權投資、或合資權益所獲得之價款。
3. 因收取（回）債務人所償還的價款而產生的現金流入。
4. 因結清或交割衍生性金融商品投資所獲得的現金流入。
5. 收取現金利息（因從事投資而發生）。
6. 收取現金股利（因從事投資而得之報酬）。

融資活動（現金流入）

1. 因發行權益型證券所募集到之資金。
2. 因發行權益型衍生性金融商品所取得之現金。
3. 因發行公司債券所募集到之資金。
4. 因向銀行貸款、或向其他企業借款所取得之資金。
5. 因發行票據所取得之資金。
6. 收取現金利息（因從事融資而發生）。
7. 收取現金股利（因從事融資而得之報酬）。

現金流入 → **現金流量表** → 現金流出

營業活動（現金流出）

1. 支付予員工薪資、工資、福利金、或其他津貼等。
2. 支付其他例行性的營業費用或成本。
3. 保險公司支付理賠賠償金。
4. 企業支付國稅局或稅捐稽徵處稅款（此稅款並非因從事與投資或融資活動有關的交易而發生的）。
6. 因從事短期性的金融商品交易（如期貨交易）所支付的款項。
6. 支付現金利息（僅為計算當期損益）。
7. 支付現金股利（作為衡量企業之營業活動所創造的現金是否足以支付現金股利的指標）。
8. 支付所得稅（不是因進行投資活動或融資活動而承擔的稅負者）。

※金融機構：收取現金利息。

投資活動（現金流出）

1. 因購置廠房設備、取得無形資產（如取得專利權、版權、商標權等）、或購買其他長期性營業用資產所支付的價款。
2. 因購置債券並意圖持有其至到期日時，所支付的投資款。
3. 為併購其他企業而購買其股票時，所支付的投資款。
4. 為從事合資交易所支付的投資款。
5. 因借款或放款予債務人所發生的現金流出。
6. 因投資衍生性金融商品（如期貨合約、遠期合約、選擇權合約、交換合約等）且有意圖持有該投資至少三個月以上時，所支付的投資款。
7. 支付現金利息（因從事投資而發生）。
8. 支付所得稅（因進行投資活動而承擔的稅負）。

融資活動（現金流出）

1. 因買回或贖回權益型證券或權益型衍生性金融商品所支付之現金。
2. 因償還公司債券投資人本金所發生的現金流出。
3. 因償還銀行或其他債權人本金所發生的現金流出。
4. 依融資租賃契約之協議，因如期支付租金予出租人所產生的現金流出。
5. 支付現金利息（因融資交易而發生之成本）。
6. 支付現金股利（因融資交易而發生）。
7. 支付所得稅（因進行融資活動而承擔的稅負）。

圖 15-1　現金流量表之內容

（六）不涉及現金及約當現金之交易

不影響企業現金或約當現金之投資及融資活動不再列入現金流量表中，但須在財務報表附註中揭露。常見的不影響 企業現金或約當現金之投資及融資活動包括：簽定長期性承租契約以取得對財產廠房或設備之使用權、將可轉換公司債轉換爲普通股股票、以股換股的方式進行併購交易等。

圖 15-1 彙整了上列所述能爲現金流量表中營業活動、投資活動、與融資活動創造現金流入的交易事項，及造成此三大活動發生現金流出的交易事項。此架構圖可幫助初學者瞭解常見的現金來源及現金受支用之情形。茲以範例 15-1 說明企業如何依據其商業模式及交易本質來判斷所從事的交易應歸屬於那一類型之經濟活動。

範例 15-1

長榮航空公司與波音公司簽訂一份五十年期之租賃合約，向波音公司承租三架波音 777 民航客機。合約期限到期時，估計三架波音 777 民航客機無任何殘值，屆時長榮可以低於市值的價格承購這些客機。合約約定長榮需每月支付 $200,000 美元租金予波音公司、及 $20,000 美元電匯租金之手續費。

就長榮航空公司而言，其商業模式主要爲爭取開闢航線、採購與維修飛機設備、及聘用與培訓飛航人員等，長榮航空公司向波音公司取得三架波音 777 民航客機，原應屬投資活動的現金流出，但因此交易的本質係以簽訂一份 50 年期之租賃合約取得三架波音 777 民航客機，並非以長榮航空公司自有資金來取得，而租賃合約是屬於融資交易，所以長榮航空公司每月支付給波音公司 $200,000 美元租金在其現金流量表中應歸類在融資活動現金流量項下；至於，每次支付 $20,000 美元電匯租金之手續費僅供計算當期損益，與投資活動和融資活動無關，故在其現金流量表中應歸類在營業活動現金流量項下。

15-4 表達與揭露

一、報導現金流量表之方法

編製現金流量表需要三項基本資料：(1) 比較性資產負債表，(2) 當期綜合淨利表，及 (3) 其他補充資訊。透過將當期以應計基礎衡量之損益調節資產增減變動數（不包含現金增減變動數）、負債增減變動數、及（或）權益增減變動數後，即可求得以現金基礎衡量的淨結果。如何將以應計基礎衡量之損益調節至以現金基礎衡量的淨結果呢？其報導方法有二：(1) 直接法（direct method）與 (2) 間接法（indirect method）。茲以範例 15-2 爲例，分別說明直接法與間接法的報導方式。

範例 15-2

三星科技股份有限公司於 2015 年 12 月 31 日暨 2016 年 12 月 31 日資產負債表及 2016 年度綜合淨利表資料如下：

三星科技股份有限公司
比較資產負債表
2015 年 12 月 31 日暨 2016 年 12 月 31 日

	2015 年 12 月 31		2016 年 12 月 31 日	
資　產				
現金與約當現金		$500,100		$ 33,750
應收帳款	$67,500		$60,000	
減：備抵壞帳	(2,250)	65,250	(1,500)	58,500
存　貨		30,000		24,000
備供出售金融資產		–		31,000
土　地		7,500		7,500
機器設備	$30,000		$18,750	
減：累計折舊－機器設備	(5,625)	24,375	(2,250)	16,500
建築物	$67,500		$56,250	
減：累計折舊－建築物	(13,500)	54,000	(9,000)	47,250
資產總額		$231,225		$218,500
負債及權益				
應付帳款		$ 30,000		$ 24,750
應付利息		3,375		2,625
長期應付票據		26,000		31,000
普通股股本		150,000		125,000
保留盈餘		21,850		42,625
累計其他綜合損益		0		(7,500)
負債及權益總額		$231,225		$218,500

三星科技股份有限公司
綜合損益表
2016 年 1 月 1 日暨 2016 年 12 月 31 日

	2015 年 12 月 31	2016 年 12 月 31 日
營業收入－銷售商品		$540,000
減：銷貨成本		(380,000)
銷貨毛利		$160,000
減：營業費用		
壞帳費用	$ 5,400	
折舊費用－機器設備	4,125	
折舊費用－建築物	4,500	
利息費用	103,425	117,450
營業利益		$ 42,550
處分備供出售金融資產損失		(9,500)
出售機器設備損失		(800)
利息費用－長期應付票據		(3,100)
稅前淨利		$ 29,150
所得稅費用		(3,800)
稅後淨利		$ 25,350
其他綜合損益		－
綜合淨利		$ 25,350

其他資訊如下：

① 2016 年度發放現金股利 $21,125；

② 2016 年度發放 20% 股票股利，使保留盈餘中有 $25,000 累計盈餘轉增資；

③於 2016 年中，以 $29,000 的價格賣出帳上全部的備供出售金融資產，截至 2016 年除列日止，該金融資產尚有累計未實現評價損失餘額 $7,500；

④於 2016 年度中，以 $2,200 的價格出售一台機器設備，該機器設備原取得成本為 $3,750，其累計折舊為 $750；

⑤ 2015 年 12 月 31 日為籌措資金，公司開立一張 5 年期、年利率 10%、面額 $31,000 之票據予債權人，約定每年年底支付利息，2016 年亦償還 $5,000 本金予債權人；

⑥ 2016 年度因營業獲利而必須繳納 $3,800 營利事業所得稅負，該筆稅負已於 2016 年年底完稅。

試作：請分別以「直接法」與「間接法」為三星科技股份有限公司編製 2016 年度現金流量表。

（一）直接法

直接法係直接列出當期營業活動所產生之各項現金流入及現金流出，即直接將損益表中與營業活動有關之各個項目從應計基礎結果轉換成以現金基礎衡量。編製要領如下：

【步驟 1】計算資產負債表中各個會計項目之增減變動數，並判別其應歸屬於現金流量表中那一類型的活動。請參見表 15-1。

表 15-1　比較資產負債表

三星科技股份有限公司
比較資產負債表
2015 年 12 月 31 日暨 2016 年 12 月 31 日

	2015 年 12 月 31		2016 年 12 月 31 日		變動數	活動類型
資　產						
現金與約當現金		$ 50,100		$ 33,750	16,350	
應收帳款	$ 67,500		$ 60,000		7,500	營業活動
減：備抵壞帳	(2,250)	65,250	(1,500)	58,500	(750)	營業活動
存　貨		30,000		24,000	6,000	營業活動
備供出售金融資產		–		31,000	(31,000)	投資活動
土　地		7,500		7,500	0	
機器設備	$ 30,000		$ 18,750		11,250	投資活動
減：累計折舊－機器設備	(5,625)	24,375	(2,250)	16,500	(3,375)	營業活動
建築物	$ 67,500		$ 56,250		11,250	投資活動
減：累計折舊－建築物	(13,500)	54,000	(9,000)	47,250	(4,500)	營業活動
資產總額		$231,225		$218,500		
負債及權益						
應付帳款		$ 30,000		$ 24,750	5,250	營業活動
應付利息		3,375		2,625	750	營業活動
長期應付票據		26,000		31,000	(5,000)	融資活動
普通股股本		150,000		125,000	25,000	融資活動
保留盈餘		21,850		42,625	(20,775)	
累計其他綜合損益		0		(7,500)	(7,500)	
負債及權益總額		$231,225		$218,500		

【步驟 2】計算營業活動之現金流量。

(1) 已向顧客收回之貨款

營業收入－銷售商品

借	貸
	540,000

備抵壞帳

借		貸	
		2015/12/31	1,500
確定已無法收回的應收帳款	4,650	壞帳費用	5,400
		2016/12/31 餘額	2,250

應收帳款

借		貸	
2015/12/31	$ 60,000	確定已無法收回的應收帳款	4,650
營業收入－銷售商品	540,000		
		已向顧客收回的貨款	527,850
2016/12/31 餘額	$ 67,500		

(2) 已支付供應商貨款

銷貨成本

借	貸
380,000	

存貨

借		貸	
2015/12/31	24,000		
本期進貨	386,000	銷貨成本	380,000
2016/12/31	30,000		

應付帳款

借		貸	
		2015/12/31	$ 24,750
已付予供應商的貨款	380,750	本期進貨	386,000
		2016/12/31 餘額	$ 30,000

(3) 償付利息費用

利息費用－長期應付票據	
3,100	

在資料⑤中即已說明長期應付票據所孳生的利息在每年年底支付，所以此爲融資活動之現金流出。

營業費用－利息費用	
103,425	

本期孳生的利息費用。

應付利息

		2015/12/31	2,625
本期已償付的利息費用	102,675	本期孳生的利息費用	103,425
		2016/12/31 餘額	$ 3,375

(4) 已完成繳納當期所發生的營利事業所得稅負 $3,800。

【步驟 3】計算投資活動之現金流量。

(1) 處分備供出售金融資產得款 $29,000。

(2) 出售機器設備得款 $2,200。

(3) 支付購買機器設備之價款 $15,000

機器設備

2015/12/31	18,750		
本期新購買的機器設備	15,000	售出的機器設備之原成本	3,750
2016/12/31 餘額	30,000		

(4) 支付購買建築物之價款 $11,250

建築物

2015/12/31	56,250		
本期新購買的建築物	11,250		
2016/12/31 餘額	67,500		

【步驟 4】計算融資活動之現金流量。

(1) 從資訊⑤中可知，本期償還長期應付票據之部分本金 $5,000 及償付該票據在本期所孳生的利息 $3,100。

長期應付票據

		2015/12/31	31,000
本期償還之本金	5,000		
		2016/12/31 餘額	26,000

利息費用－長期應付票據

$ 3,100	

在資料 5 中即已說明長期應付票據所孳生的利息在每年年底支付，所以此爲融資活動之現金流出。

(2) 從資訊①中得知，本期發放現金股利 $21,125 此交易發生時，會在日記簿中作如下之會計分錄：

保留盈餘	21,125	
現　　金		21,125

【步驟 5】分析不涉及現金與約當現金之投資與融資活動。

(1) 從資訊②中判斷得知，2016 年度發放 20% 股票股利，使保留盈餘中有 $25,000 累計盈餘轉增資。

保留盈餘

		2015/12/31	42,625
1. 發放現金股利	21,125	本期稅後淨利	25,350
2. 發放股票股利	25,000		
		2016/12/31 餘額	21,850

普通股股本

		2015/12/31	125,000
		2. 發放股票股利	25,000
		2016/12/31	150,000

綜合上述之分析可知，資訊②所提及的交易不涉及現金，故應將此筆「不涉及現金與約當現金之投資與融資活動」交易表達與揭露於財務報表之附註中。

【步驟 6】以直接法爲三星科技股份有限公司編製 2016 年度現金流量表。請參見表 15-2）

表 15-2　以直接法編製之現金流量表

三星科技股份有限公司
現金流量表
2016 年 1 月 1 日至 2016 年 12 月 31 日

營業活動現金流量：		
自顧客收回之貨款	$527,850	
付予供應商貨款	(380,750)	
償付利息費用	(102,675)	
繳納營利事業所得稅	(3,800)	
營業活動之淨現金流入		$ 40,625
投資活動現金流量：		
處份備供出售金融資產	$ 29,000	
出售機器設備	2,200	
支付購買機器設備之價款	(15,000)	
支付購買建築物之價款	(11,250)	
投資活動之淨現金流入		4,950
融資活動現金流量：		
償還長期應付票據之部分本金	（$5,000)	
發放現金股利	(21,125)	
償付長期應付票據所孳生之利息費用	(3,100)	
融資活動之淨現金流出		(29,225)
本期現金與約當現金淨增加數		$ 16,350
現金與約當現金 (2015 年 12 月 31 日）		33,750
現金與約當現金 (2016 年 12 月 31 日）		$ 50,100

（二）間接法

間接法係從綜合淨利表中之「本期稅後淨利（損）」調整：(1) 當期不影響現金與約當現金之損益項目、(2) 與損益有關之流動資產與流動負債項目金額之增減變動數、及 (3) 因處分資產及償還債務所產生之損益項目，以求算當期由營業活動產生之淨現金流入或流出。編製要領如下：

【步驟 1】計算資產負債表中各個會計項目之增減變動數，並判別其應歸屬於現金流量表中那一類型的活動。請參見表 15-1。

【步驟 2】計算營業活動之現金流量。

(1) 應收帳款淨增加數

應收帳款於 2016 年 12 月 31 日淨額 $65,250（＝ $67,500 － $2,250）大於應收帳款於 2015 年 12 月 31 日淨額 $58,500（＝ $60,000 － $1,500），代表民國 101 年度自銷售商品所賺得的營業收入中仍有 $6,750 營業收入尚未收到現金，故以現金基礎衡量時，應將此尚未收現的營業收入 $6,750 自本期「稅後淨利」中減除。

(2) 存貨增加數

存貨於 2016 年 12 月 31 日帳面價值 $30,000 大於存貨於 2015 年 12 月 31 日帳面價值 $24,000，代表 2016 年度綜合淨利表中所認列的銷貨成本低估 $6,000，若其他條件不變，在應計基礎之衡量下，「稅後淨利」會高估 $6,000，然而以現金基礎衡量時，被高估 $6,000 的稅後淨利並未帶來實質的現金流入，故應將此存貨增加數 $6,000 自「稅後淨利」中減除。

(3) 處分備供出售金融資產損失

從資料 3 中得知，三星科技股份有限公司於 2016 年中以 $29,000 的價格賣出帳上全部的備供出售金融資產，除列日時三星科技股份有限公司作如下的會計分錄：

現金	29,000	
處分備供出售金融資產損失	9,500	
備供出售金融資產		31,000
累計其他綜合損益－金融資產未實現評價損益		7,500

「處分備供出售金融資產損失」項目在應計基礎下爲綜合淨利表中營業利益之減項，然並無實質的現金流出，故以現金基礎衡量時，應將此項目加回「稅後淨利」中。

(4) 出售機器設備損失

「出售機器設備損失」項目在應計基礎下爲綜合淨利表中營業利益之減項，然並無實質的現金流出，故以現金基礎衡量時，應將此項目加回「稅後淨利」中。

(5) 自綜合淨利表中之「稅後淨利」調整「折舊費用－機器設備」與「折舊費用－建築物」：

此兩項目在應計基礎下爲綜合淨利表中營業費用之一部分，然此類型之費用並無實質的現金流出，故以現金基礎衡量時，應將此兩項目加回「稅後淨利」中。

(6) 應付帳款增加數

應付帳款於 2016 年 12 月 31 日帳面價值 $30,000 大於應付帳款於 2015 年 12 月 31 日帳面價值 $24,750，代表 2016 年度賒購交易增加，在應計基礎衡量下，賒購交易增加數已自綜合淨利表中扣減了，然而從現金基礎的觀點來看，該筆賒購交易增加數並未帶來實質的現金流出，故應將應付帳款增加數加回「稅後淨利」中。

(7) 應付利息增加數

應付利息於 2016 年 12 月 31 日帳面價值 $3,375 大於應付利息於 2015 年 12 月 31 日帳面價值 $2,625，代表 2016 年度尙未償付的利息費用增加了 $750，在應計基礎衡量下，此筆尙未償付的利息費用增加數已自綜合淨利表中營業利益項下扣減了，然而從現金基礎的觀點來看，此筆尙未償付的利息費用增加數並沒有實質的現金流出，故應將應付利息增加數加回「稅後淨利」中。

(8) 自綜合淨利表中之「稅後淨利」調整「利息費用－長期應付票據」：

「利息費用－長期應付票據」係因融資交易而孳生的現金利息支出，故此項目在現金流量表中應歸類爲「融資活動現金流量」之一部分，不應列在「營業活動現金流量」項下，然因在編製綜合淨利表時，已將此項目自「稅前淨利」中扣減，求算得「稅後淨利」，所以，應將「利息費用－長期應付票據」項目金額加回「稅後淨利」中，以決定來自營業活動之淨現金流量正確金額。

【步驟 3】計算投資活動之現金流量。

(1) 處分備供出售金融資產得款 $29,000。

(2) 出售機器設備得款 $2,200。

(3) 支付購買機器設備之價款 $15,000。

機器設備

2015/12/31	18,750		
本期新購買的機器設備	15,000	售出的機器設備之原成本	3,750
2016/12/31 餘額	30,000		

(4) 支付購買建築物之價款 $11,250。

建築物

2015/12/31	$ 56,250		
本期新購買的建築物	11,250		
2016/12/31 餘額	$ 67,500		

【步驟 4】計算融資活動之現金流量。

(1) 從資訊①中得知，本期發放現金股利 $21,125，此交易發生時，會在日記簿中作如下之會計分錄：

保留盈餘	21,125	
現　　金		21,125

(2) 從資訊⑤中可知，本期償還長期應付票據之部分本金 $5,000 及償付該票據在本期所孳生的利息 $3,100。

長期應付票據

		2015/12/31	31,000
本期償還之本金	5,000		
		2016/12/31 餘額	26,000

利息費用－長期應付票據

$ 3,100	

在資料⑤中即已說明長期應付票據所孳生的利息在每年年底支付，所以此爲融資活動之現金流出。

【步驟 5】分析不涉及現金與約當現金之投資與融資活動。

(1) 從資訊②中判斷得知，2016 年度發放 20% 股票股利，使保留盈餘中有 $25,000 累計盈餘轉增資。

保留盈餘

		2015/12/31	42,625
1. 發放現金股利	21,125	本期稅後淨利	25,350
2. 發放股票股利	25,000		
		2016/12/31 餘額	21,850

普通股股本

		2015/12/31	125,000
		2. 發放股票股利	25,000
		2016/12/31 餘額	150,000

綜合上述之分析可知，資訊②所提及的交易不涉及現金，故應將此筆「不涉及現金與約當現金之投資與融資活動」交易表達與揭露於財務報表之附註中。

【步驟 6】以間接法為三星科技股份有限公司編製 2016 年度現金流量表。請參見表 15-3。

表 15-3 現金流量表

三星科技股份有限公司
現金流量表
2016 年 1 月 1 日至 2016 年 12 月 31 日

營業活動現金流量：		
稅後淨利		$ 25,350
調節項目：		
應收帳款淨增加數	($ 6,750)	
存貨增加數	(6,000)	
處分備供出售金融資產損失	9,500	
出售機器設備損失	800	
折舊費用－機器設備	4,125	
折舊費用－建築物	4,500	
應付帳款增加數	5,250	
應付利息增加數	750	
利息費用－長期應付票據	3,100	15,275
營業活動之淨現金流入		$ 40,625
投資活動現金流量：		
處份備供出售金融資產	$ 29,000	
出售機器設備	2,200	
支付購買機器設備之價款	(15,000)	
支付購買建築物之價款	(11,250)	
投資活動之淨現金流入		4,950
融資活動現金流量：		
償還長期應付票據之部分本金	($ 5,000)	
發放現金股利	(21,125)	
償付長期應付票據所孳生之利息費用	(3,100)	
融資活動之淨現金流出		(29,225)
本期現金與約當現金淨增加數		$ 16,350
現金與約當現金 (2015 年 12 月 31 日)		33,750
現金與約當現金 (2016 年 12 月 31 日)		$50,100

表 15-4　「稅後淨（損）利」與「營業活動現金流量」之間的調節項目彙總表

稅後淨利（損）

＋	應收帳款（淨額）減少數	－	應收帳款（淨額）增加數
＋	存貨減少數	－	存貨增加數
＋	預付費用減少數	－	預付費用增加數
＋	應付帳款增加數	－	應付帳款減少數
＋	應計費用增加數	－	應計費用減少數
＋	其他應付款增加數	－	其他應付款減少數
＋	遞延所得稅負債增加數	－	遞延所得稅負債減少數
＋	投資損失	－	投資利益
＋	處分固定資產損失	－	處分固定資產利得
＋	資產減損損失	－	應付公司債溢價攤銷數
＋	金融資產評價損失	－	金融資產評價利益
＋	金融負債評價損失	－	金融負債評價利益
＋	固定資產之折舊費用	－	資產減損迴轉利益
＋	無形資產之攤銷費用	－	
＋	遞延費用攤銷數	－	
＋	應付公司債折價攤銷數	－	
＝	營業活動淨現金流入（流出）		

由範例 15-2 之解析中可知，以直接法報導現金流量表與以間接法報導現金流量表之主要差異，僅在於對營業活動現金流量之報導方式不同而已，此兩種報導現金流量表的方法皆爲國際會計準則委員會所許可接受的；然而，鑒於全球金融危機之衝擊與資訊可瞭解性之考量，國際會計準則委員會鼓勵所有遵循國際會計準則編製財務報表的公開發行公司採用直接法編製與報導現金流量表。

最後提醒初學者：以間接法編製現金流量表時，需特別注意：如何將「稅後淨（損）利」調節至「營業活動現金流量」，表 15-4 彙整「稅後淨利（損）」與「營業活動現金流量」之間的應調節項目。

二、應表達與揭露之事項

企業報導現金流量表時，務必在財務報表附註中表達與揭露下列資訊：

1. 不影響企業現金或約當現金之重要投資及融資活動。
2. 現金及約當現金之組成要素，並提供現金流量表所載金額與資產負債表所報導金額的調節。
3. 重大受限制現金及約當現金之金額及相關管理階層評論。

除了上述必須揭露與表達的資訊外，企業管理者若判斷資訊的揭露與否會重大影響利害關係人對企業未來現金流量之判斷時，則可在附註中表達與揭露任何相關地重要資訊，例如：企業在財務報表附註中表達與揭露其重要營運部門之現金流量資訊。

知識學堂

根據商業會計處理準則第 19 條規範，現金流量表，為表達商業在特定期間有關現金收支資訊之彙總報告；其編製及表達，應依照財務會計準則公報第十七號規定辦理。所以，目前實務上，無論是公開發行公司或是非公開發行公司對現金流量表的編製是一致的，且大都採用間接法編製現金流量表。

國際會計準則與我國財務會計準則公報對「現金流量表」規範之主要差異

主要差異之處	國際會計準則第七號（IAS 7)	我國財務會計準則公報第十七號
營業活動之現金流量的表達方法	表達營業活動之現金流量的方法有兩種： 1. 直接法－ IASB 鼓勵使用 2. 間接法	表達營業活動之現金流量的方法有兩種： 1. 直接法 2. 間接法－企業較偏好使用
現金利息	一、非金融機構－各期間之分類須一致： 1. 支付與收取現金利息僅爲計算當期損益，則歸屬爲營業活動之現金流量。 2. 若支付與收取現金利息係因投資交易，則歸屬於投資活動之現金流量。 3. 若支付與收取現金利息係視爲融資交易之成本，則應歸類爲融資活動之現金流量。 二、金融機構：支付與收取現金利息爲其主要營業活動。	支付與收取現金利息一律列示在營業活動之現金流量。
現金股利	各期間之分類須一致： 1. 收取現金股利僅爲計算當期損益，或支付現金股利係作爲衡量企業由營業動所創造的現金淨流入是否足以支付現金股利的指標時，則歸類爲營業活動之現金流量。 2. 若收取現金股利係因投資交易所獲得之報酬，則歸屬於投資活動之現金流量。 3. 若支付與收取現金股利係源於融資交易，則歸類爲融資活動之現金流量。	1. 收取現金股利列示在營業活動之現金流量。 2. 支付現金股利列示爲融資活動之現金流量。
所得稅	1. 通則：除可明確辨認所支付的所得稅係因進行投資活動或融資活動所需承擔的稅負者外，應列爲營業活動之現金流量。 2. 若可明確辨認所支付的所得稅係因進行投資活動而需承擔的稅負，此時則列爲投資活動之現金流量。 3. 若可明確辨認所支付的所得稅係因進行融資活動而需承擔的稅負，則應將所支付的所得稅列入融資活動之現金流量中。	支付所得稅則列示在營業活動之現金流量。

學·後·評·量

一、選擇題

(　　) 1. 【現金流量表之報導內容】B 企業於 2011 年 1 月 1 日依面額發行 100,000 歐元之零息債券，並於 2015 年 12 月 31 日時以現金 140,255 歐元向債券持有人贖回，於截至 2015 年 12 月 31 日之 5 年期間，企業於綜合淨利表中共認列了 40,255 歐元的利息費用。B 企業應如何於其 2015 年度之現金流量表上表達上述交易？ (A) 將所支付的 100,000 歐元分類爲融資活動之現金流量，所支付 40,255 歐元的利息分類爲投資活動之現金流量 (B) 將所支付的 100,000 歐元分類爲營業活動之現金流量，所支付 40,255 歐元的利息分類爲營業活動之現金流量 (C) 將所支付的 100,000 歐元分類爲營業活動之現金流量，所支付 40,255 歐元的利息分類爲融資活動之現金流量 (D) 將所支付的 100,000 歐元分類爲融資活動之現金流量，所支付 40,255 歐元的利息費用依 B 企業一般分類利息之方式歸類爲營業活動或融資活動之現金流量。

(　　) 2. 【現金流量表之報導內容】IAS 7.43 中所規範的不影響企業現金及約當現金之投資與融資活動不應列於現金流量表中，則下列何者係屬於非現金交易？ (A) 非貨幣性資產交易，例如不動產、廠房及設備、存貨等 (B) 資產或事業之取得或處分係以權益證　爲對價 (C) 收取被投資公司所發放的股票股利 (D) 以上皆是。

(　　) 3. 【現金流量之定義】企業購入一贖回日爲三個月內的兩年期債券時，在 IAS 7 的規範下，此債券是否應歸類爲約當現金？ (A) 若持有債券之目的僅爲履行短期現金承諾且此債券之價值變動風險小，則持有此債券應列爲約當現金 (B) 若持有債券之目的爲投資性質或其他目的，則持有此債券應列爲約當現金 (C) 因企業必須在兩年期間到期時始能取得投資此債券所賺取的本息，所以，此債券不應歸類爲約當現金 (D) 以上皆非。

(　　) 4. 甲公司 2011 年相關資料如下：設備期初餘額 $600,000，期末餘額 $200,000；累計折舊期初餘額 $240,000，期末餘額 $100,000；本年度出售設備損失 $30,000。該年度無增添任何設備，並於 7 月初將部分設備出售。該公司採直線法提列折舊，耐用年數 10 年，無殘值。出售設備之現金流量應爲： (A) $190,000 (B) $180,000 (C)$230,000 (D)$210,000。

【現金流量表之報導內容；95 年高考】

(　　) 5. 公司出售設備獲得現金，該筆現金在現金流量表上應當作：(A) 營業活動之現金流入 (B) 融資活動之現金流入 (C) 投資活動之現金流入 (D) 營業活動之現金流出。【現金流量表之報導內容；95 年普考】

(　　) 6. 在現金流量表中將現金之流入與流出區分爲那些活動？ (A) 營業活動、投資活動與融資活動 (B) 投資活動、融資活動與股利活動 (C) 融資活動、股利活動與營業活動 (D) 股利活動、營業活動與投資活動。

【現金流量表之報導內容；95 年初考】

(　　) 7. 提撥法定盈餘公積應於現金流量表中如何揭露？ (A) 列爲營業活動之現金流出 (B) 列爲投資活動之現金流出 (C) 列爲融資活動之現金流出 (D) 不必加以揭露。【現金流量表之報導內容；96 年高考】

(　　) 8. 嘉義公司 95 年之淨利爲 \$500,000、專利權攤銷數爲 \$40,000、遞延所得稅負債增加 \$100,000、預付費用增加 \$20,000、公司債溢價攤銷數爲 \$30,000、發放現金股利 \$70,000、出售固定資產損失爲 \$40,000，則該公司 95 年營業活動之淨現金流入量爲多少？ (A)\$560,000 (B)\$690,000 (C)\$630,000 (D)\$670,000。【間接法；96 年高考】

(　　) 9. 台中公司 99 年期初應收帳款餘額爲 \$120,000，期末應收帳款餘額爲 \$170,000，該公司於 99 年 10 月 1 日沖銷應收帳款 \$10,000，並於 99 年 12 月 31 日提列壞帳費用 \$18,000。若該公司 99 年之銷貨收入爲 \$1,700,000，則其 99 年自現銷及應收帳款收到之現金數爲多少？ (A)\$1,750,000 (B)\$1,770,000 (C)\$1,640,000 (D)\$1,742,000。【直接法；96 年高考】

(　　) 10. 下列何者屬於現金流量表之投資活動？ (A) 非貨幣性資產交換 (B) 外界捐贈資產 (C) 出售固定資產 (D) 買回庫藏股。

【現金流量表之報導內容；96 年普考】

(　　) 11. 編製現金流量表時，以間接法計算營業活動之現金流量，下列何者之敘述爲眞？ (A) 應收帳款增加，應爲本期淨利之減項 (B) 預付費用增加，應爲本期淨利之加項 (C) 存貨增加，應爲本期淨利之加項 (D) 應付帳款增加，應爲本期淨利之減項。【間接法；96 年普考】

(　　) 12. 下列何者係屬現金流量表中之融資活動？ (A) 貸放款項給其他企業 (B) 投資應付公司債 (C) 舉借長期債務 (D) 購入長期性資產。

【現金流量表之報導內容；96 年初考】

(　　) 13.【現金流量表之報導內容】在編製現金流量表時，因投資所賺得的利息收入與股利收入係屬下列那一項活動？ (A) 融資活動 (B) 投資活動 (C) 營業活動 (D) 分屬融資與投資活動。

(　　) 14.採「直接法」或「間接法」編製現金流量表時，主要差異會出現在下列那一項活動的內容？ (A) 不影響現金流量之重大投資或融資活動 (B) 營業活動 (C) 投資活動 (D) 融資活動。 【報導現金流量表之方法；96 年初考】

(　　) 15.下列項目何者在現金流量表中應列為融資活動之現金流量？ (A) 出售土地 (B) 購買固定資產 (C) 發行公司債 (D) 發放股票股利。

【現金流量表之報導內容；97 年初考】

(　　) 16.以間接法編製現金流量表時，為了計算營業活動的現金流量，下列項目何者必須從當期稅後淨利中減除？ (A) 折舊費用 (B) 處分資產利得 (C) 應收帳款減少數 (D) 應付公司債折價攤銷。 【間接法；97 年初考】

(　　) 17.以間接法編製現金流量表時，對於當期稅後淨利之調整項目，下列處理何者錯誤？ (A) 應收帳款減少為本期淨利之加項，應收帳款增加為本期淨利之減項 (B) 預付費用增加為本期淨利之加項，預付費用減少為本期淨利之減項 (C) 存貨減少為本期淨利之加項，存貨增加為本期淨利之減項 (D) 應付帳款增加為本期淨利之加項，應付帳款減少為本期淨利之減項。【間接法；97 年特考】

(　　) 18.【現金流量表之報導內容】在編製現金流量表時，下列何項交易應列為融資活動？ (A) 買回庫藏股 (B) 因營業租賃所支付的租金 (C) 股利收入 (D) 外界捐贈。

(　　) 19.臺北公司 99 年存貨之期末餘額為 \$25,000，而 99 年存貨之期初餘額為 \$40,000；應付帳款 99 年存貨之之期末餘額為 \$30,000，而期初餘額為 \$10,000。當年度之銷貨成本為 \$90,000，請問 99 年度支付供應商之現金總額為多少？ (A)\$90,000 (B)\$55,000 (C)\$7,000 (D)\$60,000。 【直接法；97 年特考】

(　　) 20.忠孝公司出售一部機器，其帳面價值為 \$5,000，出售利益為 \$1,000。試問，在現金流量表中，有關出售機器「從投資活動而來之現金流量」為何？ (A)\$1,000 (B)\$4,000 (C)\$5,000 (D)\$6,000。

【投資活動之現金流量；97 年高考】

二、計算題

1. 羽田公司在 99 年及 98 年年底的預付保險費分別為 $100,000 及 $50,000，而 99 年度及 98 年度的保險費用分別為 $40,000 及 $30,000。若羽田公司採用直接法來編製現金流量表，則羽田公司 99 年度有關保險費用之現金流出金額為何？

   【直接法；97 年高考】

2. 甲公司本年度稅前淨利 $380,000，而本年度損益表中列有折舊費用 $12,000、出售固定資產利益 $5,000 及所得稅 $38,000，則該公司本年度由營業活動所產生的淨現金流入為多少？ 【間接法；97 年高考】

3. 東東公司 96 年之折舊費用為 $120,000，權益法下之投資收益為 $36,000，處分原始成本 $120,000，累計折舊 $20,000 之設備，得款 $96,000，購買股票作為長期投資 $40,000，發行普通股購買設備 $250,000。請問當年度投資活動之淨現金流量為多少？

   【投資活動之現金流量；97 年普考】

4. 【現金流量表之報導內容】下列各項交易事件係發生在不同產業的企業，請依企業的商業模式與交易實質來判斷下列各項交易事件，回答以下相關的問題：

   (1) 營建公司擁有重型機具設備。

   (2) 廣告代理商收到退稅款。

   (3) 製造業者因研發新產品而支付發展成本。

   (4) 飯店管理集團以融資租賃的方式取得一高爾夫球場。

   (5) 一家科技公司取得備供出售金融資產－債券投資。

   (6) 一家百貨公司短期投資於 30 天期商業本票。

   試說明上述各項交易應屬於現金流量表中那一類型活動。

5. 甲公司 X1 年各帳戶的有關資料：應付帳款減少 $6,000，專利權攤銷費用 $10,000，應付公司債折價攤銷 $1,000，應收帳款減少 $9,000，預付費用增加 $2,000，出售舊設備損失 $32,000，購買交易目的金融資產 $50,000，支付現金股利 $30,000，當年淨利 $100,000，則來自營業活動的現金流量為多少？【營業活動之現金流量；100 年初考】

6.

甲公司
比較資產負債表
98 年 12 月 31 日及 97 年 12 月 31 日

	98 年 12 月 31 日	97 年 12 月 31 日		98 年 12 月 31 日	97 年 12 月 31 日
現　金	$ 24,000	$ 16,000	應付帳款	$162,000	$160,000
應收帳款	164,000	174,000	普通股（每股面額 $10）	500,000	460,000
土　地	150,000	129,000	資本公積	29,000	26,000
機　器	750,000	650,000	保留盈餘	141,000	93,000
累計折舊	(256,000)	(230,000)			
總　計	$832,000	$739,000	總　計	832,000	739,000

98 年度其他相關資料：

① 出售一部成本 $70,000，累計折舊 $52,000 之機器，收到現金 $23,000，另外用現金添購新機器。

② 發行 2000 股普通股換取土地一塊，其餘現金增資。

試以間接法編製甲公司 98 年度現金流量表。　【間接法；98 年普考】

7. 【現金流量之定義】乙公司在 2015 年 06 月 30 日資產負債表中報導下列項目：

	2015 年 6 月 30 日	2014 年 6 月 30 日
備供出售金融資產	$28	$30
銀行透支	(8)	0
現金及銀行存款	15	20
交易目的金融資產	12	0
短期投資－ 60 天期國庫券	0	5

乙公司於 2015 年 06 月 30 日所報導之現金及銀行存款餘額 $15 中有 $3 的現金及銀行存款係存在國外子公司之帳戶內，該國外子公司所在地國有實施外匯管制，嚴禁將資金匯轉至其他國家。

請自「現金與約當現金淨增 (減）變動數」起，為乙公司編製現金流量表，並做必要的表達與揭露。

8.【現金流量之定義】丙公司於 2015 年度從事下列各項交易：

① 簽訂一份融資租賃合約，每年年底支付 $100 租金，這 $100 租金中有 $2 為其利息費用。

② 取得面額 $100、票面利率 3%、90 天期的國庫　。

③ 支付 $25 給退休基金信託人。

④ 上述面額 $100、票面利率 3%、90 天期的國庫　已到期，公司收到該批國庫之償付。

⑤ 與出租人簽訂一份營業租賃合約承租一辦公用的樓層，每年需支付租金 $100。

⑥ 以 $75 買回公司部分流通在外的普通股股票。

⑦ 將可轉換公司債轉換為普通股。

⑧ 償付長期負債中於當年度到期的本金 $30 及支付利息費用 $3。

試作：

(1) 請說明上述每一筆交易事項對「現金與約當現金」之影響。

(2) 請說明上述每一筆交易事項該如何報導在現金流量表上。

9.【直接法】下列為丁公司於 2015 年暨 2016 年度損益表與資產負債表資料：

損益表	2016 年	2015 年
營業收入－銷售商品	$1,610	$1,450
銷貨成本	(870)	(694)
其他營業費用	(329)	(312)
兌換損失	(21)	(14)
折　　舊	(200)	(150)
稅前淨利	$ 190	$ 280
所得稅－當年度所得稅費用	(100)	(150)
稅後淨利	$ 90	$ 130

資產負債表	2016 年 12 月 31 日	2015 年 12 月 31 日
現金與約當現金	$ 210	$ 350
應收帳款	570	430
投資－三個月期以上定期儲蓄存款	420	－
財產、廠房與設備	1,000	840
資產總計	2,200	1,620
應付帳款	$ 260	180
應付所得稅	180	150
銀行貸款	80	－
投入資本	600	500
保留盈餘	880	790
累計其他綜合淨利－評價準備	200	－
負債與權益總計	2,200	1,620

財產、廠房與設備帳面價值發生增減變動的原因係來自添購財產、廠房與設備、提列折舊、與期末因採用重評價法進行評價所作的調整。2016 年度未有處分財產、廠房與設備的交易發生。

另外，丁公司因持有「外幣現金與約當現金」資產，該「外幣現金與約當現金」因受 2015 年 12 月 31 日至 2016 年 12 月 31 日期間匯率變動影響，導致當年度發生並認列兌換損失。

試以「直接法」報導丁公司於 2016 年度的現金流量表。

參考文獻

1. Barden, P., V. Poole, N. Hall, K. Rigelsford and A. Spooner (2008), iGAAP 2009: A Guide to IFRS Reporting (2nd ed.）: 1803-1836, Reed Elsevier Ltd.: London, UK.
2. Mirza, A. A., M. Orrell and G. J. Holt (2008), IFRS：Practical Implementation Guide and Workbook (2nd ed.）: 35-50, John Wiley & Sons, Inc.: NJ, U.S.A.
3. 林有志、黃娟娟，會計學概要：以國際會計準則為基礎（第二版），滄海書局：台中。
4. 鄭丁旺，2007，中級會計學：以國際財務報導準則為藍本（第十版下冊），作者：台北。

CHAPTER 16

財務報表分析

學習目標

研讀本章後，可了解：

一、瞭解財務報表分析的意義與方法

二、瞭解如何進行財務報表的垂直分析

三、瞭解如何進行財務報表的水平分析

四、瞭解如何進行財務報表的比率分析

五、瞭解財務報表分析的限制

本章架構

財務報表分析

- 財務報表分析的意義與方法
  - 財務報表的意義
  - 財務報表的分析方法
- 財務報表的垂直分析
  - 共同比分析
- 財務報表的水平分析
  - 比較分析
  - 趨勢分析
- 財務報表的比率分析
  - 獲利能力分析
  - 短期償債能力分析
  - 長期償債能力分析
  - 經營管理能力分析
  - 市場價值分析
  - 財務報表的分析方法
- 財務報表分析的限制
  - 歷史性資料
  - 歷史成本原則
  - 會計政策的選擇
  - 會計估計的限制
  - 衡量單位的限制
  - 會計期間的限制

前言

所謂財務報表，通常係指企業定期公布之資產負債表、綜合損益表、權益變動表及現金流量表等主要報表。企業編製財務報表的主要目的係在揭露某一時日或某一期間的財務狀況與經營成果，作爲報表使用者作決策的參考。然而企業報表的外部使用者無法直接接觸企業內部詳細的經營資料，僅能就定期公布的財務報表加以分析比較，以獲取所需之資訊。爲了因應各種不同使用者不同的決策目的，財務報表分析提供各種方法，將報表資料加以整理，以協助使用者獲取更進一步有用的資訊。

16-1 財務報表分析的意義與方法

一、財務報表分析的意義

財務報表分析，簡稱財務分析，係指藉由企業公布的財務報表及其他相關資訊，選擇與決策有關的內容加以整理分析，以協助報表使用者制訂決策。財務報表分析可用於評估企業過去的經營績效，衡量目前的財務狀況，以及預測企業未來的發展趨勢。

企業財務報表的使用者，可分爲內部使用者及外部使用者兩種。外部使用者如投資人或債權人，其使用財務報表分析的目的，主要是基於投資或貸款決策的需求，因爲較難獲得財務報表以外的資料，因此須以財務報表內容爲核心進行分析。內部使用者如企業管理人員，因管理需求而進行分析，雖然內部使用者可便利取得企業內部的詳細資料進行詳細的分析，然而其分析通常也須以財務分析爲核心，再整合內部資料以進行決策的制訂。

二、財務報表分析的方法

財務報表分析的主要方法包括靜態分析（static analysis）與動態分析（dynamic analysis）。所謂靜態分析係指同一時點或同一期間財務報表各項目的比較與分析。靜態分析的方法又可分爲共同比分析（common-size analysis）與比率分析（ratio analysis）。所謂共同比分析係指以財務報表中某一特定項目爲共同基準（如資產總額或營業收入淨額），將報表中各個項目與共同基準相比較，亦即以共同基準爲 100%，其他各個項目亦以「百分比」表達，藉以顯示各個項目構成的重要性，又稱爲縱向分析或垂直分析（vertical analysis）。比率分析則是就各個財務報表中具有相關聯的項目（如稅後淨利與營業收入淨額）計算成比率並作比較分析，以顯示企業的經營情況。共同比分析係在同一報表上進行分析；比率分析之相關聯項目雖然屬於同一時點或同一期間，然而可能來自不同的財務報表，例如計算權益報酬率的稅後損益與權益分別來自綜合損益表與資產負債表。

所謂動態分析係指就連續多個期間的財務報表，進行相同項目的比較，衡量其增減金額或增減百分比，又稱爲水平分析（horizontal analysis）。如果增減比較僅涉及兩期財務報表的分析，這種相對短期性質的水平分析稱爲比較分析（comparative analysis）。如果進行較長期間的水平分析，比較數年的資料，可得到相同項目的長期發展趨勢，則稱之爲趨勢分析。這種長期的水平分析並沒有限制應選擇的期間數，然而仍不宜太長或太短，一般而言以五至十年較爲合適。

16-2 垂直分析

垂直分析，又稱爲共同比分析，係指以財務報表中某一特定項目爲共同基準，將報表中各個項目換算成共同基準的百分比，以瞭解財務報表的結構，所以也稱爲結構分析。通常資產負債表是以資產總額爲共同基準，將資產、負債及權益的各個項目計算其佔資產總額之百分比，以顯示資產的構成內容及負債與權益之結構；綜合損益表則以營業收入淨額（或銷貨收入淨額）爲共同基準，將各項成本、費用、利益及損失計算其佔營業收入淨額（或銷貨收入淨額）之百分比，以顯示成本費用及損益的結構內容。由於各個企業的規模大小不同，而同一企業在不同年度亦有不同規模的變化。如果要對不同企業同一年度或同一企業不同年度進行結構性的比較分析，運用財務報表的金額較不易達到此目的，共同比財務報表則有相同的基礎，具有可比較性。以下就全華公司 2015 年資產負債表及損益表爲例，列示共同比分析如下：

表 16-1　共同比分析

全華股份有限公司

共同比資產負債表

2015 年 12 月 31 日　　單位：新台幣元

流動資產：		
現金及約當現金	$186,000	17.5%
備供出售金融資產—流動	3,000	0.3%
應收款項 (淨額)	66,000	6.2%
存　　貨	42,000	4.0%
流動資產合計	$297,000	28.0%
非流動資產：		
備供出售金融資產—非流動	$70,000	6.6%
不動產廠房及設備	693,000	65.4%
非流動資產合計	763,000	72.0%
資產總額	1,060,000	100.0%
流動負債：		
短期借款	$96,000	9.1%
應付帳款	62,000	5.8%
流動負債合計	$158,000	14.9%
非流動負債：		
應付公司債	$125,000	11.8%
應計退休金負債	10,000	0.9%
非流動負債合計	135,000	12.7%
負債總額	$293,000	27.6%
權　　益：		
普通股股本	$259,000	24.4%
資本公積	55,000	5.2%
保留盈餘	451,000	42.5%
母公司權益合計	$765,000	72.2%
非控制權益	2,000	0.2%
權益總額	$767,000	72.4%
負債及權益總額	$1,060,000	100.0%

由共同比資產負債表可知，全華公司在 2015 年的資產內容包括流動資產 28% 與非流動資產 72%。流動資產中以現金及約當現金最爲重要，佔資產總額的 17.5%；非流動資產則以不動產廠房及設備爲主要項目，佔資產總額 65.4%。不動產廠房及設備佔資產總額的比率高，爲製造業普遍性的現象。以上係全華公司的資金用途內容，至於資金來源方面，主要係來自於權益，佔資產總額的 72.4%，其次才是負債，佔資產總額的 27.6%，也就是說全華公司的資金有三分之二以上爲自有資金。

全華股份有限公司

共同比綜合損益表

2015 年 12 月 31 日　　單位：新台幣元

項目	金額	%
營業收入（淨額）	$636,000	100.0%
營業成本	(345,000)	-54.2%
營業毛利	$291,000	45.8%
營業費用：		
推銷費用	$(5,000)	-0.8%
管理費用	(22,000)	-3.5%
研究發展費	(50,000)	-7.9%
營業費用合計	$(77,000)	-12.1%
營業利益	$214,000	33.6%
營業外收支：		
其他收益	$3,000	0.5%
財務成本	(2,000)	-0.3%
營業外收支合計	$1,000	0.2%
稅前淨利	$215,000	33.8%
所得稅費用	(25,000)	-3.9%
本期損益	190,000	29.9%
其他綜合損益	6,000	0.9%
本期綜合損益	$196,000	30.8%

由共同比綜合損益表可知，全華公司在 2015 年的營業成本佔營業收入 54.2%，營業費用佔 12.1%，因此，代表本業獲利狀況的營業利益佔營業收入的 33.6%，本期損益則佔營業收入的 29.9%，為一獲利良好的年度。

共同比分析也可以進一步針對財務報表的特定項目，就其細部項目分析其構成的比例。例如可以流動資產為基準項目，分析應收款項或存貨等項目佔流動資產的比例，以瞭解流動資產結構。以全華公司的流動資產為例如下：

現金及約當現金	$186,000	62.6%
備供出售金融資產—流動	3,000	1.0%
應收款項 (淨額)	66,000	22.2%
存貨	42,000	14.1%
流動資產合計	$297,000	100.0%

由流動資產為共同基準可知，構成全華公司流動資產的主要項目為現金及約當現金（佔 62.6%），其次才是應收帳款（佔 22.2%）及存貨（佔 14.1%）。

16-3 水平分析

水平分析，係指以兩個或兩個以上期間的財務報表，針對相同的項目進行金額或增減比例的比較。由於多期財務報表進行相同項目的比較，通常係橫向的比較，所以稱之為水平分析。相對地，共同比分析係就財務報表同一年度的各個項目，相對於共同基準（資產總額或營業收入淨額）進行上下方向的比較，稱之為垂直分析。水平分析通常又分為較短期性的比較分析與較長期性的趨勢分析。

一、比較分析

比較分析係以兩年或三年的財務報表並列，進而比較相同項目的絕對金額增減及變動百分比，從而觀察公司經營的變化。若是以兩個年度的財務報表進行比較分析時，通常多以前一年度為基期年（base year）計算變動金額與變動百分比。以下就全華公司 2014 年及 2015 年資產負債表及綜合損益表為例，其比較分析表如下：

表 16-2　比較分析

全華股份有限公司
比較資產負債表
2015 年及 2014 年 12 月 31 日
單位：新台幣元

	2015 年		2014 年		增減金額	增減百分比
流動資產：						
現金及約當現金	$186,000	17.5%	$144,000	15.0%	$42,000	29.2%
備供出售金融資產—流動	3,000	0.3%	7,000	0.7%	(4,000)	-57.1%
應收款項 (淨額)	66,000	6.2%	58,000	6.0%	8,000	13.8%
存貨	42,000	4.0%	41,000	4.3%	1,000	2.4%
流動資產合計	$297,000	28.0%	$250,000	26.0%	$47,000	18.8%
非流動資產：						
備供出售金融資產—非流動	$70,000	6.6%	$65,000	6.8%	$5,000	7.7%
不動產廠房及設備	693,000	65.4%	645,000	67.2%	48,000	7.4%
非流動資產合計	$763,000	72.0%	$710,000	74.0%	$53,000	7.5%
資產總額	$1,060,000	100.0%	$960,000	100.0%	$100,000	10.4%
流動負債：						
短期借款	$96,000	9.1%	$95,000	9.9%	$1,000	1.1%
應付帳款	62,000	5.8%	54,000	5.6%	8,000	14.8%
流動負債合計	$158,000	14.9%	$149,000	15.5%	$9,000	6.0%
非流動負債：						
應付公司債	$125,000	11.8%	$80,000	8.3%	$45,000	56.3%
應計退休金負債	10,000	0.9%	9,000	0.9%	1,000	11.1%
非流動負債合計	$135,000	12.7%	$89,000	9.3%	$46,000	51.7%
負債總額	$293,000	27.6%	$238,000	24.8%	$55,000	23.1%
權　　益：						
普通股股本	$259,000	24.4%	$260,000	27.1%	$(1,000)	-0.4%
資本公積	55,000	5.2%	55,000	5.7%	0	0.0%
保留盈餘	451,000	42.5%	405,000	42.2%	46,000	11.4%
母公司權益合計	$765,000	72.2%	$720,000	75.0%	$45,000	6.3%
非控制權益	2,000	0.2%	2,000	0.2%	0	0.0%
權益總額	$767,000	72.4%	$722,000	75.2%	$45,000	6.2%
負債及權益總額	$1,060,000	100.0%	$960,000	100.0%	$100,000	10.4%

由全華公司 2015 年及 2014 年之比較資產負債表可知，2015 年資產增加 100,000 元，相較於 2014 年成長了 10.4%，主要係來自於流動資產中現金及約當現金增加 42,000 元及非流動資產中不動產廠房設備增加 48,000 元。至於因應資產增加的資金來源，主要是在負債方面的應付公司債增加 45,000 元及保留盈餘增加 46,000 元，負債金額因而成長 23.1%，權益則成長 6.2%。

表 16-3 比較綜合損益表

全華股份有限公司
比較綜合損益表
2015 年及 2014 年 12 月 31 日　　單位：新台幣元

	2015 年		2014 年		增減金額	增減百分比
營業收入((淨額))	$636,000	100.0%	$506,000	100.0%	$130,000	25.7%
營業成本	(345,000)	-54.2%	(262,000)	-51.8%	(83,000)	-31.7%
營業毛利	$291,000	45.8%	$244,000	48.2%	$47,000	19.3%
營業費用：						
推銷費用	$(5,000)	-0.8%	$(4,000)	-0.8%	$(1,000)	-25.0%
管理費用	(22,000)	-3.5%	(17,000)	-3.4%	(5,000)	-29.4%
研究發展費	(50,000)	-7.9%	(40,000)	-7.9%	(10,000)	-25.0%
營業費用合計	$(77,000)	-12.1%	$(61,000)	-12.1%	$(16,000)	-26.2%
營業利益	$214,000	33.6%	$183,000	36.2%	$31,000	16.9%
營業外收支：						
其他收益	$3,000	0.5%	$2,000	0.4%	$1,000	50.0%
財務成本	(2,000)	-0.3%	(1,000)	-0.2%	(1,000)	-100.0%
營業外收支合計	$1,000	0.2%	$1,000	0.2%	$0	0.0%
稅前淨利	$215,000	33.8%	$184,000	36.4%	$31,000	16.8%
所得稅費用	(25,000)	-3.9%	(15,000)	-3.0%	(10,000)	-66.7%
本期損益	$190,000	29.9%	$169,000	33.4%	$21,000	12.4%
其他綜合損益	6,000	0.9%	4,000	0.8%	2,000	50.0%
本期綜合損益	$196,000	30.8%	$173,000	34.2%	$23,000	13.3%

由全華公司 2015 年及 2014 年之比較綜合損益表可知，2015 年營收收入爲 636,000 元，比 103 年增加 130,000 元，成長了 25.7%；2015 年的營業成本較 2014 年增加了 83,000 元，成長 31.7%，比營業收入的成長率高，因此，營業毛利率成長率僅 19.3%；營業費用則成長了 26.2%，亦高於營業收入成長率，因而使營業利益成長率較營業毛利成長率爲低，僅剩 16.9%，另外，所得稅費用亦成長了 66.7%，導致本期損益僅成長 12.4%，佔營業收入的比率由 2014 年的 33.4% 下降爲 2015 年的 29.9%。

整體而言，全華公司在 2015 年擴充廠房設備並保留大量現金（可能是要因應擴充產能後營運週轉所需或將繼續擴充廠房設備），資金來源主要是對外發行公司債及公司內部盈餘；營業收入因而成長了 25.7%，本期損益也隨之增加，然而成本費用亦相對成長且幅度高於營業收入成長率，因此本期損益占營業收入比率小幅下降 3.5%。

二、趨勢分析

企業的發展，不僅要觀察公司目前的經營狀況，還要瞭解未來的發展潛力。雖然歷史資料不能完全預測未來的狀況，然而預測未來的發展，過去的資料是不可或缺的。然而，如果僅使用過去一、兩年的財務報表，將不易得到正確的結論，而多年度的財務報表所進行的趨勢分析，將可獲得較爲充分的資訊，此即趨勢分析。雖然趨勢分析並未限制應選擇的年度數量，但是不宜過長或過短，因爲過短，無法看出趨勢；過長則財務資料易受物價水準變動影響，導致比較性不足的限制。一般而言，以 5 － 10 年較爲合適。趨勢分析多採用指數法（index numbers），亦即先選定一年爲基期年，以基期年的各個項目爲 100%，比較各年度相同項目相對於基期年的趨勢百分比，其計算公式如下爲：

$$\text{趨勢百分比} = \frac{\text{當年金額}}{\text{基期金額}} \times 100\%$$

以全華公司 2011 年至 2015 年財務資料爲例，各項資料以 2011 年爲基期，各相關項目資料可表示如下：

表 16-4　趨勢分析

	2011 年		2012 年		2013 年		2014 年		2015 年	
	金額	百分比	金額	百分比	金額	百分比	金額	百分比	金額	百分比
流動資產	252,000	100%	259,000	103%	261,000	104%	250,000	99%	297,000	118%
長期投資	39,000	100%	37,000	95%	39,000	100%	65,000	167%	70,000	179%
固定資產	243,000	100%	273,000	112%	388,000	160%	645,000	265%	693,000	285%
資產總額	534,000	100%	569,000	107%	688,000	129%	960,000	180%	1,060,000	199%
流動負債	56,000	100%	79,000	141%	123,000	220%	149,000	266%	158,000	282%
長期負債	16,000	100%	11,000	69%	12,000	75%	89,000	556%	135,000	844%
權　　益	462,000	100%	479,000	104%	553,000	120%	722,000	156%	767,000	166%
營收淨額	295,000	100%	333,000	113%	419,000	142%	506,000	172%	636,000	216%
營業毛利	129,000	100%	141,000	109%	207,000	160%	244,000	189%	291,000	226%
營業利益	92,000	100%	104,000	113%	159,000	173%	183,000	199%	214,000	233%
稅後淨利	89,000	100%	99,000	111%	161,000	181%	169,000	190%	190,000	213%

16-4 比率分析

比率分析係將財務報表中具有相關聯的項目，計算其比率並加以進行分析。計算比率分析的各項指標，係在提醒報表使用人注意企業可能的績效與可能產生的問題。使用上須注意的是，單一指標並不能瞭解企業的全貌，必須配合其他指標或其他分析方法綜合運用，才能對企業做出合理的解釋。

比率分析的指標，必須對管理或理財有助益，才有分析的價值。一般對財務報表進行的比率分析可分爲五大類：

1. 獲利能力分析
2. 短期償債能力分析
3. 長期償債能力分析
4. 經營管理能力分析
5. 市場價值分析

一、獲利能力分析

獲利能力係指企業賺取盈餘的能力，也就是扣除相關成本費用及損失後的盈餘。在評估獲利能力時，不僅要瞭解企業盈餘的金額，還要考慮企業所運用資源的多寡、獲利的結構及其穩定性與持續性等特性。在此就常用的衡量獲利能力指標逐一說明如下：

（一）純益率（稅後淨利率）

純益，亦稱稅後損益或本期損益，是顯示企業獲利能力的最佳項目，亦爲投資人最關心的指標。然而純益金額的大小，不易顯示企業獲利能力的高低，通常會與營業收入淨額作比較，以顯示企業的經營績效。其計算公式爲：

$$\text{純益率} = \frac{\text{純益(或稱稅後損益)}}{\text{營業收入淨額}}$$

以全華公司 2015 年爲例，純益爲 190,000 元，營業收入淨額爲 636,000 元，可得出 = 純益率爲 29.9%。

（二）營業毛利率

營業毛利係指企業的營業收入減去營業成本後的金額，代表企業銷售商品或提供勞務可獲得的利潤，並用以支應各項費用以產生盈餘。若營業毛利金額太小，在支付各項費用後，發生虧損的機率就愈大。在進行毛利分析時，通常係將營業毛利除以營業收入淨額求得營業毛利率（gross profit to net sales），其計算公式爲：

$$營業毛利率 = \frac{營業毛利}{營業收入淨額} = \frac{營業收入 - 營業成本}{營業收入淨額} = 1 - \frac{營業成本}{營業收入淨額}$$

營業毛利率係代表每一元營業收入所創造之毛利金額。以全華公司 2015 年爲例，營業毛利爲 345,000 元，營業收入淨額爲 636,000 元，可得出營業毛利率爲 54.2%。

（三）營業淨利率

雖然營業毛利是企業獲利的基礎，然而除了產品成本外，企業的經營過程中須支付大量的營業費用，扣除這些費用後，才算是本業的獲利，稱爲營業淨利（income from operations）。因此爲了瞭解企業在本業經營的成果，乃將營業淨利除以營業收入淨額而得「營業淨利率」，其計算公式爲：

$$營業淨利率 = \frac{營業淨利}{營業收入淨額} = \frac{營業毛利 - 營業費用}{營業收入淨額}$$

營業淨利率係代表企業經營過程中，本業的獲利能力。以全華公司 2015 年爲例，營業淨利爲 214,000 元，營業收入淨額爲 636,000 元，可得出營業淨利率爲 33.6%。

營業成本與營業費用爲企業經營過程中，最重要的兩項成本費用，其金額的高低相對於營業收入淨額即爲營業比率（operating ratio），可用來評估企業對於成本與費用的控管能力，其公式如下：

$$營業比率 = \frac{營業成本 + 營業費用}{營業收入淨額}$$

營業比率愈高，其成本費用愈高，代表獲利能力愈低，企業可從該項比率獲得提醒應該降低成本與控制費用，以提高利潤。

$$營業淨利率 = \frac{營業淨利}{營業收入淨額} = \frac{營業收入 - (營業成本 + 營業費用)}{營業收入淨額}$$

$$= 1 - 營業比率$$

（四）總資產報酬率（return on assets, ROA）

企業經營其所擁有的各種資源（資產總額）以獲取利潤，所以在評估企業的獲利能力時，除了考慮相對於營業收入的比率外，亦應考慮以資產總額來衡量。企業取得資源所投入的資金係來自於債權人（負債總額）與股東（權益總額），而稅後淨利即爲股東的報酬，債權人的報酬則爲利息費用，然而利息費用對企業具有抵稅效果，亦即企業所支付的利息費用當中，有部分因可節省營利事業所得稅而非企業眞正的負擔，因此企業支付與債權人的報酬要扣除所節省的稅負。至於代表投入資源的資產總額，通常是以期初資產總額與期末資產總額的平均數計算之，這是因爲在整個年度當中，企業不斷地投入資源，使得期初資產總額與期末資產總額可能產生明顯的差距，若僅使用期初資產總額或期末資產額來衡量投入資源的報酬率，可能會有明顯的高估或低估現象。因此，總資產報酬率的計算公式爲：

$$\text{總資產報酬率} = \frac{\text{稅後淨利} + \text{利息費用} \times (1 - \text{所得稅率})}{\text{平均資產總額}}$$

$$= \frac{\text{稅後淨利} + \text{利息費用} \times (1 - \text{所得稅率})}{\dfrac{\text{期初資產總額} + \text{期末資產總額}}{2}}$$

總資產報酬率代表著企業平均投資一元的資產所產生的報酬金額。以全華公司 2015 年爲例，利後淨利爲 190,000 元，利息費用爲 2,000 元，期初資產總額爲 960,000 元，期末資產總額爲 1,060,000 元，假如所得稅率爲 17%，則總資產報酬率爲：

$$\text{總資產報酬率} = \frac{190,000 + 2,000 \times (1 - 17\%)}{\dfrac{960,000 + 1,060,000}{2}} = 18.98\%$$

學術界或實務界亦經常以稅後淨利相對於資產總額衡量總資產報酬率，將利息費用部分忽略不計，以取其簡單計算，其公式如下：

$$\text{總資產報酬率} = \frac{\text{稅後淨利}}{\text{平均資產總額}}$$

假如利息費用金額不大（相對於稅後淨利），則所計算之總資產報酬差異不大；若金額較大則會有明顯之差異。以全華公司 2015 年爲例，則較簡單的總資產報酬率爲：

$$\text{總資產報酬率} = \frac{190,000}{\dfrac{960,000 + 1,060,000}{2}} = 18.81\%$$

（五）權益報酬率（**return on equity, ROE**）

以股東之觀點評估企業之獲利能力時，應考慮的投入金額爲權益總額，其報酬則爲稅後淨利。至於權益金額亦考慮可能於全年度不斷地投入新的資源，故以期初權益總額與期末權益總額之平均計算之。其計算公式爲：

$$\text{權益報酬率} = \frac{\text{稅後淨利}}{\text{平均權益總額}} = \frac{\text{稅後淨利}}{\dfrac{\text{期初權益總額} + \text{期末權益總額}}{2}}$$

權益報酬率代表著股東平均投資一元所產生的報酬金額。以全華公司 2015 年爲例，利後淨利爲 190,000 元，期初權益總額爲 722,000 元，期末權益總額爲 767,000 元，則權益報酬率之計算如下：

$$\text{股東權益報酬率} = \frac{190,000}{\frac{727,000+767,000}{2}} = 25.44\%$$

假如企業同時發行普通股及特別股時，則有另外計算普通股權益報酬率的必要。通常特別股有較爲固定的股利率，且因特別股對於公司的盈餘有優先於普通股的分配權，因此在計算普通股權益報酬率時，應將稅後淨利扣除特別股股利，其計算式爲：

$$\text{普通股權益報酬率} = \frac{\text{稅後淨利} - \text{特別股股利}}{\text{平均普通股權益}}$$

二、短期償債能力分析

企業主要的資金來源有二：業主投資與債權人融通資金。而債權人融通的資金又分爲長期資金與短期資金兩種，長期債權人較重視企業的長期業績與發展及其長期償債能力，而短期債權人則較重視企業資產的流動性與短期償債能力。所謂短期通常係指一年或一個營業週期之內。而企業的短期償債能力係指企業能將其持有的資產快速轉換成現金以償付債務的能力。此項能力通常藉助下列財務比率加以衡量：

（一）流動比率

企業的短期償債能力與其營業活動息息相關，而營業活動成果主要是表現於財務報表上的營運資金。所謂營運資金（working capital）係指與企業日常營業活動密切相關的資產，通常係以流動資產爲代表，也稱爲毛營運資金（gross working capital），係由現金及約當現金、分類爲流動之金融資產、應收帳款、應收票據、存貨及預付費用等項目組成。這些項目的資產變現速度較快，且常跟隨著營業金額變動而起伏。相對於流動資產則有在一年或一個營業週期內要償還的流動負債，若企業的流動資產大於流動負債，表示企業有足夠的短期資金可償還短期負債，其差額愈高表示償還能力愈大。若將流動資產減去流動負債，其差額稱爲淨營運資金（net working capital），可作爲衡量企業短期償債能力的指標之一。

淨營運資金雖可衡量企業的短期償債能力，然而其爲絕對金額，無法顯示流動資產與流動負債的相對規模，而流動比率則可達成此目的，其計算公式如下：

$$\text{流動比率} = \frac{\text{流動資產}}{\text{流動負債}}$$

流動比率表示針對每一元的流動負債，企業有可供支應的流動資產金額。流動比率愈大，表示短期債權人可獲得的安全保障愈強。以全華公司 2014 年與 2015 年爲例，其流動比率分別爲：

$$流動比率_{103年}=\frac{250,000}{149,000}=167.79\%\text{ ，}\quad 流動比率_{104年}=\frac{297,000}{158,000}=187.97\%$$

雖然流動比率愈大對債權人的保障性愈高，然而過高的流動比率有可能反應著企業對資金未能有效運用，因爲流動資產中的各個項目大部分獲利性低，甚至不會產生利潤。至於流動比率應該多少較爲恰當呢？以往銀行及企業授信部門常以 200% 爲理想的流動比率，不過仍應參考各個產業的特性而定。

（二）速動比率

雖然流動資產的大部分項目具有短期變現的能力，然而並非每個項目都具有高度變現能力，例如存貨的變現能力相對較低，預付費用通常是無法變現的，結果縱使企業的流動比率遠大於 100%，仍存在著無法清償流動負債的危機。因此衡量企業的短期償債能力，須輔以速動比率加以測試。速動比率係以速動資產（quick asset）代替流動資產，用以衡量相對於流動負債的短期資產規模。而所謂速動資產，又稱爲防禦性資產，係指流動資產中流動性較高的資產，包括現金及約當現金、分類爲流動之金融資產、應收票據與應收帳款等項目。其中現金可直接用來償還債務，具有完全的流動性；約當現金通常指流動性與安全性極高且到期期限很短（通常指三個月內）的金融資產；分類爲流動之金融資產多具有公開的交易市場，流動性很高；應收票據與應收帳款通常在扣除呆帳準備後亦可在短期內收現。因此將這些項目的流動資產歸類爲速動資產。以速動資產爲分子，以流動負債爲分母所計算之比率，即爲速動比率，又稱爲酸性測驗比率（acid-test ratio），其計算公式如下：

$$速動比率=\frac{速動資產}{流動負債}$$

$$=\frac{現金及約當現金+分類為流動之金融資產+應收票據及帳款}{流動負債}$$

速動比率應維持的高低如同流動比率一般，視產業特性而定，然而一般仍認爲應達 100% 較爲理想。以全華公司於 2014 年及 2015 年爲例，計算如下：

$$速動比率_{103年}=\frac{144,000+7,000+58,000}{149,000}=140.27\%$$

$$速動比率_{104年}=\frac{186,000+3,000+66,000}{158,000}=161.39\%$$

（三）現金對流動負債比率

現金及約當現金、分類爲流動之金融資產代表著變現所需時間極短，變現成本亦極低，可因應在極短期限內到期的負債。以現金及約當現金、分類爲流動之金融資產爲分子，流動負債爲分母所計算出來的比率稱爲現金對流動負債比率（cash to current liability ratio），係衡量企業因應緊急狀況（例如流動負債將在極短期限內到期）能力的指標，其計算公式爲：

$$\text{現金對流動負債比率} = \frac{\text{現金及約當現金} + \text{分類為流動之金融資產}}{\text{流動負債}}$$

以全華公司 2014 年與 2015 年爲例，該比率計算如下：

$$\text{現金對流動負債比率}_{103\text{年}} = \frac{144,000 + 7,000}{149,000} = 101.34\%$$

$$\text{現金對流動負債比率}_{104\text{年}} = \frac{186,000 + 3,000}{158,000} = 119.62\%$$

（四）現金流量比率（cash flow ratio）

以流動比率、速動比率或現金對流動負債比率衡量短期償債能力的共同特點之一是，三者皆屬於靜態概念，所使用的財務報表係年底時點的資料。現金流量比率則是以營業活動產生的淨現金流量代替年底的流動資產、速動資產或現金，用以衡量該年度企業正常營業活動所產生的現金流量是否足以償付流動負債之所需，其計算公式爲：

$$\text{現金流量比率} = \frac{\text{營業活動之淨現金流量}}{\text{流動負債}}$$

現金流量比率的比率若大於 100%，代表流動性佳；若小於 100%，代表當年度營業活動所產生的現金流量不足以支付現有的流動負債，需要仰賴其他資金因應。茲以全華公司 2014 年與 2015 年營業活動產生之淨現金流量分別爲 247,000 元及 289,000 元，計算現金流量比率如下：

$$\text{現金流量比率}_{103\text{年}} = \frac{247,000}{149,000} = 165.77\%$$

$$\text{現金流量比率}_{104\text{年}} = \frac{289,000}{158,000} = 182.91\%$$

三、長期償債能力分析

企業使用負債所享受的稅盾效果（抵減營利事業所得稅），雖然可以增加企業的報酬，但同時也提高包括盈餘波動及破產等財務風險。稅盾效果帶來的報酬固然由股東享受，但是財務風險卻是由債權人及股東同時承擔。債權人爲了保障自身權益，經常在債權契約中設定保護條款，限制企業往後的舉債行爲與盈餘的分配。因此債權人與股東，一方面關心企業目前的經營狀況，另一方面也會注重企業的長期發展。當企業的長期資金來源過分偏重於長期負債時，不但使企業降低長期償債能力，也會使企業未來的發展受到限制。以下各項比率可協助衡量企業長期償債能力。

（一）負債比率（liability ratio）

負債比率係指企業爲了換取資產總額所投入的資源當中，資金來自於債權人的比重，亦即負債總額占資產總額的比率。其計算公式如下：

$$負債比率 = \frac{負債總額}{資產總額}$$

負債比率代表每一元的資產中，來自於負債的金額。該比率愈大，資金來源依賴債權人的比重愈高，企業承擔按時還本付息的壓力就愈大，一旦發生財務危機，破產的機率相對地就會提高，對債權人的保障便減少了。全華公司在 2014 年與 2015 年的負債比率計算如下：

$$負債比率_{103年} = \frac{238,000}{960,000} = 24.79\%$$

$$負債比率_{104年} = \frac{293,000}{1,060,000} = 27.64\%$$

全華公司在 2014 年及 2015 年的負債比率並不算高，2015 年略高於 2014 年。

相對於負債比率，權益比率（equity ratio）則是企業的資產總額中，資金來源爲股東的比重，又稱爲自有資金比率或淨值比率。由企業的資金來源非債權人即爲股東，因此權益比率與負債比率和爲 100%，權益比率亦恰等於「1 －負債比率」。其計算式爲：

$$權益比率 = \frac{權益總額}{資產總額} = \frac{資產總額 - 負債總額}{資產總額} = 1 - 負債比率$$

因此全華公司 2014 年與 2015 年的權益比率分別爲 75.21% 及 72.36%。

（二）負債對權益比率（liability to equity ratio）

債權人與股東爲企業的兩個資金來源，因此當企業的負債比率愈高，即代表權益比率愈低，而負債對權益比率即是直接衡量債權人權益與權益間關係的比率，又稱爲槓桿比率（leverage ratio）。其計算公式爲：

$$負債對權益比率=\frac{負債總額}{權益總額}$$

負債對權益比率代表股東投入的每一元時，債權人相對投入的金額。該比率愈大，代表公司的自有資金比率愈少，對債權人的保障愈小。全華公司在 2014 年及 2015 年的負債對權益比率計算如下：

$$負債對權益比率_{103年}=\frac{238,000}{722,000}=32.96\%$$

$$負債對權益比率_{104年}=\frac{293,000}{767,000}=38.20\%$$

該比率顯示全華公司在 2014 年及 2015 年股東每投入一元時，僅使用 0.3296 元及 0.3820 元的負債，表示全華公司的資金來源較偏重於權益資金。

對於債權人而言，可能偏好評估每一元的負債中，有多少權益資金可作爲保障，亦即以權益除以負債總額，該比稱爲權益對負債比率（equity to liability ratio）。其計算式爲：

$$權益對負債比率=\frac{權益總額}{負債總額}=\frac{1}{負債對權益比率}$$

以全華公司而言，2014 年與 2015 年的權益對負債比率分別爲 3.03（$=\frac{1}{32.96\%}$）與 2.62（$=\frac{1}{38.20\%}$），表示全華公司在 2014 年及 2015 年時，每一元的負債分別有 3.03 元及 2.62 元的權益資金作爲保障。

（三）固定長期適合率（premanent capital to fund.Investment & net fixed assets ratio）

企業爲了營運需求而購置的土地、廠房設備等固定資產。企業可能因策略性目的對他公司進行股權投資或因長期性意圖而持有金融資產。這些都是屬於長期性投資，不但投資金額龐大，回收期間亦長，因此需要運用長期性的資金來源支應，而企業的長期資金來源則包括長期負債與權益。爲了衡量企業的長期資金是否足以支應長期性投資的需求，須利用固定長期適合率指標，以完整地評估企業是否依據以長支長原則進行資金用途與資金來源的配置。其計算式爲：

$$固定長期適合率 = \frac{長期負債總額+權益總額}{基金及投資+固定資產淨額}$$

固定長期適合率若小於 100%，表示長期資金來源不足以支應長期資金需求，有以短支長的資金配置現象，容易引起財務風險。以全華公司 2014 年及 2015 年而言，非流動資產中之「備供出售金融資產－非流動」係屬於基金及投資，非流動負債中的應付公司債爲長期負債（應計退休金負債爲其他負債），其固定長期適合率計算如下：

$$固定長期適合率_{103年} = \frac{80,000+722,000}{65,000+645,000} = 112.96\%$$

$$固定長期適合率_{104年} = \frac{125,000+767,000}{70,000+693,000} = 116.91\%$$

全華公司在 2014 年及 2015 年固定長期適合率皆維持在 100% 以上，表示長期資金來源足以支應長期資金需求，沒有以短支長現象，融資政策堪稱穩健。

（四）利息保障倍數（times interest earned）

企業舉債經營，將產生利息費用的支出。而利息費用具有強制性，無論經營結果是盈餘或是虧損皆須支付，一旦無法按期付息，不僅影響未來的舉債能力，債權人還可以提出債務提前到期的主張，要求償還所有本金與利息，此舉將大幅提高企業的破產危機。因此，長期償債能力的重要評估項目之一便是企業盈餘是否足以支付利息費用，此即爲利息保障倍數，亦稱爲賺得利息倍數。企業支付利息的資金主要係來自於每年經營所得之盈餘，而此項盈餘應爲稅前淨利加上利息費用，稱之爲稅前息前盈餘。這是因爲企業所賺取的盈餘係先扣除利息費用，再扣除所得稅費用，最後才獲得稅後淨利（或稱本期損益）。而稅前息前淨利正是支付利息費用的基礎，因此利息保障倍數的計算公式爲：

$$利息保障倍數 = \frac{稅前息前盈餘}{利息費用} = \frac{稅前淨利+利息費用}{利息費用}$$

$$= \frac{稅前淨利+所得稅費用+利息費用}{利息費用}$$

利息保障倍數愈高，對於債權人的保障愈大，表示企業的償債能力愈強。全華公司 104 年的利息保障倍數計算如下：

$$利息保障倍數 = \frac{215,000+2,000}{2,000} = \frac{190,000+25,000+2,000}{2,000} = 108.5(倍)$$

表示全華公司按期繳息能力強，因無法支付利息所生財務危機的機率極低。

四、經營管理能力分析

經營管理能分析係在衡量企業對於營運週期的管理與與資產運用的效率。營運週期管理係指企業對於信用與配銷之決策，特別著重的項目爲應收帳款、存貨及應付帳款。資產運用效率則強調企業每一元資產可創造多少營業收入。

（一）應收帳款週轉率與平均收帳期間

企業以賒銷方式進行交易以吸引顧客購買商品或服務，也因而產生的應收帳款與應收票據。應收帳款與應收票據通常爲流動資產中重要的項目，其週轉情形關係著企業的經營的品質。而應收帳款週轉率（receivables turnover rate）係指企業在當年度的賒銷水準下，從產生應收帳款至帳款收現的平均次數。其計算公式爲：

$$\text{應收帳款週轉率} = \frac{\text{賒銷收入淨額}}{\text{平均應收帳款}} = \frac{\text{賒銷收入淨額}}{\frac{\text{期初應收帳款}+\text{期末應收帳款}}{2}}$$

公式中的賒銷收入係將銷貨收入中的現金銷貨排除在外。然而企業所公布之財務報表通常並未將現金銷貨與賒銷分開列示，因此財務報表使用者常以銷貨收入（或營業收入）代替。公式之分母則爲平均應收帳款。由於應收帳款每日均有波動，而且許多企業還會受到淡旺季的影響，因此不宜用期初或期末金額作爲衡量基礎。若以每月或每季資料計算其平均數應較爲準確，然而財務報表的外部使用者不易獲得如此詳細的資料，因此以期初與期末應收帳款平均數代替之。另外，分母之平均應收帳款亦應將正常銷貨所產生之應收票據包含在內，以正確計算週轉率。因此，一般常用的應收帳款週轉率公式爲：

$$\text{應收帳款週轉率} = \frac{\text{營業收入淨額}}{\text{平均應收帳款}} = \frac{\text{營業收入淨額}}{\frac{\text{期初應收帳款}+\text{期末應收帳款}}{2}}$$

應收帳款的多寡除了與賒銷收入有關之外，與企業的信用政策亦息息相關，例如在相同的賒銷收入之下，若企業放寬信用期限，將使應收帳款增加；反之，若收縮信用期限則將使應收帳款減少，至於信用期限的長短則同時受到同業習慣、競爭態勢及公司政策等因素的影響。另外影響應收帳款多寡的另一個重要因素爲應收帳款品質，若賒銷顧客延遲付款將使帳款品質下降，同時將使應收帳款金額提高與應收帳款週轉率下降。以全華公司 2015 年爲例，其應收帳款週轉率計算如下：

$$應收帳款週轉率 = \frac{636,000}{\frac{58,000 + 66,000}{2}} = 10.26$$

應收帳款週轉率係以週轉次數表示，而企業的賒銷政策通常係以信用期間或帳款收現期間表示。因此，以一年 365 天爲基礎，除以應收帳款週轉率可計算出應收帳款之平均收帳期間（average collection period），其計算公式爲：

$$平均收帳期間 = \frac{365天}{應收帳款週轉率}$$

平均收帳期間應與企業的信用期間相比較，若平均收帳期間明顯較高，則應進一步探究其原因究竟是顧客延遲付款所造成，或是企業改變賒銷政策給予顧客較長信用期間，抑或是有其他的原因。全華公司 2015 年的平均收帳期間爲：

$$平均收帳期間 = \frac{365天}{10.26} = 35.58天$$

相對於應收帳款週轉率與平均收帳期間，企業賒購進貨所產生之應付帳款亦可衡量其週轉率與平均付款期間。然而計算應付帳款週轉率時，其分子應爲營業成本而非營業收入，因爲企業進貨及其產生之應付帳款係以成本計價，有別於銷貨及其產生應收帳款係以銷貨價格計算。所以，應付帳款週轉率及平均付款期間公式爲：

$$應付帳款週轉率 = \frac{營業成本}{平均應付帳款} = \frac{營業成本}{\frac{期初應付帳款＋期末應付帳款}{2}}$$

$$平均付款時間 = \frac{365天}{應付帳款週轉率}$$

全華公司 2015 年之應付帳款週轉率與平均付款期間計算如下：

$$應付帳款週轉率 = \frac{345,000}{\frac{54,000 + 62,000}{2}} = 5.95$$

$$平均付款期間 = \frac{365天}{5.95} = 61.34天$$

（二）存貨週轉率與平均銷貨期間

企業持有存貨的目的係爲了銷售賺取利潤，每個企業均會依其產業特性及本身的經營條件訂定最適存貨量。若存貨量太少，將會喪失銷售商機；若存貨量太多，除了必須支付較高的倉儲、保險及管理成本外，還將面臨積壓資金所造成的流動性不足與資金成本負擔。因此建立適當的存貨與銷貨關係成爲存貨管理重要的原則，存貨週轉率（inventory turnover ratio）便是提供此一關係的簡易指標。所謂存貨週轉率係指企業在當期會計年度的銷貨水準下，出售存貨的平均次數。在計算上，銷貨水準採用營業成本而非營業收入，因存貨本身係以成本計價而非依出售價格計價；至於平均存貨如同平均應收帳款一般，以期初存貨與期末存貨的平均數代表當期會計年度中公司平均的存貨持有量。其計算公式爲：

$$存貨週轉率=\frac{營業成本}{平均存貨}=\frac{營業成本}{\frac{期初存貨+期末存貨}{2}}$$

全華公司 2015 年的存貨週轉率計算如下：

$$存貨週轉率=\frac{345,000}{\frac{41,000+42,000}{2}}=8.31(次)$$

爲了瞭解企業存貨銷售所需要的時間，另一項常用的指標爲平均銷售期間（average days to sell inventory），又稱爲存貨週轉天數，其計算公式爲：

$$平均銷售期間=\frac{365天}{存貨週轉率}$$

全華公司 2015 年的平均銷售期間計算如下：

$$平均銷售期間=\frac{365天}{8.31}=43.92天$$

存貨週轉率愈大，平均銷售期間便愈短，代表公司存貨銷售速度快，不但可以降低倉儲等相關成本，還可以減少資金積壓，增加資金運用效率。然而仍須注意的是，過高的存貨週轉率可能潛藏著存貨不足，導致喪失銷售商機的問題。至於理想的存貨週轉率則沒有一定的標準，可以參考同業水準進行比較。

結合平均銷售期間、平均收現期間及平均付款期間，可以產生企業在日常營運管理所關心的兩個指標：營業循環（operating cycle）與現金循環（cash cycle）。所謂營業循環，又稱營業週期，係指公司購買原料投入生產至銷貨收現所需的時間。其計算式爲：

$$營業循環=平均銷售期間+平均收款期間$$

若將營業循環扣除平均付款期間，可得企業的現金循環（又稱現金轉換循環，或淨營業循環）。其計算式爲：

$$現金循環 = 營業循環 - 平均付款期間$$
$$= 平均銷貨期間 + 平均收款期間 - 平均付款期間$$

現金循環的長短，代表著企業在日常營運上，從支出現金到收回所需要的時間。現金循環愈快，企業的財務彈性將愈大，將愈有能力調度資金因應資金需求的突發狀況。以全華公司爲例，2015 年的營業循環與現金循環分別爲：

$$營業循環 = 43.92天 + 35.58天 = 79.50天$$
$$現金循環 = 79.50天 - 61.34天 = 18.16天$$

全華公司在 2015 年的營業循環爲 79.5 天，現金循環則僅需要 18.16 天，代表該公司在日常營運上，有很強的現金轉換能力。

（三）總資產週轉率

企業爲了創造利潤而投入資源購買土地廠房設備並準備營運資金。由於投入的資源有其成本，因而企業無不希望能以最少資源創造最大的產出。總資產週轉率（total assets turnover）即在衡量企業投入資源與產出之間的關係，其計算公式爲：

$$總資產週轉率 = \frac{營業收入淨額}{平均資產淨額} = \frac{營業收入淨額}{\frac{期初資產總額 + 期末資產總額}{2}}$$

總資產週轉率係用於衡量投入的每一元資產可創造的營業收入金額。由於企業在當期會計年度中所投入的總資產常有不同，爲避免高估或低估產出效果，所以以期初資產總額與期末資產總額的平均數衡量。全華公司 2015 年之總資產週轉率計算如下：

$$總資產週轉率 = \frac{636,000}{\frac{960,000 + 1,060,000}{2}} = 0.63(次)$$

代表全華公司在該會計年度內每一元的總資產創造了 0.63 元的營業收入。

總資產週轉率愈大，代表資產運用效率愈佳，但也可能隱含著企業對於資產投資不足，間接影響著未來的營運與獲利機會。至於理想的總資產週轉率亦應考慮產業特性與同業狀況。

（四）固定資產週轉率

企業的總資產至少包含固定資產與流動資產兩大項，其中流動資產投資的多寡常受到產業特性之影響，並非僅由企業本身決策所決定；固定資產的投資則比較受到企業本身的資本支出決策所左右。因此，若要觀察資本支出所投入資源的運用效率，便可運用固定資產週轉率（Fixed assets turnover ratio）來衡量，其計算公式爲：

$$固定資產週轉率 = \frac{營業收入淨額}{平均固定資產淨額} = \frac{營業收入淨額}{\frac{期初固定資產總額+期末固定資產總額}{2}}$$

固定資產週轉率係用於衡量投入的每一元固定資產可創造的營業收入金額。如同衡量總資產週轉率一般，企業在當期會計年度中可能因購置或處分固定資產使其金額有所不同，所以以期初固定資產淨額與期末固定資產淨額的平均數衡量。全華公司 2015 年的固定資產週轉率計算如下：

$$固定資產週轉率 = \frac{636,000}{\frac{645,000+693,000}{2}} = 0.95(次)$$

代表全華公司在該會計年度內每一元的固定資產創造了 0.95 元的營業收入。

分析固定資產週轉率時，應先留意個別企業經營方式的不同，例如某些企業可能偏好以租賃方式取得固定資產，可能使帳面上的固定資產偏低，因此在比較不同企業固定資產週轉率時，應注意其經營方式之差別。另外應注意的是，由於固定資產投資金額較為龐大，企業通常會在某一年度進行大規模的固定資產投資，其他年度則無重大變化，且大規模投資之固定資產，其產能的發揮可能是逐漸增加，而非在投資當年度大量的增加營業收入。因此，當固定資產週轉率大幅變動時，應檢視企業是否有重大的資本支出。

五、市場價值分析

獲利能力、短期償債能力、長期償債能力及經營管理能力等四大類的分析係以企業公布的財務報表為依據。對於投資人而言，更關心的是持有股票的價值及其帶來的收益。股票投資人的收益來自於股利的分配與股價的上漲，因此投資人在進行財務分析時，除了運用財務報表資料外，也會將股票市價加入考量。而企業管理當局除了瞭解財務報表所顯示的經營績效外，也會關心投資人透過股價所表達對於目前經營成果的評價與對未來前景的期望。因此市場價值分析為投資人與管理當局進行財務分析所不可忽略的內容。常見市場價值相關的比率如下：

（一）本益比（price-earnings ratio, P/E ratio，又稱價格／盈餘比）

本益比係指股票投資人對於每一元稅後淨利所願意支付股票的價格。其計算公式為：

$$本益比 = \frac{每股股價}{每股稅後盈餘}$$

此處的每股稅後盈餘（Earnings Per Share ,EPS），簡稱爲每股盈餘，係指稅後淨利除以普通股流通在外加權平均股數，如果企業同時有發行特別股時，稅後淨利須再扣除特別股股利。每股盈餘之計算公式爲：

$$每股（稅後）盈餘 = \frac{稅後淨利 - 特別股股利}{普通股流通在外加權平均股數}$$

本益比常被用於評斷股價是否合理的指標之一。如果本益比愈高，表示市場對公司的評價愈高，亦即投資人願意支付較高的價格購買該企業的股票。如果取本益比的倒數，會發覺該數值相當於投資人期望的投資報酬率（股價爲投入資金，每股盈餘相當於股東所獲取的報酬）。因此，本益比也隱含著投資人對企業股票投資報酬率的期望。當本益比高時，表示投資人願意接受目前較低的投資報酬率，可能是期望換取該股票在未來增值的潛力。以全華公司爲例，假如該公司目前每股股價爲 100 元，未發行特別股且 2015 年加權平均流通在外股數爲 25,950 股，2015 年稅後淨利爲 190,000 元，其本益比計算如下：

$$每股稅後盈餘 = \frac{190,000}{25,950} = 7.32（元）$$

$$本益比 = \frac{100}{7.32} = 13.66（倍）$$

（二）市價淨值比（Price to Book ratio，P/B ratio）

市價淨額比係指每股股價與每股淨值（帳面價值）之比，即股票投資人願意支付的價格爲每股帳面價值的倍數。其計算公式爲：

$$市價淨值比 = \frac{每股股價}{每股淨值}$$

淨值代表股東投資的歷史成本，股價則是對企業經營現況及未來展望的綜合評價。因此，市價淨值比代表著股東投入的每一元成本，現在所呈現的價值。該比率若大於 1 時，表示市價大於淨值。相對於本益比，市價淨值比的優點在於可適用於虧損的企業，除非該企業連續發生虧損，導致權益成爲負數，造成市價淨值比無法適用，然而此種情形發生的機率較小。以全華公司爲例，假設 2015 年底每股股價爲 100 元且流通在外股數爲 26,000 股，2015 年權益總額爲 767,000 元，其市價淨值比計算如下：

$$每股淨值 = \frac{767,000}{26,000} = 29.500（元）$$

$$市價淨值比 = \frac{100}{29.50} = 3.39（倍）$$

（三）股利收益率（dividend yield on common stock，又稱股利報酬率）

股利收益率爲普通股每股股利與每股股價的比值。其計算公式爲：

$$股利收益率 = \frac{每股股利}{每股股價}$$

對於投資人而言，雖然每股盈餘代表股東對當期盈餘的權利，但大部分企業不會將所有盈餘分配給股東，而每股股利才是股東可運用的報酬。因此，股利收益率可用來衡量普通股投資人投入的成本，所獲取來自於企業分配盈餘的實際報酬率。相對於本益比，實務上有將股利收益率的倒數稱爲本利比。假設全華公司股東會決議針對 2015 年經營結果對流通在外普通股 26,000 股發放股利 65,000 元，以目前每股股價爲 100 元而言，其股利收益率計算如下：

$$每股股利 = \frac{65,000}{26,000} = 2.50(元)$$

$$股利收益率 = \frac{2.50}{100} = 2.5\%$$

以下將本章所述的重要財務比率彙總如下表：

表 16-5　重要財務比率

財務比率彙總表

類　別	比率名稱	公　式
獲利能力	純益率	$\frac{純益}{營業收入}$
	毛利率	$\frac{營業毛利}{營業收入}$
	營業淨利率	$\frac{營業淨利}{營業收入}$
	總資產報酬率	$\frac{稅後淨利 + 利息費用 \times (1 - 所得稅率)}{平均資產總額}$ 或 $\frac{稅後淨利}{平均資產總額}$
	權益報酬率	$\frac{稅後淨利}{平均資產總額}$

類　別	比率名稱	公　式
短期償債能力	流動比率	$\frac{\text{流動資產}}{\text{流動負債}}$
	速動比率	$\frac{\text{速動資產}}{\text{流動負債}}$
	現金對流動負債比率	$\frac{\text{現金＋約當現金＋分類爲流動之金融資產}}{\text{流動負債}}$
	現金流量比率	$\frac{\text{營業活動之淨現金流量}}{\text{流動負債}}$
長期償債能力	負債比率	$\frac{\text{負債總額}}{\text{資產總額}}$
	負債對權益比率	$\frac{\text{負債總額}}{\text{權益總額}}$
	固定長期適合率	$\frac{\text{長期負債總額＋權益總額}}{\text{基金及投資＋固定資產淨額}}$
	利息保障倍數	$\frac{\text{稅前息前淨利}}{\text{利息費用}}$
經營管理能力	應收帳款週轉率	$\frac{\text{營業收入}}{\text{平均應收帳款}}$
	平均收帳期間	$\frac{\text{365 天}}{\text{應收帳款週轉率}}$
	存貨週轉率	$\frac{\text{營業成本}}{\text{平均存貨}}$
	平均銷貨期間	$\frac{\text{365 天}}{\text{存貨週轉率}}$
	總資產週轉率	$\frac{\text{營業收入}}{\text{平均資產總額}}$
	固定資產週轉率	$\frac{\text{營業收入}}{\text{平均固定資產淨額}}$
市場價值分析	本益比	$\frac{\text{每股股價}}{\text{每股盈餘}}$
	市價淨值比	$\frac{\text{每股股價}}{\text{每股淨值}}$
	股利收益率	$\frac{\text{每股股利}}{\text{每股股價}}$

16-5 財務報表分析的限制

財務報表雖然可以協助我們瞭解企業的各種經營狀況，然而使用者在進行分析時，不但需要注意數據資料所代表的意義，還需要注意財務報表分析的各種限制。以下列舉主要的財務報表分析限制。

（一）歷史性的資料

財務報表主要係表達企業經營的成果，其內容係屬於歷史性的資料。雖然企業的經營有其歷史的延續性，然而採用報表分析結果進行決策制訂時，仍應參酌未來經營環境的變化與公司內部可能的改變，才能制定合宜的決策。

（二）歷史成本原則

財務報表的編製過程中，評估資產價值爲重要的工作之一。資產的價值會隨時間經過而變動，傳統的會計處理爲求公平客觀地表達資產價值資訊，均以歷史成本作爲入帳基礎，取其確定且無爭議性，然而卻同時失去了攸關性，無法眞實反映企業的財務狀況。在採行國際會計準則後，許多資產負債（尤其是金融資產與金融負債）須以公允價值評價，將可改善此一現象，然而部分資產與負債仍以成本模式評價，例如我國金管會明定，除了首度使用國計會計準則的開帳日外，不動產、廠房及設備的後續衡量，仍然採取成本模式，報表使用者應注意此一限制。

（三）會計政策的選擇

同一資產項目的評價，會計上可能有多種不同的方法可供選擇，例如存貨評價的先進先出法或平均法，折舊可採直線法或加速折舊法等不同的評價方法，將使相同的資產項目的評價產生不同的結果，可能造成不同企業間的比較基礎較爲薄弱。

（四）會計估計的限制

會計資訊產生過程有許多需要人爲的判斷與估計。人爲的判斷牽涉到會計人員素質的不整齊問題，而估計數字更可能造成不同會計人員估計結果的差異。例如不動產、廠房及設備的提列折舊，除了有折舊方法選擇判斷的差異外，對於耐用年限與殘值的估計，可能因人而異，造成相同的設備卻有不同的折舊提列。

（五）衡量單位的限制

財務報表的資料，都是以貨幣作爲衡量單位，因此產生兩個問題：其一，有些企業的經營條件或經營成果因無法以貨幣衡量，因此無法顯示在財務報表上，例如員工素質的提升、生產技術的進步等皆是。其二，物價波動造成貨幣價值改變，使得不同時間的資產負債價值產生差異，然而財務報表資料是經年累月累積的結果，例如相同的設備，去年購買時價值為 10 萬元，今年因物價上漲變成 11 萬元，在未經物價調整前提下，累積設備成本為 21 萬元，其所代表的意義並非完整的兩部設備。

（六）會計期間的限制

由於財務報表係以會計期間結束日為編製的基準時點，該時點的許多財務資料卻不一定能代表企業常態性的情況，例如年度結束日可能正逢企業的營業淡季，存貨水準較全年實際平均為低，從而高估存貨週轉率；以年度結束日所計算的流動比率亦不能代表整個會計期間的短期償債能力狀況。

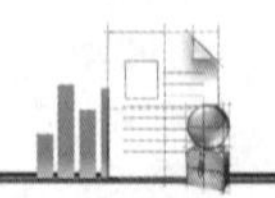

。延伸閱讀

【巴菲特的選股原則】

1. 大型股：每年稅後淨利至少 5,000 萬美元
2. 穩定的獲利能力：我們對來未來的計畫或具轉機的公司沒興趣
3. 高權益報酬率 (ROE ＞ 15%) 且低負債
4. 良好的經營團隊：我們不提供管理人員
5. 簡單的企業：若牽涉到太多科技，將超出我們的理解範圍

資料來源：「巴菲特選股魔法書」，洪瑞泰著，Smart 智富出版

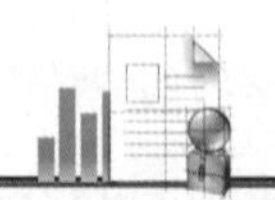

。延伸閱讀

【銀行徵信與財務報表】

中華民國銀行公會會員徵信準則

第十八條　會員對授信戶提供之財務報表或資料，應依下列規定辦理：

（一）上述財務報表或資料以經會計師查核簽證，或加蓋稅捐機關收件章之申報所得稅報表（或印有稅捐機關收件章戳記之網路申報所得稅報表），或附聲明書之自編報表者為準。但辦理本票保證依法須取得會計師查核簽證之財務報表，及企業總授信金額達新台幣三千萬元以上者，仍應徵提會計師財務報表查核報告。公開發行公司並應徵提金融監督管理委員會規定之會計師財務報表查核報告（即長式報告），上述報告亦得自財團法人中華民國證券暨期貨市場發展基金會網站或台灣證券交易所股份有限公司公開資訊觀測站下載。

學·後·評·量

一、選擇題

(　　) 1. 共同比分析是屬於哪些種類的分析？　①趨勢分析　②結構分析　③靜態分析　④動態分析　(A) ②和③　(B) ①和④　(C) ①和③　(D) ②和④。

【垂直分析，101 年證券商業務員】

(　　) 2. 共同比財務報表中會選擇一些項目作爲 100%，這些項目包括哪些？　①總資產　②權益　③銷貨總額　④銷貨淨額　(A) ①和③　(B) ①和④　(C) ②和③　(D) ②和④。　【垂直分析，100 年證券商業務員】

(　　) 3. 比較兩家營業規模相差數倍的公司時，下列何種方法最佳？　(A) 共同比財務報表分析　(B) 比較分析　(C) 水平分析　(D) 趨勢分析。

【垂直分析，101 年證券商高級業務員】

(　　) 4. 下列何項是屬於動態分析？　(A) 計算某一財務報表項目不同期間的金額變動　(B) 計算某一資產項目占資產總額的百分比　(C) 計算某一期間的總資產週轉率　(D) 將某一財務比率與當年度同業平均水準比較。

【水平分析，102 年證券商高級業務員】

(　　) 5. 連續多年或多期財務報表間，相同項目或項目增減變化之比較分析，稱爲：(A) 水平分析　(B) 垂直分析　(C) 比率分析　(D) 共同比分析。

【水平分析，102 年證券商業務員】

(　　) 6. 下列哪一項不是財務比率分析之目的？　(A) 評估企業過去經營績效　(B) 作爲預測未來的基礎　(C) 校正會計資訊的扭曲　(D) 建議未來決策之方向。

【比率分析，102 年證券投資分析人員】

(　　) 7. 計算本期淨利率 (純益率) 時，下列何項不需考慮？　(A) 以前年度損益錯誤的更正　(B) 匯兌損失　(C) 利息支出　(D) 停業單位損益。

【比率分析－獲利能力分析，102 年證券商高級業務員】

(　　) 8. 玫琳公司 100 年的資產週轉率爲 5 倍，當年度總銷貨收入 $1,000,000。如果當年度的淨利爲 $80,000，請問該公司 100 年的資產報酬率爲：(A)8%　(B)32%　(C)40%　(D)80%。　【比率分析－獲利能力分析，96 年證券商高級業務員】

( ) 9. 布蕾公司資產總額 $4,000,000，負債總額 $1,000,000，平均利率 6%，若總資產報酬率為 12%，稅率為 40%，則權益報酬率為若干？ (A)10% (B)12% (C)14.8% (D)20%。【比率分析－獲利能力分析，101 年證券商高級業務員】

( ) 10. 稅後純益為 $60,000，利息費用為 $10,000，所得稅率為 17%，特別股股利為 $20,000，平均資產總額為 $200,000，平均權益總額為 $160,000，平均普通股權益總額為 $120,000。下述何者正確？ (A) 資產報酬率 34.15% (B) 權益報酬率 36.31% (C) 每股盈餘 $3.75 (D) 普通股權益報酬率 50%。

【比率分析－獲利能力分析，101 年證券投資分析人員】

( ) 11. 甲公司之流動資產總額為 $20,000，營運資金為 $10,000。乙公司之營運資金（working capital）與甲公司金額相同，但乙公司之流動資產總額為 $2,000,000，由流動比率之觀點來看，哪一家公司之流動性狀況較佳？
(A) 甲公司 (B) 乙公司 (C) 甲公司與乙公司擁有相同之流動資產狀況
(D) 甲公司與乙公司之流動負債金額相同。

【比率分析－短期償債能力分析，101 年證券投資分析人員】

( ) 12. 流動比率與淨利率在財務報表分析上，其主要作用是？ (A) 兩者皆是流動性之衡量 (B) 兩者皆是獲利性衡量 (C) 流動比率為流動性之衡量，淨利率為獲利性之衡量 (D) 流動比率為獲利性之衡量，淨利率為流動性之衡量。

【比率分析－短期償債能力分析，98 年記帳士】

( ) 13. 當流動資產金額大於流動負債時，以現金償還應付票據會造成：
(A) 營運資金無影響，流動比率減少 (B) 營運資金無影響，流動比率增加
(C) 營運資金增加，流動比率無影響 (D) 營運資金減少，流動比率無影響。

【比率分析－短期償債能力分析，97 年記帳士】

( ) 14. 酸性測驗公式為：(A) 流動負債除以流動資產 (B) 流動資產除以流動負債 (C) 速動資產除以速動負債 (D) 速動資產除以流動負債。

【比率分析－短期償債能力分析，101 年會計丙級檢定】

( ) 15. 造成速動比率下降之可能原因為： (A) 存貨餘額減少 (B) 預付費用餘額減少 (C) 應收帳款收現 (D) 以低於期初帳面金額之價格出售之交易目的金融資產（分類為流動資產）。

【比率分析－短期償債能力分析，101 年會計師】

(　　) 16. 行雲公司 101 年度報表中顯示流動資產項目僅有現金、應收帳款、存貨與預付費用 4 項。流動比率為 2.5，速動比率為 1.0。若該公司 101 年底能夠以 $120,000 之價格多出售一批成本為 $90,000 的存貨，流動比率將可提高為 2.6。試問若行雲公司於 101 年底能夠出售該批商品，則速動比率為：　(A)1.10　(B)1.20　(C)1.25　(D)1.40。

【比率分析－短期償債能力分析，102 年高考三級－財稅行政】

(　　) 17. 甲公司 101 年稅後淨利為 $45,000，所得稅率 25%，利息保障倍數為 5 倍，且當期應付利息增加 $2,000。甲公司在 101 年以現金支付利息之金額為多少？(A)$11,000　(B)$13,000　(C)$15,000　(D)$17,000。

【比率分析－長期償債能力分析，102 年普考四級－會計】

(　　) 18. 利息保障倍數的計算公式為：　(A) 淨利除以利息費用　(B) 稅前淨利除以利息費用　(C) 息前淨利除以利息費用　(D) 稅前息前淨利除以利息費用。

【比率分析－長期償債能力分析，102 年證券投資分析人員】

(　　) 19. 若應收帳款週轉率很高，可能表示：　(A) 公司給予客戶之信用條款較為嚴格　(B) 公司向客戶收現過程有困難　(C) 應收帳款餘額高估　(D) 本年度淨銷貨低估。　【比率分析－經營管理能力分析，102 年證券投資分析人員】

(　　) 20. 甲公司 100 年的銷貨收入與銷貨成本分別為 $3,000,000 與 $2,000,000；全年平均應收帳款與存貨分別為 $600,000 與 $500,000。試問其營業週期為：（假設一年為 360 天）　(A)162 天　(B)90 天　(C)72 天　(D)18 天。

【比率分析－經營管理能力分析，101 年證券投資分析人員】

(　　) 21. 資產週轉率可用來衡量：　(A) 公司汰換其資產的速度　(B) 公司資產由債權人提供的比例　(C) 公司整體的資產報酬率　(D) 公司資產的運用效率。

【比率分析－經營管理能力分析，102 年高考三級－財稅行政】

(　　) 22. 下列何者最能反映企業運用股東投入資本的績效？　(A) 總資產報酬率　(B) 權益報酬率　(C) 每股淨值　(D) 股利支付率。

【比率分析－經營管理能力分析，97 年記帳士】

(　　) 23. 五峰公司本益比為 60，股利支付率為 75%，今知每股股利為 $8，則普通股每股市價應為多少？　(A)$32　(B)$240　(C)$640　(D)$480。

【比率分析－市場價值分析，102 年證券商高級業務員】

(　　) 24. 健盛公司本益比為 60，當年度平均普通權益 $250,000，淨利 $60,000，特別股股利 $10,000，則該公司之股價淨值比率為何？ (A)2.4 (B)10 (C)12 (D)14.4。 【比率分析－市場價值分析，102 年證券商高級業務員】

(　　) 25. 明遠公司的本益比為 20，市價淨值比為 2.5，則其權益報酬率約為： (A)40% (B)50% (C)12.5% (D)5%。

【比率分析－市場價值分析，101 年證券投資分析人員】

二、計算題

1.【垂直分析（共同比分析）】下表為青陽公司 2014 年與 2015 年的資產負債表資料：（金額單位：仟元）

青陽公司

資產負債表

2014 年及 2015 年 12 月 31 日

	2015 年	2014 年
流動資產	$100,000	$60,000
非流動資產	200,000	190,000
資產總額	$300,000	$250,000
流動負債	$90,000	$40,000
非流動負債	80,000	80,000
負債總額	$170,000	$120,000
權益總額	$130,000	$130,000
負債及權益總額	$300,000	$250,000

試作：

(1) 編製 2014 年與 2015 年共同比資產負債表，計算百分比至小數第一位。

(2) 比較青陽公司 2014 年與 2015 年資產結構與資金來源的差異。

2. 【水平分析－比較分析】下表爲朱明公司 2014 年與 2015 年的資產負債表資料：（金額單位：仟元）

朱明公司
比較資產負債表
2014 年及 2015 年 12 月 31 日

	2015 年	2014 年
流動資產	$80,000	$50,000
非流動資產	120,000	60,000
資產總額	$200,000	$110,000
流動負債	$84,000	$16,000
非流動負債	11,000	11,000
負債總額	$95,000	$27,000
權益總額	$105,000	$83,000
負債及權益總額	$200,000	$110,000

試作：

(1) 編製 2014 年與 2015 年比較產負債表，計算 2015 年資負債表各個項目的增減金額及增減百分比，百分比計算至小數第一位。

(2) 分析朱明公司 2015 年資產增減情形與資金來源的變化。

3. 【水平分析－趨勢分析】下表爲白藏公司 2011 年與 2015 年的綜合損益資料（金額單位：仟元）

	2011 年	2012 年	2013 年	2014 年	2015 年
營業收入	$1,800	$2,000	$2,400	$2,500	$3,000
營業成本	1,550	1,700	2,000	2,200	2,500
營業費用	200	220	230	240	260
淨利	50	80	170	60	240

試作：

(1) 以 2011 年爲基期，編製白藏公司部分綜合損益表的趨勢百分比表，計算百分比至小數第一位。

(2) 分析白藏公司 2011 年至 2015 年的收入、成本費用及獲利趨勢。

4. 桃園公司近 4 年度的淨銷貨、淨利、普通股權益之資訊如下表：（千元為單位）。

	2015 年	2014 年	2013 年	2012 年
淨銷貨	$39,600	$36,000	$30,000	$30,600
淨利	2,400	1,500	1,080	1,200
普通股權益	12,000	11,100	9,150	7,800

試作：

(1) 請作 2013 年至 2015 年的趨勢分析，請以 2012 年為基期。

(2) 請計算 2013 年至 2015 年的普通股權益報酬率，請計算至小數點第三位。

(3) 桃園公司於此產業中的表現如何？其趨勢分析結果如何？（於此產業平均普通股權益報酬率為 12%）　【水平分析與比率分析，98 年證券投資分析人員】

5. 【比率分析】玄英公司目前的流動比率 1.2，速動比率為 0.9，下列交易將使得「流動比率」與「速動比率」大小產生何種變化？

(1) 股東會議通過發放股票股利。

(2) 預收租金。

(3) 應收票據到期收到本息。

(4) 預付保險費。

(5) 現購貨品一批。

6. 甲、乙為在同一產業之公司，期末存貨均為期初存貨之 3 倍，營業外損益只有利息費用一項，舉債之主要用途為用於營運資金。兩家公司的借款利率相同，不考慮有財稅差異之情況。以下是甲公司與乙公司的財務比率及相關資訊：

	甲公司	乙公司
銷貨收入	$1,000,000	$1,000,000
淨利率	10%	10%
所得稅率	20%	20%
利息保障倍數	11	3
應收帳款週轉率	5	5
存貨週轉率	4	2
期初存貨	$100,000	$187,500

試依據上述資料，計算甲公司及乙公司之利息費用、營業費用金額？

【比率分析，100 年證券投資分析人員考題節錄】

7. 中華公司根據 89 年度財務報表所做之分析，部分資料如下：

流動比率	7：1
速動比率	3.5：1
存貨週轉率	4 次
應收帳款週轉率	12.5 次
營運資金	$240,000
期初存貨	100,000
期初應收帳款	70,000
銷貨成本爲銷貨之	60%
稅前淨利爲銷貨之	10%

假設銷貨全部均爲賒銷。

試求：

(1) 流動資產總額及流動資產中各項目的金額（假定僅現金、應收帳款及存貨三項）。

(2) 流動負債總額。 【比率分析，90 年證券投資分析人員考題】

8. 某公司 2007 年綜合損益表如下：

銷貨收入 (淨額)	$550,000
銷貨成本	315,000
銷貨毛利	$235,000
營業費用	95,000
稅前淨利	$140,000
所得稅費用	36,500
本期淨利	$103,500

假設某公司 2007 年 12 月 31 日普通股流通在外股數爲 45,000 股，每股市價 $25.8，該公司 2007 年發放 $34,695 的股利，其中有 $6,750 爲特別股股利，且營業費用內包含了 $35,000 的利息費用。

試計算該公司 2007 年的下列各項財務比率：

(1) 每股盈餘。

(2) 本益比。

(3) 利息保障倍數。

(4) 股利收益率。 【比率分析，96 年證券投資分析人員考題改編】

9. 以下項目及金額取自台北公司對外發布之 2015 年財務報表：

現金	$1,379	$1,300
應收帳款	2,545	2,500
存貨	1,938	1,900
預付費用	498	300
流動資產	6,360	6,000
固定資產	1,304	1,300
資產總額	7,664	7,300
應付帳款	1,245	1,200
流動負債	3,945	3,800
長期負債	383	500
總權益	3,336	3,000
銷貨成本	8,048	8,000
銷貨收入	12,065	11,500
利息費用	78	90
稅率	25%	25%
淨利	1,265	1,100
股利	400	300
流通在外股數	300	300
每股市價	60	

試計算台北公司 2015 年之下列財務比率：（假設該公司全爲賒銷，一年爲 365 天）

(1) 存貨週轉率與平均銷貨天數

(2) 應收帳款週轉率與應收帳款收現天數

(3) 應付帳款週轉率與平均收款天數

(4) 營業循環與現金循環

(5) 營業毛利率與純益率

(6) 總資產報酬率與權益報酬率

(7) 流動比率與速動比率

(8) 負債比率與固定長期適合率

(9) 總資產週轉率與固定資產週轉率

(10)本益比、股價淨值比及股利收益率

10. 試參考下列單一年度的財務報表相關比率資料

①毛利率 =70%，且銷售費用 = 管理費用

②利息保障倍數爲 5 倍。（利息爲長期負債產生之利息，利率爲 20%）

③稅前淨利占銷貨淨額比率爲 40%

④應收帳款平均收現天數爲 90 天（一年以 360 天計）

⑤存貨週轉率爲 4 倍（一年以 360 天計）

⑥流動比率爲 2 倍

⑦總資產週轉率爲 0.5 次

⑧長期資本結構比率（＝長期負債 / 權益）爲 80%

⑨假設所得稅率爲 25%（無累進差額）

⑩當年度公司實納所得稅金額爲 $2,000,000 元

假設流動資產僅包括現金、應收帳款及存貨三項

試利用上列資料，編製出資產負債表及損益表。

【比率分析，96 年會計事務乙級技術士技能檢定】

參考文獻

1. Weygandt, Kimmel, and Kieso, 2012, Accounting Principles, 10th Edition, John Wiley & Sons.
2. 李宗黎，林蕙真，2012，財務報表分析（三版），証業公司。
3. 杜榮瑞，薛富井，蔡彥卿，林修葳，2012，會計學（第五版），東華書局。
4. 吳琮璠，2012，新會計學－實務應用與法律觀點（初版），智勝公司。
5. 吳嘉勳，2012，會計學（IFRS）（九版），華泰書局。
6. 鄭丁旺，2012，中級會計學：以國際財務報導準則爲藍本（第十一版下冊），作者：台北。
7. 謝劍平，2012，財務報表分析（三版），智勝公司。

索引表

A

B

C

E

F

N

O

P

Q

R

S

T

筆記頁

筆記頁

筆記頁

國家圖書館出版品預行編目資料

會計學 / 李元棟等 編著. -- 初版. --
新北市：全華. 2015.11
面 ； 公分
ISBN 978-986-463-083-7(平裝)
1. 會計學
495.1 104024289

會計學

作者 / 李元棟、謝永明、陳佳煇、余奕旻
發行人 / 陳本源
執行編輯 / 陳諮毓
封面設計 / 楊昭琅
出版者 / 全華圖書股份有限公司
郵政帳號 / 0100836-1 號
印刷者 / 宏懋打字印刷股份有限公司
圖書編號 / 08126
初版一刷 / 2015 年 11 月
定價 / 新台幣 620 元
ISBN / 978-986-463-083-7(平裝)
全華圖書 / www.chwa.com.tw
全華網路書店 Open Tech / www.opentech.com.tw
若您對書籍內容、排版印刷有任何問題，歡迎來信指導 book@chwa.com.tw

臺北總公司(北區營業處)
地址：23671 新北市土城區忠義路 21 號
電話：(02) 2262-5666
傳真：(02) 6637-3695、6637-3696

南區營業處
地址：80769 高雄市三民區應安街 12 號
電話：(07) 381-1377
傳真：(07) 862-5562

中區營業處
地址：40256 臺中市南區樹義一巷 26 號
電話：(04) 2261-8485
傳真：(04) 3600-9806

版權所有・翻印必究

歡迎加入 全華會員

● 會員獨享

會員享購書折扣、紅利積點、生日禮金、不定期優惠活動…等。

● 如何加入會員

填妥讀者回函卡直接傳真（02）2262-0900 或寄回，將由專人協助登入會員資料，待收到 E-MAIL 通知後即可成為會員。

如何購買 全華書籍

1. 網路購書

全華網路書店「http://www.opentech.com.tw」，加入會員購書更便利，並享有紅利積點回饋等各式優惠。

2. 全華門市、全省書局

歡迎至全華門市（新北市土城區忠義路 21 號）或全省各大書局、連鎖書店選購。

3. 來電訂購

(1) 訂購專線：(02) 2262-5666 轉 321-324

(2) 傳真專線：(02) 6637-3696

(3) 郵局劃撥（帳號：0100836-1　戶名：全華圖書股份有限公司）

※ 購書未滿一千元者，酌收運費 70 元。

全華網路書店 www.opentech.com.tw
E-mail: service@chwa.com.tw

※ 本會員制如有變更則以最新修訂制度為準，造成不便請見諒。

廣告回信
板橋郵局登記證
板橋廣字第540號

行銷企劃部　收

23671 新北市土城區忠義路21號
全華圖書股份有限公司

讀者回函卡

填寫日期：　/　/

姓名：＿＿＿＿ 生日：西元＿＿年＿＿月＿＿日 性別：□男 □女

電話：（　）＿＿＿＿ 傳真：（　）＿＿＿＿ 手機：＿＿＿＿

e-mail：（必填）

註：數字零，請用 Φ 表示，數字 1 與英文 L 請另註明並書寫端正，謝謝。

通訊處：□□□□□

學歷：□博士 □碩士 □大學 □專科 □高中・職

職業：□工程師 □教師 □學生 □軍・公 □其他

學校／公司：＿＿＿＿ 科系／部門：＿＿＿＿

・需求書類：

□ A. 電子 □ B. 電機 □ C. 計算機工程 □ D. 資訊 □ E. 機械 □ F. 汽車 □ I. 工管 □ J. 土木

□ K. 化工 □ L. 設計 □ M. 商管 □ N. 日文 □ O. 美容 □ P. 休閒 □ Q. 餐飲 □ B. 其他

・本次購買圖書為：＿＿＿＿ 書號：＿＿＿＿

・您對本書的評價：

封面設計：□非常滿意 □滿意 □尚可 □需改善，請說明

內容表達：□非常滿意 □滿意 □尚可 □需改善，請說明

版面編排：□非常滿意 □滿意 □尚可 □需改善，請說明

印刷品質：□非常滿意 □滿意 □尚可 □需改善，請說明

書籍定價：□非常滿意 □滿意 □尚可 □需改善，請說明

整體評價：請說明

・您在何處購買本書？

□書局 □網路書店 □書展 □團購 □其他

・您購買本書的原因？（可複選）

□個人需要 □幫公司採購 □親友推薦 □老師指定之課本 □其他

・您希望全華以何種方式提供出版訊息及特惠活動？

□電子報 □ DM □廣告（媒體名稱＿＿＿＿）

・您是否上過全華網路書店？（www.opentech.com.tw）

□是 □否 您的建議

・您希望全華出版那方面書籍？

・您希望全華加強那些服務？

～感謝您提供寶貴意見，全華將秉持服務的熱忱，出版更多好書，以饗讀者。

全華網路書店 http://www.opentech.com.tw　客服信箱 service@chwa.com.tw

2011.03 修訂

親愛的讀者：

感謝您對全華圖書的支持與愛護，雖然我們很慎重的處理每一本書，但恐仍有疏漏之處，若您發現本書有任何錯誤，請填寫於勘誤表內寄回，我們將於再版時修正，您的批評與指教是我們進步的原動力，謝謝！

全華圖書　敬上

勘誤表

書號		書名		作者	
頁數	行數	錯誤或不當之詞句		建議修改之詞句	

我有話要說：（其它之批評與建議，如封面、編排、內容、印刷品質等・・・）